U0926517

瓦斯隧道建设关键技术

KEY TECHNOLOGY ON GAS TUNNEL CONSTRUCTION

丁睿 编著

人民交通出版社
China Communications Press

内 容 提 要

本书基于作者主持的相关科研项目研究成果，综合参建紫坪铺隧道、明月山隧道的经验及国内大量瓦斯隧道工程实例分析、总结，系统地阐述了瓦斯隧道建设方面的关键技术。其主要内容包括：瓦斯灾害及其发生条件，瓦斯隧道等级、工区定量评价及建设危险性评估方法，瓦斯监测与预测、施工通风、设备防爆选型及改型、坍方防治、煤与瓦斯突出防治等。

本书的编写注重理论联系实际，尤其强调防治技术的工程实践应用。本书可供从事隧道及地下工程施工的管理、设计、施工以及科研人员参考使用。

图书在版编目（CIP）数据

瓦斯隧道建设关键技术 / 丁睿编著. -- 北京 : 人民交通出版社, 2010.5

ISBN 978-7-114-08388-4

Ⅰ. ①瓦… Ⅱ. ①丁… Ⅲ. ①瓦斯煤层采煤法 Ⅳ. ①TD823.82

中国版本图书馆CIP数据核字(2010)第091401号

书　　名：瓦斯隧道建设关键技术
著 作 者：丁　睿
责任编辑：吴有铭　夏　迎
出版发行：人民交通出版社
地　　址：(100011)北京市朝阳区安定门外外馆斜街3号
网　　址：http://www.ccpress.com.cn
销售电话：(010)59757969,59757973
总 经 销：人民交通出版社发行部
经　　销：各地新华书店
印　　刷：北京盛通印刷股份有限公司
开　　本：787×1092　1/16
印　　张：17.75
字　　数：419千
版　　次：2010年5月 第1版
印　　次：2010年5月 第1次印刷
书　　号：ISBN 978-7-114-08388-4
定　　价：55.00元
(如有印刷、装订质量问题的图书由本社负责调换)

序

近日读到丁睿博士撰著的新作《瓦斯隧道建设关键技术》，对隧道瓦斯灾害防治的关键技术进行了详尽的总结，并提出了很多新观点。听闻该书稿行将付梓，感到由衷高兴。

我国是一个煤炭资源丰富的国家，随着交通基础设施的全面推进，在建设过程中已出现大量的瓦斯隧道。通过煤系地层的瓦斯隧道面临防突、防坍、防瓦斯及防有害气体等安全问题，尤其是瓦斯爆炸以及煤与瓦斯突出，将造成人民生命财产的重大损失和恶劣的社会影响。为了有效预防和减少瓦斯隧道地质灾害，需要对瓦斯灾害有全面的认识，对隧道瓦斯状况有准确的把握，从而制订安全、经济、快速、节能的施工方案和技术措施，这是非常必要的。

作为一名青年技术工作者，作者本人近年来一直工作在瓦斯等不良地质隧道施工、科研第一线。通过大量瓦斯隧道的建设资料整理、分析、总结，在工程实践的基础上采用理论与实践相结合的方法，得出很多有益的设计与施工新理念。纵观全书，作者针对隧道瓦斯灾害的防治，在分级分区、超前探煤、瓦斯释放、瓦斯监测、通风技术、煤和瓦斯突出防治、坍方防治七个方面进行了系统深入的论述。

作者强调了地质分析在超前探煤中的作用，阐述了综合应用地质分析和超前钻孔进行探煤的技术体系；在瓦斯监测方面，对目前瓦斯隧道应用的监测系统和个人便携式瓦斯检测仪相结合进行了论述，并在利用监测数据实现瓦斯预报方面进行了有益的探讨，形成了比较完整的体系；通风是瓦斯防治的重要措施，作者论述了各种通风模式应用于瓦斯隧道的优缺点，明确了射流巷道式通风是长大瓦斯隧道通风最优选择，总结了瓦斯隧道通风设计方案和管理要点；在防治坍方方面，强调了瓦斯隧道施工应避免坍方发生，引发重大灾害，同时讨论了瓦斯隧道和非瓦斯隧道坍方处理的区别，这些对指导瓦斯隧道施工方案及防治技术，都有很大参考价值。

该书将评分法和模糊数学法这样的定量分析手段，引入瓦斯隧道分级分区评价是一种很有意义的尝试。作者进行了大量的探索，提出了多指标定量综合评价方法，颇有新颖性，丰富了瓦斯隧道等级评价的方法和手段，值得在实践中进一步完善。

瓦斯隧道建设风险极大，作者在这方面进行的探索和研究，无疑很有意义，对隧道瓦斯防治技术起到推动作用，相信广大隧道建设技术人员能从本书中能得到有益的借鉴，并有所获益。

我为青年技术工作者对事业的热爱和责任，甚感欣慰，也祝愿他们在科技攻关的道路上更进一步。为此，欣然作序。

中国工程院院士：王梦恕

序

前　言

我国的地质构造环境造就了广泛分布的富集程度不一的煤炭资源，目前已探明埋深在2 000m以内的煤炭储量就达5.57万亿吨，隧道建设将不可避免地穿越大量的煤系地层，施工过程中经常会遭遇瓦斯灾害，对隧道工程的建设和施工人员的安全构成了极大威胁。仅以西南地区为例，新建及在建的瓦斯隧道就有：都汶高速紫坪铺、龙溪隧道；垫邻高速明月山、铜锣山隧道；镇胜高速槽箐头、孙家寨隧道等；贵广线李家院、小范坪、尖山营、太阳庄、高田头、上寨隧道等；兰渝线肖家梁、仲家山、四方山、梅岭关、熊洞林、李家山、李家沟、大梁山、金竹林隧道等；六沾线乌蒙山、新且午、三联隧道等近50座。

随着瓦斯隧道建设数量日益增加，隧道瓦斯灾害造成的重、特大安全事故也时常发生。如达成线炮台山隧道瓦斯爆炸死亡13人，被迫停工7个月；新213国道的友谊隧道，先后发生瓦斯燃烧、爆炸40余次，并于2004年12月7日发生恶性瓦斯爆炸事故，造成60多人伤亡；董家山隧道于2005年12月22日发生特大瓦斯爆炸事故，造成44人死亡，11人受伤，直接经济损失2 035万元。

造成瓦斯隧道建设事故频发的原因是多方面的，其中最重要的原因是20世纪90年代以前，我国瓦斯隧道工程实践少，因而这种不良地质隧道施工技术发展也相当缓慢，这直接表现在规程规范的缺乏和不完善。直到2002年，铁路部门才出台《铁路瓦斯隧道技术规范》，而公路交通部门，截至目前尚无公路瓦斯隧道工程技术标准，施工单位在组织瓦斯隧道施工时多照搬《煤矿安全规程》有关规定进行。值得说明的是：煤矿部门由于长期与瓦斯接触，已经形成了一套瓦斯地层采煤的成套技术和标准，也具有丰富的瓦斯治理经验，参考和借鉴其相应的规程是必要的，但如果不注意煤矿井巷与瓦斯隧道的区别，不结合瓦斯隧道的特点提高认识，盲目地机械照搬，同样会导致瓦斯隧道安全事故的发生；同时，还会增加许多不必要的投入，加大工程成本、延长工期。

瓦斯隧道不同于煤矿井巷系统，主要表现在：(1)煤矿以采煤为目的，井巷多沿煤层布置，由于接触点多而便于认识瓦斯规律；隧道则尽量以最短距离穿过煤层，尽管所发生的瓦斯涌出远不如煤矿严重、复杂，但对瓦斯规律更难认识和掌握。(2)煤矿井巷断面小，一般不超过$18m^2$；隧道断面大，双线公路隧道的开挖断面目前多已超过$120m^2$，因而围岩失稳危险度高，进而释放瓦斯的危险度也高。(3)隧道的大型开挖、装载、衬砌设备，多工序交叉作业等给通风技术和设备防爆都带来一系列新的、不同于煤矿的技术难题。

对于通过煤系地层的瓦斯隧道的建设而言，最关键的防治技术在于施工通风、瓦斯监测及超前探煤几个方面。通过有效的通风技术，将隧道内瓦斯浓度控制在限值以内，将不具备发生瓦斯爆炸的条件，这样完全可能把瓦斯隧道变为按普通隧道组织施工；通过系统完善的瓦斯监控网络，建设者可实时了解洞内各处的瓦斯状况，出现异常立即进行处理；通过地质分析与超前钻孔，掌握开挖工作面前方煤层的厚度、走向、分布，可以及时地制订相应的防治措施，同时，超前探孔还可起瓦斯排放及卸压作用。把握住这几方面，就把握住了隧道瓦斯灾害防治的关键。

鉴于瓦斯隧道建设数量不断增长，以及工程建设单位对瓦斯灾害防治认识的不足，作者基于主持的相关科研项目研究成果，综合参建紫坪铺隧道、明月山隧道的经验及国内大量瓦斯隧道工程实例分析、总结，精心编撰完成本书。编写过程中，注重理论联系实践，尤其强调防治技术的工程实践应用：本书首先阐述瓦斯赋存与运移特点、瓦斯灾害及其发生条件等相关理论，在此基础上进一步论述瓦斯隧道等级、工区定量评价及建设危险性评估方法，为瓦斯隧道分级设防奠定理论基础；其次针对杜绝或控制瓦斯灾害发生条件，在超前探煤、瓦斯监测与预测、施工通风、设备防爆选型及改型、坍方防治、煤与瓦斯突出防治等关键技术方面进行系统、全面的阐述、分析；最后，就国内数座知名瓦斯隧道施工总体方案及各分项技术进行详细阐述。

本书在编写过程中，得到王梦恕院士很多指导和帮助，在此特别致以感谢。书稿部分内容来自作者所主持的科研项目"高瓦斯特长隧道建设关键技术"中的研究成果，在此，感谢课题组成员康小兵博士在瓦斯隧道分级及分区方面所做的资料整理分析工作，感谢杜铭敏硕士在瓦斯预测方面所做的资料整理分析工作，感谢课题组所有成员对于作者所给予的帮助和支持。此外，本书引用、参考了大量专业书籍及文献，在此，对原作者致以真诚的感谢。

限于作者水平，书中错误在所难免，不当之处，敬请广大读者批评指正。

丁　睿

2010 年 02 月于成都

目　录

第1章 瓦斯赋存与瓦斯灾害

煤层瓦斯主要指煤层及煤层围岩内赋存的气体，以甲烷为主，约有20种组分：甲烷CH_4及其同系烃类气体（乙烷C_2H_6、丙烷C_3H_8、丁烷C_4H_{10}、戊烷C_5H_{12}等）、二氧化碳CO_2、氮气N_2、一氧化碳CO、二氧化硫SO_2、硫化氢H_2S等。

甲烷本身无色无味，但往往因含有少量其他芳香族碳氢气，而常伴随有一种苹果的香味。在大气压力为1.01×10^5Pa(760mmHg)、温度为0℃的标准状态下，每立方米甲烷的质量为0.716kg，与空气比较，其相对密度为0.554，与氧适当混合具有可燃烧性和可爆炸性。甲烷本身无毒，但是当空气中瓦斯浓度超过40%时（即空气中氧气含量下降到12%以下），就会使人因严重缺氧而窒息死亡。甲烷的化学性质不活泼，微溶于水。煤层瓦斯中甲烷及其他气体的主要物理性质见表1-1。

煤层瓦斯中甲烷及其他气体的主要物理性质 表1-1

项目		甲烷 CH_4	二氧化碳 CO_2	一氧化碳 CO	硫化氢 H_2S	乙烷 C_2H_6	丙烷 C_3H_8
分子量		16.042	44.01	28.01	34.08	30.07	44.09
密度(kg/m³)		0.7168	1.98	1.25	1.54	1.36	2
对空气的相对密度		0.5545	1.53	0.97	1.17	1.05	1.55
沸点(K)(101.3kPa)		111.3	194.5	83	211.2	184.7	230.8
爆炸下限(%)(293K,101.3kPa)		5	—	12.5	4.3	3	2.1
爆炸上限(%)(293K,101.3kPa)		15	—	74.2	45.5	12.5	9.35
发热量(MJ/m³,288K)	最高值	37.11	—	11.86	23.5	64.53	98.61
	最低值	33.38	—	11.86	21.63	58.93	88.96

1.1 煤层类型及其性质

1.1.1 宏观煤岩成分及其类型

1.1.1.1 宏观煤岩成分

煤是一种岩石组成较为复杂的固体可燃有机岩。宏观煤岩成分是指用肉眼或放大镜可以区分和辨认的组成煤的基本单位，包括丝炭、镜煤、暗煤和亮煤四种成分，其中丝炭和镜煤为简单煤岩成分，暗煤和亮煤则为复杂煤岩成分。

1)丝炭

丝炭是经炭化作用形成的丝炭化物质。丝炭化作用是指植物遗体中的木质纤维组织，在沼泽覆水浅、水流畅通的氧化条件下，且有喜氧细菌参与，遭受氧化分解、脱水、脱氢和炭化作用,转变成贫氢、富碳的腐殖物的过程。丝炭颜色暗黑,外观像木炭,有明显的纤维状结构和丝绢光泽,疏松多孔,性脆易碎,组成单一,成分简单,质地软,易染手。其碳含量高,氢含量低,挥发分产出率低,不具黏结性,孔隙度大,吸氧性强,易氧化而自燃。丝炭在煤层中多沿层理分布,呈透镜体出现,厚度一般1~2mm,有时能形成不连续的薄层。

2)镜煤

镜煤主要是由植物的木质纤维组织经凝胶化作用转变而成,凝胶化物质占95%以上。凝胶化作用是指堆积在沼泽中的植物遗体的主要组成部分(木质纤维组织)在覆水较深、水体滞流、缺氧的弱氧化至还原的环境中,由于厌氧细菌的参与和长期浸润的作用而转化成以腐殖酸和沥青质为主要成分的凝胶、溶胶等胶体物质的过程。经凝胶化作用产生的不同形态和结构的凝胶化物质,再经过煤化作用即形成为煤中的凝胶化组分——木煤、木质镜煤、镜煤和凝胶化基质。

镜煤是煤中颜色最深、光泽最强的成分,多呈乌黑色,结构致密均一,贝壳状、眼球状断口,内生裂隙最为发育,性脆、易碎成棱角状小块。镜煤在煤层中多呈数毫米至2cm的透镜体分布于暗煤或亮煤中,很少单独构成煤分层。在四种煤岩成分中,镜煤的挥发分和氢含量最高,黏结性强。

3)暗煤

暗煤的颜色灰黑,光泽暗淡,致密坚硬,断口粗糙,内生裂隙不发育,相对密度较大,韧性较强。暗煤在煤层中普遍发育,可单独构成煤层或煤分层。暗煤常以不透明基质胶结较多的形态分子和数量不等的矿物杂质为特征,成分复杂多样:有以孢子和花粉为主要成分的孢子暗煤,以角质体为主要成分的角质层暗煤,以木栓体为主要成分的树皮暗煤,以树脂体为主要成分的树脂暗煤,以丝炭碎屑为主要成分的丝炭暗煤,以由各种形态分子混合组成且比例不一的混合暗煤。

4)亮煤

亮煤是最常见的煤岩成分,光泽较强,仅次于镜煤,较脆易碎,内生裂隙较为发育,相对密度较小,结构比较均一,表面隐约可见微细纹理,有时具贝壳状断口。其组成比较复杂,以凝胶化组分为主。亮煤可单独组成较厚的煤分层,也可呈透镜体出现。

1.1.1.2 宏观煤岩类型及其特征

宏观煤岩石类型,是指用肉眼观察时,根据同一变质程度煤的平均光泽强度、煤岩成分的组合及比例情况划分的煤的岩石类型,通常有光亮型煤、半亮型煤、半暗型煤和暗淡型煤四种。

(1)光亮型煤:主要由光泽很强的亮煤和镜煤组成,有时也夹有暗煤和丝炭的透镜体或薄层,光泽最强,组成较为均一,条带状结构一般不明显,内生裂隙发育,脆度较大,机械强度较小,易破碎,常具贝壳状断口,镜质组分含量一般在80%以上。

(2)半亮型煤:主要为亮煤,有时同镜煤和暗煤一起组成,也可夹丝炭,平均光泽强度较光亮型煤稍弱,条带状结构明显,内生裂隙发育,常具棱角状或阶梯状断口,性较脆,较易碎,是最常见的煤岩类型,镜质组分含量60%~80%。

(3)半暗型煤:由暗煤和亮煤组成,常以暗煤为主,硬度、韧性较大,条带结构明显,内生裂隙不甚发育,多见粒状断口,镜质组分含量40%~60%。

(4)暗淡型煤:主要由暗煤组成,有时有少量镜煤、丝炭或矸石透镜体,光泽暗淡,煤质坚硬致密,层理构造不明显,通常呈块状,韧性大,内生裂隙不发育,断口多为棱角状、参差状,镜质组分含量小于 40%。

根据煤的结构、构造还可以进一步划分出亚型，见表 1-2。

煤的煤岩类划型分表　　　　表 1-2

<table>
<tr><th colspan="2" rowspan="2">成因类型</th><th colspan="2">煤的光泽岩石类型</th></tr>
<tr><th>类型(按煤平均光泽强度划分)</th><th>亚型(按煤的结构和构造划分)</th></tr>
<tr><td rowspan="6">腐殖煤类</td><td rowspan="4">腐殖煤</td><td>光亮型煤</td><td>均一状光亮煤(镜煤)；似均一状光亮煤；线理—透镜状光亮煤；隐条带状光亮煤；条带状光亮煤；眼球状光亮煤</td></tr>
<tr><td>半亮型煤</td><td>似均一状半亮煤；线理—透镜状半亮煤；隐条带状半亮煤；条带状半亮煤；不规则状半暗煤；眼球状半亮煤</td></tr>
<tr><td>半暗型煤</td><td>似均一状半亮煤；线理—透镜状半暗煤；隐条带状半暗煤；条带状半暗煤；不规则状半暗煤；眼球状半暗煤；粒状半暗煤</td></tr>
<tr><td>暗淡型煤</td><td>似均一状暗淡煤；线理—透镜状暗淡煤；隐条带状暗淡煤；条带—线理状暗淡煤；眼球状暗淡煤；粒状暗淡煤；叶片状暗淡煤；纤维状暗淡煤</td></tr>
<tr><td rowspan="2">残殖煤</td><td>半暗型煤</td><td>线理—透镜状半暗煤；隐线理状半暗煤；叶片状半暗煤</td></tr>
<tr><td>暗淡型煤</td><td>线理状暗淡煤；叶片状暗淡煤</td></tr>
<tr><td>腐泥煤类</td><td>藻煤胶泥煤</td><td>暗淡型煤</td><td>均一状腐泥煤；似均一状腐泥煤；微粒状腐泥煤</td></tr>
<tr><td rowspan="2">腐殖腐泥煤类</td><td>腐泥腐殖煤</td><td>半暗型煤</td><td>似均一状半暗煤；隐线理状半暗煤；不规则线理—透镜状半暗煤；粒状半暗煤</td></tr>
<tr><td>腐殖腐泥煤</td><td>暗淡型煤</td><td>似均一状暗淡型煤；隐线理状暗淡型煤；不规则线理—透镜状暗淡煤；粒状暗淡煤</td></tr>
</table>

1.1.1.3　煤的物理性质

煤的物理性质包括：光泽、颜色、硬度、脆度、断口、密度(相对密度)、反射率及导电性等。煤的物理性质是在煤的形成和变化过程的不同阶段，受成煤原始物质、聚积环境、煤化作用等因素的影响而逐渐形成的。根据煤的物理性质可以确定煤的成因类型、宏观煤岩成分和煤化程度，作为初步评价煤质的依据。

(1)光泽：指煤的表面的反光能力，是肉眼鉴定煤的主要标志之一。

(2)颜色组分：煤的颜色随煤化程度的增高而变化。在普通白光照射下，煤表面反射光线所显示的颜色称为表色；煤研磨成粉末的颜色称为粉色，粉色往往略浅于表色；用镜煤或较纯净的亮煤在脱釉瓷板上划的条痕的颜色称为条痕色。

(3)硬度：指煤抵抗外来机械作用的能力。

(4)断口：煤受外力断开后呈现凹凸不平的表面称为断口。严格来说，断口不应该包括沿层理面或裂隙面断开的表面特征。

(5)密度：指单位体积煤的质量。煤的密度取决于煤岩组成、煤化程度及煤中矿物杂质的成分和含量。

(6)导电性：指煤传导电流的能力，通常以电阻率表示。

1.1.2 各种成因类型煤的特征

根据成煤原始物质、聚积环境条件、化学性质和岩石组成不同等因素，可把自然界中的煤分为腐殖煤类、腐泥煤类及腐殖—腐泥煤类。

1.1.2.1 腐殖煤类

1)腐殖煤

腐殖煤是高等植物遗体经泥炭化和煤化作用所形成的煤。

(1)泥炭：又称草炭、柴煤、泥煤，为高等植物遗体经泥炭化作用后所形成的产物。新鲜的泥炭呈黄褐色、褐色、棕色和黑褐色等，氧化后为黑色、黑褐色；光泽暗淡，结构多呈疏松土状、泥状和叶片状等块状构造；常含有未分解的植物残体碎片，相对密度一般在 0.72～0.8 之间，抗压强度低，易破碎，透水性差；腐殖碳含量一般为 20%～50%，水分含量可达 50%以上，吸附性强，可塑性强，可压制成型，为低热值燃料。

(2)褐煤：多呈褐色，少数为棕黑色，极少数为黑色，条痕均为褐色；光泽暗淡或具弱沥青光泽；无内生裂隙，韧性较大；含有数量不等的原生腐殖煤；无黏结性，置于空气中极易风化而裂成碎块；纯煤相对密度一般为 1.28～1.42；结构较复杂，多为线理状、细条带状和透镜状等。褐煤的吸水性比泥炭小。

(3)烟煤：为褐煤经变质作用而形成。烟煤和褐煤的区别在于其一般不含游离的腐殖酸，不能把碱溶液染成褐色，并开始具有不同强度的光泽和黏结性。根据变质程度的强弱，可将烟煤分成低变质烟煤(长焰煤、气煤)、中变质烟煤(肥煤、焦煤、瘦煤)和高变质烟煤(贫煤)。

(4)长焰煤：变质程度较低，其镜煤为褐红色，条痕为褐色或深褐色，沥青光泽，韧性较大，多具贝壳状断口，不具或具极弱的黏结性。长焰煤与褐煤的区别在于其不含原生腐殖煤，部分含次生腐殖酸，焦油产出率较高，燃烧时火焰长、呈红色、烟浓、发热量也比褐煤高。

(5)气煤：低变质烟煤，褐黑色，条痕棕色或褐黑色，沥青光泽或弱玻璃光泽，相对密度小，硬度、脆度小，内生裂隙不发育，加热时有较多的挥发分、焦油和热稳定性较差的胶质体逸出或析出，一般能单独结焦，但焦炭细长而易碎，并有较多的纵裂纹。

(6)肥煤：属中变质烟煤。其镜煤为深黑色，条痕为黑略带棕色，具玻璃或油脂光泽，内生裂隙发育，脆度较大，加热时能产生大量的胶质体。

(7)焦煤：属中变质烟煤。其镜煤为深黑色，条痕为黑色，强玻璃光泽，内生裂隙发育，脆度最大，加热时能产生热稳定性很高的胶质体。

(8)瘦煤：属中变质烟煤。其镜煤为黑色至灰黑色，条痕为黑色，强玻璃光泽，内生裂隙发育中等，脆度大，加热时产生少量的胶质体。

(9)贫煤：变质程度最高的烟煤。其镜煤为黑灰色至黑色，条痕为深黑色，金刚光泽，韧性较大，内生裂隙不发育，挥发分较低，加热时不产生胶质体，通常不具有黏结性，燃烧时火焰短，稍有烟。

(10)无烟煤：为变质程度最高的一种煤，燃烧时火焰无烟。灰黑色或略带金黄、银白的灰黑色，条痕为浅黑或灰黑色，金刚光泽或似金属光泽，内生裂隙不发育，相对密度大(纯煤真比重为1.4～1.8)，硬度大，多具贝壳状断口，可燃基含碳量高(90%～98%)，含氢量低(小于4%)，化学活性较低，热稳定性较差。

2)残殖煤

残殖煤主要是由高等植物体中的稳定组分富集而成。自然界中残殖煤很少单独组成煤层,常与腐殖煤互层或逐渐过渡。残殖煤光泽渐暗或具油脂光泽,韧性较大,纯净的残殖煤相对密度较小(约为1),挥发分产出率高,氢含量和含油率高,与腐泥煤相近。根据主要稳定组分不同,可分为以下亚类:

(1)角质层残殖煤:呈灰黑色或褐黑色,光泽暗淡,新鲜而具油脂光泽,叶片状结构,燃烧时有沥青味,主要由厚薄不等的角质组分互层组成,含量占60%~75%以上。

(2)树皮残殖煤:呈褐黑色,略具油脂光泽,垂直断面上亮暗成分相间出现,具水平微波状层理,韧性较大,燃点低,燃烧时具沥青味,相对密度较小,条痕棕色,木栓质含量达60%~70%以上。

(3)孢子残殖煤:以大孢子和小孢子为主,常具粒状结构,光泽暗淡,质地致密,柔韧性强,多数呈透镜体或夹层出现在煤层中。

(4)树脂残殖煤:树脂多呈颗粒状,黄色透明,断面呈油脂光泽,可用来制作工艺品、香料和药材。

1.1.2.2 腐泥煤类

腐泥煤类主要由古代菌、藻类植物及浮游生物遗体转变而成。颜色常呈灰白、褐色或黑色,光泽暗淡或近似沥青光泽,韧性大,纯煤相对密度一般为1.1,常具贝壳状断口,层理不显,常呈均一状结构,块状构造,燃点低,燃烧时有沥青味。根据原始物质分解程度不同,可分为腐泥煤和胶泥煤。典型的腐泥煤是藻类,胶泥煤是无结构的腐泥煤。

1.1.2.3 腐殖—腐泥煤类

腐殖—腐泥煤类为腐殖煤和腐泥煤的过渡类型,其性质介于二者之间,其典型代表为烛煤、藻—烛煤等。

(1)烛煤:是一种易于点燃,火焰与蜡烛火焰相似的腐殖—腐泥煤。颜色呈灰色或稍带褐色,质轻(纯煤真比重1.2),致密坚硬,韧性大,具贝壳状断口,块状构造。

(2)藻—烛煤:介于烛煤与藻煤之间的过渡类型。

(3)煤精:成因尚待研究,结构致密均一并具有沥青光泽。煤精可用于雕刻工艺品,硬度大于3,呈黑色。

1.1.2.4 石煤(腐泥无烟煤)

石煤主要是由菌、藻类等低等植物在浅海、静水、还原环境下所形成的,变质程度普遍较高,达无烟煤阶段或更高,属腐泥无烟煤。其特点为灰黑和暗灰色,黑或灰黑色条痕,质地致密坚硬,相对密度大,多为2.1~2.3,燃点高,燃后发红、无烟、无焰。

1.1.3 煤体结构

煤体结构是指煤岩组分的形态、结构、大小所表现出来的特征。一般原生结构的煤不发生突出,属非突出煤层,受构造应力作用,煤的原生结构遭受破坏后,所表现出的称为构造结构,即构造煤或软分层煤。构造煤一般光泽显暗淡,煤岩成分大多破碎为颗粒而难分辨,结构构造复杂,外生裂隙发育,常见有角砾状、粒状、鳞片状、碎裂状、褶皱状、粉末状等。构造煤在宏观上主要表现为以下特点:

(1)煤的原生结构遭到程度不同的破坏,除碎裂煤可断续见到原生条带状结构外,大部分均失去了原生结构。

(2)表现出明显的构造结构特征,如碎裂状、砂糖状、鳞片状、土状等,还不同程度地发育有镜面、揉皱镜煤、定向排列构造等。

(3)强度低,松软易碎,用手捻搓易成碎粒或煤粉。

煤的破坏类型分类见表 1-3。

煤的破坏类型分类表 表 1-3

破坏类型	光泽	构造与构造特征	节理性质	节理面性质	断口性质	强度
Ⅰ类(非破坏煤)	亮与半亮	层状构造、块状构造,条带清晰明显	一组或二、三组节理,节理系统发达,有次序	有方解石充填,次生面少,节理、劈理面平整	参差阶状、贝状、波浪状	坚硬,用手难以掰开
Ⅱ类(破坏煤)	亮与半亮	尚未失去层状,较有次序;条带明显,有时扭曲,有时错动;不规则状,多棱角;有挤压特征	次生节理面多,不规则,与原生节理成网状节理	节理面有擦纹、滑皮,节理平整,易掰开	参差多角	用手易剥成小块,中等硬度
Ⅲ类(强烈破坏煤)	半亮与半暗	弯曲成透镜体构造;小片状构造,细小碎块,层理较紊乱,无次序	节理不清,系统不发达,次生节理密度大	有大量擦痕	参差及粒状	用手捻成粉末,硬度低
Ⅳ类(粉碎煤)	暗淡	粒状或小颗粒胶结而成,形似天然煤团	节理失去意义,成黏块状	—	粒状	用手捻成粉末,偶尔较硬
Ⅴ类(全粉煤)	暗淡	土状构造,似土质煤;如断层泥状	—	—	土状	可捻成粉末,疏松

1.2 煤层瓦斯的形成及赋存

1.2.1 煤层瓦斯的形成

如前所述,煤是植物遗体经过复杂的生物、地球化学、物理化学作用转化而成。从植物死亡、堆积到转变为煤要经过一系列演变过程,这个过程称为成煤作用。整个成煤过程都伴随有烃类、二氧化碳、氢和稀有气体的产生。

成煤过程大致可划分为两个造气时期,即生物化学造气时期和煤化变质作用造气时期。

1.2.1.1 生物化学造气时期

这是成煤作用的第一阶段(泥炭化阶段或腐泥化阶段)。在此阶段,植物在沼泽、湖泊或浅海中不断繁殖,其遗体在微生物参与下不断分解、化合和聚积。此阶段起主导作用的是生物化学作用,低等植物经生物化学作用形成腐泥,高等植物形成泥炭。在泥炭化过程中,有机组分的变化十分复杂,大致可分为两个阶段:第一阶段,植物遗体中的有机化合物,经过氧化分解和水解作用,转化为简单的化学性质活泼的化合物;第二阶段,分解产物相互作用进一步合成新的较稳定的有机化合物,如腐殖酸、沥青质等。

植物各有机成分抵抗微生物分解的能力不同,以植物中主要组分之一的纤维素为例,其分解的结果如下式所示：

$$(C_6H_{12}O_5)_n(\text{纤维素}) + nH_2O \xrightarrow{\text{细菌分解}} nC_6H_{12}O_6(\text{单糖}) \tag{1-1}$$

$$C_6H_{12}O_6 + 6O_2 \longrightarrow 6CO_2 + 6H_2O \quad \text{放热} \tag{1-2}$$

$$3C_6H_{12}O_6 \longrightarrow 2C_4H_8O_2(\text{丁酸}) + 2CH_4 + 2C_2H_4O_2(\text{醋酸}) + 2H_2O \tag{1-3}$$

煤化过程初级阶段的造气规模取决于原始物质的组分、堆积的厚度、范围和层数。由于该时期生成的泥炭层埋藏浅，上覆盖层的胶结固化不好，生成的气体(包括甲烷)绝大部分逸散入大气，一般不会保留在煤层中。

1.2.1.2　煤化变质作用造气时期

随着泥炭层的下沉，上覆盖层越来越厚，成煤作用就由第一阶段进入第二阶段(煤化作用阶段)。在温度和压力影响下，泥炭物质产生热分解，引起一系列的物理—化学变化，使泥炭转变为褐煤，褐煤进而转变为烟煤和无烟煤。在这一过程中生成的气态产物，是以甲烷为主的烃类气体。

成煤作用各阶段形成甲烷的示意反应式如下：

$$4C_{16}H_{18}O_5(\text{泥炭}) \longrightarrow C_{57}H_{56}O_{10}(\text{褐煤}) + 4CO_2 + 3CH_4 + 2H_2O \tag{1-4}$$

$$C_{57}H_{56}O_{10} \longrightarrow C_{54}H_{42}O_5(\text{沥青煤}) + 2CH_4 + CO_2 + 3H_2O \tag{1-5}$$

$$C_{15}H_{14}O(\text{烟煤}) \longrightarrow C_{13}H_4(\text{无烟煤}) + 2CH_4 + H_2O \tag{1-6}$$

在整个煤化作用过程中都有烃类气体组分产出。根据我国在煤成气研究中对不同矿区煤样采用热模拟试验的测定结果，烃类主要生成于气煤至瘦煤阶段，甲烷主要生成于肥煤至瘦煤阶段，详见图 1-1(注：干酪根是沉积岩中所有不溶于非氧化型酸、碱和非极性有机溶剂的分散有机质，其元素组成中，以 C 为主。根据干酪根的元素分析，将其分为三类，其中，III 型干酪根是陆生植物组成的干酪根，又称腐质型)。

1.2.2　煤层瓦斯的赋存

根据实验室和现场的测定结果，瓦斯在煤层中呈游离、吸附和吸收三种赋存状态，如图 1-2。

1)游离状态

瓦斯以自由的气体状态赋存于煤和岩石的孔隙中，可自由运动，并遵循一般的气体定律，从高压力处向低压力处运移。煤和岩石中的游离瓦斯含量，取决于孔隙度、裂隙度(自由空间的大小)和瓦斯压力。一般而言，在煤层赋存的瓦斯中，游离状态的瓦斯量约占 10%～20%。

2)吸附状态

由于瓦斯分子和固体颗粒之间的分子引力，瓦斯分子被吸附在煤体和岩体的微空隙表面，形成一层瓦斯薄膜，即吸附瓦斯。吸附瓦斯就是滞留在煤或岩石微孔隙表面的气体，不能自由运动，不服从气体定律。吸附量的大小取决于煤对瓦斯的吸附能力，而吸附能力又取决于煤的孔隙率、变质程度以及外界温度和压力。一般而言，在煤层赋存的瓦斯中，吸附状态的瓦斯量约占 80%～90%。

3)吸收状态

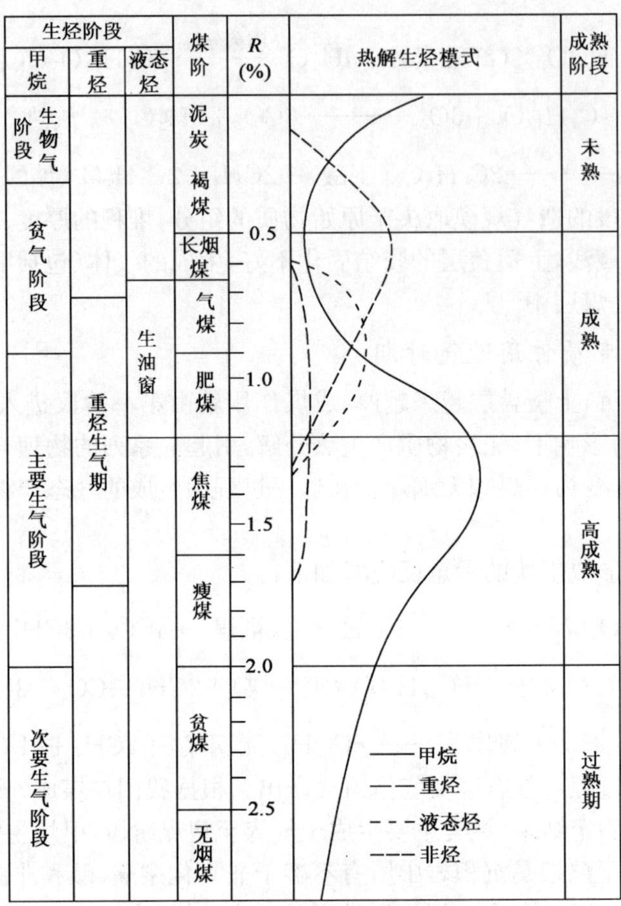

图 1-1　III 型干酪根热解生烃模式图

注：R 为生烃产率。

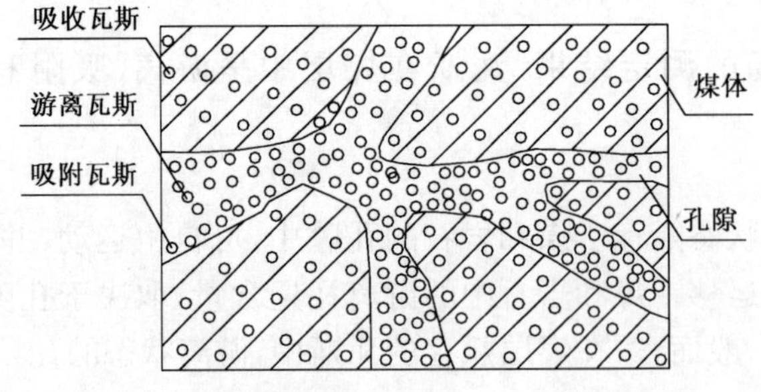

图 1-2　瓦斯在煤体中赋存状态示意图

瓦斯分子进入煤的分子团中，与煤分子紧密地结合在一起，成固溶体。这和气体被液体溶解的现象相似。近年来，随着分析测试技术的不断发展，有学者采用 X 射线、衍射分析等技术对煤体进行观察分析后认为，煤体内瓦斯的赋存不仅有吸附（固态）和游离（气态）状态，而且还包含有瓦斯的液态和固溶体状态。由于吸附和游离瓦斯所占的比例在 85%以上，故瓦斯的赋存在整体上所表现的特征仍是吸附和游离状态的瓦斯特征。

1.2.3　瓦斯解吸

煤对瓦斯的吸附作用是物理作用，是瓦斯分子和碳分子相互吸引的结果。吸附瓦斯和游离瓦斯处于动平衡状态，吸附状态的瓦斯分子与游离状态的瓦斯分子处于不断地交换之中。若外界压力降低或温度升高，或给予冲击和振荡时，影响了分子的能量，则能破坏其平衡，吸附瓦斯可变为游离瓦斯，产生新的平衡状态。这种由吸附瓦斯转变为游离瓦斯的现象，称为解吸。

瓦斯在吸附状态时，不能形成瓦斯的内能，只有通过解吸变为游离瓦斯，才能形成瓦斯的内能。由于瓦斯吸附分子和游离分子是在不断地交换之中，在瓦斯缓慢地流动过程中，不存在游离瓦斯易放散、吸附瓦斯不易放散的问题。但是，在突出过程的短暂时间内，游离瓦斯会首先放散，然后吸附瓦斯迅速加以补充。

当煤体中的瓦斯压力从平衡状态过渡到正常的标准大气压状态时，煤体释放的瓦斯量就是煤的解吸瓦斯量。

1.3　我国煤层瓦斯的区域分布特征

我国煤炭资源丰富、分布面广，煤层中富集不同程度的瓦斯。《1∶200万中国煤层瓦斯地质图》依据矿区和煤田煤层瓦斯形成的地质背景、煤层瓦斯的生成条件和保存条件、煤层瓦斯含量和矿井瓦斯涌出量的大小、煤与瓦斯突出发生的情况，按照中国的华北地区、华南地区、东北地区、西北地区划分为20个大瓦斯区和88个瓦斯带，如图1-3所示。

20个大瓦斯区中，高瓦斯区8个、低瓦斯区12个；88个瓦斯带中，高瓦斯带36个、低瓦斯带52个。

华北地区：有7个大瓦斯区，其中高瓦斯区3个、低瓦斯区4个；有27个瓦斯带，其中高瓦斯带11个、低瓦斯带16个。

华南地区：有7个大瓦斯区，其中高瓦斯区4个、低瓦斯区3个；有35个瓦斯带，其中高瓦斯带16个、低瓦斯带19个。

东北地区：有2个大瓦斯区，其中高瓦斯区1个、低瓦斯区1个；有13个瓦斯带，其中高瓦斯带6个、低瓦斯带7个。

西北地区：有4个大瓦斯区，全为低瓦斯区；有13个瓦斯带，其中高瓦斯带3个、低瓦斯带10个。

1.3.1　煤层瓦斯区域分布的地质背景

(1)华北地区，在大地构造上属华北板块。印支运动和燕山运动时期，由于库拉—太平洋板块向华北板块俯冲，华北板块不断隆起，使得大部分石炭—二叠纪煤层上覆缺失晚三叠世、侏罗纪、白垩纪地层，影响了煤层瓦斯的保存条件。

(2)华南地区，在大地构造上属华南板块，主要为石炭—二叠纪含煤地层和晚三叠世含煤地层。石炭—二叠纪含煤地层形成后，长期拗陷，连续沉积了三叠纪、侏罗纪和部分白垩纪的地层，煤层瓦斯保存条件极为优越。整个华南板块北面受塔里木—华北板块挤压，西面受特提斯构造域侧挤，南面受印支板块的推挤，东面受太平洋菲律宾板块的多次俯冲作用，从印支期经燕山期至喜马拉雅期，连续的挤压变形，多期造山、多期岩浆活动，这就使得华南地区是我国煤与瓦斯突出最为严重的地区。

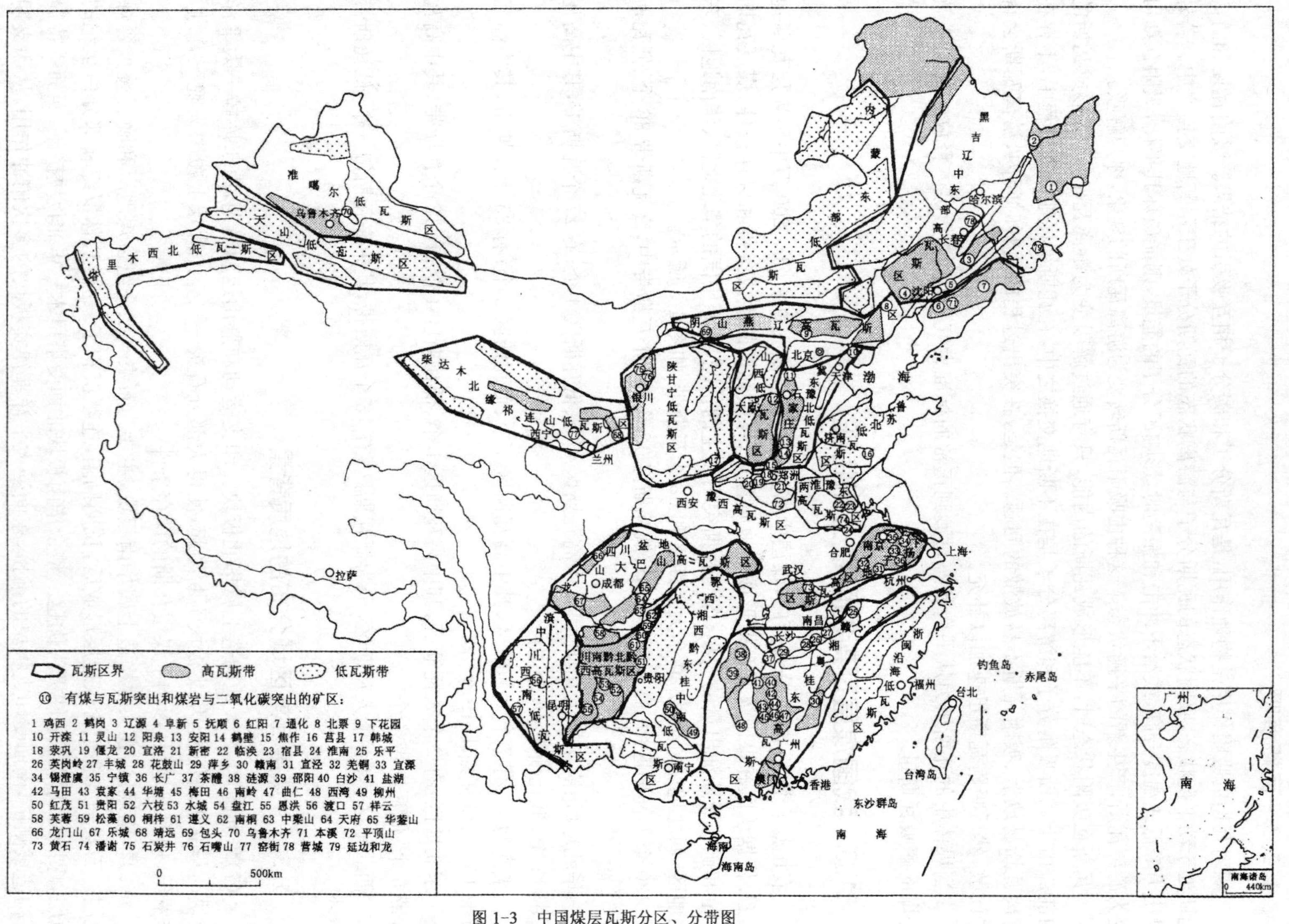

图 1-3　中国煤层瓦斯分区、分带图

(3)东北地区,大地构造归属于天山—兴安活动带,三叠纪以前几乎没有形成有价值的煤炭。印支运动以后,东北地区进入滨太平洋构造域发展阶段,燕山运动晚期至喜马拉雅运动早期,滨太平洋沟、弧、盆开始形成,挤压作用逐步被拉张所取代,在大兴安岭—太行山链以东、郯庐断裂带以西形成了众多的大小不等的地堑、半地堑式裂陷盆地,此时气候条件适宜,在裂陷盆地中广泛沉积了我国东北地区最重要的晚侏罗—早白垩世含煤地层。在黑、吉、辽地区的东部受岩浆侵入,火山作用影响强烈,煤层以中、高度变质烟煤为主;煤系地层中火山碎屑岩发育,所以瓦斯生成、保存条件较好,以高瓦斯、突出矿井居多。在大兴安岭隆起带上,煤层距地表浅,盖层薄,多为低变质烟煤,煤层瓦斯生成、保存条件较差,主要为低瓦斯矿井。

(4)西北地区,东界贺兰山、六盘山,南界昆仑山、秦岭,西界和北界国境线,大地构造归属于天山—兴安活动带、昆仑—秦岭活动带和塔里木陆块,主要分布有早、中侏罗世含煤地层。中、新生代以来,由于受西伯利亚板块由北向南推挤和印度板块由南向北对挤,含煤盆地大范围隆起,使得煤层埋藏比较浅,因此瓦斯保存条件比较差。

1.3.2　煤层瓦斯的时段特征

在时间上,煤层瓦斯主要分为以下几个时段。其分布特征为:

(1)石炭—二叠纪:属于这一时期的高瓦斯带有 19 个,占总数的 51.4%。19 个高瓦斯带中属于华北聚煤盆地的有 8 个:通化—红阳、太行山东麓、阳泉—晋城、桌子山—贺兰山、宜洛—荣巩、临汝—平顶山—郑州、临涣—宿县、淮南—潘谢;属于华南的有 11 个:郴资—连曲、涟邵—兴贺、苏南—皖南—浙北、鄂东南—赣北、赣南—翁源、红茂—罗城—柳州、华蓥山—永荣、芙蓉—绮连、川南—黔北—滇东、六枝—盘县—水城、威宁—宜威—圭山。前述高瓦斯矿井和煤与瓦斯突出矿井主要分布在高瓦斯带上。

(2)晚三叠世:这一时期的煤地层主要分布在华南板块川、滇、赣、湘、粤等省,其次分布在鄂尔多斯盆地的东北部以及西藏昌都、羌塘和塔里木盆地的北缘。晚三叠世以中、高变质烟煤为主,煤层形成条件虽远不如石炭—二叠纪含煤地层,但多为高瓦斯带和高瓦斯矿井分布。属于这一时期的高瓦斯带,全国共有 6 个,全部分布在华南板块上,分别是龙门山、华蓥山—永荣、雅荣—乐威、荆当—秭归、萍乡—乐平—茶陵、广花—高要—阳春 6 个高瓦斯带。

(3)早、中侏罗世:这一时期煤地层主要分布于西北地区的吐鲁番—哈密盆地、塔里木盆地北缘、准噶尔盆地和华北的鄂尔多斯盆地,其次分布于华北陆块的大同、京西、辽西的北票等煤田。早、中侏罗世含煤地层多为低瓦斯带、低瓦斯矿井分布,全国仅有 6 个高瓦斯带,其中大青山—乌拉山、宣化—兴隆—承德、北票—柳江这 3 个高瓦斯带均位于华北陆块北缘,另外 3 个高瓦斯带分别是甘肃靖远—宝积山、青海大通河中上游、新疆准南高瓦斯带。

(4)晚侏罗—早白垩世:这一时期的含煤地层主要分布于东北地区黑、吉、辽 3 省和内蒙古东部,多为分散而成群的小型含煤盆地,大大小小有上百个。属于晚侏罗—早白垩世的含煤地层共有 5 个高瓦斯带,分别是黑龙江的三江—穆棱,吉林的营城—长春、蛟河—辽源,辽宁的铁岭—阜新和大兴安岭东侧高瓦斯带。

(5)第三纪:该时期又可分为老第三纪和新第三纪。老第三纪煤层主要分布于我国东部滨太平洋沿海地区,少数隐伏于东海、南海水域之下;新第三纪含煤地层主要分布在滇西、滇东和台湾地区。煤化程度以褐煤为主,也有局部范围受岩浆热变质作用为低中变质烟煤。分布于敦化—密山断陷盆地中的抚顺、梅河口等煤田的老第三纪煤层受岩浆热变质作用为长焰煤、气煤,煤层瓦斯含量较高。台湾的新第三纪石底组、木山组和南庄组煤层受岩浆热变质作用为低、中变质烟煤。广东茂名、广西百色煤田老第三纪煤中含有油气和油页岩,使得矿井为高瓦斯涌出。

1.4 煤层瓦斯赋存的主要影响因素

从植物遗体到无烟煤的变质过程中,每生成1t煤至少可以伴生100m³以上的瓦斯。但目前的天然煤层中,最大的瓦斯含量不超过50m³/t。究其原因,一方面是由于煤层本身含瓦斯的能力所限;另一方面是因为瓦斯以气体存在于煤层中,在漫长的地质年代中散失了大部分,目前储藏在煤体中的瓦斯仅是剩余的瓦斯量。

煤层瓦斯是地质作用的产物,瓦斯的形成、运移、赋存和富集与地质条件密切相关,并受到地质条件的制约。影响瓦斯赋存的地质条件,主要有含煤岩系的沉积环境,岩性组合特征,煤层顶、底板岩性及其隔气、透气性能,煤的变质程度,区域地质构造,水文地质条件,岩浆作用,以及埋藏深度等。对于不同区域、不同煤田或不同块段,影响瓦斯赋存的地质条件存在着差异,起主导作用的因素也有所区别。

1.4.1 含煤岩系沉积环境与瓦斯分布

瓦斯主要赋存在含煤岩系中,因此,含煤岩系的建造特征是瓦斯形成和保存的基础条件。

在地质发展历史中,煤在地壳中的聚积是波浪式发展的。起初是从无到有,其后是强弱交替,出现了一系列的聚煤期。聚煤沉积环境控制了煤层的原始分布,煤层的聚积厚度及变化等又受沉积环境的制约。聚煤前的沉积环境和聚煤后的沉积环境及其演化,也影响着煤层下伏及上覆地层的岩性组合及厚度变化。沉积相组合决定了含煤岩系的岩性组合,而瓦斯的形成和保存条件无一不是沉积环境的物质反映,所以沉积环境对岩层的透气性,对瓦斯的保存或逸散均有着重要的影响。因此,沉积环境是影响瓦斯区域分布的主要因素之一。

此外,沉积环境不仅控制着煤的聚积、煤层厚度变化、延伸方向等,而且对煤质和煤层结构也有一定的影响。

1.4.2 含煤岩系及煤层围岩特征对瓦斯赋存的影响

近年来,随着瓦斯地质研究的深入开展,人们日益重视含煤岩系及煤层围岩的地质特征与煤层瓦斯关系方面的研究,尤其是含煤岩系及煤层围岩的地质特征对瓦斯保存或逸散所起的作用。

含煤岩系的地质时代、含煤性和岩性组合特征,影响着煤层瓦斯的赋存。含煤时代不同,地质经历不同,形成和保存瓦斯的条件就有所差别;含煤性的优劣,生成和保存瓦斯量的多少也不一样;而含煤岩系岩性及其组合特征又直接影响着瓦斯的保存和逸散。所以不同地质时代含煤岩系的分布,也反映了瓦斯赋存的区域性特点,它不仅影响着瓦斯的分布,而且在一定程度上也是控制突出分布的重要条件。因为良好的瓦斯赋存地质条件是煤与瓦斯突出的重要基础。

煤层围岩主要指煤层直接顶、老顶和直接底板等在内的一定厚度范围的层段。煤层围岩对瓦斯赋存的影响，决定于它的隔气、透气性能。一般来说，当煤层顶板岩性为致密完整的岩石，如页岩、油母页岩时，煤层中的瓦斯容易被保存下来；顶板为多孔隙或脆性裂隙发育的岩石，如砾岩、砂岩时，瓦斯就容易逸散。

瓦斯之所以能够封存于煤层中某个部位，并使之具有突出的可能，与该部位围岩透气性低，造成有利于封存瓦斯的条件有密切关系。煤层围岩的透气性不仅与岩性特征有关，还与一定范围内的岩性组合以及形变特点有关。

根据煤层围岩对瓦斯赋存的影响，可将其划分为封闭、半封闭和开放3种形式。加强煤层围岩的研究对于认识瓦斯赋存的不均衡性以及预测可能发生突出的部位和解释突出机理等方面都是十分必要的。

1.4.3 煤变质程度对瓦斯形成和赋存的影响

瓦斯主要是煤化作用的产物，所以瓦斯生成量、瓦斯赋存乃至突出的发生与成煤原始质料、煤的组成成分、煤的变质程度、煤层厚度、煤的结构、煤的力学性质等都有一定的关系。

总体而言，煤的煤化程度越高，产生的瓦斯越多。

另外，煤的变质程度对瓦斯的吸附能力也有影响。在成煤初期，褐煤的结构疏松，孔隙率大，瓦斯分子能渗入煤体内部，因此褐煤具有很大的吸附能力。但因该阶段瓦斯生成量较少，且不易保存，煤中实际所含的瓦斯量是很小的。在煤的变质过程中，由于地压作用，煤的孔隙率减小，煤质渐趋致密。长焰煤的孔隙和表面积都比较小，所以吸附瓦斯的能力大大降低，最大吸附瓦斯量在20～30m³/t。随着煤的进一步变质，在高温、高压作用下，煤体内部因干馏作用而生成许多微孔隙，使表面积到无烟煤时达到最大。以后微孔又收缩、减少，到石墨时变为零，使吸附瓦斯的能力消失，如图1-4所示。

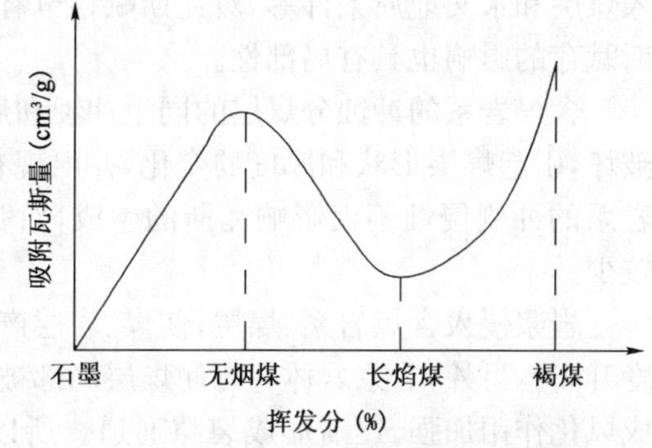

图1-4 不同煤质对瓦斯的吸附能力示意图

我国的聚煤期多，煤炭储量丰富，煤质多种多样，变质分带明显。通过不同范围的煤层瓦斯地质图可以看出，不同地质时代煤的变质分带，与瓦斯的赋存和分布有一定的关系。

我国煤变质总的规律：

(1)从地质时代上看：晚古生代以中、高变质煤占较大比例，尚未发现褐煤；中生代虽有褐煤，但以中、低变质烟煤为主，并有高变质烟煤及无烟煤；第三纪不仅有褐煤，而且也有低变质烟煤。总的来说，反映出成煤时期越老，经历的地质历史越长，煤的变质程度就越高的趋势。

(2)从地区上看：大致在北纬38°以北，包括东北地区和西北大部分地区，基本上是以褐煤和低、中变质烟煤为主；北纬38°以南的华北地区为各种变质程度的烟煤和无烟煤；西南地区主要是中、高变质烟煤赋存的地区，而东南地区则以高变质烟煤和无烟煤占优势。这种分布规律与煤矿瓦斯分布有一定的吻合性，表现在西北地区为低、中瓦斯区，华北地区为中瓦斯区，而华南地区为高瓦斯区。对东北地区来讲，情况比较复杂，在褐煤分布范围内低沼井居多，但低、中变质煤分布范围内多数矿井瓦斯较大，这与其他地质条件有关。

上述事实表明，煤的变质分带在一定程度上控制着煤层瓦斯分布和突出的分布，随着煤的变质程度的加深，矿井、隧道瓦斯等级和突出危险性亦增高。

1.4.4 区域地质构造对瓦斯赋存的影响

国内外瓦斯地质研究表明，地质构造与瓦斯富集及瓦斯突出的分布关系密切，从某种角度来说是起控制作用的。按时间来分，可分为聚煤古构造对主要含煤建造的控制及含煤建造的后期改造对瓦斯赋存的影响。

各地质时代成煤前的古构造，不仅控制了不同时代含煤建造的展布和范围（含煤建造为瓦斯生成提供了物质基础），而且对含煤建造的基底及其含煤沉积时的古地理景观均有一定的控制作用，形成了不同的瓦斯保存或逸散条件，也控制着煤层瓦斯的区域性分布。

含煤建造后期经历的构造活动对煤层瓦斯的形成、赋存和逸散也有不同影响。不同形态类型的构造活动、地质构造的不同部位、不同力学性质和封闭情况，形成了有利于瓦斯赋存或者排放的不同条件。

1.4.5 影响瓦斯赋存的其他条件

除上述对瓦斯赋存具有普遍影响的条件外，还有一些地质条件，如建造内、外冲蚀，岩浆侵入煤层和水文地质条件等，对瓦斯赋存也有一定影响。由于其分布具有局部性，因而它们对瓦斯赋存的影响也具有局部性。

含煤岩系的冲蚀分煤层的同生冲蚀和后生冲蚀两种情况，常使含煤岩系和煤层遭受冲刷破坏，引起煤层形状和厚度的变化，并出现有冲蚀岩性，如河床相砂岩、砾岩等粗碎屑岩。含煤岩系的冲刷侵蚀不仅影响瓦斯的生成，对瓦斯也起了泄放作用。因此在这些区域，瓦斯普遍较少。

岩浆侵入含煤岩系、煤层，使煤、岩层产生胀裂及压缩。岩浆的高温烘烤可使煤的变质程度升高。另外，岩浆岩体有时使煤层局部被覆盖或封闭，但也可能因岩脉蚀变带裂隙增加，造成风化作用加强，逐渐形成裂隙通道。所以，一般而言，岩浆侵入煤层有形成、保存瓦斯的作用，但在特定条件下又利于瓦斯逸散。在研究岩浆岩对煤层瓦斯的影响时，要结合地质背景作具体分析。

地下水与瓦斯共存于含煤岩系及围岩之中，两者均为流体，运移和赋存都与煤层和岩层的孔隙、裂隙通道有关。由于地下水的运移，一方面驱动裂隙和孔隙中的瓦斯运移，另一方面又带动溶解于水中的瓦斯一起流动。因此，地下水的活动有利于瓦斯的逸散。同时，水吸附在裂隙和孔隙的表面，减弱了煤对瓦斯的吸附能力。地下水和瓦斯占有的空间是互补的，这种相逆的关系，表现为地下水丰富的地带瓦斯含量小，反之亦然。

一般情况下，煤层中的瓦斯压力随着埋藏深度增大而增加。随着瓦斯压力的增加，在煤与岩石中游离瓦斯量所占的比例增大的同时，煤中的吸附瓦斯逐渐趋于饱和。所以，一定深度范围内，煤层中瓦斯含量随着埋藏深度的增大而增加。

另外，人类活动如隧道开挖，也会影响煤层中瓦斯的赋存及含量的变化。隧道开挖使煤层应力重新分布，造成次生透气性结构。同时，围岩局部应力变化导致煤体透气性发生变化，在卸压区内透气性增高，集中应力带内透气性降低。

1.5　瓦斯赋存及运移与地质构造的关联关系

地质构造是影响煤层瓦斯赋存及运移的最重要条件之一。目前总的认为，封闭型地质构造有利于封存瓦斯，开放型地质构造有利于瓦斯排放。瓦斯赋存、运移与地质构造间的关联关系可从以下几个方面来阐述。

1.5.1　褶曲构造

褶曲类型和褶皱复杂程度对瓦斯赋存均有影响。当围岩的封闭条件较好时，背斜往往有利于瓦斯的储存，是良好的储气构造；但在封闭条件差、围岩透气性好的情况下，背斜中的瓦斯容易沿裂隙逸散。在简单的向斜盆地构造的矿区中，煤层瓦斯排放的条件往往是比较困难的，煤层瓦斯沿垂直地层方向运移十分困难，大部分瓦斯仅能够沿煤田两翼流向地表，因此瓦斯赋存条件较好；但是，在盆地边缘部分，由于含煤地层暴露面积大，瓦斯易于排放。在深受侵蚀的褶曲矿区，瓦斯往往易于排放，其主要原因在于矿区大部分范围内的含煤岩系中的瓦斯都流向地表。对于复式褶曲或紧闭褶曲，封闭条件良好时，煤层瓦斯赋存分布往往不均衡和出现相对的富集。

从岩体力学角度来看，褶曲构造属弹塑性变形，保留了一定程度的原始应力状态，在褶曲部位形成相对的高应力区和高瓦斯区（简称双高区）。在双高区范围内，不同部位的应力分布和瓦斯分布也不相同：在褶曲的轴部，变形最大，相对而言，能量释放最多，应力缓解，形成卸压带和低瓦斯区；由轴部向外，即褶曲轴附近的两翼，应力集中，形成高应力带和煤层瓦斯聚集带（高瓦斯区）；由此向外，应力和瓦斯均逐渐降低，形成相对的低应力带和低瓦斯区；再向外，则进入正常地带，应力和瓦斯均恢复常值。这就形成了瓦斯在褶曲构造中呈驼峰形的曲线分布，即双高区比正常区瓦斯高，但轴部略低。

据山西省资料表明：高瓦斯矿区基本上分布在向斜轴部、背斜鞍部、鼻状构造的倾斜端及“S”形背斜转折端。

1.5.2　断裂构造

地质构造中的断层，不仅破坏了煤层的连续完整性，而且也使煤层瓦斯排放条件发生了变化。开放性断层有利于煤层瓦斯的排放，封闭性断层不利于瓦斯的排放。断层的开放性与封闭性主要取决于以下条件：

（1）断层的性质：张性正断层属于开放性断层，而压性或压扭性逆断层则属于封闭条件较好的封闭性断层。

（2）断层与地面或冲积层的连通情况：一般情况下，规模大且与地表相通或与松散冲积层相连的断层，瓦斯排放条件好，为开放性断层。

（3）煤层与断层另一盘接触的岩层性质：倘若该岩层透气性好，则有利于瓦斯的排放，该断层为开放性断层。

（4）断层带的特征：断层带的特征主要反映在断层面的充填情况、断层的紧闭程度以及断层面裂隙发育情况。

此外，断层的空间方位对瓦斯的储存、排放也有影响。一般认为，走向断层阻隔了瓦斯沿煤层倾斜方向的排放而有利于瓦斯储存；倾向和斜交断层则把煤层切割成互不联系的块体而有利于瓦斯排放。

在围岩透气性较好的开放型地区，构造越复杂、裂隙越发育，则该处通道就越多，排气就越快，保存的瓦斯就越少；在围岩透气性较差的封闭型地区，岩层多为屏障层，即使有较多的张性断裂存在，往往也不易形成瓦斯排放通道，故而瓦斯容易得到保存。

1.5.3 构造复合与构造联合

构造复合与联合部位多属于地应力集中地带，容易造成封闭瓦斯条件，因此有利于煤层瓦斯的赋存。例如，湖南的郴耒煤田，尽管其构造的主体部分是耒临南北构造带，但由于该地带南部与南岭东西带复合、中部与华夏系复合，使得这个南北构造带被改造成为弧度大小不一的正弦曲线状，弧顶交替向东、西凸出，构造异常复杂。从目前揭露的情况来看，位于构造体系交汇部位的马田、永红、梅田矿区都是高瓦斯矿区，并且有突出危险；而位于新华夏系和秦岭东西构造带联合部位的焦作矿区则是河南省的高瓦斯区，且突出严重。

1.5.4 构造组合

构造组合是指控制瓦斯分布的构造形迹的组合形式。从目前来看，大致可以划分为以下几种类型：

(1)矿井边界为压性断层的封闭型。这一类型目前是指压性断层作为矿井的对边边界，断层面一般为相背倾斜，导致整个矿井处于封闭的条件下，故而煤层瓦斯含量高。例如，内蒙古大青山煤田，南北两侧均为逆断层，且断层面倾向相背，煤田位于逆断层的下盘，在构造组合上处于较好的封闭条件，故而该煤田内多数煤层瓦斯含量普遍高于区内开采的同时代含煤岩系的其他煤田。

(2)构造盖层封闭型。煤层的盖层条件是指沉积盖层，从构造角度而言，也可指构造成因的盖层。例如，当某一较大的逆掩断层将大面积透气性差的岩层推覆到煤层或煤层附近上方时，这时会改变原有煤层的盖层条件，同样对煤层瓦斯会起到封闭作用。如吉林通化矿区的铁矿二井，其北北东向的张性断层虽然有利于煤层瓦斯的排放，但是，由于煤层上覆地层被F_{29}逆断层的上覆所覆盖，在断层面及上覆地层的封闭作用下，下盘煤层瓦斯大量积聚，瓦斯含量增高。

(3)正断层断块封闭型。该类型一般是由两组不同方向的压扭性正断层在平面上组成三角形或多边形块体，而井田边界则为正断层所圈闭。其特点是除接近正断层露头的浅部或与煤层接触的断层另一盘的透气性好的煤层的瓦斯含量较低外，其余皆因断层的挤压封闭而有利于瓦斯的赋存，煤层的瓦斯含量增高。

1.6 瓦斯灾害

1.6.1 瓦斯爆炸

1.6.1.1 瓦斯的爆炸性

瓦斯爆炸是瓦斯和空气混合后，在一定的条件下遇高温热源发生的剧烈的连锁反应，并伴有高温高压的现象。在瓦斯爆炸的过程中，火焰从火源占据的空间不断传播到爆炸性混合气体所在的整个空间。瓦斯爆炸的化学反应式如下：

$$CH_4 + 2O_2 \longrightarrow CO_2 + 2H_2O + 833.28 \quad J/mol \tag{1-7}$$

瓦斯爆炸是一个复杂的化学反应过程，以上化学式所表示的只是其最终结果。研究证明，瓦斯爆炸是连锁反应（热—链式反应）。当爆炸性混合气体吸收一定能量（热能）后，反应分子链断裂，离解成两个或两个以上游离基，游离基具有很大的化学活性，成为反应连续进行的活化中心。在适合的条件下，每一个游离基又进一步分解，再产生两个或两个以上的游离基，这样分解下去，游离基越来越多，化学反应也越来越快，最后就可以发展为燃烧或爆炸式氧化反应。

瓦斯爆炸时，最初爆炸产生一定速度运行的火焰锋面，其后面是具有高温的混合气体，同时产生压力的冲击，它们互相叠加，形成压力很高的正向冲击波。当从障碍物（隧道的变断面处、横通道处）反回冲击时，形成与正向冲击波传播方向相反的反向冲击波。

冲击波与集中在隧顶附近的瓦斯相互作用，使瓦斯均匀分布于隧道的全断面。这样在冲击波的后面就形成越来越多具有爆炸性的气体，这种情况一直持续到冲击波传遍混合气体存在的隧道区段。

爆炸前存在于隧道中的气体以及冲击波作用后产生的爆炸性混合气体均被火焰锋面引燃。在火焰锋面传播的过程中，留下爆炸的产物。

因而，瓦斯爆炸会产生三种危害：火焰锋面、冲击波、隧道空气成分的改变，从而造成人员伤亡、已建洞段和设备被毁坏等恶果。

1）火焰锋面

火焰锋面是沿隧道运动的化学反应带和烧热的气体。火焰锋面的传播速度为 1～2.5m/s（正常燃烧速度）至 2 500 m/s（爆轰速度），一般为 500～700m/s。当火焰锋面通过时，人员会被烧伤，设备会被烧坏，还会引起火灾。

2）冲击波

冲击波是传播的压力突变。冲击波沿隧道传播时，在冲击波经过的前后，压力等于 1 个大气压，而随着冲击波的接近，压力很快升高到最大值，之后又降低。在正向冲击波传播时，其波峰的压力达 10kPa～2MPa；在正向冲击波叠加或返回时，可形成高达 10MPa 的压力。正向、反向冲击波的通过，会造成人员的人体创伤，同时移动、破坏机械设备。

3）隧道空气成分改变

瓦斯爆炸可使隧道中的空气成分发生如下变化：氧化反应消耗了大量的氧，造成氧浓度降低；释放有害气体（如 CO_2、CO、高温水蒸气等）；形成爆炸性气体。

三种危害的程度与传播范围相关：火焰锋面的传播范围最小，一般为数十米到百米，只有在极少数情况下达到几千米；冲击波有较大的传播范围，一般为几千米；爆炸产物有最大的传播范围，与通风风流的作用和爆炸后产生的空气动力学关系有关。

1.6.1.2　瓦斯爆炸条件及影响因素

瓦斯的爆炸需要三个条件：一定的瓦斯浓度；一定温度的引燃火源；足够的氧。

1）瓦斯浓度

发生最初着火（爆炸）的瓦斯浓度见表 1-4。

瓦斯爆炸浓度 表 1-4

着火源	爆炸下限(%)	最佳爆炸浓度(%)	爆炸上限(%)
正常条件下的弱火源	5	最低着火能量 0.28MJ	15
强火源	2	0.85～10	75

能使火焰锋面传播到爆炸性混合气体占据的全部容积的瓦斯的最低浓度称为爆炸下限,能使火焰锋面传播到爆炸性混合气体占据的全部容积的瓦斯的最高浓度称为爆炸上限。能在最小着火能量下激发着火(爆炸),并且爆炸中能释放出最大能量的浓度称为最佳爆炸浓度,也即在最佳爆炸浓度下有最大的动力效应——最大的火焰锋面速度、最强的冲击波、最高的火焰锋面温度和最高的冲击波波峰压力。

当瓦斯浓度低于爆炸下限时,遇火源不爆炸,只能在火焰外围形成稳定的浅蓝色燃烧层;当瓦斯浓度高于爆炸上限时,遇火源不爆炸也不燃烧,如果有新鲜空气供入,则在它们的接触面上燃烧。因为在氧化反应中,当瓦斯浓度过低时,氧气生成的热量与分解的活化中心都不足以发展成连锁反应(爆炸);而当瓦斯浓度过高时,相对来说氧的浓度就不够,不但不能生成足够的活化中心,氧化反应所产生的热量也易被吸收不能形成爆炸。因此,只有在一定的瓦斯浓度范围内(爆炸界限)才发生爆炸。

从表 1-4 可以看出,爆炸范围与火源有关,在强火源作用下,爆炸范围显著扩大。混入甲烷的同系物(乙烷、丙烷等)可以降低瓦斯爆炸下限。当几种可燃气体同时存在时,可根据下式求得混合气体的爆炸上限和下限。

$$V = 100/\left(\frac{P_1}{V_1} + \frac{P_2}{V_2} + \cdots \frac{P_n}{V_n}\right) \tag{1-8}$$

$$V = 100/\left(\frac{P_1}{L_1} + \frac{P_2}{L_2} + \cdots \frac{P_n}{L_n}\right) \tag{1-9}$$

式中:V_1、V_2…V_n——各种可燃气体的爆炸上限,%;

L_1、L_2…L_n——各种可燃气体的爆炸下限,%;

P_1、P_2…P_n——各种可燃气体的体积分数,%。

在瓦斯混合气体中混入惰性气体时,随着气体含量的增加,混合气体的爆炸下限略微增加,而爆炸上限则迅速减小。当惰性气体与瓦斯混合气体的混合比达到一定值时,混合气体的爆炸下限和爆炸上限重合。该状态下的可燃气体浓度称为临界浓度,临界浓度时的惰性气体与可燃气体的混合比称为窒息比。

如果瓦斯混合气体中除可燃气体外,还具有惰性气体,则爆炸界限按下式计算:

$$Q = \left(1 + \frac{C}{1-C}\right)100/\left(100 + Q_1 - \frac{C}{1-C}\right) \tag{1-10}$$

式中:Q_1——瓦斯混合气体中可燃气体部分的爆炸界限;

C——混合气体中惰性气体的体积分数,$C=0.01(CO_2+N_2)$,%。

煤尘也具有爆炸性,在 300～400℃时能挥发出可燃气体,所以混入煤尘可使瓦斯爆炸下限降低。例如,在其他条件相同时,如将空气中的含尘量由 5g/m^{3}增加到 40g/m^3,则爆炸下限将由 4%降低到 0.5%。

此外，瓦斯爆炸界限还与瓦斯混合气体的初始压力、初始温度有关。当瓦斯混合气体初始压力提高时，爆炸上限大幅提高；当初始温度提高时，爆炸上限也有较大幅度的变化。

2)火源

瓦斯爆炸的第二个条件是高温火源的存在。火源可根据能量在矿井空气中散布的形式进行分类，即把火源分成弱火源和强火源，如图1-5所示。弱火源不能形成冲击波，也不能使沉积煤尘转变为浮游状态；相反，强火源会产生冲击波，并把沉积煤尘转变为浮游状态。因此，强火源引起的爆炸往往既有瓦斯参加，又有煤尘参加。

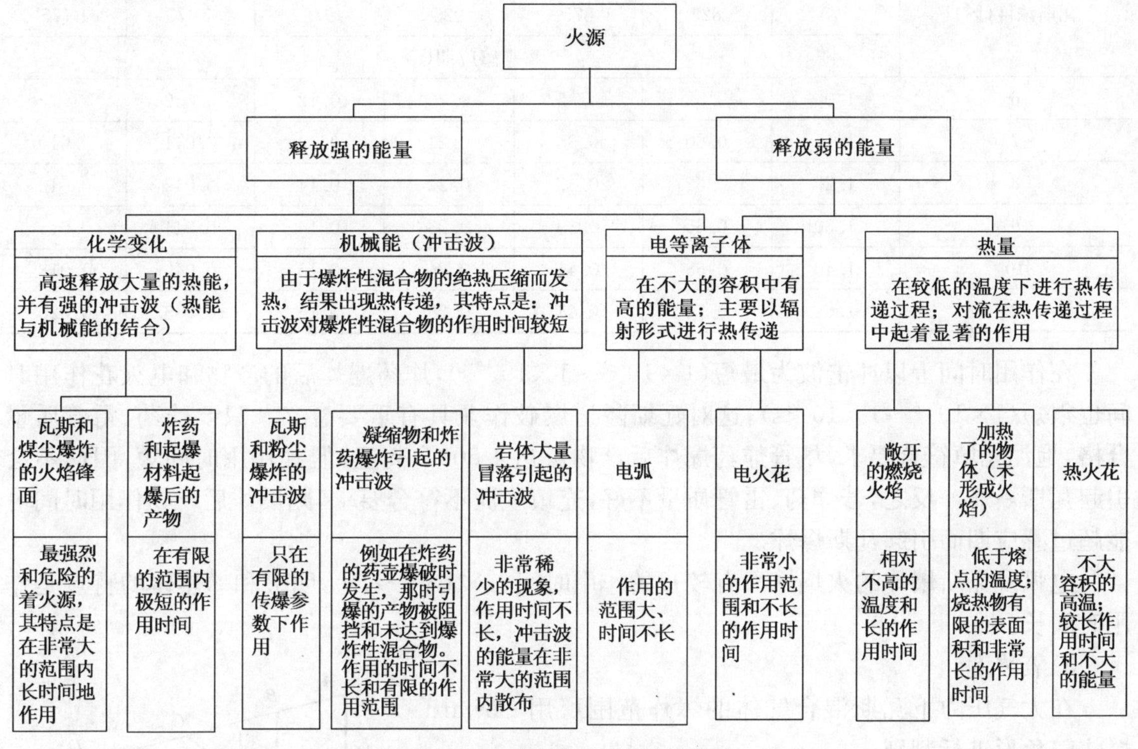

图1-5 瓦斯爆炸火源分类示意图

前苏联的统计资料表明，引起瓦斯爆炸的火源主要是强火源，弱火源（明火和燃红的物体）仅占23.1%。实际上，火源作用的强度标志是它们的温度。

最低着火温度主要取决于隧道空气中的瓦斯浓度、压力和着火状态。例如，瓦斯混合气体的最低着火温度在绝热压缩时为565℃，在烧热的表面接触时为650℃。最低着火温度随着压力的增高而降低。在大气压力下，不同瓦斯混合气体的最低着火温度见表1-5。

不同浓度瓦斯的最低着火温度 表1-5

CH_4含量(%)	2	3	3.95	7	9	10	11.75	14.35
最低着火温度(℃)	710	700	691	697	701	714	724	742

瓦斯和煤层爆炸的火焰锋面的温度可以达到2 000～2 500℃；炸药爆破后的产物温度可达4 500℃；电弧、电火花的平均温度为4 000℃；速度大于1 250～1 350m/s的冲击波，其波峰后面的温度可达500℃。

火源作用的另一个重要特性是其作用的持续时间。因为导致瓦斯爆炸的连锁反应需要一定的时间，所达到爆炸浓度的瓦斯遇到火源时不会立即爆炸，而需要延迟很短的时间。开始着火到产生运动的火焰锋面的这段延迟时间称为感应期。任何一个火源，只有当其作用延续时间超过感应期时才是危险的。

感应期与瓦斯浓度、火源温度有关，详见表1-6。同时，当瓦斯混合物中含有烷同系物或混合气体压力升高时，感应期均会缩短。

不同浓度瓦斯的感应期 表1-6

瓦斯浓度(%)	火源温度(℃)						
	775	825	875	925	975	1 075	1 175
	感应期(s)						
6	1.08	0.58	0.35	0.20	0.12	0.039	
7	1.15	0.60	0.36	0.21	0.13	0.041	0.010
8	1.25	0.62	0.37	0.22	0.14	0.042	0.012
9	1.30	0.65	0.39	0.23	0.14	0.044	0.016
10	1.40	0.68	0.41	0.24	0.15	0.049	0.018
12	1.64	0.74	0.44	0.25	0.16	0.055	0.020

在作用时间上以冲击波为最短($1\times10^{-7}\sim1\times10^{-3}$s)，炸药爆炸后的产物和电火花作用时间也很短($1\times10^{-6}\sim1\times10^{-2}$s)，这对瓦斯隧道爆破作业具有重要意义。只要炸药、雷管质量合格，炮泥充填符合要求，尽管炸药爆炸后产物可达4 500℃高温，但其作用时间短，因而不会引起瓦斯爆炸。反之，若炸药、雷管质量不好，充填炮泥不符合要求，则爆炸后产物作用时间可能超过感应期而引起瓦斯爆炸。

电弧及瓦斯爆炸的火焰锋面有较长的作用时间($1\times10^{-4}\sim1$s)，明火和灼热体的特点是作用时间长。

3)氧浓度

在大气压力下瓦斯混合气体的爆炸范围可用Coward爆炸三角形进行判别。

图1-6中的*A*点表示通常的空气，即含O_2为20.93%，含N_2和CO_2为79.07%；瓦斯空气混合气体用*AD*线表示；*B*、*C*点分别表示爆炸下限和上限；*BE*为混合气体爆炸下限线。在爆炸三角形*BCE*范围内的混合气体均有爆炸性，*BEF*线左边的2区为不爆炸区，*CEF*右边3区为补充氧气后可能爆炸区。

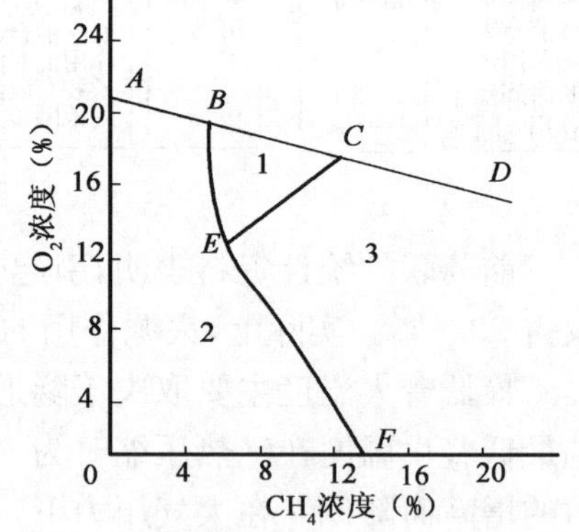

图1-6 瓦斯空气爆炸界限与其中氧和瓦斯浓度关系

1-爆炸区；2-不爆炸区；3-可能爆炸区

瓦斯爆炸范围随着混合气体氧浓度的降低而缩小，当氧含量降低时，瓦斯爆炸下限缓缓升高(*BE*线)，而爆炸上限则迅速下降(*CE*线)，即在氧含量低于12%时，混合气体即失去爆炸性。

1.6.2 煤与瓦斯突出

隧道煤与瓦斯突出是指在掘进过程中煤与瓦斯的突然喷出。这种喷出在短时间内(数分钟甚至数秒钟)产生很大的冲击力量，破坏工作面，从煤层深处排出大量的煤和瓦斯，并伴有强烈的声响和较大的动力效应。煤与瓦斯突出的危害十分严重，短时间内向开挖空间喷出大量的煤、岩石和瓦斯，能摧毁隧道设施，造成窒息、燃烧和爆炸，以及煤、岩流埋入等事故。

1.6.2.1　煤与瓦斯突出分类

根据瓦斯动力现象，煤与瓦斯突出可以分为煤的突然倾出、煤的突然压出、煤与瓦斯突出、岩石与瓦斯突出四类。

1)煤的突然倾出

煤的突然倾出是煤矿中常见的瓦斯动力现象，在顿巴斯煤田的急倾斜煤层中，煤的突然倾出占突出总数的50%以上。煤的突然倾出主要是重力引起的，而瓦斯在一定程度上也参与了倾出过程。这是由于瓦斯的存在，进一步降低了煤的强度，瓦斯压力促进了重力作用的显现，由于这种关系，煤的倾出能力引起或转化为煤与瓦斯突出。

煤的倾出具有下列特征：

(1)倾出空洞具有较规则的几何形状。

(2)倾出的煤主要是碎煤，有时也能见到少量粉煤，无分选现象。

(3)煤的抛出距离及其堆积情况，取决于煤的多少、空洞的大小及倾角。煤的抛出距离一般不超过50m；倾出煤的堆积坡面角，一般近于自然安息角(散料在自然堆放时能够保持自然稳定状态的最大角度)，发生大强度倾出时，堆积坡面角可能小于自然安息角。

(4)倾出的煤量由数吨到数百吨，但多数情况不超过100t。

(5)倾出时的瓦斯涌出量取决于煤层瓦斯含量、煤的破碎程度、倾出煤量等，每吨倾出煤的瓦斯涌出量少于或接近于煤层瓦斯含量。

(6)倾出前常出现的预兆包括煤硬度降低、煤开裂、工作面掉渣、支架压力增加等，有时煤体中也出现劈裂声、闷雷声等。

2)煤的突然压出

煤的突然压出是由构造应力或开采集中应力引起的，瓦斯只起次要作用，伴随着突然压出，回风流中瓦斯浓度增高。按表现形式不同，煤的突然压出又可分为突然移动和突然挤出两类。

(1)突然移动表现为煤体的整体移动，煤体虽保持某种程度的完整外形，而实际已被压坏并布满裂缝，甚至还有部分煤体被压碎成块状；有时也表现为巷道底板整体向上鼓起。

突然移动是由构造应力的水平挤压作用造成的，其特征为：

①工作面煤体整体移动，或底板煤体向上鼓起0.2～0.4m，不形成空洞。

②煤不抛出，无分选现象。

③移动的煤量一般在10～20t以下，个别达50t以上。

④瓦斯涌出量小于煤层瓦斯含量，通常不引起巷道瓦斯超限。

⑤动力效应小，支柱一般不被破坏，只是嵌入压出的煤体中。

⑥压出前的预兆是支柱压力增大，掉煤渣，煤体内出现劈裂声、雷声等。

(2)突然挤出多发生在倾斜和缓倾斜煤层的回采工作面，是在构造应力大，煤层中有软分层、有平行工作面的解理裂缝，在直接顶板上有弹性岩石(砂岩、石灰岩)和放顶不好、悬顶过大等条件下，煤层受到采动应力作用使工作面边缘煤体被压碎而发生的，瓦斯随着煤的突然挤出而加剧涌出，其特征为：

①压出空洞沿弧形条带分布，空洞分布在软分层中，其高度可达到软分层的全厚，并向上

下两个方向逐渐减少，其剖面是唇形。

②抛出的煤为小块及大块，煤粉很少，无分选现象。

③压出的煤可抛出 1～3m，堆积坡度比自然安息角小。

④压出的煤量一般为数十吨，大强度压出可达 375t。

⑤压出后短时间内瓦斯浓度可达 10%以上，但在正常通风条件下，很快能恢复正常。在大强度突然挤出时，大量瓦斯涌出可延续较长时间，每吨挤出煤的瓦斯涌出量小于煤层瓦斯含量。

⑥压出前的预兆包括软煤分层厚度增加，支架压力增加，工作面掉煤渣，煤体中出现劈裂声、闷雷声等。

3)煤与瓦斯突出

煤与瓦斯突出是在地应力和瓦斯的共同参与下发生的，其特征如下：

(1)突出空洞的位置和形状是各种各样的，大部分空洞位于巷道上方及上隅角，但也有位于巷道下隅角的。

(2)煤与瓦斯突出的一个重要特征是喷出的煤具有分选现象，即在靠近突出空洞和巷道下部为块煤，其次为碎煤，离突出空洞较远处和煤堆上部是粉煤，有时粉煤能被抛出很远。

(3)煤的抛出距离取决于突出强度，可以由数米到百米，突出的煤可以堆满全断面，造成巷道堵塞。煤的堆积坡度通常小于自然安息角。

(4)煤与瓦斯突出的煤量，由数吨到上千吨。

(5)煤与瓦斯突出时喷出的瓦斯量，取决于煤层瓦斯含量和突出的煤量等。

(6)突出的预兆可以分为有声预兆和无声预兆。

①有声预兆：俗称响煤炮，通常在煤体深处有闷雷声、劈啪声、劈裂声、嘈杂声、沙沙声等。

②无声预兆：煤变软，光泽变暗，掉渣和小块剥落，煤面轻微颤动，支架压力增加，瓦斯涌出量增高或忽大忽小，煤面温度或气温降低等。

4)岩石与瓦斯突出

随着开采深度的增加，在我国一些矿井中相继发生了岩石与瓦斯突出，突出的岩石主要为砂岩，也有含砾砂岩及安山岩，参与突出的瓦斯主要是二氧化碳或甲烷。

目前，一般认为岩石与瓦斯突出是岩体的动力破坏，是具有一定岩相和物理力学性质的含瓦斯岩石在静应力和动应力综合作用下发生的。岩体的静应力场决定于上覆岩层的重力、构造应力和瓦斯压力，动应力则由爆破引起。爆破时，动应力与静应力叠加引起岩体脆性破坏而突出。根据国内外资料，岩石与瓦斯突出一般具有如下规律：

(1)岩石与瓦斯突出大都发生在构造破坏带。

(2)国外的岩石与瓦斯突出均发生在爆破时；我国除一次岩石与瓦斯突出由冒顶引起外，其余也均由爆破引起。

(3)岩石与瓦斯突出后，在岩体中形成一定形状的空洞。

(4)喷出的岩石有分选现象，多数为粉末状，少部分为块状，在堆积物上覆盖一层 0.2～0.5m的岩石粉末，而在顶板下面留有高 0.3～0.5m 的通道。

(5)突出时喷出的瓦斯量取决于岩石瓦斯含量、瓦斯种类、喷出的岩石量等。

(6)绝大多数突出前均有预兆出现，主要有瓦斯涌出量增加，岩石变软，巷道压力增大，巷道顶板岩石呈片状脱落，炮烟利用率增高，发生底鼓等。

1.6.2.2　煤与瓦斯突出发生的条件

煤与瓦斯是由地应力与瓦斯、煤的结构和力学性质综合作用的动力现象。在煤与瓦斯的突出过程中，地应力、瓦斯压力是发动和发展煤和瓦斯突出的动力，煤的结构、力学性质则是阻碍突出发生的因素，它们存在于一个共同体中，有其内在联系，但不同因素对突出的作用不同。

1）发生突出的地应力条件

地应力对突出主要有三方面的作用，即：由于地应力的作用使围岩或煤体的弹性变形潜能做功，造成煤体产生突然破坏和位移；地应力控制瓦斯压力场，促使瓦斯破坏煤体；围岩中应力增加决定了煤层的低透气性，造成瓦斯压力梯度增高，煤体一旦破坏则对突出有利。可见煤层与围岩具有较高的地应力，并在近工作面地带煤层的应力状态发生突然变化，使潜能有可能突然释放，这是发生煤与瓦斯突出的第一个必要和充分条件，如图 1-7 所示。

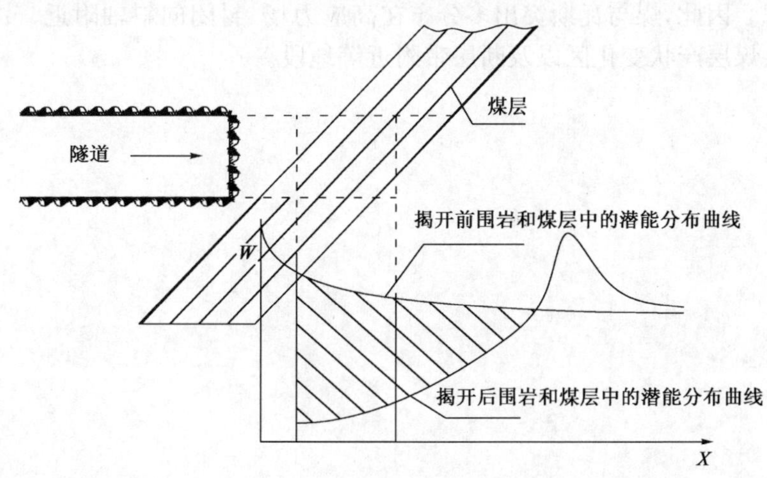

图 1-7　隧道揭开煤层时潜能的释放

2）瓦斯在突出中的作用

存在于煤裂隙和煤孔隙中的瓦斯对煤体有如下作用：全面压缩煤的骨架，促使煤产生潜能；吸附在微孔表面的瓦斯分子，对微孔起楔子作用，从而降低煤的强度；瓦斯压力有降低地应力的作用。

瓦斯的解吸使煤的破碎和移动进一步加强，并由于瓦斯流不断地把碎煤抛出，使突出空洞壁始终保持着一个较大的地应力梯度和瓦斯压力梯度，使煤的破碎不断向深处发展，因此，有足够多的瓦斯流把碎煤抛出，并且突出孔道畅通，使空洞壁形成较大的地应力梯度和瓦斯压力梯度，利于煤体破碎向深部扩展。所以瓦斯的作用是突出发生的第二个必要和充分条件。

3）发生突出的煤体结构条件

煤体结构破坏程度影响煤层的力学性质和对瓦斯的储集能力，因而不同的煤体结构类型具有不同的突出危险性。国内外对煤体结构进行了广泛的研究。前苏联科学院地质研究所基于煤中原生和次生节理的变化、微裂隙间距、断口和光泽特征，将煤体结构分为五种类型，并认为Ⅳ、Ⅴ类破坏类型的煤体结构分层是发生煤与瓦斯突出的必要条件。

焦作矿业学院从瓦斯地质角度出发，根据煤体宏观和微观结构特征，以构造煤的类型为基础，将煤体结构划分为四种类型，指出构造煤是煤与瓦斯突出的必要条件。《防治煤与瓦斯突出细则》以前苏联五类划分为基础，提出了煤体结构破坏类型划分新标准。研究表明，随着煤体结构破坏类型增加，突出危险性增大。

4)控制突出分布的地质条件

煤与瓦斯突出是一种地质灾害，其发生受地质条件控制。研究表明，突出的分布受地质因素控制，具有不均匀分布规律性，突出与构造的复杂程度、煤层围岩、煤变质程度有关，并提出了确定煤层突出危险性的地质指标。

我国对煤与瓦斯突出的地质条件研究更为广泛。20世纪80年代，焦作矿业学院提出瓦斯地质编图(图1-3)，阐明了瓦斯分布和突出分布的不均衡性，分区分带性与地质条件的关系，地质条件控制突出分布的规律性，利用地质条件可以进行瓦斯突出的预测。对我国瓦斯地质规律进一步的研究表明，煤层中高瓦斯含量是突出的地质基础，构造煤是突出的必要条件。压性和压扭性构造的发育是导致突出的重要因素，它有助于构造煤的形成和在地应力条件下高压瓦斯的聚积。因此，煤与瓦斯突出多分布在高应力场、封闭向斜轴附近、帚状构造的收敛端、煤层扭转区、煤层产状变化区以及断层带附近等地段。

第2章　瓦斯隧道等级与工区评价体系

对于穿越煤层的瓦斯隧道而言，可能发生瓦斯灾害的部位受隧道所处地层岩性和地质构造控制，煤系地层越厚，地质构造越复杂的隧道，发生瓦斯灾害的几率越大，因而根据隧道内不同的地质条件，涌出的瓦斯大小不同，对安全施工的威胁不同，必须采取不同的安全保证措施。

对瓦斯隧道进行等级评价是对拟建隧道进行整体的定性分级，即将隧道看作一个点，对这个点来进行等级评价，按隧道内瓦斯最高含量等级来确定瓦斯隧道的等级。对瓦斯隧道进行工区评价则是对隧道不同部位，按不同瓦斯压力、瓦斯含量和距离煤层远近等因素进行工区瓦斯属性评价，即对隧道这个线状工程进行线性评价，划分出不同瓦斯危险性区段。

2.1　瓦斯等级划分现状

2.1.1　矿井瓦斯等级划分

2.1.1.1　国外矿井瓦斯等级划分

瓦斯的大量涌出，历来就是煤矿重大灾害的根源。据不完全统计，20世纪80年代，全世界主要产煤国家因瓦斯突出和瓦斯爆炸事故，死亡总人数超过6万人。为了有效地防治瓦斯灾害，必须实行技术措施和管理措施并举的综合治理方针。

国外主要产煤国家矿井瓦斯等级广泛采用相对瓦斯涌出量来划分。前苏联、波兰、印度、德国皆按相对瓦斯涌出量划分矿井瓦斯等级，印度除相对瓦斯涌出量外，还附加考虑总回风流瓦斯浓度，详见表2-1。

原苏联、波兰、德国和印度的矿井瓦斯分级　　表2-1

国　别	瓦斯等级	分级指标	
		总回风流瓦斯浓度(%)	相对瓦斯涌出量(m^3/t)
前苏联	Ⅰ级		<5
	Ⅱ级		5～10
	Ⅲ级		10～15
	超级		>15
波兰	无瓦斯		<5
	低瓦斯		5～10
	瓦斯		10～15
	高瓦斯		>15

续上表

国　别	瓦斯等级	分级指标	
		总回风流瓦斯浓度(%)	相对瓦斯涌出量(m^3/t)
德国	微瓦斯		0.3～3
	低瓦斯		2～6
	瓦斯		4～12
	中级瓦斯		8～25
	高瓦斯		20～60
	超级瓦斯		50～120
印度	Ⅰ级	<0.1	<1
	Ⅱ级	>0.1	1～10
	Ⅲ级		>10

日本将矿井按瓦斯分为两类，即甲种(高瓦斯)和乙种(低瓦斯)矿井。凡符合下列条件之一者，为甲种瓦斯矿井：①回风巷道风流中的可燃性气体含量大于0.25%；②采掘工作面风流中可燃性气体含量大于0.5%；③停风后1h，采掘工作面或人行巷道风流中可燃气体含量大于3%。不符合甲种瓦斯矿井条件的皆划为乙种瓦斯矿井。

英国无明确的矿井瓦斯等级划分，认为所有煤层皆为瓦斯煤层，并以矿井回风流瓦斯浓度作为矿井安全的主要指标，当矿井总回风流瓦斯浓度超过允许值1.25%时，经矿井地质工程师认可后采取抽放瓦斯措施。

西班牙采用矿井回风流中瓦斯浓度及瓦斯涌出形式作为分类指标，把矿井分成非瓦斯矿井、有瓦斯矿井、高瓦斯矿井和有突出危险的矿井四类。

法国将矿井分为瓦斯矿井和突出矿井，瓦斯矿井分为轻微和显著两种情况，突出矿井按突出危险程度将工作面分为四级，并规定对不同等级的工作面相应采用振动性放炮等专项预防措施。

美国煤矿分为瓦斯矿井和非瓦斯矿井。出现下面两种情况即确定为瓦斯矿井：矿井有过瓦斯着火现象；在任何采区检查中(距顶、壁、工作面300mm以上的位置)发现瓦斯浓度超过或达到0.25%。

2.1.1.2　国内矿井瓦斯等级划分

我国矿井瓦斯等级划分根据所采用的指标及其界定值的不同大致可分为三个阶段：

第一阶段(1980年以前)：我国矿井瓦斯的划分以《煤矿安全生产试行规程》(曾用名为《煤矿保安暂行规程》)为依据，划分指标为矿井的相对瓦斯涌出量(生产吨煤的瓦斯涌出量)，指标值沿用原苏联的矿井瓦斯等级划分方法，即将瓦斯矿井分为Ⅰ、Ⅱ、Ⅲ级和超级四级，见表2-1。

第二阶段(1980～2001年)：我国矿井瓦斯的划分以原煤炭部颁布的《煤矿安全规程》为依据，仍然采用矿井的相对瓦斯涌出量作为判定指标，将原划分方法中的Ⅰ级和Ⅱ级瓦斯矿井合并为低瓦斯矿井，Ⅲ级和超级瓦斯矿井合并为高瓦斯矿井，将开采煤与瓦斯突出煤层的矿井单独划分为煤与瓦斯突出矿井，见表2-2。

1980～2001 年中国矿井瓦斯等级划分标准　　表 2-2

矿井瓦斯等级	低瓦斯矿井	高瓦斯矿井	煤与瓦斯突出矿井
相对瓦斯涌出量(m^3/t)	≤10	>10	发生过煤与瓦斯突出的矿井

该等级划分指标仅考虑了矿井相对瓦斯涌出量的大小，而未考虑矿井绝对瓦斯涌出量和通风管理等因素。我国各煤矿年生产能力差异很大，由年产几万吨至数百万吨不等，按上述标准划分瓦斯等级时，部分年产量在 13×10^5 t 以下的矿井尽管绝对瓦斯涌出量很小，仅 2～3m^3/min，就已划为高瓦斯矿井；部分年产量达到甚至超过 300×10^5 t 的矿井，虽然绝对瓦斯涌出量高达 69m^3/min，仍属低瓦斯矿井。显然，该指标有不尽合理之处。

第三阶段(2001 年以后)：2001 年以后，国内以矿井的绝对瓦斯涌出量和相对瓦斯涌出量作为瓦斯等级划分的指标，并以 2001 年国家煤矿安全监察局发布的《煤矿安全规程》为划分依据，具体划分如表 2-3 所示。

2001 年以后我国矿井瓦斯等级划分　　表 2-3

矿井瓦斯等级	相对瓦斯涌出量(m^3/t)	绝对瓦斯涌出量(m^3/t)
低瓦斯矿井	≤10	≤40
高瓦斯矿井	>10	>40
突出矿井	发生过煤与瓦斯突出的矿井	

2.1.1.3　*矿井瓦斯的分级防治措施*

根据矿井瓦斯等级划分结果，需要在通风、安全监测、井下电气设备选型和矿用安全炸药选用等方面采取不同措施。

1)通风

高瓦斯矿井、有煤(岩)与瓦斯(二氧化碳)突出危险的矿井的每个采区和开采易自燃煤层的采区，必须设置至少一条专用回风巷；低瓦斯矿井开采煤层群和分层开采采用联合布置的采区，必须设置一条专用回风巷。

瓦斯喷出区域、高瓦斯矿井、煤(岩)与瓦斯(二氧化碳)突出矿井中，掘进工作面的局部通风机采用三专(专用变压器、专用开关、专用线路)供电，也可采用装有选择性漏电保护装置的供电线路供电，但每天应有专人检查，保证局部通风机可靠运转。

2)安全监控系统

高瓦斯矿井、煤(岩)与瓦斯(二氧化碳)突出矿井，必须装备矿井安全监控系统，系统中的 CH_4传感器安设地点、报警浓度和断电浓度如表 2-4 所示。

矿井安全监控系统　　表 2-4

传感器埋设地点	报 警 浓 度	断 电 浓 度
低瓦斯和高瓦斯的采煤工作面	≥1%	≥1.5%
煤(岩)与瓦斯突出采煤工作面	≥1%	≥1.5%
高瓦斯和煤(岩)与瓦斯突出采煤工作面回风巷	≥1%	≥1.5%

3)电气设备选型

根据井下电气设备类型的不同，不同等级瓦斯矿井对电气设备的选型要求也有不同，具体如表 2-5 所示。

矿井瓦斯电气设备的选型　表2-5

电气设备类型	煤(岩)与瓦斯(二氧化碳)突出区域	井底车场、总进回风巷、主要回风巷	
		低瓦斯矿井	高瓦斯矿井
高低压电机和电气设备	矿用防爆型(矿用增安型除外)	矿用一般型	矿用一般型
照明灯具	矿用防爆型(矿用增安型除外)	矿用一般型	矿用防爆型
通信、自动化装置和仪表、仪器	矿用防爆型(矿用增安型除外)	矿用一般型	矿用防爆型

4)安全炸药选用

在现行《煤矿许用炸药爆炸沼气安全性等级及其检验方法》(MT 61—82)中,将煤矿许用炸药分为五个等级,炸药的分级及合格标准见表2-6。

煤矿许用炸药分级及其合格标准　表2-6

安全等级	试验方法	试验药量(g)	合格标准
一	发射臼炮	100	0/5或1/15
二	发射臼炮	150	0/5或1/15
三	发射臼炮①	450	0/5或1/15
	悬吊②	150	0/5或1/15
四	悬吊	250	0/5或1/15
五	悬吊	450	0/5或1/15

注:①适用于含水炸药;
②适用于粉状炸药。

低瓦斯矿井的岩石掘进工作面必须使用安全等级不低于一级的煤矿许用炸药;低瓦斯矿井的煤层采掘工作面、半煤岩巷掘进工作面必须使用安全等级不低于二级的煤矿许用炸药;高瓦斯矿井、低瓦斯矿井的高瓦斯区域,必须使用安全等级不低于三级的煤矿许用炸药;有煤(岩)与瓦斯突出危险的工作面,必须使用安全等级不低于三级的煤矿许用含水炸药。

2.1.2　瓦斯隧道等级与工区划分

国外瓦斯隧道建设较少,相应等级划分的标准也较少,除日本外,多采用浓度指标对施工进行组织和管理。日本出台了《山岭隧道安全评估指南》,对瓦斯爆炸危险性进行了分级,如表2-7所示。

日本瓦斯爆炸相关危险性的分级表　表2-7

要素	条件	评分
地质(G)	施工区域内存在发生可燃气体的地质条件	3
	施工区域靠近存在发生可燃气体的地质条件	2
	无存在可燃气体之忧	0
施工长度(L)	＞1 000m	3
	300～1 000m	2
	＜300m	1
开挖断面(A)	小断面(＜10m²)	3
	中断面(10～50m²)	2
	大断面(＞50m²)	1

续上表

要　素	条　件			评　分
辅助坑道形式(S)	有竖井			3
	有斜井			2
	有平导			1
分级(G+L+A+S)				
Ⅰ级(危险性非常高)	Ⅱ(危险性高)		Ⅲ(存在危险性)	Ⅳ(无危险性)
>11	7～10		1～6	0

我国台湾地区也没有针对瓦斯隧道进行等级划分，施工中主要按照瓦斯浓度进行分级管理，如表 2-8 所示。

中国台湾地区瓦斯隧道施工管理规定　　表 2-8

可燃性气体浓度	作 业 规 定
0.25%以下	按正常作业
0.25%～0.5%	一次警戒——严禁烟火作业；调查气体发生源并加强检测；通风改善
0.5%～1.0%	二次警戒——严禁爆破；加强通风
1.0%	疏散作业人员；自动仪器测量浓度；针对对策措施
1.5%	切断电源，禁止闲杂人员进入隧道

我国公路相关规范未对瓦斯隧道进行分级，制订的有关瓦斯规定散见于设计、施工、安全等规范、规程中，相应的设计与施工均统称为瓦斯隧道或瓦斯地层，施工中采用浓度指标进行控制和管理。

《公路隧道设计规范》(JTJ 026—90)规定：隧道通过含有害气体的地层时，应查明其分布范围、成分和含量，预测对施工、营运的影响，并提出防治措施。当发现隧道(洞身)范围有影响隧道方案的重大不良地质时…应预报隧道开挖后可能出现瓦斯冒出地段，并提出相应的工程措施，为方案比选和隧道设计提供依据。含瓦斯地层的隧道衬砌，应根据瓦斯地层含瓦斯的情况，采取隔离、封闭等措施。

《公路隧道施工技术规范》(JTJ 042—94)规定在通风条件下，甲烷(CH_4)的浓度按体积计不得大于 0.5%；否则必须按现行的《煤矿安全规程》有关规定办理。瓦斯地层施工，对瓦斯探测方法、施工方法、钻爆作业、安全措施、检查制度等做了规定。

《公路隧道设计规范》(JTG D70—2004)规定：隧道通过含有害气体或有害矿体的地层时，应查明其分布范围、有害成分和含量，并预测和评价其对施工、营运的影响，提出防治措施。当隧址区存在影响隧道方案的重大不良地质、特殊地质情况时，应进一步搜集调查地质资料，综合分析，预测隧道开挖后可能出现的……和瓦斯逸出等的地段，并提出相应的工程措施，为方案比选和隧道设计提供依据。在施工中应进行超前探测，及时预报可能发生地质灾害的性质、位置。

铁路系统于 1994 年颁布了《铁路瓦斯隧道技术暂行规定》，其明确规定：铁路隧道穿越或邻近含煤地层及其他含瓦斯地层时，只要隧道内任何部位发现有瓦斯，该隧道即应定为瓦斯隧道。设计时，凡勘探取样有瓦斯含量的工区为含瓦斯工区，无瓦斯含量的工区为不含瓦斯工区。

《铁路瓦斯隧道技术暂行规定》将隧道区分为含瓦斯工区和无瓦斯工区，十分合理。如中梁山公路隧道长 3 165m，横穿中梁山背斜，在背斜轴部隧道底部以下 30m 处有背斜煤层，施工中也曾主张全隧道均按瓦斯隧道施工，但引起争议。经过论证认为仅隧道中部 200～300m 地段为煤系地层，应按瓦斯隧道施工，其两端在加强瓦斯浓度检测的基础上，可按一般隧道施工。事实证明，这一决策是正确的，既保证了工程进度，也未增加工程投资。

南昆铁路家竹箐隧道施工中，科研和技术工作者对隧道瓦斯防治进行了深入的研究，在此基础上对铁路瓦斯隧道施工技术进行了梳理、总结，并在 2002 年制定了《铁路瓦斯隧道技术规范》(TB 10120—2002)，该规范对瓦斯隧道进行了等级和工区划分，根据不同等级进行分级管理。

《铁路瓦斯隧道技术规范》(TB 10120—2002)对瓦斯隧道的界定与《铁路瓦斯隧道技术暂行规定》相同，即在铁路隧道勘测与施工过程中，通过地质勘探或施工检测表明隧道内存在瓦斯，该隧道应定为瓦斯隧道。瓦斯隧道分为低瓦斯隧道、高瓦斯隧道及瓦斯突出隧道三种，瓦斯隧道的类型按隧道内瓦斯工区的最高级确定。瓦斯隧道工区分为非瓦斯工区、低瓦斯工区、高瓦斯工区、瓦斯突出工区四类。低瓦斯工区和高瓦斯工区可按绝对瓦斯涌出量进行判定，当全工区的瓦斯涌出量小于 0.5m^3/min 时为低瓦斯工区，大于或等于 0.5m^3/min 时为高瓦斯工区。

2.2 瓦斯隧道评价体系的理念

如前所述，交通系统的公路隧道设计和施工还没有完整的瓦斯隧道分级、分区的定义，只是提到对瓦斯隧道应加强注意，瓦斯超标地段按照《煤矿安全规程》施工。

而铁路系统在 2002 年版的《铁路瓦斯隧道技术规范》将隧道分为低瓦斯隧道、高瓦斯隧道和瓦斯突出隧道三类，并根据瓦斯涌出量对隧道进行了工区划分，但是这一方法的指标过于单一，不能系统地描述全隧道瓦斯情况。隧道地质条件和瓦斯赋存、运移状态极其复杂，不确定因素众多，单一的瓦斯浓度指标对隧道内出现瓦斯部位、时间、范围和其他自然条件无法准确描述。

对瓦斯隧道科学分级并合理划分工区的关键是充分掌握煤层的分布状态和隧道的地质构造，分析瓦斯可能渗透的途径与范围，从而确定瓦斯工区的范围，并进而确定瓦斯隧道的等级。

在迅猛发展的交通、铁路建设中，穿越煤层的瓦斯隧道会越来越多，结合隧道建设特点，对瓦斯隧道进行科学合理的等级和工区评价，相应在设计、施工过程中分级设防，在保障安全的前提下有效控制工程投资，无疑具有重要的实际意义。

2.2.1 评价体系的提出

目前，Q 系统和 RMR 系统在围岩级别评价体系方面应用较为成功，可为瓦斯隧道等级和工区评价体系的构建提供思路。

Q 系统是 1974 年挪威的巴顿(Nick Barton)等人在研究了 212 个埋深均小于 500m 隧洞工程样本的基础上建立起来的，它主要考虑了岩体完整性、节理特性、地下水和地应力影响，以岩体质量指标 RQD、节理发育程度 J_n、节理粗糙度 J_r、节理蚀变程度 J_a、节理水折减系数 J_w 和地应力折减系数 SRF 六个参数(统称为 Q 参数)综合定量评价隧道岩体质量指标 Q 值,该系统建立了岩体质量指标 Q 与支护类型之间的关系。格姆斯坦德(Grimstad)、巴顿于 1993 年对地应力影响系数 SRF 进行了修正,修正后的 Q 系统不但适用于浅埋隧洞、也适用于深埋及超深埋隧洞,这一阶段 Q 系统得到了补充完善。2002 年,巴顿又进一步对 Q 参数的取值进行了修改和补充说明。不断修改完善后的 Q 系统岩体质量评价方法在世界范围内应用广泛。

1976 年,Bieniawski 提出了 RMR 岩体分类体系,综合考虑了完整岩石强度、岩体质量指标(RQD)、节理间距、节理条件、地下水等因素对岩体质量的影响,对这些因素分别给出影响因子,采用和差积分法计算岩体的分类指标,并根据节理方位与边坡之间的关系进行修正,用以评价边坡岩体的稳定性;1989 年 Bieniawski 又提出了 RMR 评分的实际操作方法。1985 年,Romana 将结构面产状及坡面产状的组合关系对边坡稳定性的影响进行量化,纳入评价体系,提出了边坡岩体评分的 SMR 方法,并针对 SMR 评分对各种稳定性类型的边坡提出了建议支护措施,此后 SMR 系统在大量工程实践中,不断地得到修正和改进,成为国际上应用较为广泛的边坡总体稳定性评定方法。

Q 系统和 RMR 系统均基于岩体力学性能分析,提炼多个可量化表征岩体质量的地质条件指标或力学指标,建立岩体质量评价的数学模型,并由此建立定量化评价体系。

同理,评价边界条件复杂的瓦斯隧道,也可采用类似 Q 系统和 RMR 系统的理念:基于区域瓦斯地质条件和隧道瓦斯地质条件调查,在深入分析隧道瓦斯危害影响因素的基础上,提炼能表征隧道瓦斯危害的综合指标,初步建立瓦斯隧道等级和工区评价体系,预测隧道开挖过程中可能出现瓦斯灾害的几率及危害程度,相应确定有效的防治措施,用以指导隧道施工,确保施工安全。

2.2.2　指标选取原则

瓦斯隧道的评价体系是一个多指标评价体系。考虑到隧道瓦斯危害的影响因素众多,涉及面广,如果将所有反映瓦斯赋存状况及运移条件的要素都纳入评价、分析之中,不但不可能,而且不必要。为使分析指标适应现场应用需要,应按下列原则确定分析指标。

1)主导因素原则

瓦斯隧道危害的影响因素众多且复杂,既有定性因素也有定量因素,同时各因素又相互联系、相互作用。要抓住主导因素对危害的控制作用,使评价指标能反映各影响因素的主要作用,忽略次要影响,从而使评价指标体系简单实用。这种简化对于初步建立瓦斯隧道等级和工区评价体系是非常必要的。

2)综合性原则

考虑到瓦斯隧道内各要素的影响不同,评价指标体系应具有足够的涵盖面,评价应尽可能全面综合各要素的作用;评价结果是概略的、综合的,各地质单元对隧道发生瓦斯灾害的影响大小很大程度上取决于评价体系对该单元要素的定量化描述和取值精度。

3)可操作性原则

建立评价体系的目的是综合、准确地评价瓦斯隧道的等级和工区,以之作为确定相关技术方案和防治措施的基础。因此,评价体系应便于技术人员现场收集资料,并尽可能现场赋值量化。

4)定量化原则

更加有效地将定量和定性相结合对瓦斯隧道等级和工区进行科学、合理的评价是建立评价指标体系的根本目的,在定量化的基础上实现瓦斯隧道等级和工区的预测、评价和决策。所以,在构建瓦斯隧道评价指标体系的时候要对可定量化的程度进行充分的考虑,以达到更为科学性的目的。

2.2.3　指标权重评价方法

建立指标体系后,将各种瓦斯地质特征数字化,即通过不同的方法对评价指标进行量化,从而采用数学方法研究隧道瓦斯问题。目前常用的评价方法有评分法、模糊综合评判法、人工神经网络模型等。

2.2.3.1　评分法

评分法是指通过对已有资料进行统计、处理、分析和归纳,客观地综合经验与判断,对大量难以采用技术方法进行定量分析的因素做出合理估算,经过多轮调整后,对各种评价可实现程度进行分析的方法。评分法思想来自 RMR 岩体质量分类体系,对多个因素进行加权求值,然后对所得分值进行评价。该方法适用于存在诸多不确定因素、采用其他方法难以进行定量分析的问题。

评分法的程序:确定影响因素,初步给各因素进行权重赋值,在对大量资料进行统计分析,调整各因素及其权重值大小,形成最终评价方法。

随着工程案例的增加,样本域进一步丰富,根据资料的统计分析调整评价指标并不断细化各指标的权重,可逐步完善瓦斯隧道等级和工区评价体系。

2.2.3.2　模糊综合评判法

模糊综合评判法是用多个指标对被评价事物隶属等级状况进行综合性评判的一种方法,它把被评价事物的变化区间作出划分,对事物属于各个等级的程度作出分析。数学模型如下:

(1)把评判因素集 U 按某种属性分成 m 个子集:

$$U_1, U_2 \cdots U_m$$

且满足 $U_i \cap U_j = \varphi$ ($i, j = 1, 2 \cdots m$ 且 $i \neq j$)

设每个子集:$U_i = \{u_1, u_2 \cdots u_m\}$　　$i = 1, 2 \cdots m$

对每个评价因素集 U_i 按一级模型分别进行模糊评判。

又设 $V = \{v_1, v_2 \cdots v_n\}$ 为评判集。评价因素论域和评判集论域之间的模糊关系用矩阵 R 来表示:

$$R = \begin{bmatrix} r_{11} & r_{12} & \cdots & r_{1n} \\ r_{21} & r_{22} & \cdots & r_{2n} \\ \vdots & \vdots & \vdots & \vdots \\ r_{m1} & r_{m2} & \cdots & r_{mn} \end{bmatrix} \tag{2-1}$$

式中,$r_{ij} = \mu(u_i, v_j)$($0 \leqslant r_{ij} \leqslant 1$),表示因素 u_i 被评为 v_j 的隶属度。实际上,不同因素在评价中所起的作用是有大小之分的,即必须考虑因素的权重问题。

假定 $a_1, a_2 \cdots a_m$ 分别是评价因素 $u_1, u_2 \cdots u_m$ 的权重,满足 $a_1 + a_2 + \cdots + a_m = 1$,令 $A = (a_1, a_2 \cdots a_m)$,则 A 为反映了因素权重的模糊集(即权向量)。

由权向量与模糊矩阵进行“合成”得到综合隶属度 B,即通过模糊运算 $B=A\cdot R$,同理求出其他子集的隶属度,这样可得到每一个子集的一级模糊集

$$B_i=(b_{i1},b_{i2}\cdots b_{in})(0\leqslant b_{ij}\leqslant 1)i=1,2\cdots m$$

(2)把每一个 U_i 视为一个单因素,用 B_i 作为它的单因素评判,即

$U=\{U_1,U_2\cdots U_m\}$ 的单因素评判矩阵为 R。

$$R=\begin{bmatrix} r_1 \\ r_2 \\ \vdots \\ r_m \end{bmatrix} \tag{2-2}$$

每个 U_i 作为它的一部分,反映的是 U 的某种属性,这样就可以按其重要性给出权重分配:

$$A'=(a_1',a_2'\cdots a_m') \tag{2-3}$$

于是第二级综合评判为:

$$B'=(b_1\quad b_2\quad b_3\quad b_4\quad b_5)=A'\cdot R \tag{2-4}$$

根据最大隶属度准则,$b_{i_0}=\max\limits_{1\leqslant j\leqslant n}\{b_j\}$ 所对应的分级即为危险性等级 b_{i_0}。

在此基础上利用大量的瓦斯隧道资料来检验该方法,即模糊综合评判方法的等级和工区评价在工程上的效果和可靠性。

2.2.3.3　基于人工神经网络的评判法

人工神经网络(artificial neural network),也叫并行分布式处理(parallel distributed processing),具有自学习、自组织和对输入数据的鲁棒特性、冗余容错特性,在趋势分析和模式识别方面可发挥重要的作用。它的优点在于能把大量的神经元连成一个复杂的网络系统,通过模拟人的思维模式去解决一些用传统方法很难解决的问题。其整个网络的信息处理是通过神经元之间的相互作用来实现的。它能将现有的数据信息经过一系列的数学转化,运用程序设计的非线性关系对未知的样本数据进行分析并预测,具有一定的智能化,尤其是对那些复杂而繁多的数据及数据间的复杂关系进行处理具有很好的效果。

瓦斯隧道评价体系涉及多个因子的相互交叉作用,运用神经网络对瓦斯隧道进行评价研究,可以将瓦斯赋存、运移中一些不确定的变化趋势进行智能预测,从而得到相对满意的结果。此外,还有一种基于神经网络的算法叫反传学习算法(back propagation algorithm),也叫 BP 算法,它是由 Werbos 在 1974 年提出的。由于整个网络具有输入节点和输出节点,当信号被输入系统时,首先将其传到隐节点,经过计算机的程序函数计算后,再把隐节点的输出信号传到输出层节点,经过处理后得到结果,其分析过程如图 2-1 所示。

采用 BP 人工神经网络进行瓦斯隧道分级主要分为以下五个步骤:①基本特性指标集的确定;②样本数据归一化处理;③瓦斯隧道评价 BP 人工神经网络预测模型的试验验证;④BP 网络模型建立;⑤瓦斯隧道评价集的确定。

瓦斯隧道评价 BP 人工神经网络预测模型如图 2-2 所示,它包括输入层、隐含层和输出层。模型用于实际预测时,需要完成两个过程,即学习过程和预测过程。执行学习过程的目的是通过对已知实例样本集的学习,不断修正各不同层次节点之间的链接权重,使网络能够正确反映输入与输出之间的映射关系,并获得对应已知实例样本集的确定的模型网络系数。根据这一确定的模型便可执行预测过程,即把待预测样本作为输入来求解其输出。

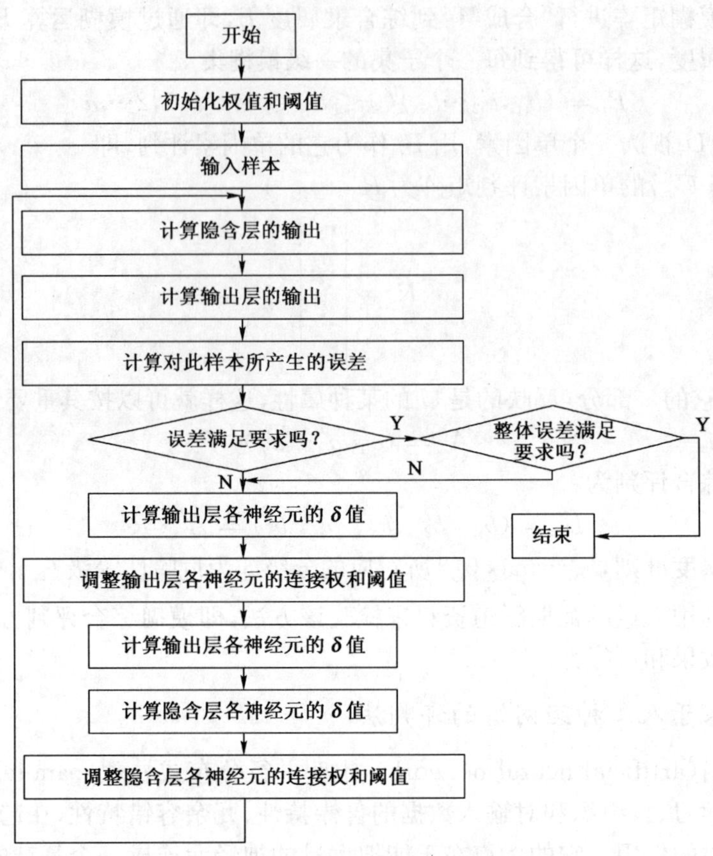

图 2-1　神经网络学习算法

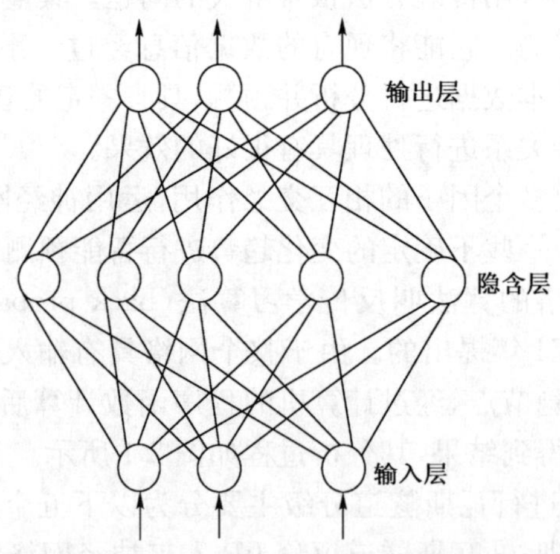

图 2-2　瓦斯隧道评价的 BP 人工神经网络预测模型

2.3　隧道建设瓦斯危害的工程案例和影响因素

2.3.1　瓦斯隧道工程案例

国外修建的瓦斯隧道统计样本见表 2-9，国内修建的瓦斯隧道统计样本见表 2-10。

国外瓦斯隧道样本　　表 2-9

编号	名　称	国家区域	岩性构造	安全状况	爆炸原因	隧道长度	死亡人数
1	锅立山隧道	日本北越北线东颈成地区	砂岩、泥岩断层褶皱带	安全	无	9 117m	无
2	新宇津隧道	日本 113 号国道山形县	—	安全	无	1 335m	无
3	Sylmar 隧道	美国加州 San Fernando Valley	断层带	爆炸	点火源引爆	—	17
4	Port Huron 隧道	美国密歇根州	页岩	爆炸	点火源引爆	10km	22
5	Great Apennine	意大利	含碳页岩	爆炸	—	18.5km	97
6	Akosombo 引水隧道	加纳	泥岩	爆炸	—	—	11
7	Hongrin 引水隧道	瑞士	—	爆炸	通风设备故障	2km	5
8	Chingaza 引水隧道	哥伦比亚	无烟煤层和页岩	爆炸	—	—	—
9	EI Colegio 隧道	哥伦比亚	沥青页岩	爆炸	—	8km	—

注：表中"—"代表资料不详。

国内瓦斯隧道样本　　表 2-10

编号	隧道名	线路	区域位置	隧道长度(m)	埋深(m)	地层岩性	地质构造	煤层及瓦斯概况（瓦斯压力 MPa/含量 m^3/t）	其他
1	朱嘎隧道	内昆铁路	贵州省威宁县	5 194	370	二叠系上统和石炭系下统的石灰岩、白云质灰岩、泥岩、砂岩、煤层及玄武岩等	穿越 F_2 断层，中部穿越哈啦河向斜	煤层厚 0.1～0.41m，进口段倾角为 70°～80°，出口段为 20°～30°，煤的坚固性系数 0.5～0.6。瓦斯含量 8.25～12.74 m^3/t，压力 0.532 5～1.7MPa，放散指数 4～6，涌出量 0.194～0.745m^3/min	地下水主要为裂隙水和岩溶水
2	青山隧道	内昆铁路	云南省大关县、彝良县	4 268	1 100	志留系、泥盆系、二叠系、三叠系地层，岩层倾角约 60°～70°，岩性为砂岩、页岩及灰岩	进口段为新寨断层及其牵引形成的向斜和背斜	出口段瓦斯压力达 2.24 MPa，瓦斯含量为 9.35m^3/t	地下水丰富，岩溶发育
3	曾家坪 2 号隧道	内昆铁路	云南省昆明市	2 477	500	上覆志留系中统大路寨组，嘶风崖组。岩性为泥质灰岩、页岩、砂岩，以泥质灰岩为主	进口段与双河断层近 30°斜交。受断层影响，岩体破碎带约 150～200m	瓦斯浓度多为 0.5%～1.5%，最高达 8.2%，瓦斯含量 0.044m^3/t	发生瓦斯燃烧
4	马蹄石隧道	内昆铁路		2 976	430	志留系、奥陶系及寒武系页岩夹砂岩、泥质灰岩		瓦斯浓度 0.2%～0.76%，放炮后未通风情况下浓度不超过 1%	

续上表

编号	隧道名	线路	区域位置	隧道长度(m)	埋深(m)	地层岩性	地质构造	煤层及瓦斯概况（瓦斯压力 MPa/含量 m^3/t）	其他
5	新寨隧道	内昆铁路	云南省昭通市	4 409	450	泥盆系、石炭系和二叠系的石灰岩、白云岩等可溶性岩层	穿越箐门倒转背斜的轴部与北西翼，煤系地层处于背斜的轴部	煤层厚 0.1～1.5m，煤的坚固性系数 0.14。瓦斯放散指数 8～12，瓦斯含量 4.946～15.779m^3/t，瓦斯压力 1.82 MPa	
6	闸上隧道	内昆铁路	云南省昭通市	4 068	250	二叠系宣威组地层，煤层位置明确			涌水量不大
7	黄莲坡隧道	内昆铁路	云南省盐津县	5 306		三叠系上统～侏罗系下统香溪群之中厚～巨厚层状砂岩、泥岩及薄煤层或煤线，上覆侏罗系中统自流井组泥岩夹砂岩		3 次穿越煤层，煤质属长焰煤，煤层厚 0.1～0.3m。最大瓦斯压力小于 0.74MPa，最大瓦斯浓度小于 1%，瓦斯涌出量 0.43m^3/min	
8	红石岩隧道	合武铁路	安徽省金寨县	7 857	560	隧址区出露新太古代～新生代地层，揭露片麻岩、花岗片麻岩、变粒岩	受大别山中部地带不同时期岩浆活动频繁，多次构造运动影响，变形变质作用强烈	瓦斯浓度 1.06%，在隧道出口检测到炮后最大瓦斯浓度 1.09%	发生瓦斯燃烧，燃烧处岩体多处于分支断裂或节理裂隙发育处
9	汀筒沟隧道	合武铁路	安徽省金寨县	2 196		地层为第四系坡积残积层，白垩系下统陡岭寨组。岩性为粉质黏土夹碎石，二长花岗岩，二长片麻岩	穿越断层，断层走向近南北，近直立，具水平错动特征，为二长变粒岩和二长片麻岩分界	瓦斯浓度在 0.1%～1.3% 之间	发生瓦斯燃烧
10	云台山隧道	侯月铁路	山西省晋城市与临汾市交界	8 178	380	石炭系和二叠系石盒子组的砂页岩、泥岩及煤层	穿越 4 条较大的断裂带	煤层厚 0.3～1.84m。瓦斯压力 0.09～0.18MPa，瓦斯涌出量为 0.36～4.03m^3/min，放散初速度为 3.0～6.5	涌水量约 9850m^3/d
11	通渝隧道	重庆市城黔路	重庆市开县与城口交界	4 279	1 000	地层为寒武系～三叠系碳酸盐岩～碎屑岩，隧址区出露最新地层为嘉陵江组及第四系松散层。煤层位于二叠系上统吴家坪组下段	穿越八台山～大宁厂向斜和甘泉背斜，向斜、背斜轴向与隧道轴线夹角为 84°及 83°	穿越吴家坪组 C_1、C_2 煤层，煤的坚固性系数为 0.3～0.5，属碎粒煤，有突出危险。C_1 煤层厚 1.59m，瓦斯涌出量 2.98m^3/min，C_2 煤层厚 2m，瓦斯涌出量 2.65m^3/min。瓦斯压力大于 1MPa	水文地质复杂，岩溶水发育，有涌水突泥现象

续上表

编号	隧道名	线路	区域位置	隧道长度(m)	埋深(m)	地层岩性	地质构造	煤层及瓦斯概况（瓦斯压力 MPa/含量 m^3/t）	其他
12	北碚隧道（原尖山子隧道）	渝合高速	重庆市北碚区	左 4 025 右 4 035	小于 300	自背斜两翼向轴部依次穿越侏罗系中统新田沟组，中下统自流井组，下统珍珠冲组，三叠系上统须家河组，中统雷口坡组，下统嘉陵江组、飞仙关组，二叠系中统长兴组和龙潭组地层。岩性主要为炭质页岩、砂岩、泥岩及灰岩夹煤层	穿越中梁山背斜，出口段背斜西翼嘉陵江组和雷口组地层出现大田湾逆断层，隧道左洞为观音峡背斜东翼单斜构造，产状 105°∠45°	煤层发育部位主要为三叠系上统须家河组炭质页岩夹煤层，二叠系上统长兴组灰岩中的龙潭煤组。瓦斯浓度多为 0.08%～0.12%，最大瓦斯浓度 0.3%	
13	西山坪隧道	渝合高速	重庆市北碚区	左 2 510 右 2 485	约 260	三叠系上统须家河组第 3 段厚层砂岩，侏罗系中下统自流井组粉砂质页岩、砂岩及珍珠冲组粉砂质泥岩、石英砂岩，三叠系上统须家河组第 4 段中粗粒岩屑长石石英砂岩，局部夹薄层泥岩	隧址区位于温塘峡背斜北端，其南东翼岩层倾角陡直，岩层产状 120°∠(50°～83°)，在核部及西北翼转折端，岩层倾斜平缓；为一不对称的近似箱状背斜	瓦斯涌出量 0.2～0.3m^3/min，极限涌出量不超过 0.5 m^3/min，通风情况下平均瓦斯浓度 0.4%，最高瓦斯浓度 0.8%	
14	梨树湾隧道	遂渝高速	重庆市沙坪坝区	左 3 880 右 3 875	240	侏罗系、三叠系泥岩、粉砂质泥岩夹页岩、灰岩和薄层煤岩	横穿中梁山背斜，背斜西翼嘉陵江组和雷口坡组地层出现大田湾逆断层		
15	中梁山隧道	成渝高速	重庆市	左 3 165 右 3 108	275	三叠系、二叠系和侏罗系炭质页岩、细砂岩、灰岩	隧道横穿中梁山背斜，背斜轴部分布有 F_1、F_3 断层和一些次级小断层	瓦斯平均含量为 30m^3/t，最大相对涌出量达 181.09m^3/min，瓦斯压力达 4MPa	发生 3 次瓦斯燃烧

续上表

编号	隧道名	线路	区域位置	隧道长度(m)	埋深(m)	地层岩性	地质构造	煤层及瓦斯概况（瓦斯压力 MPa/含量 m³/t）	其他
16	缙云山隧道	成渝高速	重庆市	左 2 528 右 2 478	290	核部为三叠系上统雷口坡组及嘉陵江组，两翼为三叠系上统须家河组，东端洞口为第四系及侏罗系地层。岩性为厚层砂岩、泥岩、白云岩、泥灰岩及煤层	复式背斜，主要为缙云山背斜，穿越 F_1、F_4、F_5、F_7、F_8断层	须家河组地层含有瓦斯，瓦斯浓度一般小于 0.2%	
17	华蓥山隧道	广渝高速	四川省广安市	4 706	770	穿越地层为志留系中统韩家店组，石炭系中统黄龙组，二叠系下统梁山组、栖霞组、茅口组，二叠系上统龙潭组、长兴组，三叠系下统嘉陵江组等，岩性主要为灰岩和泥灰岩，同时，存在部分泥岩和页岩、燧石结核灰岩和沥青质油浸灰岩	隧道穿过二叠系龙潭组煤系地层，该组地层厚度为 114～129m，含煤 2～5 层，其中仅第一段中的 K_1 煤层为可采煤，其余煤层为不均匀分布的薄煤层或煤线	隧道与煤层走向夹角 86°，煤的坚固性系数 0.25～0.35，煤层厚 2.5～3.6m。最大瓦斯浓度 8.94%，瓦斯压力 1.87 MPa，瓦斯放散指数 7～13	地下水位高于隧道 10～400m。最大涌水量 126 000m³/d
18	南山隧道	万开高速	重庆市	4 850	839	穿越三叠系、侏罗系地层，岩性为薄层状泥岩、砂质泥岩、泥质粉砂岩夹薄层细砂岩、含煤	穿越假角山背斜，背斜核部地层为巴东组灰岩，K4＋450 为 F_1断层，为张扭性正断层，宽1～1.3m	须家河含煤地层发育煤层及煤线 10 余层，层厚 5～40cm，煤层倾角 68°	涌水涌泥
19	金洞隧道	渝怀铁路	重庆市黔江县	9 108	1 000	穿越三叠系、二叠系、泥盆系、志留系地层，岩性为泥岩、粉砂质泥岩、石灰岩，局部为含泥质灰岩和砂岩	穿越濯河坝向斜东翼和鹰家坝断裂	煤厚 0.05～1.05m。左洞瓦斯含量 8.185m³/t，涌出量 0.498m³/min，压力 2.192MPa 右洞瓦斯含量 8.741m³/t，涌出量 0.142m³/min，压力 1.186MPa	涌水突泥

续上表

编号	隧道名	线路	区域位置	隧道长度(m)	埋深(m)	地层岩性	地质构造	煤层及瓦斯概况（瓦斯压力 MPa/含量 m^3/t）	其他
20	圆梁山隧道	渝怀铁路	重庆市酉阳县	11 068	780	穿越寒武系、志留系、二叠系、三叠系灰岩、页岩、泥岩、砂岩、白云岩	毛坝向斜、桐麻岭背斜及伴生或次生断裂。隧道穿越煤系地层为毛坝向斜轴部，构造节理发育	穿越煤层为吴家坪组 K_1 煤层，煤层北西翼倾角 32°，南东翼倾角 44°，厚 0.03～0.5m。瓦斯压力 0.3～0.9MPa，具一定的突出危险性	大规模涌突水
21	黄草隧道	渝怀铁路	重庆市武隆县、彭水县	7 186	约 800	地表为第四系地层，下伏志留系下统罗惹坪组页岩，小河坝组砂岩夹页岩，龙马溪组页岩，下统梅谭组灰岩	单斜构造，出露岩层产状为 N10°～71° E / NW∠20°～48°	炭质页岩中存在瓦斯。通风状态下瓦斯浓度 0.1%～0.3%，瓦斯压力 0.258MPa	富含岩溶管道水，最大涌水量 36 000m^3/d
22	白沙沱 4 号隧道	渝怀铁路	重庆市白沙沱	2 118	约 300	上覆第四系全新统坡残积砂黏土、碎石土，下伏基岩为灰岩、硅质灰岩夹煤层及页岩、砂岩		煤系地层四段共长 1 375m，瓦斯含量最高超过 10%，一般在 8.42% 以上，瓦斯压力 0.78MPa	
23	武隆隧道	渝怀铁路	重庆市武隆县	9 418	约 500	志留系下统罗惹坪组页岩、泥岩	穿越武隆向斜北西翼，单斜构造，岩层走向 N15 ～ 60° E/SE12～36°	隧底埋深约 500 m 的含瓦斯煤层，通过断层裂隙逸出瓦斯，瓦斯涌出量为 0.8m^3/min，浓度 40%～60%	发生瓦斯燃烧
24	正阳隧道	渝怀铁路	重庆市黔江县	3 364	约 230	以灰岩为主，伴随有角砾岩、泥岩、灰岩夹页岩、白云岩及煤	濯河坝向斜 NW 翼，为单斜构造	距进口端 1 100m 处煤系地层为泥岩、页岩夹煤线；距出口端 1 590m 煤系地层为灰岩夹煤黏土，夹 3m 左右煤层	岩溶发育，最大涌水量 34 000m^3/d
25	彭水隧道	渝怀铁路	重庆市彭水县	9 024	500	二叠系、三叠系灰岩、泥灰岩、钙质泥岩、页岩夹砂岩、黑色炭质页岩夹煤层	穿越三岔溪区域性正断层和观音溪向斜和锅厂坝背斜		总涌水量 30 000m^3/d
26	界牌坡隧道	渝怀铁路	重庆市涪陵区、长寿区	3 548			穿过一个背斜和一个断层，地下水丰富	出口穿越 9 层煤	
27	松林堡隧道	遂渝铁路		1 320	约 100	穿越三叠系、侏罗系地层。三叠系须家河组为泥页岩、炭质页岩夹煤层、煤线			

续上表

编号	隧道名	线路	区域位置	隧道长度(m)	埋深(m)	地层岩性	地质构造	煤层及瓦斯概况（瓦斯压力 MPa/含量 m^3/t）	其他
28	中兴隧道	重庆至长沙高速	重庆市武隆县	左 6 105 右 6 082	约 100	上覆第四系全新统坡崩积层，下伏地层为三叠系、二叠系、志留系地层，主要岩性为页岩夹砂岩、灰岩、白云岩及少量角砾岩、页岩	位于天星～高谷逆断层北西翼，洞口在向斜南东翼，构造简单，为一单斜构造	煤层薄，瓦斯含量小、压力小	地下水发育最大涌水量 100 000m^3/d
29	走马岭隧道	石万公路	重庆市万州区	2 469	400	穿越地层为侏罗系下统珍珠冲组，三叠系上统须家河组，中统巴东组，下统嘉陵江组、大冶组。岩性为长石砂岩、泥岩、页岩、灰岩、白云质灰岩和泥质灰岩	穿越方斗山背斜，茨竹垭断裂	煤厚 0～0.13m，瓦斯压力为 0.529MPa	最大涌水量 14 000 m^3/d
30	别岩槽隧道	宜万铁路	重庆市万州区	3 721	530	侏罗系下沙溪庙组、新田沟组、自流井组、珍珠冲组和三叠系须家河组、巴东组长石砂岩、泥岩和页岩；三叠系嘉陵江组、大冶组灰岩、白云质灰岩和泥质灰岩	隧道穿越方斗山弧状背斜构造，发育茨竹垭断裂、水塘沟断裂、蒿子坝断裂三条断层	须家河组中发育煤层	最大涌水量 154 627m^3/d
31	齐岳山隧道	宜万铁路	湖北省利川市	10 528	670	二叠系、三叠系泥岩、泥砂岩、砂岩、灰岩、泥灰岩、炭质页岩、页岩、煤层等	隧道穿越齐岳山背斜和箭竹溪向斜和 15 条断层	瓦斯浓度达 1.2%，瓦斯压力达 0.14MPa	最大涌水量 743 000m^3/d

续上表

编号	隧道名	线路	区域位置	隧道长度(m)	埋深(m)	地层岩性	地质构造	煤层及瓦斯概况（瓦斯压力 MPa/含量 m^3/t）	其他
32	八字岭隧道	宜万铁路	湖北省宜昌市长阳县和恩施州巴东县	5 867	695	穿越志留系、泥盆系、石炭系、二叠系和三叠系等地层	穿越大路坡复向斜（由大路坡向斜、尖山岭背斜、穿心坪向斜组成）和 7 条断裂		2 条暗河，最大涌水量 301 527m^3/d
33	野三关隧道	宜万铁路	湖北省巴东县	13 841	1 350	志留系、泥盆系、石炭系、二叠系、三叠系和侏罗系等灰岩、灰岩夹煤系地层、泥岩、页岩、泥灰岩	穿越石马坝背斜、二溪河向斜、柳山拐断层、堰潭冲断层、大坪断层、望碑断层等	瓦斯压力为 0.58MPa，煤的坚固性系数为 1.28	突泥涌水，最大涌水量 50 000 m^3/d
34	铁峰山隧道	万开高速	重庆市	左 6 030 右 6 025	760	侏罗系中统下沙溪庙组、新田沟组、中下统自流井组、下统珍珠冲组及三叠系上统须家河组和中统巴东组等地层		在 K26＋930 处进入煤层施工段，在 K26＋330 处终止，穿越长度 600m，瓦斯压力 0.1～0.15MPa，最大瓦斯含量 2.16m^3/t	最大涌水量 80 000m^3/d
35	分水隧道	达万铁路	重庆市綦江县	4 747	约 300	主要岩性为粉砂质泥岩夹砂岩		煤层最大厚度为 0.9m，绝对瓦斯涌出量大于 5m^3/min，瓦斯压力 0.96MPa，最高浓度 19%	
36	丁子岩隧道	达万铁路		352		穿越岩层主要为砂岩和页岩	进口 50m 通过煤层，下伏 2 个采空区	瓦斯浓度严重超标	
37	炮台山隧道	达成铁路	四川省金堂县	3 078	382	地层岩性主要为侏罗系、白垩系红色砂岩夹泥岩、砾岩，泥岩夹砂岩，无煤层	龙泉山段褶带构造的箱形背斜东翼，进口段穿越 F_1、F_2 两个逆断层及九龙滩向斜	瓦斯压力 0.12～0.20 MPa，瓦斯涌出量 3.03 m^3/min	1 次瓦斯燃烧 2 次瓦斯爆炸，死亡 13 人

续上表

编号	隧道名	线路	区域位置	隧道长度(m)	埋深(m)	地层岩性	地质构造	煤层及瓦斯概况（瓦斯压力 MPa/含量 m^3/t）	其他
38	新石垭口隧道	株六复线贵昆段	贵州省六枝特区	1 152	小于400	岩性为砂、页岩、炭质页岩、夹凸镜状灰岩及薄煤层。煤层平缓与洞身相交，煤层大部分位于拱顶上部	穿越背斜	薄煤层厚约 0.2～0.8m、中薄煤层厚约 0.6～2.0m，瓦斯压力 1.4MPa，有瓦斯突出危险	
39	新苏家寨隧道	株六复线	贵州省六枝特区	698	小于200	穿越岩性以砂岩、页岩夹中、薄煤层为主		煤厚 0.4～0.8m，刚开挖时浓度为 0.64%，正常通风状态下瓦斯浓度为 0.01%～0.08%	
40	蛟岭隧道	景婺黄高速	江西省婺源县与景德镇市交界	左 1 531 右 1 655	250	进口段穿越了上古生界灰岩及煤系地层，出口段穿越了中远古界石炭系灰岩、砂岩夹砾岩及煤系地层	较大的断层5条	ZK83＋010～250 段、ZK83＋048～400 段为乐平系煤层和高碳质板岩层，左线瓦斯涌出量为 4.93m^3/min，右线3.27m^3/min。有瓦斯突出危险	
41	大路梁子隧道	溪洛渡电站交通专用公路	云南省永善县与盐津县	4 360	800	二叠系上统砂岩夹页岩分布煤层、三叠系下统泥岩夹砂岩、三叠系下统灰岩、三叠系中统灰岩夹砂岩	位于铜厂沟背斜，背斜轴部走向与岩层走向一致，为近南北向	煤层厚度一般为 0.6～1.2m。瓦斯浓度5.59%～10%	发生瓦斯燃烧，最大涌水量88 992m^3/d
42	枫树排隧道	赣龙铁路	江西省于都县	719	小于300	穿越岩层为石英砂岩、泥质粉砂岩、粉砂质泥岩，间夹板岩、煤层		煤层厚0～1.5m。煤层内钻孔瓦斯浓度为81.7%～83.64%，附近煤层瓦斯含量为4.14m^3/t，瓦斯压力0.87MPa	
43	龙溪隧道	都汶高速	四川省都江堰市	左 3 658 右 3 691	839	穿越地层为三叠系须家河组深灰色泥岩、砂岩、粉砂岩，局部夹炭质泥岩或煤线	穿越 F_8 大断层，该断层为一高角度走向逆冲压性断层，与隧道轴线成 30°相交	煤层厚 0.4m。瓦斯含量为5.05m^3/t，压力 1.45MPa	

续上表

编号	隧道名	线路	区域位置	隧道长度(m)	埋深(m)	地层岩性	地质构造	煤层及瓦斯概况(瓦斯压力 MPa/含量 m^3/t)	其他
44	梅子关隧道	贵昆铁路	贵州六枝和水城	1 917	375	分布石炭系上统马平群,二叠系下统各组地层。岩性为灰岩、泥质灰岩、页岩夹煤层	位于堕脚背斜、烂坝向斜构造之间,穿越向斜构造长达 1 300m	瓦斯浓度小于 0.3%	
45	梅花山隧道	贵昆铁路	贵州省威宁县	3 968	600	石炭系丰宁统页岩、威宁统灰岩、马平群灰岩,下二叠系含煤组、阳新灰岩、峨眉山玄武岩及上二叠系龙潭组砂页岩	以 70°～80°交角横穿旅(威宁)水(水城)大背斜	龙潭组含煤,最大瓦斯压力 2 MPa	
46	岩脚寨隧道	贵昆铁路	贵州省普定县	2 714		三叠系乐平煤系石灰岩、页岩、煤层	横穿普(定)郎(岱)煤田的大煤山背斜西南翼,节理断层发育	穿越 7 层煤,煤层厚 0.1～8.92m,倾角 24°。瓦斯压力0.4MPa	5 次瓦斯爆炸,2 次瓦斯燃烧。死亡 34 人
47	新岩脚寨隧道	株六复线	贵州省六枝特区	2 642		三叠系乐平煤系石灰岩、页岩、煤层		穿 6 层煤,煤厚 7.1m。瓦斯压力 2.5MPa,瓦斯含量15.19 m^3/t	
48	凉风垭隧道	崇溪河至遵义高速	贵州省桐梓县	8 214	490	灰岩、白云质灰岩、泥质页岩、泥岩、碎屑岩、炭质页岩等岩层	影响构造为 F_1 断层,节理裂隙发育	185kW 通风机不间断通风条件下,瓦斯浓度 0.1%～0.7%,单洞瓦斯涌出量约为 2.2m^3/min	发生多次瓦斯燃烧
49	孙家寨隧道	镇胜高速	贵州省安顺市关岭县	左 533 右 528	90	背斜核部为二叠系龙潭组煤系地层,岩性主要为泥质粉砂岩、砂岩、泥岩夹煤互层	处于永宁背斜核部,背斜轴线走向 NW,两翼呈较舒缓圆弧状	煤层厚度 5m。瓦斯浓度大于 1.5%	地下水主要为孔隙潜水和基岩裂隙水
50	白龙山隧道	水柏铁路	贵州省六盘水市水城县	4 845	600 以上	穿越石炭系上统至二叠系中统地层以及第四系全新统堆积层	穿越白鸡坡逆断层,断层破碎带宽度约 30m,影响带 100m	煤层厚 0.3～0.8m,呈不均匀分布,倾斜角仅 10°。最大瓦斯压力为 1.17MPa,最高瓦斯含量 10.84 m^3/t	地下水发育,最大涌水量10 000m^3/d

续上表

编号	隧道名	线路	区域位置	隧道长度(m)	埋深(m)	地层岩性	地质构造	煤层及瓦斯概况（瓦斯压力 MPa/含量 m^3/t）	其他
51	何家寨隧道	水柏铁路	贵州省六盘水市	2 335	280	石炭系、二叠系的碳酸盐岩与煤系地层及玄武岩相间组成的地层结构	处于北西构造带之倒转背斜的南西翼，地层全部发生倒转呈单斜构造，洞身近垂直岩层走向穿越地层	二叠系栖霞组煤系地层中夹5层厚0.7～2m的煤层。瓦斯含量8.7～13.5m^3/t，瓦斯压力2.1～2.3MPa	最大涌水量57 266 m^3/d
52	发耳隧道	水柏铁路	贵州省六盘水市水城县	1 241	100	主要地层为二叠系龙潭组煤系地层	隧址区岩层平缓，未见大的地质构造影响	33-2煤层厚2.13m、34煤层厚1.37m。瓦斯含量分别为10.03m^3/t和9.43m^3/t	工作面部分滴水，水量微小
53	白石隧道	黄陵矿业集团二号煤矿铁路	陕西省	1 740	150	穿越侏罗系中统砂岩夹页岩及煤系地层		煤层厚0.8～4.6m。DK6+250～530地段共280m有采空区分布，采空区位于隧底30～40m	
54	关路坡隧道	神延铁路	陕西省子长县	3 159	164	位于黄土高原梁峁沟壑区，洞身主要穿过侏罗系砂岩夹页岩地层，夹煤层		隧道底100m以下有煤层瓦斯	
55	天生桥隧道	南昆铁路	云南省师宗县	2 450	400	穿越二叠系龙潭组煤系地层，邻近煤矿曾多次发生瓦斯爆炸及煤与瓦斯突出事故		隧道有320m长穿越煤系地层。瓦斯含量高达10.43m^3/t，最大瓦斯压力1.2MPa，施工中瓦斯浓度5.2%	
56	家竹箐隧道	南昆铁路	贵州省	4 990	390	穿越二叠系、三叠系地层，岩性为玄武岩、砂岩、泥岩、煤层和粉砂岩、灰岩、白云岩等	位于盘关向斜东翼，属单斜构造，隧道中部煤系地层有一正断层，其破碎带宽15～20m，断距2m	煤层厚0.54～4.24m，煤的坚固性系数最大为0.55。瓦斯压力1.2～1.58 MPa，17号煤层瓦斯含量20.17 m^3/t、18号煤层瓦斯含量18.72 m^3/t	岩溶发育，地下水发育。最大涌水量80 000m^3/d，高地应力
57	康牛隧道	南昆铁路	云南省罗平县	3 186		三叠系上统砂岩、泥页岩互层夹薄煤层，产状多变	穿越大哈木格断层	三叠系上统火把冲组夹0.2～0.4m厚劣质煤	

续上表

编号	隧道名	线路	区域位置	隧道长度(m)	埋深(m)	地层岩性	地质构造	煤层及瓦斯概况（瓦斯压力 MPa/含量 m^3/t）	其他
58	上清河隧道	上清河二级电站引水隧道	云南省盐津县	4 238	300以上	穿越地层为二叠系、三叠系地层	横穿普洱山背斜，轴部为断层，断层下约 40m 伏有二叠系龙潭组煤系地层	瓦斯浓度高达 5%～15%，瓦斯压力 0.2～0.92MPa，瓦斯绝对涌出量 2.13m^3/min，最大涌出量 3～4m^3/min	
59	紫坪铺 2 号导流隧洞	都江堰紫屏铺电站	四川省	812.5	超过550	三叠系须家河组的中细粒砂岩、粉砂岩、煤质页岩和纯煤层	穿越沙金坝向斜，还穿越一个剪切破坏带和断层破碎带	煤层厚度多小于 0.5m。最大瓦斯涌出量 12.74m^3/min	
60	二甲隧道	株六复线	贵州省六枝特区	1 050		二叠系下统栖霞组黏土，灰岩夹页岩、石英砂岩夹煤	断层发育	煤层发育，瓦斯浓度小于 0.3%	岩溶发育
61	乌蒙山二号隧道	贵昆铁路	贵州省威宁县	12 266	498	穿越地层主要为三叠系地层	阳关寨枢纽断层、赵家沟逆断层、水井湾逆断层、树舍平移断层、树舍向斜（龙场向斜）、高松树逆断层和小田坝 2 号逆断层、银坪平移断层	瓦斯浓度高	
62	乌蒙山一号隧道	贵昆铁路	贵州省威宁县	6 454	498	横穿威水背斜，背斜核部由石炭系旧司组组成，两翼为上司组、摆佐组、黄龙群、马平群及二叠系梁山组	横穿威水背斜	三个含煤地层，最大煤层厚度 6.7m。瓦斯压力达 3.2MPa	
63	大寨隧道	贵昆铁路		1 942				瓦斯浓度小于 0.3%	

续上表

编号	隧道名	线路	区域位置	隧道长度(m)	埋深(m)	地层岩性	地质构造	煤层及瓦斯概况（瓦斯压力 MPa/含量 m^3/t）	其他
64	沙木拉达隧道	成昆铁路	四川省喜德县	6 379	600			瓦斯浓度小于 0.2%	洞内有人晕倒
65	碧鸡关隧道	成昆铁路	云南省昆明市	2 282				瓦斯浓度小于 0.2%	
66	长冲隧道	湘黔铁路	重庆市南岸区	1 034	282			瓦斯浓度一般小于 0.3%	
67	杨家峪隧道	阳涉铁路	山西省昔阳县	1 882	123	砂岩与页岩互层，具膨胀性	隧道通过单斜构造中的局部褶曲。进口端有两条小断层	瓦斯浓度一般小于 0.3%	
68	灰峪隧道	北京西北环线312线	北京市	3 450		石炭系砂页岩煤系地层		瓦斯浓度一般小于 0.3%	
69	八盘岭隧道	溪田铁路	辽宁省本溪县	6 340	500	主要为灰岩、页岩、砂页岩互层、炭质页岩夹薄煤层	共穿过 5 处断层破碎带。地下水丰富	隧道穿越 10 处煤层分化带，高瓦斯洞段多处	
70	紫坪铺隧道（原董家山隧道）	都汶高速	四川省都江堰市	左 4 090 右 4 060	超过 550	穿越地层为第四系和三叠系须家河组	共有 10 条断层，多为走向逆冲断层，发育褶皱 3 处，主要穿越龚家向斜和龚家背斜	穿越层位共 16 层，其中 9 层不同程度有炭质泥岩及薄煤层，层厚 0.10～0.30m	发生瓦斯爆炸，44 人死亡，11 人受伤
71	友谊隧道（原龙眼睛隧道）	新 213 国道	四川省都江堰市	950	280	三叠系须家河组砂岩、页岩	穿越三条北东向压扭性逆冲断裂、彭灌复背斜、宝兴复背斜	须家河地层有煤层广泛分布，30min 内的绝对瓦斯涌出量最大为 0.857m^3/min	发生瓦斯爆炸，60 余人伤亡

续上表

编号	隧道名	线路	区域位置	隧道长度(m)	埋深(m)	地层岩性	地质构造	煤层及瓦斯概况(瓦斯压力 MPa/含量 m^3/t)	其他
72	阿山隧道	赤大白地方铁路				进口段围岩为强风化凝灰岩。隧道中部由弱风化凝灰岩、凝灰质砂岩、安山玢岩。出口段围岩由砂质黄土、粉质黏土(夹透镜体状细质角砾)、黏土及部分强风化安山玢岩组成			发生瓦斯燃烧
73	白沙沱 3 号隧道	渝怀铁路	重庆市白沙沱	761				煤系地层长度 180m,瓦斯浓度一般在 4.85% 以上,压力 0.37MPa	
74	玄真观隧道	兰渝铁路	四川省广元市元坝区	7 434	375	上覆第四系全新统坡洪积层、坡残积层崩坡积层,下伏基岩为白垩系下统剑阁组、剑门关组厚层砾岩、砂岩与砖红色泥岩	穿越梓潼向斜核部,未见断层构造。岩体节理较发育～发育	九龙山地区有天然气赋存	最大涌水量 3 300m^3/d
75	四方山隧道	兰渝铁路	四川省广元市元坝区	7 843	424	上覆第四系全新统崩坡积层,下伏基岩为白垩系下统剑阁组、剑门关组厚层砂岩与砖红色泥岩	为单斜地层,岩层局部扭曲,未见断层构造。岩体节理较发育～发育	九龙山地区有天然气赋存	最大涌水量 3 500m^3/d
76	肖家梁隧道	兰渝铁路	四川省广元市元坝区	5 162	165	覆盖层主要为第四系全新统坡残积层,下伏基岩为白垩系下统剑门关组紫红色泥岩、砂岩不等厚互层			正常涌水量为 2 000m^3/d、最大总涌水量为 2 600 m^3/d

续上表

编号	隧道名	线路	区域位置	隧道长度(m)	埋深(m)	地层岩性	地质构造	煤层及瓦斯概况（瓦斯压力 MPa/含量 m^3/t）	其他
77	仲家山隧道	兰渝铁路	四川省广元市元坝区	5 668	310		隧道位于构造侵蚀低山区		最大涌水量为 2 500 m^3/d
78	金竹山隧道	万源至达州高速	四川省达州市宣汉县	左 2 609 右 2 670	350	穿越三叠系须家河组含煤地层和侏罗系白田坝组含煤地层	穿越固军坝背斜及付家湾向斜，梧桐坪背斜等次级褶皱，多条断裂	无厚煤层，低瓦斯隧道	
79	观斗山隧道	宜宾城市环线	四川省宜宾市	2 560		须家河组煤系地层	穿越背斜	煤层厚 0.3～0.5m。瓦斯涌出量不超过 0.5m^3/min	老窑井巷积水、涌水
80	铜锣山隧道	垫邻高速	四川省广安市	5 917	250	须家河组煤系地层	穿越铜锣山背斜中段	煤层厚 0.05～0.7m。瓦斯含量 2.187 m^3/t，瓦斯涌出量不超过 0.5m^3/min	老窑井巷积水、涌水
81	勒不果喇吉隧道	雅西高速		2 229		三叠系上统～侏罗系下统白果湾群泥岩、石英砂岩和泥质粉砂岩、炭质泥岩	受安宁河大断裂带影响严重，构造裂隙发育，有扭曲、错动	瓦斯压力 0.49MPa	
82	槽箐头隧道	镇胜高速	贵州省	左 3 810 右 3 790	263	通过地层由可溶性较大的茅口组灰岩和可溶性较小的栖霞组泥灰岩及非可溶的栖霞组泥岩组成	隧道穿越槽箐头向斜，白沙地断层(F_2)	最大瓦斯浓度 4%	
83	明月山隧道	垫邻高速	四川省重庆市交界处	左 6 555 右 6 557	910	出露地层主要有三叠系雷口坡组、嘉陵江组、须家河组、侏罗系上统珍珠冲组，进出口地段岩层为泥质灰岩、钙质泥岩、白云岩	位于新华夏系川东弧形构造带，华蓥山隆皱带明月峡背斜中段鞍部，沿背斜发育 F_1 断层	瓦斯含量 5.86m^3/t	岩溶发育，地下水影响严重

续上表

编号	隧道名	线路	区域位置	隧道长度(m)	埋深(m)	地层岩性	地质构造	煤层及瓦斯概况（瓦斯压力 MPa/含量 m^3/t）	其他
84	小范坪隧道	贵广铁路	贵州省黔南州贵定县	1 650	202	上覆第四系全新统坡洪积红黏土，坡残积红黏土。下伏基岩为二叠系下统栖霞组、茅口组灰岩夹白云质灰岩、泥质灰岩，二叠系下统梁山组石英砂岩夹页岩、炭质页岩及煤线，石炭系中统黄龙群灰岩、白云岩，石炭系下统大塘阶石英砂岩、砂岩夹炭质页岩及煤线，泥盆系上统尧梭组灰岩、白云岩夹页岩	隧址区所处大地构造为扬子准地台、黔南坳陷、昌明向斜中段。主体构造由宽缓背斜与紧密狭窄的向斜构成隔槽式褶皱，昌明向斜以西为龙里复式背斜，以东为黄丝背斜	瓦斯压力为 0.56MPa，瓦斯含量 $4.67m^3/t$，瓦斯总涌出量 $0.61\ m^3/min$	涌水量 $18\,000m^3/d$
85	云顶隧道	达成铁路	四川省成都市金堂县	7 858		岩性以砂岩、页岩为主。砂岩构造节理较发育，泥岩则主要为风化节理且延伸短	穿越背斜位于北东向新华夏系龙泉山褶带，主体构造为龙泉山箱形背斜，包括一系列走向北东的压性、压扭性结构面，岩层倾角接近水平	瓦斯源自距隧道垂深约 3 000m的须家河组含煤地层，瓦斯压力为 0.12～0.20MPa，瓦斯绝对涌出量平均值为 $3.03m^3/min$，瓦斯最大浓度达 98%	最大涌水量为 13 800 m^3/d
86	谭家寨隧道	忠垫高速	重庆市	左 2 493 右 2 490		页岩	吊钟坝断层影响带，岩层极破碎，呈断层泥、角砾岩，碎裂岩状产出。断层走向与隧道轴线近于垂直。地表岩溶微弱，隧址溶蚀裂隙发育，富水性相对较强	有瓦斯、H_2S	

续上表

编号	隧道名	线路	区域位置	隧道长度(m)	埋深(m)	地层岩性	地质构造	煤层及瓦斯概况（瓦斯压力 MPa/含量 m^3/t）	其他
87	苗圃一号隧道	贵阳市花溪二道	贵州省贵阳市	630	埋深浅	主要为亚黏土、炭质页岩夹砂岩等，局部有煤层	地质条件总体较差	瓦斯浓度极低	
88	苗圃二号隧道	贵阳市花溪二道	贵州省贵阳市	295	埋深浅	主要为亚黏土、炭质页岩夹砂岩等，局部有煤层	地质条件总体较差	瓦斯浓度极低	
89	白沙沱3号隧道	渝怀铁路	重庆市白沙沱	761				煤系地层长 180m。瓦斯浓度一般在 4.85%以上，瓦斯压力 0.37MPa	
90	洪福隧道	瀑布沟水库库区公路	四川省汉源县	1 528		穿越三叠系白果湾组砂质泥岩、泥砂岩和侏罗系益门组泥岩、泥灰岩		白果湾组为煤系地层，煤层厚 0.1～0.15m。绝对瓦斯涌出量为 $1.216m^3/min$	
91	龙池隧道	紫坪铺电站配套公路	四川省都江堰市	1 177		穿越三叠系须家河组中细粒砂岩、粉砂岩、煤质页岩和纯煤层		K1＋008～K1＋254 为煤系地层，瓦斯含量高	
92	马王槽1号隧道	万梁高速	重庆市万州区	左 1 206 右 1 266	超过 550	穿越侏罗系中统下沙溪庙组、新田沟组、中下统自流井组、下统珍珠冲组及三叠系上统须家河组和中统巴东组地层	穿越铁锋山倒转背斜	煤厚 0.2～0.72m，瓦斯浓度 0.3%～0.5%	
93	袍子岭隧道	洛湛铁路	湖南省永州市	6 460	约 500	隧址区为奥陶系石英砂岩夹粉砂岩、页岩及板岩，泥盆系、石炭系石灰岩、白云质灰岩、白云岩	隧道穿越双牌道县复背斜	DK214＋190～DK214＋200 段揭露薄煤层，最高瓦斯浓度 0.7%	

续上表

编号	隧道名	线路	区域位置	隧道长度(m)	埋深(m)	地层岩性	地质构造	煤层及瓦斯概况（瓦斯压力 MPa/含量 m^3/t）	其他
94	肖家坡隧道	湘渝高速	重庆市黔江县	左 2 719 右 2 730	460	地层为志留系上统罗惹坪群第一段、第二段	位于桑柘坪向斜仰起端	绝对瓦斯涌出量在 4.69m^3/min 以上，工作面瓦斯浓度达 80%	
95	新大巴山隧道	襄渝铁路	陕西省镇巴县与四川省万源市	10 638	790	隧址区地层除缺失泥盆系、石炭系外从震旦系到第四系均有出露，岩性为灰岩、白云岩、白云质灰岩、硅质灰岩及砂岩、页岩	穿越源滩-莲花池复背斜，荆竹坝向斜及偏岩子背斜	YDK433＋540～YDK434＋130 遇到煤层采空区。揭露吴家坪组煤层，厚 0.5～2m。瓦斯浓度大于 0.5%	
96	新二甲二号隧道	株六铁路	贵州省六枝特区		598	岩性主要为二叠系下统栖霞组黏土、灰岩夹页岩、石英砂岩夹劣煤	断层、煤层、岩溶发育	DK189＋060～DK189＋180 为煤层分布密集区，上方有小煤窑且该段位于古滑坡体上，含大量瓦斯	

2.3.2　隧道建设瓦斯危害的影响因素

统计分析国内外瓦斯隧道工程案例，隧道瓦斯危害的影响因素主要如下：

(1)地层岩性。煤系地层时代不同，地质经历不同，形成和保存瓦斯的条件就有所差别。含煤性的优劣不同，生成和保存的瓦斯量也不一样；而煤系地层和围岩岩性及其组合特征又直接影响着瓦斯的保存和逸散。

(2)地质构造。它与瓦斯的赋存关系密切。含煤岩层经历的构造活动对瓦斯的形成、赋存和逸散有着不同的影响。

(3)隧道埋深。一般情况下，煤层中的瓦斯压力随埋深增大而增加。煤层埋藏愈深愈有利于封存瓦斯，所以在一定深度范围内，煤层中瓦斯含量随埋深的增大而增加。

(4)隧道长度。它一方面对瓦斯涌出量有影响，另一方面也对施工条件有影响。

(5)煤层厚度。它直接决定瓦斯含量的大小，煤层越厚越容易发生突出危险。

(6)煤化程度。在煤化作用过程中，不断地产生瓦斯，煤的煤化程度越高，产生的瓦斯越多。

(7)煤层倾角。煤层层面与水平面夹角越大越利于瓦斯的运移。在其他条件相同的情况下，煤层倾角越小，瓦斯含量就越高，煤层脱放瓦斯的深度随煤层倾角变化而变化。

(8)煤层露头。它是指瓦斯向地面排放的出口，煤层露头存在时间越长，瓦斯排放就越多。

(9)水文地质条件。地下水与瓦斯共存于含煤岩系及围岩之中,地下水的活动有利于瓦斯的逸散,同时,水吸附在裂隙和孔隙的表面,减弱了煤对瓦斯的吸附能力。

(10)煤的坚固性系数。它表示煤的坚固性程度,该值的大小影响突出发生的可能。

(11)煤体结构类型。它直接影响突出发生的几率,不同煤体结构发生煤与瓦斯突出的可能性完全不同。

(12)隧道施工区与煤层距离。一般而言,距煤层距离越近,瓦斯含量和瓦斯压力越大。

2.4 瓦斯隧道等级评价体系

2.4.1 评价指标的选取

瓦斯隧道等级评价是对瓦斯隧道整体的最大危险性进行研究,既要考虑影响分级的主要因素,又要考虑工程建设不同时期所能获取的资料情况,即尽量满足指标的准确性与可操作性。选取的分级指标如表 2-11 所示。

瓦斯隧道等级评价体系指标 表 2-11

评价指标	地层岩性(X_1)	围岩透气性
		评分值
	地质构造(X_2)	封闭煤层程度
		评分值
	煤层厚度(X_3)	厚度(m)
		评分值
	隧道埋深(X_4)	埋深(m)
		评分值
	水文地质条件(X_5)	地下水量
		评分值

注:指标取值考虑隧道中最差情况。

1)地层岩性(X_1)

研究含煤岩系及煤层围岩的地质特征,重点在于它们对瓦斯保存或逸散所起的作用。煤层围岩对瓦斯赋存的影响,决定于它的隔气、透气性能。一般而言,当煤层顶板岩性为致密完整的岩石,如页岩、油母页岩时,煤层中的瓦斯容易赋存;当煤层顶板为多孔隙或脆性裂隙发育的岩石,如砾岩、砂岩时,煤层中的瓦斯容易逸散。

2)地质构造(X_2)

地质构造有的是瓦斯散逸通道,有的则是良好的瓦斯赋存场所,而且煤与瓦斯突出多发生在构造带。因此,地质构造的性质和规模、构造线与隧道轴线的交切关系等对瓦斯隧道等级评价至关重要。

3)煤层厚度(X_3)

煤层厚度决定了瓦斯涌出量的大小。《煤矿安全规程》规定地下开采时,一般矿井临界开采厚度为 0.4m;厚度 1.3m 以下的煤层为薄煤层;1.3~3.5m 的煤层为中厚煤层,3.5m 以上的煤层为厚煤层。

4)隧道埋深(X_4)

埋深越深,瓦斯压力越大,危险性也越高。同时,埋深越深,越有利于封存瓦斯,一定深度范围内,煤层中瓦斯含量随埋深增大而增加。一般将 300m 作为浅埋与深埋的分界线,将 500m 作为深埋与超深埋的分界线。

5)水文地质条件(X_5)

在瓦斯隧道等级评价阶段,水文地质条件这一指标可以从地下水量方面考虑,地下水量越大隧道瓦斯越少。

2.4.2　评价体系的建立

瓦斯隧道危害的影响因素是错综复杂的,既有区域性因素也有局部因素。将各种瓦斯地质特征数字化,即通过不同的方法对等级评价指标进行量化,从而采用数学方法研究隧道瓦斯问题,用数学关系式对瓦斯隧道进行等级评价,从具体的现象中抽象出理论上的数学模型。

由此,提出瓦斯隧道等级评价数学模型,如式(2-5)所示,评价指标主要为:地层岩性(X_1)、地质构造(X_2)、煤层厚度(X_3)、隧道埋深(X_4)、水文地质条件(X_5)。

$$\mathrm{GTC} = \lambda_1 X_1 + \lambda_2 X_2 + \lambda_3 X_3 + \lambda_4 X_4 + \lambda_5 X_5 \tag{2-5}$$

式中:GTC——瓦斯隧道等级评价指数(gas tunnel classify);

X_i——第 i 个评价指标分值;

λ_i——第 i 个评价指标的权重。

分值满分设置为 100 分,分值越高,瓦斯危害程度越大,划分的四个等级所对应的分值依次为 GTC<25(微瓦斯隧道)、25≤GTC<50(低瓦斯隧道)、50≤GTC<75(高瓦斯隧道)、GTC≥75(瓦斯突出隧道),如表 2-12 所示。

GTC 瓦斯隧道等级评价　　表 2-12

GTC 值	GTC<25	25≤GTC<50	50≤GTC<75	GTC≥75
类别	微瓦斯隧道	低瓦斯隧道	高瓦斯隧道	瓦斯突出隧道

在对工程案例统计样本进行分析的过程中发现,内昆铁路马蹄石隧道、内昆铁路闸上隧道、贵昆铁路梅子关隧道、大寨隧道、渝合高速西山坪隧道、石万高速走马岭隧道等均穿越煤系地层,但施工中检测到的瓦斯涌出量极其轻微,正常通风条件下瓦斯浓度均较低(<0.3%),施工中仅需进行瓦斯检测和正常通风,施工组织和工程管理均按常规隧道进行。因此有必要分出一类按常规隧道组织施工的微瓦斯隧道。

如表 2-12 所示,本评价体系将瓦斯隧道划分为微瓦斯隧道、低瓦斯隧道、高瓦斯隧道和瓦斯突出隧道四类:

(1)微瓦斯隧道。瓦斯涌出量极小,瓦斯浓度一般不会超限。此类隧道的建设可在瓦斯检测的基础上按常规隧道组织施工。

(2)低瓦斯隧道。瓦斯涌出量较小,瓦斯浓度偶尔超限,一般不会发生瓦斯灾害事故。此类隧道的建设需做好隧道重点部位的瓦斯检测工作，保证施工通风效果，当隧道内瓦斯浓度超限时，应及时采取相关防治措施。

(3)高瓦斯隧道。瓦斯涌出量较大，瓦斯浓度易超限，当隧道通风效果不能满足要求时，可能发生瓦斯灾害事故。此类隧道的建设需建立瓦斯监控系统，保证施工通风效果满足要求，施工、电气设备应采用防爆型，当隧道内瓦斯浓度超限时，应及时采取相关防治措施。

(4)瓦斯突出隧道。瓦斯涌出量大，瓦斯浓度易超限，局部有潜在煤与瓦斯突出可能，当通风效果不能满足要求或突出防治措施效果不佳时，可能发生瓦斯灾害事故。此类隧道的建设需建立瓦斯监控系统，保证隧道通风，施工设备应采用防爆型，应针对潜在突出区域建立防突措施综合执行系统。

等级评价体系中有五个评价指标，根据各指标量值大小不同或定性影响不同分别赋值，对于各个指标提供了比较详细的取值表，详见表2-13～表2-17，从而计算出GTC值。

地层岩性取值 表2-13

岩性	中砂～粗砂	粉砂～细砂	灰岩	页岩～泥岩
评分值	0～5	5～10	10～15	15～20

注：岩性评价根据其透气性高低在所属分值域中等比取值。

地质构造取值 表2-14

地质构造	煤层处于开放性构造	连通煤层	未扰动煤层	封闭煤层构造
评分值	0～5	5～10	10～15	15～20

注：地质构造评价根据其对隧址区煤层的封闭程度在所属分值域中等比取值。

煤层厚度取值 表2-15

厚度(m)	<0.4	0.4～1.3	1.3～3.5	>3.5
评分值	0～5	5～10	10～15	15～20

隧道埋深取值 表2-16

埋深(m)	<100	100～300	300～500	>500
评分值	0～5	5～10	10～15	15～20

水文地质条件取值 表2-17

水量(m^3/d)	丰富>3 000	较丰富1 000～3 000	中等100～1 000	贫乏<100
评分值	5～0	10～5	15～10	20～15

注：根据其出水量大小在所属分值域中等比取值，如1 000取10分，2 000取12.5分。

由评分法和模糊综合评判法，得出瓦斯隧道等级评价GTC计算公式(等级评价体系和工区评价体系各指标权重的确定类似，详见瓦斯隧道工区评价体系一节)，该公式完善了瓦斯隧道等级评价体系，如表2-18所示。

瓦斯隧道等级评价体系　　表 2-18

评价指标	地层岩性	围岩渗透性	中砂～粗砂	粉砂～细砂	灰岩	页岩～泥岩
		X_1 评分值	0～5	5～10	10～15	15～20
	地质构造	连通性	煤层处于开放性构造	连通煤层	未扰动煤层	封闭煤层构造
		X_2 评分值	0～5	5～10	10～15	15～20
	煤层厚度	(m)	<0.4	0.4～1.3	1.3～3.5	>3.5
		X_3 评分值	0～5	5～10	10～15	15～20
	隧道埋深	(m)	<100	100～300	300～500	>500
		X_4 评分值	0～5	5～10	10～15	15～20
	水文地质条件	水量(m^3/d)	丰富 >3 000	较丰富 1 000～3 000	中等 100～1 000	贫乏 <100
		X_5 评分值	0～5	5～10	10～15	15～20
等级划分	$0.95X_1+1.05X_2+1.1X_3+1.15X_4+0.75X_5$	评分	0～25	25～50	50～75	75～100
		评级	I	II	III	IV

$$GTC = 0.95X_1 + 1.05X_2 + 1.1X_3 + 1.15X_4 + 0.75X_5 \tag{2-6}$$

应用表 2-18 评价我国现有的瓦斯隧道分值及等级，如表 2-19 所示（由于研究过程获得资料的局限性，部分样本的信息和工程实际可能会有一定出入）。

瓦斯隧道等级评价结果　　表 2-19

编号	隧　道	岩性取分（权重 0.95）	构造取分（权重 1.05）	煤厚取分（权重 1.1）	埋深取分（权重 1.15）	水文取分（权重 0.75）	得分	等级评价	勘察设计验证
1	朱嘎隧道	15	12	6	12	15	58.5	高瓦斯	高瓦斯，有一定突出危险
2	青山隧道	20	15	11	20	15	81.1	有突出危险	有瓦斯突出危险
3	曾家坪 2 号	12	13	0	15	8	48.3	低瓦斯	勘察无瓦斯，施工低瓦斯
4	马蹄石	2	4	0	10	3	19.85	微瓦斯	勘察无瓦斯，施工低瓦斯
5	新寨隧道	20	20	8	14	15	76.15	有突出危险	有瓦斯突出危险
6	闸上隧道	5	4	4	5	4	22.1	微瓦斯	有煤层，勘察无瓦斯
7	黄莲坡隧道	5	10	3	8	8	33.75	低瓦斯	低瓦斯隧道
8	红石岩隧道	2	8	0	16	8	34.7	低瓦斯	勘察无瓦斯，施工低瓦斯
9	汀筒沟隧道	2	8	0	10	12	30.8	低瓦斯	勘察无瓦斯，施工低瓦斯
10	云台山隧道	10	20	13	12	7	63.85	高瓦斯	高瓦斯隧道
11	通渝隧道	17	16	12	20	8	75.15	有突出危险	有突出危险
12	北碚隧道	15	18	10	10	8	61.65	高瓦斯	高瓦斯隧道
13	西山坪隧道	3	9	3	6	3	24.75	微瓦斯	低瓦斯隧道
14	梨树湾隧道	5	12	5	8	5	35.8	低瓦斯	低瓦斯隧道
15	中梁山隧道	15	20	12	9	8	64.8	高瓦斯	高瓦斯隧道

续上表

编号	隧道	岩性取分（权重0.95）	构造取分（权重1.05）	煤厚取分（权重1.1）	埋深取分（权重1.15）	水文取分（权重0.75）	得分	等级评价	勘察设计验证
16	缙云山隧道	5	5	2	10	5	27.45	低瓦斯	低瓦斯隧道
17	华蓥山隧道	17	18	16	16	7	76.3	有突出危险	有一般突出危险
18	南山隧道	15	18	5	18	8	65.35	高瓦斯	高瓦斯隧道
19	金洞隧道	15	15	10	20	8	70	高瓦斯	高瓦斯隧道
20	圆梁山隧道	15	18	6	19	8	67.6	高瓦斯	高瓦斯隧道
21	黄草隧道	10	10	0	18	7	45.95	低瓦斯	勘察无瓦斯，施工低瓦斯
22	白沙沱4号隧道	15	10	8	10	8	51.05	高瓦斯	高瓦斯隧道
23	武隆隧道	15	12	0	14	12	51.95	高瓦斯	勘察无瓦斯，施工高瓦斯
24	正阳隧道	10	10	15	7	10	52.05	高瓦斯	高瓦斯隧道
25	彭水隧道	5	10	5	15	13	47.75	低瓦斯	低瓦斯隧道
26	松林堡隧道	10	10	10	5	10	44.25	低瓦斯	低瓦斯隧道
27	走马岭隧道	10	10	4	12	8	44.2	低瓦斯	低瓦斯隧道
28	别岩槽隧道	5	3	3	8	3	22.65	微瓦斯	勘察无瓦斯，施工低瓦斯
29	齐岳山隧道	15	10	6	17	4	53.9	高瓦斯	高瓦斯隧道
30	八字岭隧道	10	8	4	17	8	47.85	低瓦斯	低瓦斯隧道
31	野三关隧道	10	5	5	20	4	46.25	低瓦斯	低瓦斯隧道
32	铁峰山隧道	10	15	4	16	10	55.55	高瓦斯	低瓦斯隧道
33	分水隧道	10	10	8	10	10	47.8	低瓦斯	低瓦斯隧道
34	丁子岩隧道	15	10	20	8	10	63.45	高瓦斯	高瓦斯隧道
35	炮台山隧道	13	15	0	12	12	50.9	高瓦斯	勘察无瓦斯，施工高瓦斯
36	新石垭口隧道	16	16	12	12	10	66.5	高瓦斯	高瓦斯隧道
37	新苏家寨隧道	15	15	6	7	10	52.15	高瓦斯	高瓦斯隧道
38	蛟岭隧道	5	10	8	8	10	40.75	低瓦斯	低瓦斯隧道
39	大路梁子隧道	10	16	9	18	10	64.4	高瓦斯	高瓦斯隧道
40	枫树排隧道	15	10	10	8	10	52.45	高瓦斯	高瓦斯隧道
41	龙溪隧道	10	12	6	17	10	55.75	高瓦斯	高瓦斯隧道
42	梅子关隧道	4	5	5	5	4	23.3	微瓦斯	低瓦斯隧道
43	梅花山隧道	8	10	4	17	8	48.05	低瓦斯	低瓦斯隧道
44	岩脚寨隧道	10	15	20	15	10	72	高瓦斯	高瓦斯隧道
45	新岩脚寨隧道	10	15	20	15	10	72	高瓦斯	高瓦斯隧道
46	凉风垭隧道	16	10	0	16	6	48.6	低瓦斯	勘察无瓦斯，施工低瓦斯
47	孙家寨隧道	15	10	16	4	10	54.45	高瓦斯	高瓦斯隧道
48	白龙山隧道	15	10	7	16	10	58.35	高瓦斯	高瓦斯，有一般突出危险
49	何家寨隧道	15	20	12	10	12	68.95	高瓦斯	高瓦斯，有一般突出危险

续上表

编号	隧　道	岩性取分（权重0.95）	构造取分（权重1.05）	煤厚取分（权重1.1）	埋深取分（权重1.15）	水文取分（权重0.75）	得分	等级评价	勘察设计验证
50	发耳隧道	20	20	13	4	16	70.9	高瓦斯	有一般突出危险
51	家竹箐隧道	20	15	20	15	9	80.75	有突出危险	严重瓦斯突出危险
52	康牛隧道	5	10	5	9	8	37.1	低瓦斯	低瓦斯隧道
53	上清河隧道	18	20	20	10	10	79.1	有突出危险	有突出危险
54	紫坪铺二号导流隧洞	15	10	10	10	8	53.25	高瓦斯	高瓦斯隧道
55	乌蒙山一号隧道	10	15	20	15	8	70.5	高瓦斯	高瓦斯隧道
56	杨家峪隧道	10	8	5	6	10	37.8	低瓦斯	低瓦斯隧道
57	八盘岭隧道	12	10	5	15	10	52.15	高瓦斯	高瓦斯隧道
58	紫坪铺隧道	15	15	5	16	10	61.4	高瓦斯	勘察低瓦斯，施工高瓦斯
59	友谊隧道	15	13	8	8	10	53.4	高瓦斯	高瓦斯隧道
60	玄真观隧道	9	11	1	11	3	36.1	低瓦斯	低瓦斯隧道
61	四方山隧道	7	13	1	14	3	39.75	低瓦斯	低瓦斯隧道
62	肖家梁隧道	20	19	3	6	4	52.15	高瓦斯	高瓦斯隧道
63	仲家山隧道	10	12	5	10	6	43.6	低瓦斯	低瓦斯隧道
64	金竹山隧道	14	11	1	11	5	42.35	低瓦斯	低瓦斯隧道
65	观斗山隧道	16	10	7	10	5	48.65	低瓦斯	低瓦斯隧道
66	铜锣山隧道	16	12	7	7	5	47.3	低瓦斯	低瓦斯隧道
67	勒不果喇吉隧道	18	15	5	10	5	53.6	高瓦斯	高瓦斯隧道
68	槽箐头隧道	14	12	3	7	4	40.25	低瓦斯	低瓦斯隧道
69	明月山隧道	11	11	3	20	1	49.05	低瓦斯	低瓦斯隧道
70	小范坪隧道	17	15	10	7	5	54.7	高瓦斯	高瓦斯隧道
71	云顶隧道	7	15	8	10	5	46.45	低瓦斯	低瓦斯隧道
72	谭家寨隧道	13	11	5	10	8	46.9	低瓦斯	低瓦斯隧道
73	阿山隧道	11	14	5	10	7	47.4	低瓦斯	低瓦斯隧道
74	龙池隧道	15	15	5	10	4	54.5	高瓦斯	高瓦斯隧道
75	马王槽1号隧道	10	5	3	16	3	38.7	低瓦斯	低瓦斯隧道
76	袍子岭隧道	12	4	3	15	7	41.4	低瓦斯	低瓦斯隧道
77	肖家坡隧道	14	13	3	13	9	51.95	高瓦斯	高瓦斯隧道
78	新二甲二号隧道	12	13	12	18	4	61.95	高瓦斯	高瓦斯隧道

由表2-19可以看出，评价模型评分所得结果绝大部分与实际相符。由于提出了微瓦斯隧道概念，部分瓦斯隧道划分为微瓦斯隧道，和勘察设计中定位为低瓦斯隧道有一定出入。另外，铁峰山隧道评价结果为高瓦斯隧道，而勘察设计结论为低瓦斯隧道，比实际有所偏高。

此外，如朱嘎隧道、白龙山隧道和何家寨隧道勘察时，结论为高瓦斯隧道且有一般突出危险，与评价结果稍有偏差；有瓦斯突出危险隧道评价中得分一般在80分以下，有严重瓦斯突出危险的青山隧道和家竹箐隧道得分为 81.1 分和 80.75 分，可见高瓦斯隧道和有煤与瓦斯突出危险隧道之间界限不是很明显。这说明本体系指标取值标准或权重确定尚与实际有一定偏差，需要在以后更多的工程实际应用中进一步优化、完善。

相信随着统计样本的进一步丰富和完善，指标取值标准及指标赋值的调整、完善，本评价体系可更科学、准确地对瓦斯隧道等级做出判断，从而更好地为工程建设服务。

2.5 瓦斯隧道工区评价体系

2.5.1 评价指标的选取

隧道可能发生瓦斯灾害的部位受隧道所处地层岩性和地质构造控制，煤系地层越厚、地质构造越复杂的隧道段，发生瓦斯灾害的几率越大。因此，工区评价体系以瓦斯特征参数为基础，结合隧道不同洞段具体地质条件，进行多指标综合预测隧道各部位瓦斯危害。即在隧道瓦斯危害影响因素分析基础上，引入综合评价指标，对隧道各部位发生瓦斯危害的几率及危害程度进行工区评价，为确定有效防治措施提供依据，确保施工安全。

设计、施工阶段资料丰富，除了补充完善前期资料收集工作，同时开展了相应的勘探和试验，获得了工区评价所需的详细资料，故选取的工区评价指标如下：

1)瓦斯涌出量(X_1)

瓦斯对隧道建设的危害主要为瓦斯在隧道内的局部积聚及其由此产生的窒息、爆炸等后果，主要影响因素是瓦斯涌出量的大小，所以选取隧道内煤层中的瓦斯涌出量为工区评价的控制性指标。

2)瓦斯压力(X_2)

瓦斯压力一方面影响瓦斯的含量，另一方面也是判别煤层是否具有突出危险性的重要判据。

3)煤体结构类型(煤的破坏类型)(X_3)

煤体结构是指煤层各组成部分的颗粒大小、形态特征及其相互关系。参照地质学中构造岩的分类方法，煤体结构按是否遭受构造应力破坏及破坏程度可分为原生结构煤、碎裂煤、碎粒煤和糜棱煤四种类型。

4)水文地质条件(X_4)

隧道各部位地下水状况不同，直接影响相应部位的瓦斯含量。

5)距煤层距离(X_5)

在其他地质环境条件相同的情况下，地层中瓦斯含量的多少与距煤层远近有直接关系。

6)隧道穿越构造(X_6)

勘察设计阶段对隧道所穿越的地质构造有了比较详细的了解，构造的规模、性质、发育在隧道中的部位、构造线与隧道轴线的交切关系等信息比较明确。在进行瓦斯隧道工区评价时，结合不同洞段距离煤层的距离，该段是否有构造穿越，以及该构造的性质，也可判定该段的瓦斯危害性。

上述指标组成了瓦斯隧道工区评价指标体系，如表 2-20 所示。本体系中的地质构造和水文地质条件两项指标与等级评价体系中略有差别，等级评价体系的这两项指标是对整个隧址区而言，取其中最不利的情况作为评分依据，工区评价体系中则是针对不同洞段相应岩性分别取值。地质构造在等级评价中是对整个隧址区的封闭性而言，在工区评价中则主要考虑待评价洞段与煤层的连通性。

瓦斯隧道分区指标体系　　表 2-20

<table>
<tr><td rowspan="12">评价指标</td><td rowspan="2">瓦斯涌出量(X_1)</td><td>瓦斯涌出量(m^3/min)</td></tr>
<tr><td>评分值</td></tr>
<tr><td rowspan="2">瓦斯压力(X_2)</td><td>瓦斯压力(MPa)</td></tr>
<tr><td>评分值</td></tr>
<tr><td rowspan="2">煤体结构类型(X_3)</td><td>结构类型</td></tr>
<tr><td>评分值</td></tr>
<tr><td rowspan="2">水文地质条件(X_4)</td><td>地下水状况</td></tr>
<tr><td>评分值</td></tr>
<tr><td rowspan="2">距煤层距离(X_5)</td><td>距煤层距离(m)</td></tr>
<tr><td>评分值</td></tr>
<tr><td rowspan="2">地质构造(连通性)(X_6)</td><td>与煤层的连通性</td></tr>
<tr><td>评分值</td></tr>
</table>

注：分区指标用来评价不同岩性段内瓦斯危害等级。

2.5.2　评价体系的建立

2.5.2.1　工区评价体系的评分法应用

本体系将瓦斯隧道划分为四个区，其危险程度从低到高分别为无瓦斯工区、低瓦斯工区(含微瓦斯工区)、高瓦斯工区、瓦斯突出工区，各区分值是由所选取的瓦斯涌出量(X_1)、瓦斯压力(X_2)、煤体结构类型(X_3)、水文地质条件(X_4)、距煤层距离(X_5)和地质构造(连通性)(X_6)六个评价指标由公式(2-7)进行积和评分。分值满分设置为 120 分，分值越高危害程度越大，划分的四个等级所对应的分值依次为 GTZ＜30(无瓦斯工区)、30≤GTZ＜60(低瓦斯工区，含微瓦斯工区)、60≤GTZ＜90(高瓦斯工区)、GTZ≥90(瓦斯突出工区)，如表 2-21 所示。

$$GTZ = \lambda_1 X_1 + \lambda_2 X_2 + \lambda_3 X_3 + \lambda_4 X_4 + \lambda_5 X_5 + \lambda_6 X_6 \tag{2-7}$$

式中：GTZ——瓦斯隧道工区评价指数(gas tunnel zoneing)，其值越大，该工区瓦斯危害性越大；

λ_i——评价指标权重；

X_i——第 i 个评价指标。

GTZ 瓦斯隧道工区评价等级　　表 2-21

GTZ 值	GTZ＜30	30≤GTZ＜60	60≤GTZ＜90	GTZ≥90
类别	无瓦斯工区	低瓦斯工区	高瓦斯工区	瓦斯突出工区

如表 2-21 所示，本评价体系将瓦斯隧道工区划分为无瓦斯工区、低瓦斯工区、高瓦斯工区及瓦斯突出工区四类：

(1)无瓦斯工区。与含瓦斯煤层相距较远且没有构造连通，不含瓦斯。

(2)低瓦斯工区。与含瓦斯煤层距离较近或虽与含瓦斯煤层相距较远但有构造连通，瓦斯含量低，浓度在 0.5%以下。

(3)高瓦斯工区。与含瓦斯煤层相距较近且有构造连通，瓦斯含量高，浓度超过 0.5%。

(4)瓦斯突出工区。与含瓦斯煤层距离较近，瓦斯含量高，浓度超过 0.5%，瓦斯压力大，很容易发生瓦斯事故,有煤与瓦斯突出可能。

工区评价体系中有6个评价指标,根据各指标量值大小不同或定性影响程度不同分别赋值,详见表2-22~表2-27,从而计算出GTZ值。

瓦斯绝对涌出量取值　　表2-22

绝对瓦斯涌出量(m^3/min)	0~0.05	0.05~0.5	0.5~3	≥3
评分值	0~5	5~10	10~15	15~20

瓦斯压力取值　　表2-23

瓦斯压力(MPa)	<0.15	0.15~0.35	0.35~0.74	≥0.74
评分值	0~5	5~10	10~15	15~20

煤体结构类型取值　　表2-24

煤体结构类型	原生结构煤	碎裂煤	碎粒煤	糜棱煤
光泽	亮与半亮	亮与半亮	半亮或半暗	黯淡
构造与结构特征	层状构造,块状构造,条带清晰明显	尚未失去层状,较有次序;条理明显,有时扭曲有错动;不规则块状,多棱角;有挤压特征	弯曲呈透镜体构造,小片状构造,细小碎状,层理较紊乱,无次序	粒状或由小颗粒胶结成天然煤团;土状结构似土质煤;如断层泥状
节理性质	一组或二三组节理,节理系统发达,有次序	次生节理面多且不规则,与原生节理构成网状节理	节理不清,系统不发达,次生节理密度大	成粉块状,节理失去意义
节理面性质	有充填物(方解石等),次生面少,节理面平整	节理面有擦纹、滑坡、节理面平整易掰开	有大量擦痕	—
断口性质	参差阶状、贝状、波浪状	参差多角	参差及粒状	粒状和土状
强度	坚硬,用手难掰开	中等硬度,用手极易剥成小块	用手捻成粉末,松软	用手捻成粉末,疏松
评分值	0~5	5~10	10~15	15~20

水文地质条件取值　　表2-25

地下水状况	流水/涌水	滴水	湿润	干燥
评分值	0~5	5~10	10~15	15~20

注:根据所属类别中不同程度在所属分值域中等比取值。

工区距煤层距离取值　　表2-26

距煤层距离(m)	>20	10~20	2~10	<2
评分值	0~5	5~10	10~15	15~20

地质构造取值　　表2-27

地质构造	有构造但为压性或压扭性	工区与煤层间为垂直地层连通	工区与煤层间顺层连通	有张性构造连通
评分值	0~5	5~10	10~15	15~20

注:各构造根据其连通工区与煤层程度在所属分值域中等比取值。

由于各个指标对瓦斯隧道危害的影响程度不同，建立工区评价体系的关键是各指标权重的取值问题。评分法确定权重思路如下：

(1)首先按经验初步确定权重取值，取 $\lambda_1=\lambda_2=\lambda_3=\lambda_4=\lambda_5=\lambda_6=1$。

(2)将该权重代入 GTZ 公式，以紫坪铺隧道资料(本体系的权重确定主要依托紫坪铺隧道，在具备更多的隧道设计、施工详细资料的基础上将进一步细化、完善本体系各指标权重)对式(2-7)进行赋值，将隧道中 6 个对应指标参照表 2-22～表 2-27 评分，将所得的 X_i 值与 λ_i 值代入计算，得到隧道工区得分。

(3)检查该工区得分情况，评价该隧道分区归属，与实际设计、施工情况对比，两种结果不一致时调整各指标 λ 值的大小，至评分结果符合实际情况为止，两种结果一致时则维持各指标 λ 值不变。

(4)用隧道另一区段勘察资料作为样本检验各指标 λ 值，重复(3)确定各指标 λ 值。

(5)重复(3)、(4)，直至所有隧道区段样本都经过检验，最终确定各指标 λ 值，得出完整 GTZ 公式。至此，该工区评价体系各指标权重确定。

根据以上步骤，得出瓦斯隧道工区评价指数 GTZ 计算公式(2-8)，完善了瓦斯隧道工区评价体系，详见表 2-28。

$$GTZ=1.25X_1+1.25X_2+0.8X_3+0.5X_4+1.05X_5+1.15X_6 \tag{2-8}$$

瓦斯隧道分区指标 表 2-28

评价指标	绝对瓦斯涌出量(m^3/min)	绝对瓦斯涌出量	0～0.05	0.05～0.5	0.5～3	≥3
		X_1评分值	0～5	5～10	10～15	15～20
	瓦斯压力(MPa)	瓦斯压力	<0.15	0.15～0.35	0.35～0.74	>0.74
		X_2评分值	0～5	5～10	10～15	15～20
	煤体结构类型	煤体结构类型	原生结构煤	碎裂煤	碎粒煤	糜棱煤
		X_3评分值	0～5	5～10	10～15	15～10
	水文地质条件	地下水状况	流水/涌水	滴水	湿润	干燥
		X_4评分值	0～5	5～10	10～15	15～20
	工区距煤层距离(m)	距煤层距离	>20	10～20	2～10	<2
		X_5评分值	0～5	5～10	10～15	15～20
	地质构造	连通工区与煤层程度	有构造但为压性或压扭性	工区与煤层间为垂直地层	工区与煤层间顺层连通	有张性构造连通
		X_6评分值	0～5	5～10	10～15	15～20
工区划分	$1.25X_1+1.25X_2+0.8X_3+0.5X_4+1.05X_5+1.15X_6$	评分	0～30	30～60	60～90	90～120
		评级	无瓦斯工区	低瓦斯工区(含微瓦斯工区)	高瓦斯工区	瓦斯突出工区

用瓦斯隧道分区指数 GTZ 计算公式计算紫坪铺隧道各区分值及分区评价如表 2-29 所示。

紫坪铺隧道工区评价结果　　表 2-29

编号	里　程	涌出量(权重1.25)	压力(权重1.25)	煤体结构(权重0.8)	地下水状况(权重0.5)	距煤层距离(权重1.05)	连通工区(权重1.15)	得分	评　价	施工验证
1	K13+385～K13+450	0	0	0	10	0	10	16.5	基本无瓦斯工区	基本无瓦斯工区
2	K13+450～K13+490	3	3	0	10	2	10	26.1	基本无瓦斯工区	基本无瓦斯工区
3	K13+490～K13+900	3	3	0	7	0	10	22.5	基本无瓦斯工区	基本无瓦斯工区
4	K13+900～K13+950	5	6	0	6	15	12	46.3	低瓦斯工区	低瓦斯工区
5	K13+950～K14+120	5	6	8	6	15	15	56.15	低瓦斯工区	低瓦斯工区
6	K14+120～K14+220	5	6	0	6	10	15	44.5	低瓦斯工区	低瓦斯工区
7	K14+220～K14+355	5	6	0	6	10	15	44.5	低瓦斯工区	低瓦斯工区
8	K14+355～K14+580	5	6	8	6	18	15	59.3	低瓦斯工区	低瓦斯工区
9	K14+580～K15+040	5	6	10	6	18	18	64.35	高瓦斯工区	高瓦斯工区
10	K15+040～K15+320	4	4	10	6	15	18	57.45	低瓦斯工区	低瓦斯工区
11	K15+320～K15+340	6	8	10	9	18	15	66.15	高瓦斯工区	高瓦斯工区
12	K15+340～K15+520	5	6	0	6	10	10	38.75	低瓦斯工区	低瓦斯工区
13	K15+520～K15+600	6	12	10	9	18	15	71.15	高瓦斯工区	高瓦斯工区
14	K15+600～K15+980	3	4	0	6	0	18	32.45	低瓦斯工区	低瓦斯工区
15	K15+980～K16+020	8	13	10	5	18	15	72.9	低瓦斯工区	低瓦斯工区
16	K16+020～K16+140	5	6	10	6	13	15	55.65	高瓦斯工区	高瓦斯工区
17	K16+140～K16+180	7	11	10	5	18	15	69.15	低瓦斯工区	低瓦斯工区
18	K16+180～K16+210	5	6	10	6	11	15	53.55	高瓦斯工区	高瓦斯工区
19	K16+210～K16+250	6	9	10	5	18	15	65.4	低瓦斯工区	低瓦斯工区
20	K16+250～K16+660	5	6	10	6	12	15	54.6	高瓦斯工区	高瓦斯工区
21	K16+660～K16+820	5	6	10	4	18	18	63.35	低瓦斯工区	低瓦斯工区
22	K16+820～K16+865	5	6	10	6	10	10	46.75	高瓦斯工区	高瓦斯工区
23	K16+865～K17+210	3	4	10	6	10	10	41.75	低瓦斯工区	低瓦斯工区
24	K17+210～K17+360	2	2	0	6	0	10	19.5	低瓦斯工区	低瓦斯工区
25	K17+360～K17+395	0	0	0	6	0	10	14.5	基本无瓦斯工区	基本无瓦斯工区
26	K17+395～K17+445	0	0	0	6	0	5	8.75	基本无瓦斯工区	基本无瓦斯工区

由表 2-29 可以看出，式(2-8)评分所得结果大致与实际相符，可以在勘察设计、施工阶段对瓦斯隧道进行工区划分。施工中可以利用现场实测资料如瓦斯涌出量、瓦斯压力等对公式进行调整。

2.5.2.2　工区评价体系的模糊综合评判法应用

1)模糊评价指标体系确定

根据指标的选取原则确定了三个一级指标及六个二级指标，采用定量、半定量及定性相结合的原则，对各指标进行量化及提取。

将瓦斯工区划分为四个类别：无瓦斯工区（I 类）、低瓦斯工区（含微瓦斯工区）（II 类）、高瓦斯工区（III 类）、瓦斯突出工区（IV 类），瓦斯隧道工区评价模糊综合评价集为 V=（I，II，III，IV）。

2）权重的确定

指标体系权重的确定方法众多，结合研究的实际问题，本文选择层次分析法（analytical hierarchy process）。层次分析法本质上是一种决策思维方式，它把复杂的问题分解为各组成因素，将这些因素按支配关系分组以形成有效的逐阶层次结构，通过两两比较判断的方式确定每一层次中因素的相对重要性，然后在逐阶层次结构内进行合成以得到决策因素相对于目标的重要性的总顺序。

根据选定的一级、二级评价指标体系，以及它们之间相互依存和隶属的关系，建立了瓦斯工区评价体系层次结构图，如图 2-3 所示。

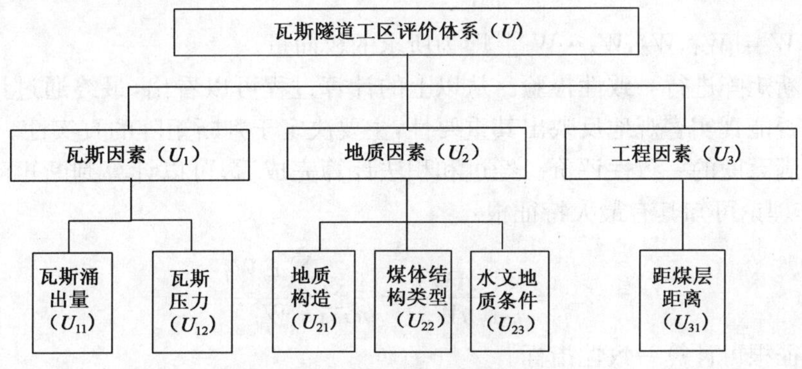

图 2-3　评价指标体系构成层次图

建立判断矩阵（A）。判断矩阵表示针对上一层次某因素，本层次与之有关因素之间相对重要性的比较。构造的判断矩阵呈如下形式：

$$A=\begin{bmatrix} a_{11} & a_{12} & \cdots & a_{1n} \\ a_{21} & a_{22} & \cdots & a_{2n} \\ \cdots & \cdots & \cdots & \cdots \\ a_{n1} & a_{n2} & \cdots & a_{nn} \end{bmatrix} \tag{2-9}$$

式中：$a_{ij}=1/a_{ji}(i\neq j)$，$a_{ij}=1(i=j)$，a_{ij} 的值由 T. L. Saaty 提出的 1～9 比较标度法标定，可以通过表 2-30 查出。

标 度 方 法 表　　表 2-30

重要性标度	定　义	说　明
1	重要性相等	两种因素对评价系统的贡献一致
3	一个因素比另一个因素稍微重要	二者间的判断差异微弱
5	一个因素比另一个因素明显重要	二者间的判断差异明显
7	一个因素比另一个因素强烈重要	二者间的判断差异强烈
9	一个因素比另一个因素绝对重要	二者间的判断差异悬殊强烈
2,4,6,8	以上各值得中间标度	用于需要达成妥协的场合
上述各值的倒数	若因素 i 与 j 比较其相对重要性以上述之一值进行标度，则因素 j 与 i 比较以该值得倒数标度	

用和积法对判断矩阵进行计算，求得权向量。

(1)将矩阵 $A=(a_{ij})_{n\times n}$ 的每一列向量进行归一化：

$$\bar{a}_{ij}=\frac{a_{ij}}{\sum_{i=1}^{n}a_{ij}}(i,j=1,2,3\cdots n) \tag{2-10}$$

(2)对每一列归一化后的判断矩阵按行求和：

$$\overline{W}_i=\sum_{j=1}^{n}\bar{a}_{ij}(i=1,2,3\cdots n) \tag{2-11}$$

(3)将归一化的向量 $\overline{W}=[\overline{W}_1,\overline{W}_2,\overline{W}_3\cdots\overline{W}_n]$ 归一化：

$$W=\frac{\overline{W}_i}{\sum_{j=1}^{n}\overline{W}_i}(i=1,2,3\cdots n) \tag{2-12}$$

所得到的 $W=[W_1,W_2,W_3\cdots W_n]^T$ 即为所求的权向量。

最后对判断矩阵进行一致性检验。从以上的计算过程可以看出，最终通过计算出的各因子的权重值是否能真实客观地反映出其重要性，主要决定于判断矩阵的真实性。因此，必须对判断矩阵进行满意度的一致性评价。经过和积法计算完成后，可以计算判断矩阵的最大特征值 λ_{max}，由矩阵理论可知其有最大特征根：

$$\lambda_{max}=\sum_{i=1}^{n}\frac{(AW)_i}{nW_i}=\frac{1}{n}\sum_{i=1}^{n}\frac{\sum_{j=1}^{n}a_{ij}W_j}{W_i} \tag{2-13}$$

由最大特征根可计算一致性指标。

$$CI=\frac{\lambda_{max}-n}{n-1} \tag{2-14}$$

$$CR=\frac{CI}{RI} \tag{2-15}$$

式中：CI——一致性指标；

CR——一致性比率；

RI——平均随机一致性指标，可以通过表 2-31 查得。

平均随机一致性指标 RI 表 2-31

因子数(n)	1	2	3	4	5	6	7	8	9
相应取值	0.00	0.00	0.58	0.90	1.12	1.24	1.32	1.41	1.45

若 CR＜0.1，判断矩阵满足一致性，否则，需对判断矩阵进行调整，直到满意为止。

根据以上的权重值计算方法，对一级指标和二级指标分别进行判断矩阵的建立，在此基础上计算出各因子在该级中的权重值，并计算 CR 进行检验。计算结果见表 2-32～表 2-38。

一级指标判断矩阵 表 2-32

	U_1	U_2	U_3
U_1	1	1	3
U_2	1	1	2
U_3	1/3	1/2	1

瓦斯因素判断矩阵　　表 2-33

	U_1	U_2
U_1	1	1
U_2	1	1

地质因素判断矩阵　　表 2-34

	U_1	U_2	U_3
U_1	1	2	3
U_2	1/2	1	3
U_3	1/3	1/3	1

一级指标体系权重值及 CR 表　　表 2-35

对各列向量归一化(W_{ij})				W_i	权重值	λ_{max}	CI	CR
	U_1	U_2	U_3					
U_1	0.429	0.400	0.500	1.329	0.443	3.018	0.009	0.016
U_2	0.429	0.400	0.333	1.162	0.387			
U_3	0.142	0.200	0.167	0.509	0.170			

瓦斯因素指标体系权重值及 CR 表　　表 2-36

对各列向量归一化(W_{ij})			W_i	权重值	λ_{max}	CI	CR
	U_{11}	U_{12}					
U_{11}	0.5	0.5	1	0.5	2	0	0
U_{12}	0.5	0.5	1	0.5			

地质因素指标体系权重值及 CR 表　　表 2-37

对各列向量归一化(W_{ij})				W_i	权重值	λ_{max}	CI	CR
	U_1	U_2	U_3					
U_1	0.545	0.600	0.429	1.574	0.524	3.053	0.026	0.046
U_2	0.273	0.300	0.429	1.001	0.334			
U_3	0.182	0.100	0.143	0.425	0.142			

指标因子权重分配综合表　　表 2-38

一级指标因素	二级指标因素	级别	
		二级权重值	一级权重值
瓦斯因素	瓦斯涌出量	0.5	0.443
	瓦斯压力	0.5	
地质因素	地质构造	0.524	0.387
	煤体结构类型	0.334	
	水文地质条件	0.142	
工程因素	距煤层距离	1	0.170

3)指标等级隶属度

根据瓦斯隧道工区评价体系的实际情况，以及指标信息情况，对于定量化的因子，本文拟采用岭形隶属函数作为确定隶属度的方法，构建如下隶属函数：

$$f(x)=\begin{cases}1 & x\leqslant a_1\\ \dfrac{1}{2}-\dfrac{1}{2}\sin\dfrac{\pi}{a_2-a_1}\left(x-\dfrac{a_1+a_2}{2}\right) & a_1<x\leqslant a_2\\ 0 & x\geqslant a_2\end{cases} \tag{2-16}$$

$$f(x)=\begin{cases}0 & x\leqslant a_1\\ \dfrac{1}{2}+\dfrac{1}{2}\sin\dfrac{\pi}{a_2-a_1}\left(x-\dfrac{a_1+a_2}{2}\right) & a_1<x\leqslant a_2\\ 1 & a_2<x\leqslant a_3\\ \dfrac{1}{2}-\dfrac{1}{2}\sin\dfrac{\pi}{a_1-a_2}\left(x-\dfrac{a_1+a_2}{2}\right) & a_3<x\leqslant a_4\\ 0 & x\geqslant a_4\end{cases} \tag{2-17}$$

$$f(x)=\begin{cases}0 & x\leqslant a_3\\ \dfrac{1}{2}+\dfrac{1}{2}\sin\dfrac{\pi}{a_4-a_3}\left(x-\dfrac{a_3+a_4}{2}\right) & a_3<x\leqslant a_4\\ 1 & a_4<x\leqslant a_5\\ \dfrac{1}{2}-\dfrac{1}{2}\sin\dfrac{\pi}{a_6-a_5}\left(x-\dfrac{a_5+a_6}{2}\right) & a_5<x\leqslant a_6\\ 0 & x\geqslant a_6\end{cases} \tag{2-18}$$

$$f(x)=\begin{cases}0 & x\leqslant a_5\\ \dfrac{1}{2}+\dfrac{1}{2}\sin\dfrac{\pi}{a_6-a_5}\left(x-\dfrac{a_5+a_6}{2}\right) & a_5<x\leqslant a_6\\ 1 & x\geqslant a_6\end{cases} \tag{2-19}$$

式中：a_1、a_2、a_3、a_4、a_5、a_6为评价因素相对应级别上、中、下限值，形成的区间与评价结果相对应，分别为基本无瓦斯工区(I)、低瓦斯工区(含微瓦斯工区)(II)、高瓦斯工区(III)和瓦斯突出工区(IV)四个类别。其划分的区间范围根据表 2-21 的取值范围来确定。

部分定量指标的隶属度曲线如图 2-4、图 2-5 所示。

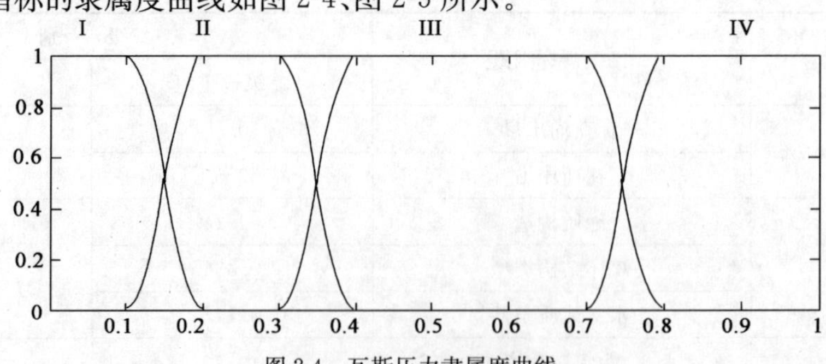

图 2-4　瓦斯压力隶属度曲线

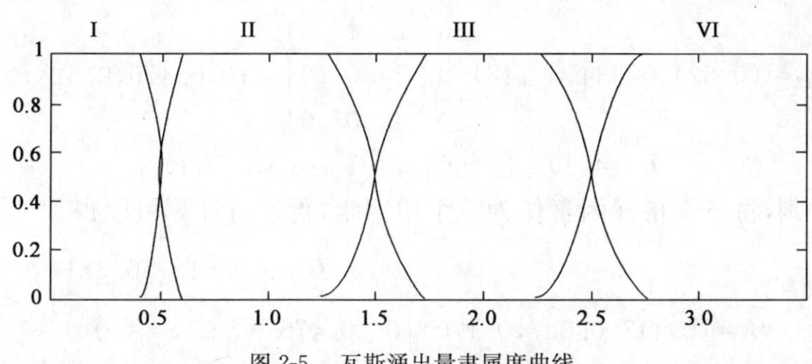

图 2-5　瓦斯涌出量隶属度曲线

评价体系中部分定性因子如地质构造特征、水文地质条件、煤体结构类型等，无法通过赋值进行量化。但是，这类因子划分标准非常明显，如煤体结构类型可划分为原生结构煤、碎裂煤、碎粒煤和糜棱煤四类，对于被评价的隧道区段，如果其中含有碎裂煤，就属于第三类，其隶属度为 1，不存在隶属度的区间值，即其他区间的隶属度取值为 0。同样，其他定性指标隶属度的确定也采用此方法。

4)评价结果的确定

由二级综合评判结果 $B'=A'\cdot R=(b_1\quad b_2\quad b_3\quad b_4\quad b_5)$，根据最大隶属度原则，$b_{i_0}=\max\limits_{1\leqslant j\leqslant n}\{b_j\}$所对应的类别即为瓦斯工区类别 b_{i_0}。

以紫坪铺隧道 K15＋980～K16＋020 段为例来说明利用模糊综合评判法进行评价的过程。分级评价因子信息提取见表 2-39。

瓦斯隧道分级评价因子信息表　　表 2-39

名　称	瓦斯涌出量 (m^3/min)	瓦斯压力 (MPa)	地质构造	水文地质条件	煤体结构类型	距煤层距离 (m)
紫坪铺隧道	0.48	0.72	连通煤层	淋水	碎裂煤	2

根据各指标的值，利用隶属度函数对所有的子因素进行评定，即可得出紫坪铺隧道 K15＋980～K16＋020 段单因素评判结果，见表 2-40。

紫坪铺隧道 K15＋980～K16＋020 段单因素评判结果　　表 2-40

类　型	指 标 因 素	隶属度等级			
		I	II	III	IV
瓦斯因素	瓦斯涌出量	0	0	0.73	0.27
	瓦斯压力	0	0	0.507	0.493
地质因素	地质构造	0	0	1	0
	水文地质条件	0	1	0	0
其他因素	煤体结构类型	0	1	0	0
	距煤层距离	0	0	0	1

一级综合评判，分别按每一个因素子集进行综合评判，可求出相应的子集等级模糊向量，即：

$$b_{11}=(0.500,0.500)\begin{bmatrix}0 & 0 & 0.73 & 0.27\\0 & 0 & 0.507 & 0.493\end{bmatrix}=(0,0,0.619,0.381)$$

$$b_{12}=(0.524,0.334,0.142)\begin{bmatrix}0&0&1&0\\0&1&0&0\\0&1&0&0\end{bmatrix}=(0,0.476,0.524,0)$$

$$b_{13}=(1)=[0\quad 0\quad 0\quad 1]=(0,0,0,1)$$

二级综合评判，将三类指标因素作为三个单因素，再进行计算可以得：

$$B=(0.443,0.387,0.170)\begin{bmatrix}0&0&0.619&0.381\\0&0.476&0.524&0\\0&0&0&1\end{bmatrix}$$

$$=(0,0.184,0.477,0.339)$$

评判结果分析，根据二次模糊评判的结果，以最大隶属度原则来确定瓦斯工区类别。在矩阵中选择其最大值，即 $b_{max}=0.477$，相对应的影响等级为Ⅲ类，该工区为高瓦斯工区。至此，模糊综合评价完成。

2.6 瓦斯隧道建设危险性评估

地质灾害危险性评价就是对某个地区或某个隐患点的历史灾害活动状况、自然条件、地质环境条件、人类工程经济活动状况等进行综合分析，从而确定其发生危及人类生命财产安全的灾害事件的概率大小。地质灾害危险性评价是风险管理和灾害管理的基础，是灾害防治工作中的重要环节，对于保障人民生命和财产安全至关重要。同时，地质灾害危险性评价也是确定防治方案、措施的依据，是确保工程获得经济效益、社会效益、环境效益的基本保障。

近几十年来，我国地质灾害危险性评价得到了广泛、迅速的发展。而在诸多地质灾害的研究中，对于地震、滑坡和泥石流的研究是最深入和最系统的。而对风险极高的瓦斯隧道建设，相关危险性评价的研究还未展开，或者说未全面展开。

2.6.1 危险性评价指标选取原则

瓦斯隧道建设危险性评价主要对瓦斯隧道不同洞段建设过程可能发生瓦斯危害(即爆炸和突出)进行评价。发生瓦斯灾害的条件相当复杂，因此在分析其潜在危险性时所涉及的内容非常广泛。在这种情况下，如果将所有反映其发生条件的要素都纳入潜在危险性分析之中，不但不可能，也是不必要的。为了使分析指标适应潜在危险性分析需要，应按下列原则确定分析指标。

(1)评价指标宜分为内在因素和外部因素。依据其性质，可以将评价指标分为内在因素和外部因素。前者是指诸如构造、煤体结构类型等地质体固有的因素，随时间变化较小，对隧道瓦斯灾害危险性具有主要的控制作用；后者主要是指人类工程活动等随时间变化较大的因素，对隧道瓦斯灾害的发生常常起触发作用。

(2)评价指标应为主要影响指标。选择评价指标时，宜尽可能剔除那些对评价目标影响很小的评价指标。

(3)评价指标力求简明、可操作性和针对性强。强调指标的简明性和可操作性，对隧道瓦斯灾害危险性评价这类复杂系统尤其重要。简明性是指评价指标应尽可能的简单、明确，具有代表性；可操作性是指评价指标的内容可以在实际工作中比较方便的获取或实现。

(4)评价指标之间应尽可能相互独立。选择评价指标时，应考虑问题的阶段性、针对性，选择有代表性的指标，避免指标之间的重叠交叉。

2.6.2　危险性评价指标选取

任何灾害事故的发生，除了其自身的自然环境条件(即易发性)是控制因素外，人为因素也起着不可忽视的作用。事故致因理论中的事故因果连锁理论，也称多米诺(Domino)骨牌理论，最早由海因里希(H. W. Heinrich)于 1936 年提出，其基本思想是“一种可防止的伤亡事故的发生是一系列事件顺序发生的结果”。多米诺骨牌理论引用了多米诺效应的基本含义，认为事故的发生，犹如一连串垂直放置的骨牌，前一个倒下，导致后面的一个个倒下，当最后一个倒下，就使人体受到事故伤害，也就是发生了人身伤亡事故。

海因里希提出的五因素依次是：①遗传及社会环境是造成人的缺点的原因。遗传因素可能使人具有鲁莽、固执、粗心等不良性格，社会环境可能妨碍教育、主张不良性格的发展。这是事故因果链上最基本的因素。②人的缺点是由遗传和社会环境因素所造成，是使人产生不安全行为或使物产生不安全状态的主要原因。这些缺点既包括各类不良性格，也包括缺乏安全生产知识和技能等后天的不足。③人的不安全行为和物的不安全状态是造成事故的直接原因。④事故是有物体、物质或放射线等对人体发生作用，使人员受到伤害或可能受到伤害的、出乎意料的、失去控制的事件。⑤伤害是直接由于事故而产生的人身伤害。海因里希认为，如果移去因果连锁中的任一骨牌，则连锁被破坏，事故过程即被终止，从而达到控制事故的目的。

多米诺骨牌理论形象地描述了事故的因果连锁关系，清楚地揭示了事故原因的层次性和继承性，提出了人的不安全行为和物的不安全状态是导致事故发生的直接原因，这是生产安全中最重要也是最基本的问题。

瓦斯隧道建设中事故的发生也一样，是瓦斯因素、地质因素和人的因素层层作用传递导致的。故瓦斯隧道建设危险性影响因素可以分为地质因素(地质构造、煤体结构类型和水文地质条件)、瓦斯因素(瓦斯涌出量、瓦斯压力和瓦斯浓度)和人的因素(瓦斯防治措施、瓦斯管理制度、瓦斯隧道施工经验及施工队伍技术水平)三类，归结为 10 个评价指标，以此评价瓦斯隧道建设的危险性。

1)地质构造(R_1)

地质构造指标赋值如表 2-41。

地质构造取值　　表 2-41

地质构造	有构造但为压性或压扭性	工区与煤层间为垂直地层连通	工区与煤层间顺层连通	有张性构造连通
评分值	0～25	25～50	50～75	75～100

注：各构造根据其连通工区与煤层程度在所属分值域中等比取值。

2)煤体结构类型(R_2)

根据待评价洞段的煤体结构类型进行赋值，如表 2-42。

煤体结构类型取值　表 2-42

煤体结构类型	原生结构煤	碎裂煤	碎粒煤	糜棱煤
光泽	亮与半亮	亮与半亮	半亮或半暗	黯淡
构造与结构特征	层状构造，块状构造，条带清晰明显	尚未失去层状，较有次序；条理明显，有时扭曲有错动；不规则块状，多棱角；有挤压特征	弯曲呈透镜体构造，小片状构造，细小碎状，层理较紊乱，无次序	粒状或由小颗粒胶结成天然煤团；土状结构似土质煤；如断层泥状
节理性质	一组或二三组节理，节理系统发达，有次序	次生节理面多且不规则，与原生节理构成网状节理	节理不清，系统不发达，次生节理密度大	成粉块状，节理失去意义
节理面性质	有充填物（方解石等），次生面少，节理面平整	节理面有擦纹、滑坡、节理面平整易掰开	有大量擦痕	—
断口性质	参差阶状、贝状、波浪状	参差多角	参差及粒状	粒状和土状
强度	坚硬，用手难掰开	中等硬度，用手极易剥成小块	用手捻成粉末，松软	用手捻成粉末，疏松
评分值	0～25	25～50	50～75	75～100

3）水文地质条件（R_3）

根据待评价洞段水文地质条件进行赋值，如表 2-43。

水文地质条件取值　表 2-43

水文地质条件	流水/涌水	滴水	湿润	干燥
评分值	0～25	25～50	50～75	75～100

注：根据所属类别中不同程度在所属分值域中等比取值。

4）绝对瓦斯涌出量（R_4）

瓦斯对隧道建设的危害主要为瓦斯在隧道内积聚超限引发工作人员窒息或瓦斯爆炸事故。影响瓦斯积聚的主要因素是瓦斯涌出量大小，故选取隧道穿越煤层中的瓦斯涌出量为危险性的控制指标。

同时，选取瓦斯涌出量作为评价指标还考虑到了非煤系地层中建设瓦斯隧道的情况，如达成铁路炮台山隧道，隧址区地层为非煤系地层，勘察设计时定为非瓦斯隧道，但是地层深处瓦斯通过围岩节理裂隙运移进入隧道空间，超限发生瓦斯爆炸。因此采用瓦斯涌出量作为危险性评价的控制指标，一旦在非煤系地层中发现瓦斯即可按该评价方法对隧道建设进行危险性评价。

根据待评价洞段绝对瓦斯涌出量进行赋值，如表 2-44。

瓦斯绝对涌出量取值　　表 2-44

绝对瓦斯涌出量(m^3/min)	0～0.05	0.05～0.5	0.5～3	≥3
评分值	0～25	25～50	50～75	75～100

5)瓦斯浓度(R_5)

隧道内瓦斯浓度直接决定施工建设安全与否。基于瓦斯隧道分级管理相关办法,根据待评价洞段瓦斯浓度进行赋值,如表 2-45。

瓦斯浓度取值　　表 2-45

瓦斯浓度(%)	<0.5	0.5～1.0	1.0～2.0	≥2.0
评分值	0～25	25～50	50～75	75～100

6)瓦斯压力(R_6)

瓦斯压力指标赋值如表 2-46。

瓦斯压力取值　　表 2-46

瓦斯压力(MPa)	<0.15	0.15～0.35	0.35～0.74	>0.74
评分值	0～25	25～50	50～75	75～100

7)瓦斯防治措施(R_7)

对于瓦斯隧道建设,完善的瓦斯防治措施和配套的机械设备是安全施工的必要条件。通风、瓦斯监控等防治措施越全面,相应设备配套越完善,工程建设的危险性越小。瓦斯防治措施指标赋值如表 2-47。

瓦斯防治措施取值　　表 2-47

瓦斯防治措施	通风、瓦斯监控、预案等措施完善全面、设备配套完整	通风、瓦斯监控等防治措施较完善全面、设备较配套完整	采用部分瓦斯防治措施,配置部分设备	未采取瓦斯防治措施,未配置相应设备
评分值	0～25	25～50	50～75	75～100

8)瓦斯管理制度(R_8)

确保瓦斯隧道建设安全,一是技术,二是管理。健全完善的制度体系和有序管理可有效降低隧道建设的危险性。瓦斯管理制度指标赋值如表 2-48。

瓦斯管理制度取值　　表 2-48

瓦斯管理制度	建立专职瓦斯管理机构,相关管理制度健全,管理有序	建立瓦斯管理机构或设置专职瓦斯管理人员,制定通风、瓦斯检测等主要管理制度,少数项目落实不够	有瓦斯管理人员,通风、瓦斯检测等相关制度不健全,管理无序	无管理机构或人员,相关管理制度不健全,管理混乱
评分值	0～25	25～50	50～75	75～100

9)瓦斯隧道施工经验(R_9)

施工单位、施工队伍有无瓦斯隧道施工经验,决定了其对瓦斯灾害的认识以及对危险源的有效判识,对于是否能安全顺利的建设瓦斯隧道影响较大。瓦斯隧道施工经验指标赋值如表

2-49。

瓦斯隧道施工经验取值 表 2-49

瓦斯隧道施工经验	经验丰富，定期系统培训学习	有经验，定期培训学习	无相关经验，但经过培训学习	无相关经验，无培训学习
评分值	0～25	25～50	50～75	75～100

10)隧道施工技术水平(R_{10})

施工队伍隧道施工技术水平越高，建设中危险性相对越小，越有利于安全。隧道施工技术水平指标赋值如表 2-50。

隧道施工技术水平取值 表 2-50

隧道施工技术水平	高	较高	中等	低
评分值	0～25	25～50	50～75	75～100

2.6.3 危险性评价标准

危险性评价指标中，地质构造、煤体结构类型、水文地质条件、瓦斯防治措施、瓦斯管理制度、瓦斯隧道施工经验及隧道施工技术水平等几个指标为定性指标；瓦斯绝对涌出量、瓦斯压力和瓦斯浓度为定量指标。定量指标采用实际值，定性指标按分析结果分别赋予量化值，如表 2-51 所示。

瓦斯隧道建设危险性分级评价 表 2-51

评价指标体系 \ 安全程度		安全(Ⅰ)	基本安全(Ⅱ)	较危险(Ⅲ)	危险(Ⅳ)
地质因素	地质构造	煤层处于开放性构造	连通煤层	未扰动煤层	封闭煤层构造
	R_1分值	0～25	25～50	50～75	75～100
	煤体结构类型	原生结构煤	碎裂煤	碎粒煤	糜棱煤
	R_2分值	0～25	25～50	50～75	75～100
	水文地质条件	流水/涌水	滴水	湿润	干燥
	R_3分值	0～25	25～50	50～75	75～100
瓦斯因素	绝对瓦斯涌出量(m^3/min)	0～0.05	0.05～0.5	0.5～3	≥3
	R_4分值	0～25	25～50	50～75	75～100
	瓦斯浓度(%)	<0.5	0.5～1.0	1.0～2.0	≥2.0
	R_5分值	0～25	25～50	50～75	75～100
	瓦斯压力(MPa)	<0.15	0.15～0.35	0.35～0.74	≥0.74
	R_6分值	0～25	25～50	50～75	75～100

续上表

评价指标体系 \ 安全程度		安全(I)	基本安全(II)	较危险(III)	危险(IV)
人为因素	瓦斯防治措施	通风、瓦斯监控、预案等措施完善全面、设备配套完整	通风、瓦斯监控等防治措施较完善全面、设备较配套完整	采用部分瓦斯防治措施,配置部分设备	未采取瓦斯防治措施,未配置相应设备
	R_7分值	0～25	25～50	50～75	75～100
	瓦斯管理制度	建立专职瓦斯管理机构,相关管理制度健全,管理有序	建立瓦斯管理机构或设置专职瓦斯管理人员,制定通风、瓦斯检测等主要管理制度,少数项目落实不够	有瓦斯管理人员,通风、瓦斯检测等相关制度不健全,管理无序	无管理机构或人员,相关管理制度不健全,管理混乱
	R_8分值	0～25	25～50	50～75	75～100
	瓦斯隧道施工经验	经验丰富,定期系统培训学习	有经验,定期培训学习	无相关经验,但经过培训学习	无相关经验,无培训学习
	R_9分值	0～25	25～50	50～75	75～100
	隧道施工技术水平	高	较高	中等	低
	R_{10}分值	0～25	25～50	50～75	75～100

注:与瓦斯隧道工区评价类似,根据隧道不同洞段进行瓦斯危险性等级划分。

采用模糊数学法,确定各指标权重(计算过程同瓦斯隧道工区评价体系),建立瓦斯隧道建设危险性评价公式,如式(2-20)。

$$\begin{aligned}\text{RTZ} = & 0.133R_1 + 0.093R_2 + 0.053R_3 + 0.153R_4 + 0.131R_5 + \\ & 0.147R_6 + 0.143R_7 + 0.101R_8 + 0.031R_9 + 0.015R_{10}\end{aligned} \tag{2-20}$$

式中,RTZ 表示瓦斯隧道危险性指数,其值越大,隧道越容易发生瓦斯事故。

根据评价结果,将瓦斯隧道建设危险性程度划分为四个等级,如表 2-51,即安全(I)、基本安全(II)、较危险(III)、危险(IV),对应的分值依次为 RTZ＜25、25≤RTZ＜50、50≤RTZ＜75、RTZ≥75。划分等级时遵循分值越大隧道越危险的原则。具体分级标准概况如下:

(1)安全(I):在诸多影响因素中,大多数是有利于安全的,瓦斯隧道状况良好,没有发生过瓦斯事故,在现状和建设过程中也不会发生瓦斯灾害事故。

(2)基本安全(II):在诸多影响因素中,多数是有利于安全的,瓦斯隧道状况良好,没有发生过瓦斯事故,在现状和建设过程中可能会发生一些小的危险状况,如呛人、局部燃烧等,但不会发生危及人身健康安全的瓦斯事故。

(3)较危险(III):在诸多影响因素中,有半数以上是不利于安全的,有的已经趋于危险值,隧道内已发生过一些小的危险状况,在这些因素的叠加情况下现状和建设过程中有可能发生瓦斯灾害事故。

(4)危险(IV):在诸多影响因素中,大多数是不利于安全的,多数已经趋于危险值,有发生瓦斯灾害事故可能或隧道内已发生过瓦斯灾害事故,在现状和建设过程中有较大几率发生较严重的瓦斯灾害事故，如爆炸、煤与瓦斯突出等。

2.6.4 紫坪铺隧道建设危险性评价

根据建立的瓦斯隧道建设危险性评价体系，对紫坪铺隧道各洞段施工进行相应的评价，见表 2-52。

紫坪铺隧道建设危险性评价结果 表 2-52

编号	里程	RTZ 得分	评价
1	K13+385～K13+450	33.47	较安全
2	K13+450～K13+490	38.00	较安全
3	K13+490～K13+900	41.54	较安全
4	K13+900～K13+950	56.11	较危险
5	K13+950～K14+120	59.98	较危险
6	K14+120～K14+220	46.59	较安全
7	K14+220～K14+355	49.54	较安全
8	K14+355～K14+580	69.87	较危险
9	K14+580～K15+040	75.03	危险
10	K15+040～K15+320	73.53	较危险
11	K15+320～K15+340	71.60	较危险
12	K15+340～K15+520	64.85	较危险
13	K15+520～K15+600	68.33	较危险
14	K15+600～K15+980	62.89	较危险
15	K15+980～K16+020	56.60	较危险
16	K16+020～K16+140	48.16	较安全
17	K16+140～K16+180	50.11	较危险
18	K16+180～K16+210	45.91	较安全
19	K16+210～K16+250	49.92	较安全
20	K16+250～K16+660	51.08	较危险
21	K16+660～K16+820	59.00	较危险
22	K16+820～K16+865	54.22	较危险
23	K16+865～K17+210	57.31	较危险
24	K17+210～K17+360	46.50	较安全
25	K17+360～K17+395	52.99	较危险
26	K17+395～K17+445	27.69	较安全

根据评价结果，将紫坪铺隧道 K13＋385～K17＋445 段划分为 26 个区段，其中，危险区 1 个，较危险区 15 个，较安全区 10 个，和隧道建设实际情况较为吻合。

瓦斯隧道建设危险性评价中加入了人的因素，相对工区等级评价中高瓦斯区数量，较危险区域明显增多，所以在危险性评价中人的因素很重要。如果施工队伍技术水平较高，有丰富的瓦斯隧道施工经验，健全瓦斯管理机构和制度，采取全面细致的防治措施，瓦斯隧道建设危险性将大为降低。

就我国而言，瓦斯隧道建设危险性评估的研究工作才刚刚起步，部分主要评价指标如技术水平、工程措施和管理制度等无法通过资料查询获得，故此处提出的危险性评价体系仅为雏形。所选指标及指标权重唯有通过更多赴现场收集工程管理和技术管理方面资料才能进行细化和完善。笔者相信，随着大量瓦斯隧道的建设，能不断完善这些指标和标准，从而提高瓦斯隧道建设危险性评价的精确度。

第3章 过煤系地层隧道施工超前地质预报

对于过煤系地层的隧道，其主要工程地质问题除了节理裂隙发育易导致围岩变形坍塌外，还包括煤层瓦斯的逸出、燃烧、爆炸、突出及采空区坍塌失稳、涌突水对施工带来的危害。为确保隧道安全施工，必须准确把握开挖工作面前方地质状况，包括：隧道围岩类别变化及其分布，不同岩性接触带位置；断层及其影响带和节理密集带的位置、规模和性质；煤层的位置、分布、走向及厚度；煤的破坏类型及坚固性系数；瓦斯含量、压力、涌出量及瓦斯放散初速度；采空区分布及其与隧道的关系。

鉴于过煤系地层隧道建设风险巨大，通过系统的地质预报准确把握开挖工作面前方煤层和瓦斯特点，可有效减小并避免煤系地层地质灾害。大量的工程实践也为探索过煤系地层隧道地质灾害预报提供了良好的机遇和素材。

3.1 过煤系地层隧道超前地质预报体系

隧道超前地质预报是一个广义的概念，包括隧道工程可行性研究阶段、勘察设计阶段和施工阶段的预报。其中，施工地质预报是指在隧道掘进中，根据开挖揭示的洞身围岩条件变化趋势和采用各种地球物理勘探(物探)手段对开挖工作面前方地质情况的探测、观测结果，结合洞内外地质调查、地质编录和地质素描及预报人员的地质理论和经验，对开挖工作面前方可能遇到的不良地质体及其位置、规模、性状对施工的影响程度和施工地质灾害出现的可能性、类型、强度等做出分析和预报，并根据分析、预报结果提出相应的防治措施和建议。

由于隧道工程地质条件的复杂多变性，依据既有地质资料和有限的钻孔地质资料、水文地质资料、物探资料及钻孔岩芯岩石物理力学试验资料形成的设计文件与工程实际不符的情况屡有发生，给隧道安全施工带来极大的威胁。在隧道施工期间，采用各种技术、手段和方法对隧道开挖工作面前方地质条件进行准确、有效的预测预报，根据实际地质变化及时调整施工方法或采取相应的防治技术措施，无疑能有效减少隧道施工过程的安全事故。

国外的施工地质预报工作做得相对较好，欧美发达国家在隧道修建过程中，施工地质工作是必需的工序，重视隧道施工地质工作已成为管理部门和广大工程技术人员的共识。很多国家，隧道工程招标多采取一次性投资的方法，即投资中已包括风险投资。施工中出现任何风险，均由施工企业承担，建设单位不再追加投资。由于高水平的超前地质预报技术能有效减少各种地质灾害，降低工程成本，保证施工顺利进行，这就使施工企业高度重视隧道施工的地质预报工作。英、法、日、德等国均将超前地质预报工作列为工程建设的重要组成内容，在隧道施工期综合采用地质法、钻探和各种物探方法实施超前地质预报。

在国内，近年来隧道施工地质预报工作的重要性得到越来越广泛的认可，进行了大量的研究和实践。但是这些预报工作在预报内容和技术方法方面单一，很难保证预报成果的准确性。目前国内地质预报工作重在发展超前探测技术和开展超前物探工作，对地质分析重视不够，没能将探测的方法和地质分析的方法进行合理结合。此外，分析及预测的方法单一，没有建立起一套完整的技术方法体系。

隧道施工期超前地质预报应是一套系统、完整的分析及预测的体系工作，是地质工作、物探手段和钻探分析的综合应用。

(1)地质工作是对整个隧道工程所处地质环境的宏观把握：通过熟悉隧道设计文件资料，掌握隧道所处工程地质环境、水文地质条件，初步确定隧道穿越地层岩性及其分界面分布、构造发育分布及性质；通过地质调查和地质编录，确认隧道设计文件的准确性，补充完善隧道设计文件资料，可有效提高隧道施工地质预报的准确率。

(2)物探预测需要与地质分析有机结合：物探方法对隧道开挖工作面前方地质情况的预报主要是对地质界面位置的预报，对界面性质、界面处可能发育的不良地质现象、可能出现的地质灾害的预报依然需要结合隧道地表及洞内地质调查、地表与洞内构造相关性分析、地质作图等地质分析；此外，地质体极为复杂，在经历了长期构造运动后，不同地层、岩性受构造运动的影响程度不一，即便同种岩体不同部位节理裂隙发育程度也不完全一致，这导致了同种地质体介质的非均匀性，也决定了采用物探方法进行地质预报结果的多解性，排除这种多解性，需要对地质背景进行深入研究。

(3)超前钻探是最直观、准确的地质预报方法：超前钻探直接揭示开挖工作面前方地质状况，结果最直观、准确率最高，且能准确测定煤层和瓦斯各项指标，是确定相应工程措施的重要基础；但其占用施工时间过长，尤其是回转取芯钻孔，不适于长大隧道全段大规模采用，故超前钻探应基于地质分析和物探预测基础，在遇到煤层或其他不良地质体等重点区段应用。

基于紫坪铺隧道、明月山隧道、铜锣山隧道、谭家寨隧道和发耳隧道工程实践，构建了一套适于煤系地层隧道的超前地质预报技术体系，预报准确率较高。过煤系地层隧道超前地质预报应以地质分析为基础，多种物探方法相互印证和补充，对重点部位采用超前钻探进一步精准探测，通过地质综合分析和开挖对比，可有效把握开挖工作面前方的地质状况及成灾可能性，该预报体系如图 3-1 所示。

(1)宏观分析：熟悉勘察资料、设计图纸，对工程区的地质情况进行全面了解，总体上把握煤层及其他地质构造的性状及分布。

(2)地质调查和地质编录：配备地质工程师，对隧洞开挖洞段进行地质编录和观察分析，及时收集第一手资料，根据所揭露的地质现象，结合前期勘察设计资料，并通过已挖洞段预报结果与开挖实际情况对比分析，对物探预报资料进行合理的解释，以保证预报成果的真实性和准确性。

(3)物探方法：TSP、HSP、地质雷达等波反射法物探手段以波传播、反射原理为基础，根据反射界面与隧道开挖工作面间的距离预报前方地质界面位置，根据反射波相位和首波相位关系预测界面介质性质，在预报对象为断层、煤层及采空区时有较高的准确性，可几种预报方法相互验证，初步判断开挖工作面前方 0～150m 范围内可能存在的较大异常情况及岩体的完整状况。以电法为基础的物探方法不宜用于过煤系地层的瓦斯隧道超前地质预报。

(4)超前钻探：在地质分析和物探预测的基础上，当接近煤层和其他不良地质体时通过超前钻探准确查明煤层走向、倾角、厚度以及瓦斯压力、涌出量、涌出初速度等参数。

(5)综合分析：综合分析将地(质)、物(探)、钻(探)有机结合于一体，依据地质理论对隧道工程的地质条件进行分析，确定不良地质体的性质、位置，并对危害性做出预测评价。

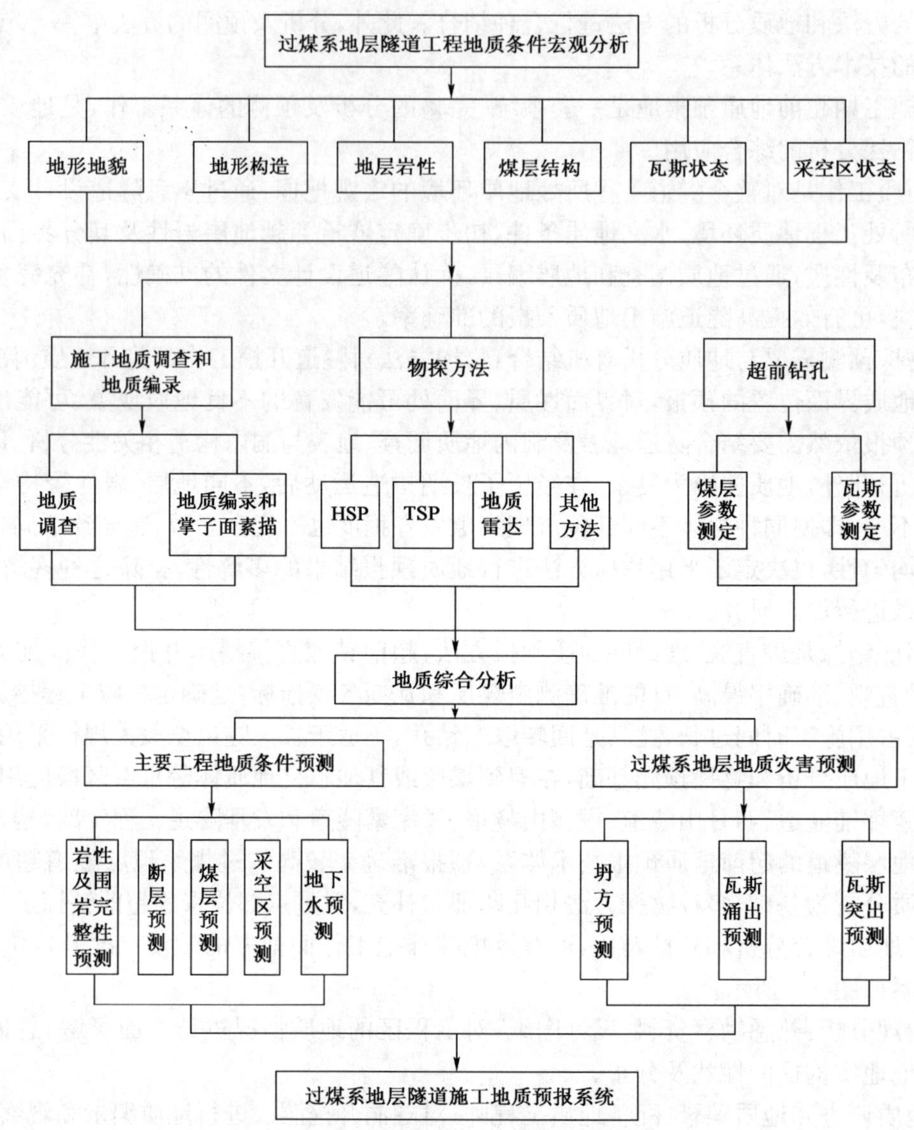

图 3-1　过煤系地层隧道施工超前地质预报体系

以下重点结合紫坪铺隧道超前地质预报工作对该技术体系进行详细阐述。

3.2　紫坪铺隧道工程地质条件

紫坪铺隧道是都汶高速公路的重点工程，也是全线的控制工程，其地理位置如图 3-2 所示。隧址区位于岷江右岸，进洞口位于汪家院子附近，为紫坪铺镇都江村所辖，出洞口位于麻溪乡瓦窑村下白果坪陡坡与缓坡交界地带，隧道设计为双洞。隧道越岭山脊为董家山、云华山。隧道穿越地层为第四系和三叠系须家河组。

3.2.1　地质构造

隧址区位于龙门山构造带中南段，二王庙断裂（龙门山前山断裂）与映秀断裂（龙门山中央断裂）所限制的断块上，其间展布了一系列背、向斜以及逆冲断裂，其中褶皱轴面，断层倾向均向北西倾斜，剖面上呈叠瓦状产出。隧址区内褶曲为龚家向斜、龚家背斜、沙家坝向斜，断层共 10 条，均与隧道轴线正交或大角度相交。

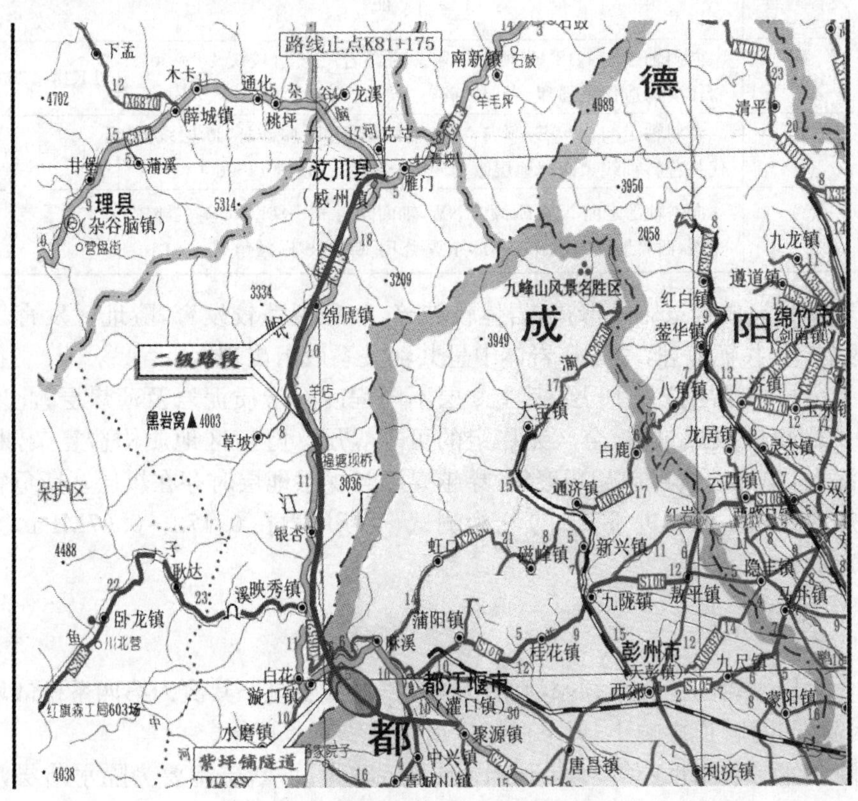

图 3-2　紫坪铺隧道工程地理位置

隧址区共有 10 条断层，多为走向逆冲断层，除 F_{14} 位于隧道进口外 160m 对隧道无影响外，其余均对隧道有影响，隧道依次穿越断层简述如表 3-1 所示。

断 层 情 况 表　　　表 3-1

断层编号	上下盘地层	断层破碎带情况			隧道穿越桩号
		组成	宽度	影响带宽度	
F_{13}	上盘为 T_3xj^{2-3} 下盘为 T_3xj^{2-2}	断层角砾岩、糜棱岩	2～3m	30～60m	LK13＋906～K13＋925
F_{12} 及 F_{12-1} 和 F_{12-2}	上盘为 T^3xj_{2-5} 下盘为 T_3xj_{2-4}	断层泥、糜棱岩、泥岩	1～3m	130m 左右	LK14＋236～310 K14＋245～315
F_{11-1}	上、下盘均为 T_3xj^{2-5}	断层泥、糜棱岩	3～5m	40～70m	LK14＋580～K14＋590
F_{11-2}	上、下盘均为 T_3xj^{2-5}，下盘处于龚家向斜核部	断层角砾岩	2～3m	40～70m	LK14＋820～K14＋830
F_{11}	上、下盘均为 T_3xj^{2-5}	糜棱岩、角砾岩、碎裂岩	2～3m	30～60m	LK14＋980～K14＋995
F_{10-1}	上、下盘均为 T^3xj^{2-8}	断层角砾岩、糜棱岩、断层泥	1～3m	20～30m	LK15＋740～K15＋760
F_{10}	上盘为 T_3xj^{2-13}，处于金沙坝向斜核部；下盘为 T_3xj^3	断层角砾岩、糜棱岩、断层泥	1～3m	30～40m	LK16＋710～K16＋695

隧址区共发育褶皱3处，如表3-2所示。

褶皱情况表　　表3-2

褶皱名称	发育地层	主要特征	隧道穿越褶皱核部处里程桩号
龚家向斜	T_3xj^{2-5}	向斜轴走向N18°E，倾向NW。两翼岩层倾角较缓20～50°。岩体受构造作用强烈，岩层破碎	LK14+750～K14+760
龚家背斜	T_3xj^{2-5}	背斜轴走向N20°E，倾向NW，轴部被F_{11}断层破坏，断层线亦代替背斜轴线。西翼地层倾角40～47°，东翼倾角40～60°	LK14+990～K15+000
沙家坝向斜	T_3xj^{2-9-13}	向斜轴部走向N30°E，倾向NW，轴面倾角70～80°。向斜核部较宽缓，西翼地层倾角30～40°，东翼受F_{10}断层破坏，倾角50～60°	LK16+780～K14+770

隧址区岩体受地质构造影响严重，岩体较破碎，节理裂隙较发育，隧址区发育了两组节理系，组成了两个"X"共轭节理，一般在岩体中呈共轭关系成组出现。

隧道洞身全段穿越层位共16层，其中9层不同程度有炭质泥岩及薄煤层；此外在砂岩段中零星分布冲刷煤屑或煤包体，全区无稳定的可采煤层。隧道区地质构造复杂，断裂褶皱发育。隧道埋深大，局部地段存在瓦斯聚集，穿越煤层与煤系地层时存在煤层瓦斯危害。初勘和详勘分别对煤层及炭质泥岩进行了瓦斯压力测试，瓦斯压力在0.172～0.67MPa之间，炭质泥岩也具有一定的瓦斯压力。

3.2.2 水文地质

隧址区含水层主要为三叠系须家河组砂岩裂隙含水层组。其次为第四系松散堆积层孔隙含水层，含水微弱，对隧道影响小；但下白果坪滑体后缘具承压水。

砂岩裂隙含水层含水性中等。地下水以层间运动为主，断层主要为隔水断层，含水性弱，断层上盘含水性较下盘强，上盘地下水水头压力大。褶曲含水性具有一定差异，背斜含水性弱，向斜含水性较强。隧道穿越龚家向斜核部和F_{11-2}断层，含水性较强，地下水具承压性。

3.2.3 煤层和瓦斯性质总体评价

隧道通过三叠系须家河组砂岩、碳质泥岩或煤线互层，隧址区含煤层多，煤层呈透镜状、鸡窝状，为中高变质烟煤，具有较强的生烃能力，所夹碳质泥岩和有机含量较高的泥岩，烃源较丰富，且隧址区地质构造复杂，大断裂及节理裂隙发育，连通性好，瓦斯运移通道良好。煤层和瓦斯分布规律较为复杂，隧址附近区域多条隧道、隧洞施工均出现严重的瓦斯灾害。

综合分析，隧址区煤层和瓦斯分布具备如下特点：煤层和瓦斯分布无规律性；瓦斯以裂隙瓦斯为主，部分区域存在承压瓦斯；岩体破碎，节理裂隙发育，瓦斯具备良好运移途径；煤体结构以碎粒煤、糜棱煤为主，呈碎块状、鳞片状、粉状，强度极低。

3.3 地质条件宏观分析

隧道设计文件、资料和图纸是根据隧道预可研和可行性研究报告、隧道初步勘察和详细勘察结果进行整理、分析、研究提出的。熟悉设计文件、资料和图纸，了解隧道将穿越的地层岩性、地层产状及地层分布，构造分布、规模及其性质，有利于宏观把握隧道施工可能遇到的特殊不良地质，如煤层的分布位置及规模。地质条件宏观分析主要包括：

(1)明确隧道穿越的地层层序、地层岩性、地层产状、地层在隧道轴线上的展布长度，不同岩层的工程地质、水文地质特性。

(2)掌握地质构造在隧道轴线上的分布位置、宽度、性质及产状。

(3)明确地层、构造与隧道的关系。

(4)分析、研究可能存在的不良地质体(对煤系地层而言，主要应包括断层及其破碎带、煤层、采矿巷井、废弃矿巷、顺层错动挤压破碎带)及其分布、规模和因隧道施工揭穿可能发生的地质灾害。

通过地质宏观分析，可以全面把握隧道的地质状况，大致确定施工期超前地质预报的重点区段和补充地质调查的重点内容以及调查区域位置。

3.4　地质调查和地质编录

不良地质长大隧道工程建设中，设计文件与实际地质出入较大的情况屡有发生，特别是瓦斯等工程地质灾害，设计与实际不符合的情况更为严重。地质调查和地质编录是对隧道设计地质资料的有效补充和完善，同时可充分利用开挖揭示的地质情况提高地质预报准确率。

3.4.1　补充地质调查

勘察设计阶段的地质工作有限，其地质预估评价仅仅是对隧道所处地质背景的宏观把握，不可能对复杂的地质情况有深入细致的掌握，施工中需要补充地质调查。对于过煤系地层的隧道，补充地质调查包括如下内容：

(1)对已有地质勘察成果的熟悉、核查和确认。

(2)不同岩性、地层在隧道地表的出露及接触关系，特别是对标志层的熟悉和确认。

(3)断层、褶皱、节理密集带等地质构造在隧道地表的出露、分布、性质、规模及其产状变化。

(4)煤层等特殊地层在地表的出露位置、规模及其产状变化。

(5)矿巷走向、展布、高程及其在空间上和隧道的关系。

补充地质调查不仅是对勘测设计阶段的地质资料的补充，对隧道所处复杂地质条件的深入掌握，也是减少隧道施工期地质预报盲目性的重要保证。

补充地质调查工作应在洞内地质调查、探测前完成，在超前地质预报实施过程中随时补充完善。

3.4.2　地质编录

地质编录法是在隧道(洞)开挖时，将揭露的地层、岩性、地质构造、地下水及其他不良地质现象如实反映在洞身展示(平切)图上，并与隧道纵剖面图进行对照。

地质编录是超前地质预报最基本的工作方法，也是地质综合分析取得第一手资料的重要手段，既反映开挖段的地质变化特征，又预示着未开挖段一定范围的地质问题。任何不良地质灾害的发生和发展，总是有其特殊前兆特征。通过地质编录掌握这些变化规律和地质特征，可作为地质综合分析和对物探资料解释的有力依据。

检查桩号	右洞PK17+035~PK17+025段				埋深(m)	245~250		纵波速度(m/s)			平均波速：1 358m/s	
地层岩性	灰色薄~中层中~粗粒砂岩夹泥岩互层	围岩类别	设计	$Ⅲ_{封}$	饱和极限抗压强度R_b(MPa)	①极硬岩	②硬岩	③软质岩	④极软岩		取样编号	试验编号
			实际施工	$Ⅱ_{封}^{工_1}$		>60	30~60	15~30	5~15			

掌子面上围岩岩体结构特征

层理	产状	314∠36°	单层厚度(m)	0.2~0.6	层面特征	夹有煤屑、充填泥		与隧轴夹角(°)	79
节理(裂隙)	组次	产状	间距(m)	长度(m)	缝宽(m)	充填物	起伏粗糙	平直光滑	与隧轴夹角(°)
	1	294∠62°	0.2~0.4	0.6~1	1	泥、煤屑	节理(裂隙)面粗糙	不规则、平直光滑	55
	2	182∠42°	0.3~0.6	0.3	1	泥、煤屑	节理(裂隙)面粗糙	平直但不光滑	57
断层	产状		破碎带厚度(m)		破碎带特征			与隧轴夹角	

N
59°
79°
△301°
隧道轴线
121°△
隧道轴线
岩层走向线

侧壁围岩体结构特征

左侧壁

层理	产状	314∠36°	单层厚度(m)	0.8~0.1	层面特征	夹有煤屑、充填泥	
节理(裂隙)	组次	产状	间距(m)	长度(m)	缝宽(m)	充填物	与隧轴夹角(°)
	1	294∠62°	0.2~0.4	0.6~1	1	泥、煤屑	55
	2	182∠42°	0.3~0.6	0.3	1	泥、煤屑	57
断层	产状		破碎带厚度(m)		破碎带特征		与隧轴夹角：

右侧壁

层理	产状	314∠36°	单层厚度(m)	0.8	层面特征	夹有煤屑、充填泥	
节理(裂隙)	组次	产状	间距(m)	长度(m)	缝宽(m)	充填物	与隧轴夹角(°)
	1	294∠62°	0.2~0.4	0.6~1	1	泥、煤屑	55
	2	182∠42°	0.3~0.6	0.3	1	泥、煤屑	57
断层	产状		破碎带厚度(m)		破碎带特征		与隧轴夹角

地下水	涌水位置	掌子面及洞周	涌水量 L/min 10m	无水	滴水	线状(√)	股状	含泥砂情况	侵蚀类型	取水样编号	试验编号
				<10	10~25	25~125	>125				

稳定性		稳定	拱部掉块	边墙掉块	拱部坍塌	边墙坍塌
	洞周	不稳定	—	边墙有掉块	—	边墙有坍块
	掌子面	不稳定	拱部有掉块	—	拱部有坍块	—

开挖后至掉块或坍塌的时间
0.5min

侧壁素描

左侧壁

节理2
182∠42°
节理1
294∠62°
岩层产状
314∠36°
灰色薄~中层中~粗粒砂岩夹泥岩互层
K17+035~K17+025左侧壁素描图

右侧壁

灰色碳质泥岩
夹薄层细砂岩
煤线
节理2
182∠42°
节理1
294∠62°
岩层产状
314∠36°
灰色薄~中层中~粗粒砂岩夹泥岩互层
K17+035~K17+025右侧壁素描图

掌子面素描

灰色碳质泥岩夹薄层细砂岩
线状流水
煤线
开挖轮廓线
隧道中线
灰色薄~中层中~粗粒砂岩夹泥岩互层
节理2
182∠42°
岩层产状
314∠36°
节理1
294∠62°
煤线
K17+035掌子面素描图

工程措施及有关参数

(1)采用上下断面进行开挖施工，短进尺开挖，开挖后对掌子面软弱部位进行初喷，防止松散体坍落；

(2)因掌子面左拱腰部围岩以灰色碳质泥岩夹薄层砂岩为主，加上有线状流水出露，而后变更为$Ⅱ_{封}^{工_1}$进行支护施工，其余事项见四方会议纪要

图3-3　紫坪铺隧道施工地质编录

过煤系地层隧道地质编录和地质素描应包括如下内容：

(1)地层岩性：描述地层时代、岩性、层间结合程度、风化程度等。

(2)地质构造：描述褶皱、断层、节理裂隙特征、岩层产状等；断层的位置、产状、性质、破碎带的宽度、物质成分、含水情况以及与隧道的关系；节理裂隙的组数、产状、间距、充填物、延伸长度、张开度及节理面特征、力学性质；分析组合特征、判断岩体完整程度。

(3)地下水的分布、出露形态及围岩的透水性、水量、泥沙含量测定，以及地下水对围岩稳定性的影响；判定地下水对结构材料的腐蚀性；出水点与地层岩性、地质构造等的关系分析。

(4)煤层性状：煤层厚度、倾角、走向；煤的坚固性系数及破坏类型等。

(5)采空区：影响范围内的采空区分布位置及其与隧道的空间关系。

(6)瓦斯压力、涌出量、涌出初速度等。

(7)坍方：记录坍方部位、方式与规模及其随时间的变化特征，并分析产生坍方的地质原因及其对施工的影响。

(8)记录不同工程地质、水文地质条件下隧道围岩稳定性、支护方式以及初期支护后的变形情况。

连续编制地质编录并结合物探成果和洞线剖面等资料综合分析，即可掌握不良地质体的变化趋势，预测开挖工作面前方可能出现何种地层岩性或不良地质情况，并进一步建立地质构造和瓦斯浓度超限的关系。以紫坪铺隧道实践为例，其右洞 PK17＋035～PK17＋025 段地质编录如图 3-3，地质素描所反映的地质背景和瓦斯浓度超限统计分析见表 3-3。从表 3-3 可见，通过地质素描，可基于煤系地层隧道不同洞段地质背景分析其可能发生的瓦斯灾害，这对过煤系地层隧道的瓦斯灾害超前预报具有极其重要的意义。

地质素描与瓦斯浓度超限统计分析　　　表 3-3

里程桩号	掌子面素描图	侧壁素描图	超限次数
K16＋935～K16＋926	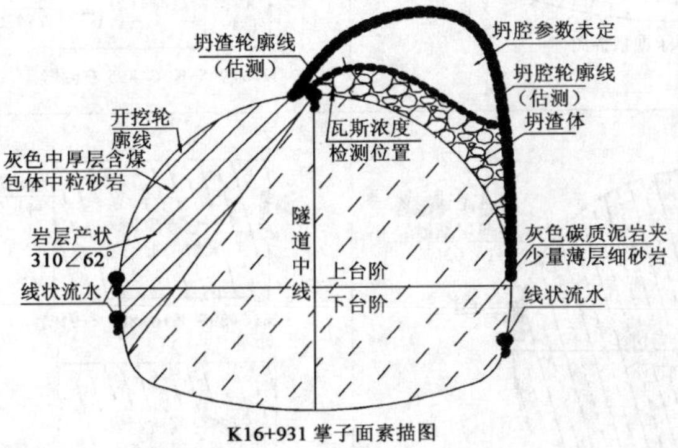 坍渣轮廓线（估测） 坍腔参数未定 坍腔轮廓线（估测） 坍渣体 开挖轮廓线 瓦斯浓度检测位置 灰色中厚层含煤包体中粒砂岩 隧道中线 岩层产状 310∠62° 灰色碳质泥岩夹少量薄层细砂岩 上台阶 下台阶 线状流水 线状流水 K16+931 掌子面素描图	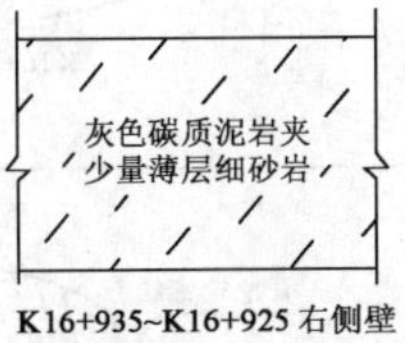 灰色碳质泥岩夹少量薄层细砂岩 K16+935~K16+925 右侧壁 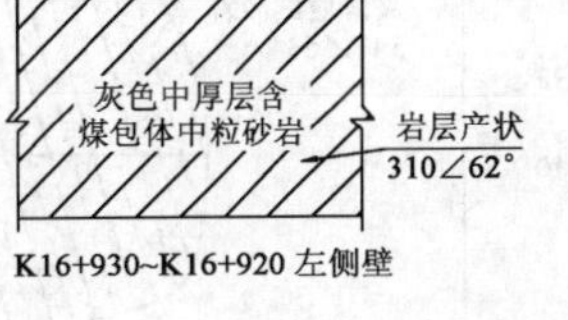 灰色中厚层含煤包体中粒砂岩 岩层产状 310∠62° K16+930~K16+920 左侧壁	25

续上表

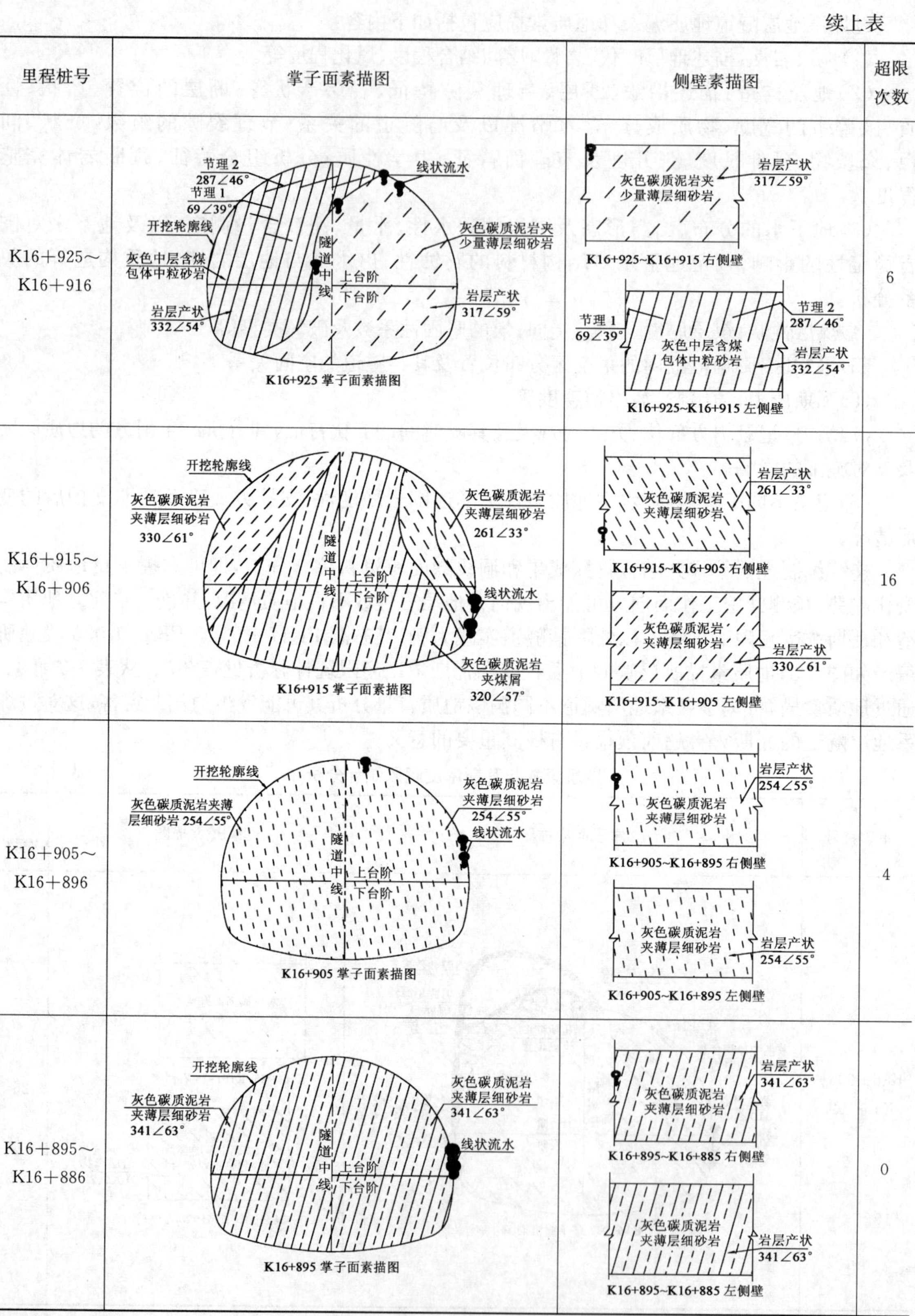

里程桩号	掌子面素描图	侧壁素描图	超限次数
K16＋925～K16＋916	K16+925 掌子面素描图	K16+925~K16+915 右侧壁 K16+925~K16+915 左侧壁	6
K16＋915～K16＋906	K16+915 掌子面素描图	K16+915~K16+905 右侧壁 K16+915~K16+905 左侧壁	16
K16＋905～K16＋896	K16+905 掌子面素描图	K16+905~K16+895 右侧壁 K16+905~K16+895 左侧壁	4
K16＋895～K16＋886	K16+895 掌子面素描图	K16+895~K16+885 右侧壁 K16+895~K16+885 左侧壁	0

续上表

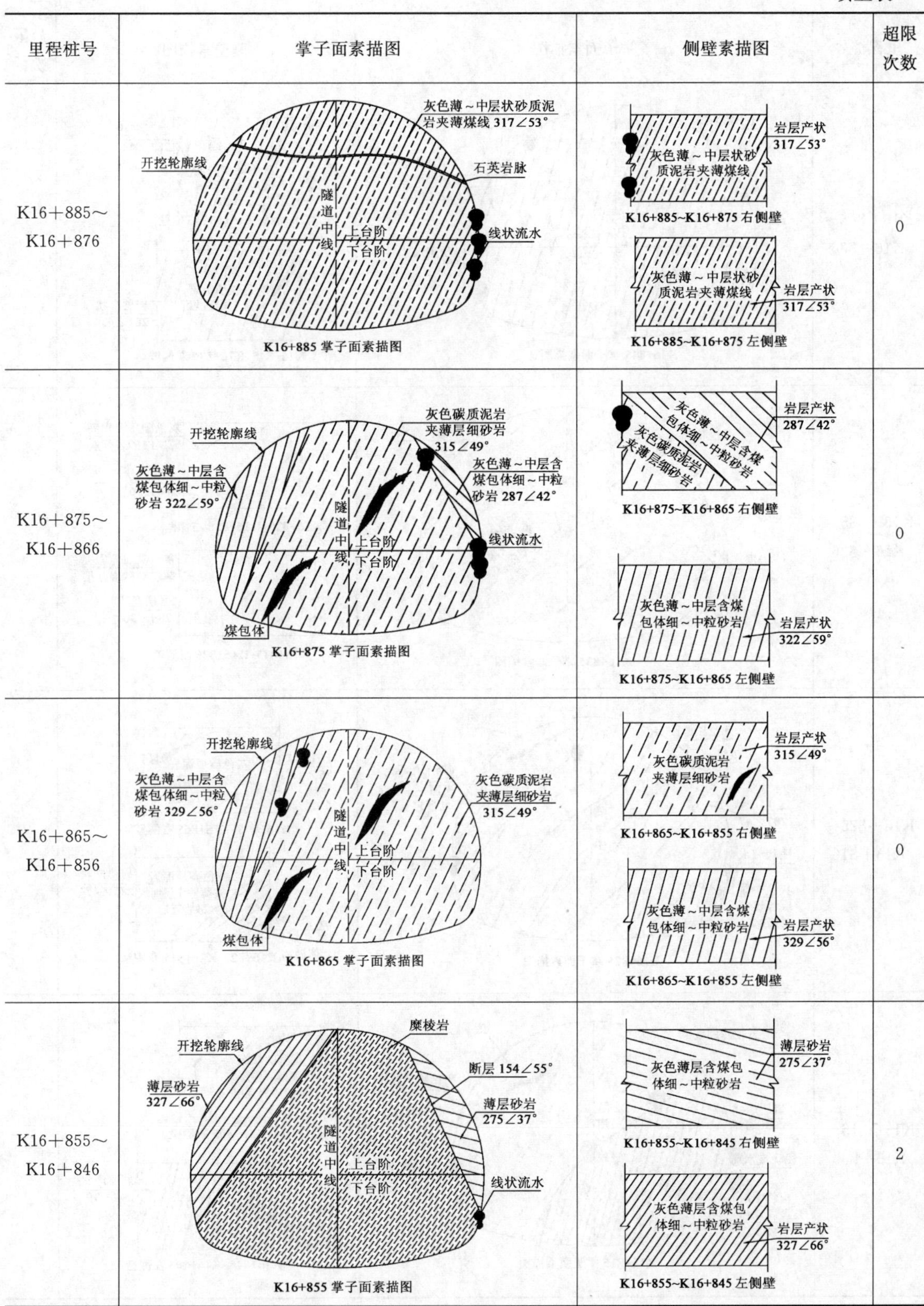

里程桩号	掌子面素描图	侧壁素描图	超限次数
K16＋885～K16＋876	K16+885 掌子面素描图	K16+885~K16+875 右侧壁 K16+885~K16+875 左侧壁	0
K16＋875～K16＋866	K16+875 掌子面素描图	K16+875~K16+865 右侧壁 K16+875~K16+865 左侧壁	0
K16＋865～K16＋856	K16+865 掌子面素描图	K16+865~K16+855 右侧壁 K16+865~K16+855 左侧壁	0
K16＋855～K16＋846	K16+855 掌子面素描图	K16+855~K16+845 右侧壁 K16+855~K16+845 左侧壁	2

续上表

里程桩号	掌子面素描图	侧壁素描图	超限次数
K16＋845～K16＋836	开挖轮廓线；煤包体；线状流水；灰色碳质泥岩夹薄层细砂岩 281∠41°；隧道中线；上台阶；下台阶；线状流水 K16+845 掌子面素描图	岩层产状 281∠43°；灰色碳质泥岩夹薄层细砂岩 K16+845~K16+835 右侧壁 灰色碳质泥岩夹薄层细砂岩；岩层产状 281∠43° K16+845~K16+835 左侧壁	0
K16＋835～K16＋826	开挖轮廓线；线状流水；隧道中线；灰色碳质泥岩夹薄层细砂岩互层；岩层产状 284∠36° K16+835 掌子面素描图	灰色碳质泥岩夹薄层细砂岩互层；岩层产状 284∠36° K16+835~K16+825 右侧壁 灰色碳质泥岩夹薄层细砂岩互层；岩层产状 284∠36° K16+835~K16+825 左侧壁	3
K16＋825～K16＋816	开挖轮廓线；煤线；煤线；灰色碳质泥岩夹薄～中层细粒砂岩互层；岩层产状 287∠47°；隧道中线；线状流水；线状流水；灰色中厚层含煤包体砂岩 K16+825 掌子面素描图	岩层产状 285∠47°；煤线；灰色碳质泥岩夹薄～中层细粒砂岩互层 K16+875~K16+865 右侧壁 灰色碳质泥岩夹薄～中层细粒砂岩互层；岩层产状 285∠47°；灰色中厚层含煤包体砂岩 K16+825~K16+815 左侧壁	5
K16＋815～K16＋806	开挖轮廓线；煤线；灰色碳质泥岩夹薄～中层细粒砂岩互层；岩层产状 290∠39°；隧道中线；线状流水；线状流水；灰色中层含煤包体中粒砂岩 K16+815 掌子面素描图	灰色碳质泥岩夹薄～中层细粒砂岩互层；煤线 K16+815~K16+805 右侧壁 岩层产状 290∠39°；灰色中层含煤包体中粒砂岩 K16+815~K16+805 左侧壁	3

续上表

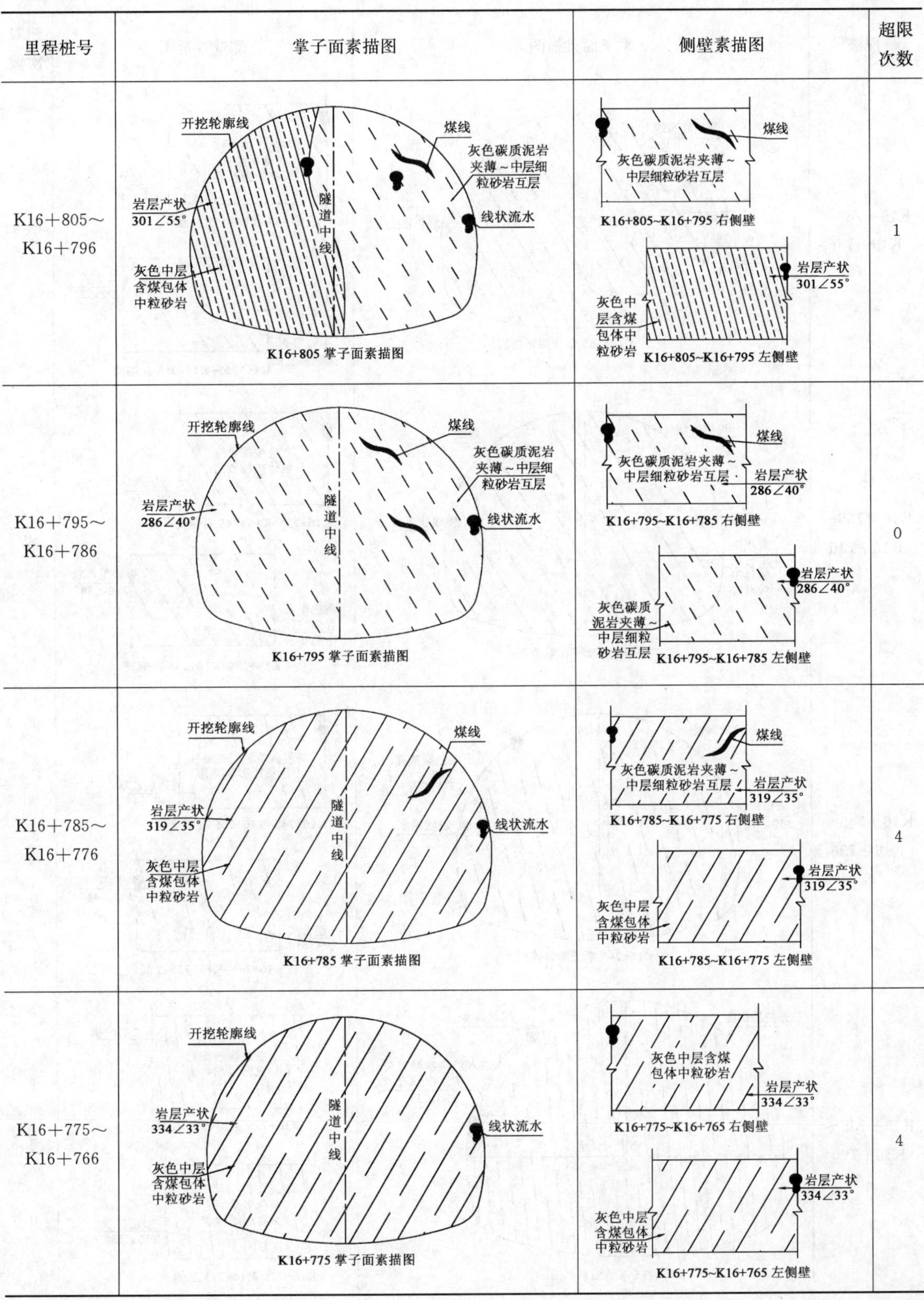

里程桩号	掌子面素描图	侧壁素描图	超限次数
K16＋805～K16＋796	K16+805 掌子面素描图	K16+805~K16+795 右侧壁；K16+805~K16+795 左侧壁	1
K16＋795～K16＋786	K16+795 掌子面素描图	K16+795~K16+785 右侧壁；K16+795~K16+785 左侧壁	0
K16＋785～K16＋776	K16+785 掌子面素描图	K16+785~K16+775 右侧壁；K16+785~K16+775 左侧壁	4
K16＋775～K16＋766	K16+775 掌子面素描图	K16+775~K16+765 右侧壁；K16+775~K16+765 左侧壁	4

续上表

里程桩号	掌子面素描图	侧壁素描图	超限次数
K16＋765～ K16＋756	开挖轮廓线 煤线 岩层产状 322∠32° 隧道中线 线状流水 灰色中层含煤包体中粒砂岩夹泥岩互层 K16+765 掌子面素描图	灰色中层含煤包体中粒砂岩夹泥岩互层 岩层产状 322∠32° K16+765~K16+755 右侧壁 岩层产状 322∠32° 灰色中层含煤包体中粒砂岩夹泥岩互层 K16+765~K16+755 左侧壁	8
K16＋755～ K16＋746	开挖轮廓线 煤线 岩层产状 330∠38° 隧道中线 线状流水 灰色中层含煤包体中粒砂岩 K16+755 掌子面素描图	灰色中层含煤包体中粒砂岩 岩层产状 330∠38° K16+755~K16+745 右侧壁 岩层产状 330∠38° 灰色中层含煤包体中粒砂岩 K16+755~K16+745 左侧壁	0
K16＋745～ K16＋736	开挖轮廓线 灰色碳质泥岩夹薄～中层细粒砂岩互层 岩层产状 340∠44° 隧道中线 线状流水 K16+745 掌子面素描图	灰色碳质泥岩夹薄～中层细粒砂岩互层 岩层产状 340∠44° K16+745~K16+735 右侧壁 岩层产状 340∠44° 灰色中层含煤包体中粒砂岩 K16+745~K16+735 左侧壁	2
K16＋735～ K16＋726	开挖轮廓线 线状流水 灰色碳质泥岩夹薄层细砂岩 286∠55° 隧道中线 上台阶 下台阶 K16+735 掌子面素描图	岩层产状 286∠55° 灰色碳质泥岩夹薄层细砂岩 K16+735~K16+725 右侧壁 灰色碳质泥岩夹薄层细砂岩 岩层产状 286∠55° K16+735~K16+725 左侧壁	1

续上表

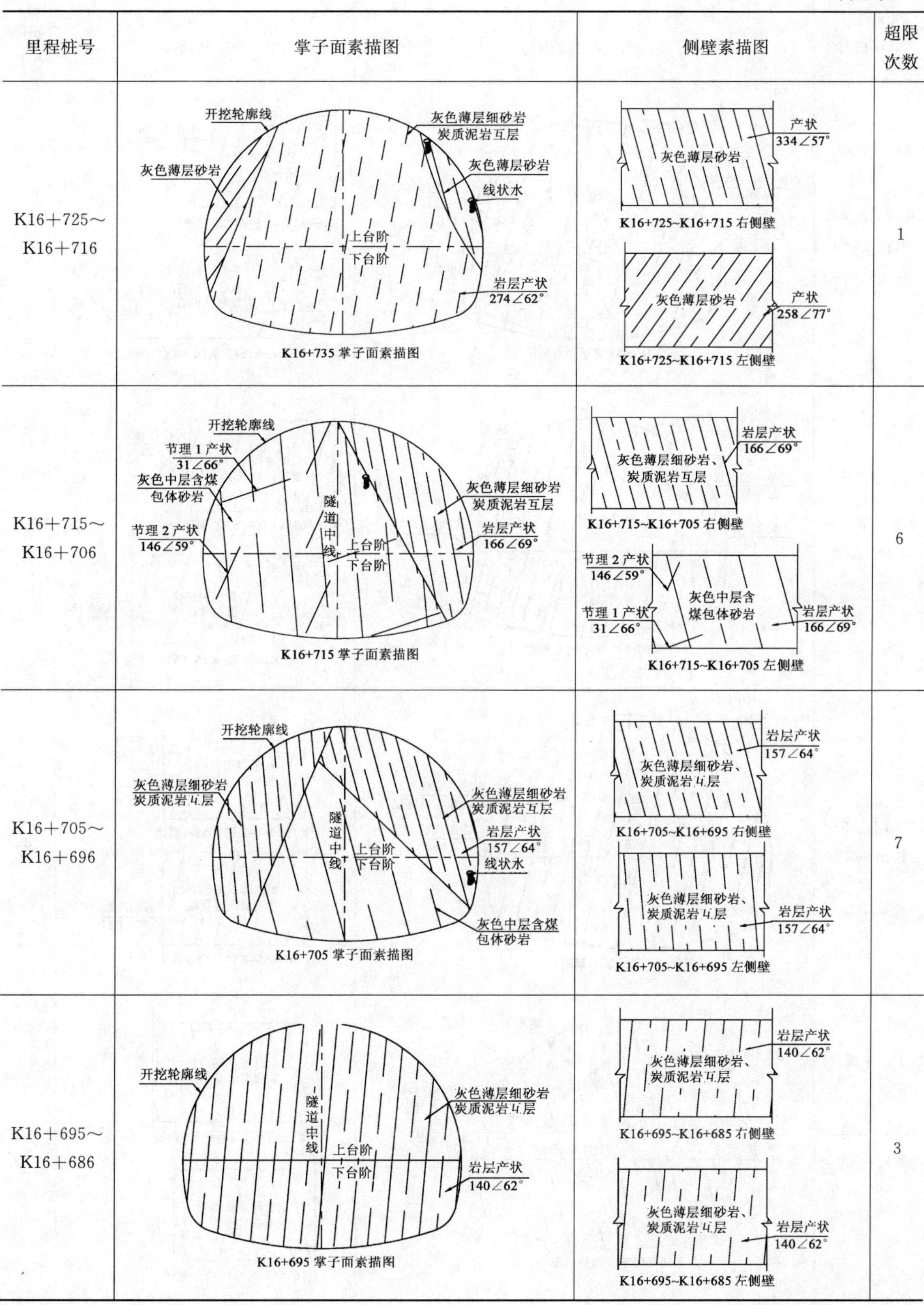

里程桩号	掌子面素描图	侧壁素描图	超限次数
K16+725～K16+716	K16+735 掌子面素描图	K16+725~K16+715 右侧壁 K16+725~K16+715 左侧壁	1
K16+715～K16+706	K16+715 掌子面素描图	K16+715~K16+705 右侧壁 K16+715~K16+705 左侧壁	6
K16+705～K16+696	K16+705 掌子面素描图	K16+705~K16+695 右侧壁 K16+705~K16+695 左侧壁	7
K16+695～K16+686	K16+695 掌子面素描图	K16+695~K16+685 右侧壁 K16+695~K16+685 左侧壁	3

续上表

里程桩号	掌子面素描图	侧壁素描图	超限次数
K16＋685～ K16＋676	滴水 开挖轮廓线 节理 1 产状 39∠70° 灰色中层含煤包体砂岩 隧道中线 灰色薄层细砂岩炭质泥岩互层 节理 2 产状 128∠66° 岩层产状 174∠75° 上台阶 下台阶 K16+685 掌子面素描图	岩层产状 174∠75° 灰色薄层细砂岩、炭质泥岩互层 K16+685~K16+675 右侧壁 节理 2 产状 128∠66° 灰色中层含煤包体砂岩 节理 1 产状 39∠70° 岩层产状 174∠75° K16+685~K16+675 左侧壁	4
K16＋675～ K16＋666	开挖轮廓线 滴水 节理 1 产状 55∠52° 灰色中层含煤包体砂岩 隧道中线 灰色薄层细砂岩炭质泥岩互层 节理 2 产状 88∠64° 岩层产状 183∠72° 上台阶 下台阶 K16+675 掌子面素描图	岩层产状 183∠72° 灰色薄层细砂岩、炭质泥岩互层 K16+675~K16+665 右侧壁 节理 2 产状 88∠64° 灰色中层含煤包体砂岩 节理 1 产状 55∠52° 岩层产状 183∠72° K16+675~K16+665 左侧壁	5
K16＋665～ K16＋656	开挖轮廓线 隧道中线 灰色薄层细砂岩夹炭质泥岩互层 岩层产状 177∠68° 上台阶 下台阶 K16+665掌子面素描图	岩层产状 177∠68° 灰色薄层细砂岩、炭质泥岩互层 K16+665~K16+655右侧壁 灰色薄层细砂岩夹炭质泥岩互层 岩层产状 177∠68° K16+665~K16+655左侧壁	3
K16＋655～ K16＋646	滴水 开挖轮廓线 探孔线状水 隧道中线 灰色薄层细砂岩炭质泥岩互层 岩层产状 300∠70° 上台阶 十台阶 K16+655掌子面素描图	岩层产状 300∠70° 灰色薄层细砂岩、炭质泥岩互层 K16+655~K16+645右侧壁 灰色薄层细砂岩、炭质泥岩互层 岩层产状 300∠70° K16+655~K16+645左侧壁	3

续上表

里程桩号	掌子面素描图	侧壁素描图	超限次数
K16+645～K16+636	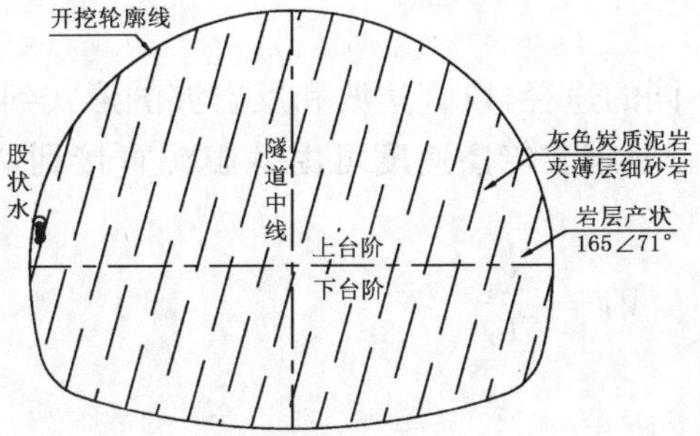 开挖轮廓线 股状水 隧道中线 灰色炭质泥岩夹薄层细砂岩 岩层产状 165∠71° 上台阶 下台阶 K16+625掌子面素描图	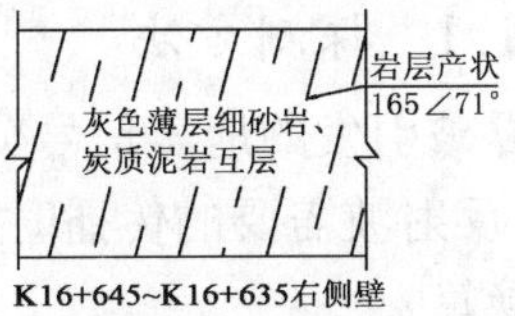 灰色薄层细砂岩、炭质泥岩互层 岩层产状 165∠71° K16+645~K16+635右侧壁 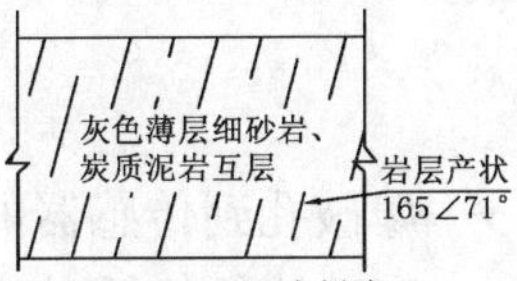 灰色薄层细砂岩、炭质泥岩互层 岩层产状 165∠71° K16+645~K16+635左侧壁	0
K16+635～K16+626	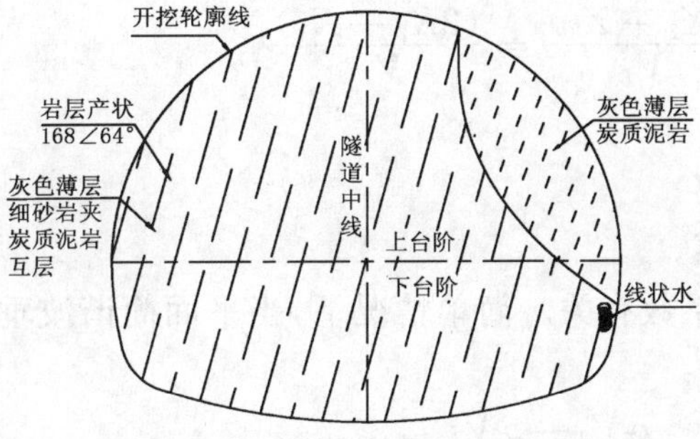 开挖轮廓线 岩层产状 168∠64° 灰色薄层细砂岩夹炭质泥岩互层 隧道中线 灰色薄层炭质泥岩 上台阶 下台阶 线状水 K16+635掌子面素描图	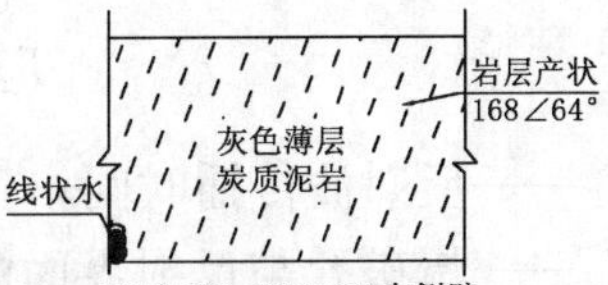 岩层产状 168∠64° 灰色薄层炭质泥岩 线状水 K16+635~K16+625右侧壁 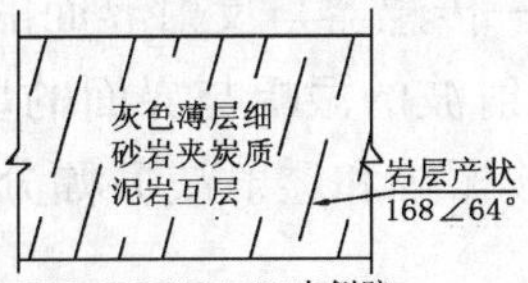 灰色薄层细砂岩夹炭质泥岩互层 岩层产状 168∠64° K16+635~K16+625左侧壁	0

3.5　地球物理勘探方法

地球物理勘探(geophysical prospecting)指利用物理学的原理、方法和专门的仪器,观测并综合分析天然或人工地球物理场的分布特征,探测地质体或地质构造形态的勘探方法,具有理论基础成熟、适用范围广、设备轻便、快捷高效、探测距离大、结果直观、对施工干扰小等优点,是超前地质预报的重要手段。

由于物探主要利用岩石的物理性质间接进行地质判断,不同物探方法受限于不同的场地和地质条件,都有一定的局限性,针对不同的地质体,有其各自的优势和劣势,因此应合理使用,才能有效完成探测工作。同时,物探资料的地质解释需要与地质资料的深入分析相结合。

在紫坪铺隧道施工地质预报中,应用到的物探手段都是波反射法探测方法,包括 TSP、HSP 和地质雷达,主要利用探测对象与相邻介质的不同物性差异改变波在地层中传播、反射的参数,通过信号采集系统接收反射信号,判释反射界面距开挖工作面的距离来进行隧道施工期超前地质预报。

3.5.1 隧道地震波预测法(TSP 法)

隧道地震波预报(tunnel seismic prediction)属多波多分量高分辨率地震反射波探测技术,其基本原理是应用了震动(波)的回声原理。

3.5.1.1 探测方法

由微爆破引发的地震信号分别沿不同的途径,以直达波和反射波的形式到达传感器,与直达波相比,反射波需要的传播时间较长。地震波传播速度可由从震源直接到达传感器的纵波传播时间换算:

$$V_P = \frac{X_1}{T_1} \tag{3-1}$$

式中:X_1——爆破孔到传感器的距离;

T_1——直达波的传播时间。

已知地震波的传播速度,可通过测得的反射波传播时间推导出反射界面与接收传感器的距离,及其距开挖工作面的距离,计算公式为:

$$T_2 = \frac{(X_2 + X_3)}{V_P} = \frac{(2X_2 + X_1)}{V_P} \tag{3-2}$$

式中:T_2——反射波传播时间;

X_2——爆破孔与反射界面的距离;

X_3——传感器与反射界面的距离。

地震反射波的振幅与界面的反射系数有关。简单情况下,当平面简谐波垂直入射到平面上时,反射波振幅和透射波振幅分别为:

$$\frac{A_r}{A_i} = \frac{\rho_2 V_2 - \rho_1 V_1}{\rho_2 V_2 + \rho_1 V_1} = R \tag{3-3}$$

$$\frac{A_l}{A_i} = \frac{2\rho_1 V_1}{\rho_2 V_2 + \rho_1 V_1} = 1 - R \tag{3-4}$$

式中:A_i——入射波振幅;

A_r、A_l——反射波和透射波振幅;

V_1、V_2——波在反射界面两侧介质中的传播速度;

ρ_1、ρ_2——反射界面两侧介质的密度;

R——界面的反射系数。

当入射波振幅 A_i 一定时,反射波振幅 A_r 与反射系数 R 成正比。反射系数主要由界面两侧介质的波阻抗差决定,波阻抗差的绝对值越大,则反射波振幅 A_r 就越大,当介质 II 的波阻抗大于介质Ⅰ的波阻抗,即地震波从较疏松的介质传播到较致密的介质时,反射系数 $R>0$,反射振幅和入射振幅的符号相同,反射波和入射波具有相同的极性;反之,如果地震波从较致密的介质传播到较疏松的介质时,反射系数 $R<0$,则反射振幅和入射振幅的符号相反,因此反射波和入射波的极性相反,从而可清楚的判断地质体的变化。

3.5.1.2 观测系统

TSP 超前预报观测系统布置在临近开挖工作面的左右边墙内,如图 3-4 所示,根据不同预报目的,选择不同的边墙。以断层预报为例,根据反射原理,炮孔布置应在与断层走向交角小的边墙内。

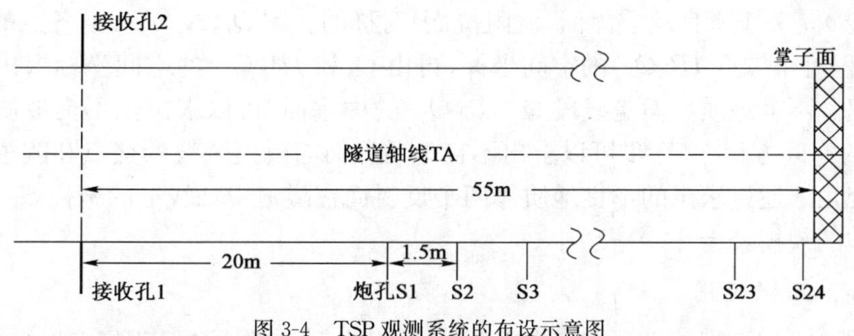

图 3-4　TSP 观测系统的布设示意图

其炮孔及接收孔的具体布置要求见表 3-4 及图 3-5。

炮孔及接收孔的具体要求　　表 3-4

项目	接　收　孔	炮　孔
数量	2 个,位于隧道左右边墙(各 1 个)	24 个,位于隧道右边墙(面对开挖工作面)
直径	φ45mm(钻头钻孔)	φ38mm(钻头钻孔)
深度	2m(勿超过 2m)	1.5m
定向	垂直隧道轴向,上倾 5～10°	垂直隧道轴向,下倾 10～20°
高度	离地面(隧底)高 1m	离地面(隧底)高 1m
位置	距离开挖工作面约 55m	第 1 个炮孔离同侧接收孔 20m,炮孔距 1.5m

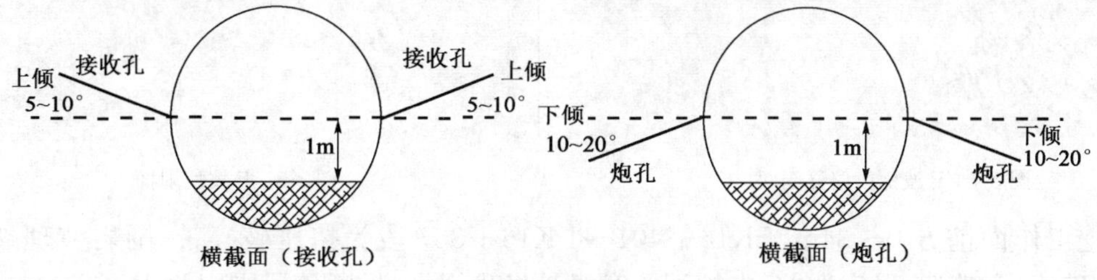

图 3-5　炮孔及接收孔的具体布置

3.5.1.3　数据采集

数据采集是为 TSP 的数据处理和资料解释提供第一手资料。要获得高质量的原始数据,除了 TSP 仪器本身提供了高灵敏的数据激发接收系统外,还需要解决好观测系统的设计、地震波的激发与接收以及环境对地震波的干扰等方面的问题。

3.5.1.4　反演技术

反射界面及不良地质体规模的确定,其原理见图 3-6:在点 A_1、A_2、A_3 等位置激发震源,α 为不良地质体的俯角,即真倾角;β 为不良质体的走向与隧道前进方向的夹角;γ 为空间角,即隧道轴线与不良地质体界面的夹角。产生的地震波遇到不良地质体界面(即波阻抗界面),发生反射而被 Q_1 位置的传感器接收。在计算时,利用波的可逆性,可以认为 Q_1 位置发出的地震波经过不良地质界面反

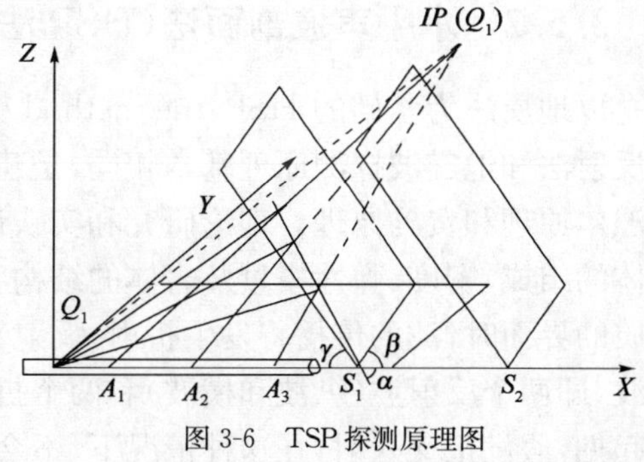

图 3-6　TSP 探测原理图

射而传到 A_1、A_2、A_3 等点，即可认为波是从像点 $IP(Q_1)$ 发出而直接传到 A_1、A_2、A_3 等点，此时的 Q_1 和 $IP(Q_1)$ 是关于不良地质界面(波阻抗面)对称的。因 Q_1、A_1、A_2、A_3 各点的空间坐标已知，由联立方程可得像点 $IP(Q_1)$ 的空间坐标，再由 Q_1 和 $IP(Q_1)$ 的空间坐标求出两点所在直线的空间方程。不良地质界面是线段 $Q_1\ IP(Q_1)$ 的中垂面，可以求出该不良地质界面相对于坐标原点 Q 的空间方程，进一步可以求出不良地质界面与隧道轴线的交点和隧道轴线与不良地质界面的交角。通过求出的不良地质体两个反射面在隧道中轴线上的坐标 S_1 和 S_2，从而求出不良地质体的规模：$S=|S_1-S_2|$。

3.5.1.5 工程应用

以紫坪铺隧道 LK16＋401 开挖工作面 TSP 预报为例，本次预报范围 LK16＋401～LK16＋311，图 3-7、图 3-8 分别为预报成果图 P 波深度偏移剖面和 P 波反射面。通过对数据分析处理，结合综合地质分析，对 LK16＋401～LK16＋311 段围岩地质情况预报结果如下：

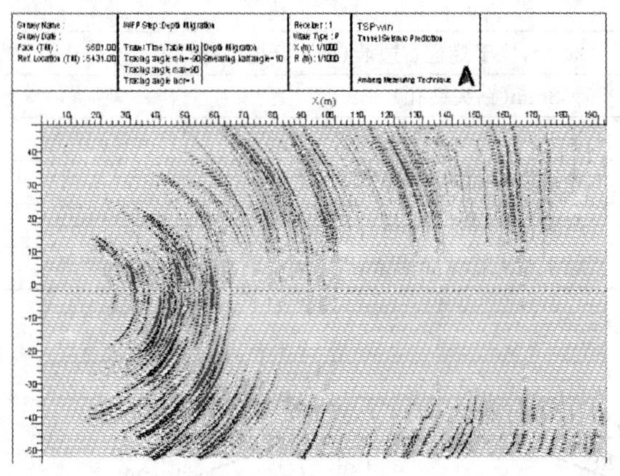

图 3-7 P 波深度偏移剖面

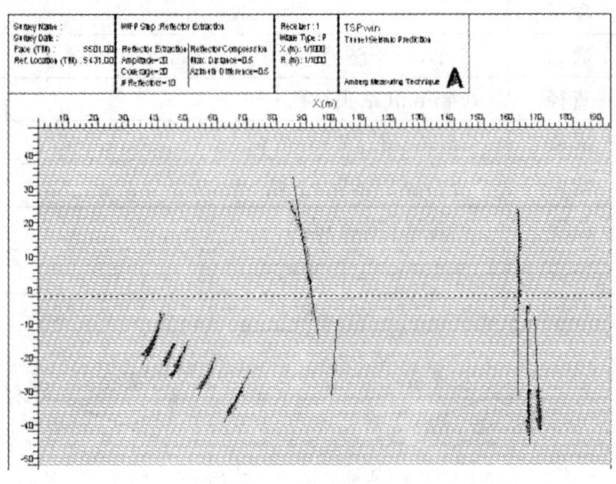

图 3-8 P 波反射面

开挖工作面前方 0～34m，LK16＋401～LK16＋367 段为挤压破碎带，围岩节理裂隙发育，岩体破碎，完整性、稳定性差，支护不及时极易发生坍塌，推断该段围岩为 II 类。

开挖工作面前方 34～91m，LK16＋367～LK16＋310 段围岩节理裂隙较发育，围岩有一定自稳能力，长时间不支护易发生坍塌，其中 LK16＋346～LK16＋338 段有股状水，推断该段围岩为 III 类。

经开挖验证，此次预报结果与开挖出露的情况大致吻合，在具体位置有所差异，在 LK16＋350～LK16＋335 段涌水严重。

3.5.2 水平声波剖面法(HSP 法)

以地质法为基础的 HSP(the method of Horizontal & Holes Sound Probing in tunnel)声波反射法和地震波探测原理基本相同，是建立在弹性波理论的基础上，传播过程遵循惠更斯—菲涅尔原理和费马原理。理论研究和实践证明，声波在岩土体中的传播速度、波幅等参数和岩土体的组成、密度、弹性模量及岩体的结构状态等有关。当声波传播路径中存在两种不同固体介质的界面时，波的传播将发生折射、反射和波型转换。例如纵波入射时，在界面上将产生四种波，即两个反射波(纵波和横波)和两个折射波(纵波和横波)，其传播符合斯奈尔定律。为简单起见，假设正交入射，在这种情况下，不会发生传播模式的转换，其声压和声强的透射系数和反射系数取决于两种介质的特性阻抗的比值：

$$T_p = 2m/(m+1) \tag{3-5}$$

$$T_i = 4m^2/(m+1)^2 \tag{3-6}$$

$$R_p = (m-1)/(m+1) \tag{3-7}$$

$$R_i = (m-1)^2/(m+1)^2 \tag{3-8}$$

式中：T_p、T_i——声压和声强的透射系数；

R_p、R_i——声压和声强的反射系数；

m——两种介质的特性阻抗比值。

通过探测反射波信号，根据不良地质体(带)，如断层、风化破碎带、地下水富集带等，与周边地质体的声学特性差异，便可了解前方岩体的变化情况。

HSP 的探测方式分为超前水平布置和双侧水平布置。前者将触发、接收换能器分别置于开挖工作面的两个超前水平钻孔中；后者则是将触发、接收换能器分别置于靠近开挖工作面的隧道两侧边墙的水平钻孔中。触发、接收换能器同步相错斜交移动，完成数据采集。

早期 HSP 测试时，在隧道施工开挖工作面后两侧边墙按一定间距各布置一排浅孔(即双侧水平布置)。一侧浅孔用作声波发射；另一侧浅孔中安设接收换能器，接收由声波发生源发射经隧道底围岩到达的直达波和经隧道开挖工作面前方界面(断层、岩性分界面等)反射回来的声波信号。利用直达波速度和反射波走时计算确定前方地质界面距开挖工作面的距离。

近几年，HSP 法在实践过程中得到改进。现场测试采用通道触发一发三收方法进行，用大锤敲击木桩作振源触发换能器，三个接收换能器同时接收信号。

触发、接收换能器布置原则上为触发换能器居中，三个接收换能器环触发换能器布置或在触发换能器两侧布置，接收换能器距触发换能器 20～150cm，信号采集和数据储存通过便携式计算机控制。

每个预报开挖工作面布置三个测区，原则上测区交错布置，具体视现场条件确定。

测试时，在隧道施工开挖工作面一点发射低频声波信号，在另一点接收反射波信号。采用时域、频域分析探测反射波信号，结合地质分析，便可了解前方岩体的变化情况，探测开挖工作面前方可能存在的岩性分界、断层、岩体破碎带、软弱夹层不良地质体的规模、性质及延伸情况等。

紫坪铺隧道施工 HSP 预报采用了 ZGS1610-2 型智能工程探测声波仪，超前预报软件采用 ZGS1610-2 型智能工程探测声波仪现场采集软件及与该仪器采集数据匹配的专用反射谱分析和反射子波分析软件，结合地质调查方法，确保了探测的快速、资料的准确和分析结果的可靠。

以开挖工作面桩号 RK17＋323 测试为例，隧道开挖工作面声波测点布置如图 3-9。出口右线测试开挖工作面岩性以灰色中厚层砂岩与薄层泥岩、炭质泥岩互层，局部夹煤线，岩体呈碎块状结构～碎裂结构。岩层产状 166∠33°。主要发育 3 组节理：①290∠70～85°，节理间距 0.3～0.5m，延伸约 3m；②45∠67°节理财间距 0.4m；③层面节理，节理间距 0.1～0.2m，延伸约 1.5m。薄层泥岩遇水易软化，层间特别是砂岩与泥岩层间无结合力。

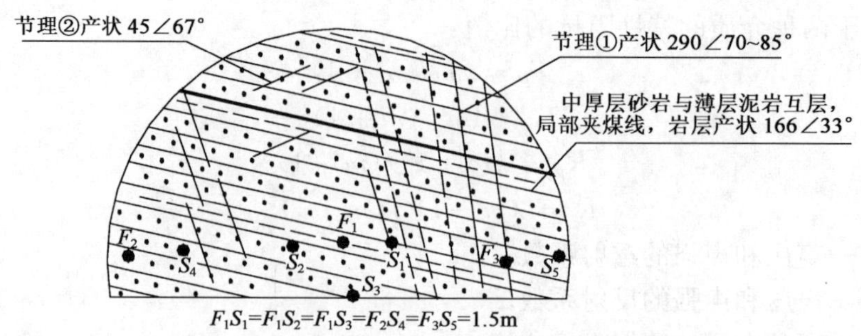

图 3-9　出口右线 RK17＋323 开挖工作面探测点布置

采用 HSP 声波反射法进行探测，图 3-10 为测试典型波形曲线。出口右线测试岩体声波速度平均为 3 611m/s。对现场采集原始波形曲线出行时域和频域分析，图 3-11 为时域和频域分析成果图。

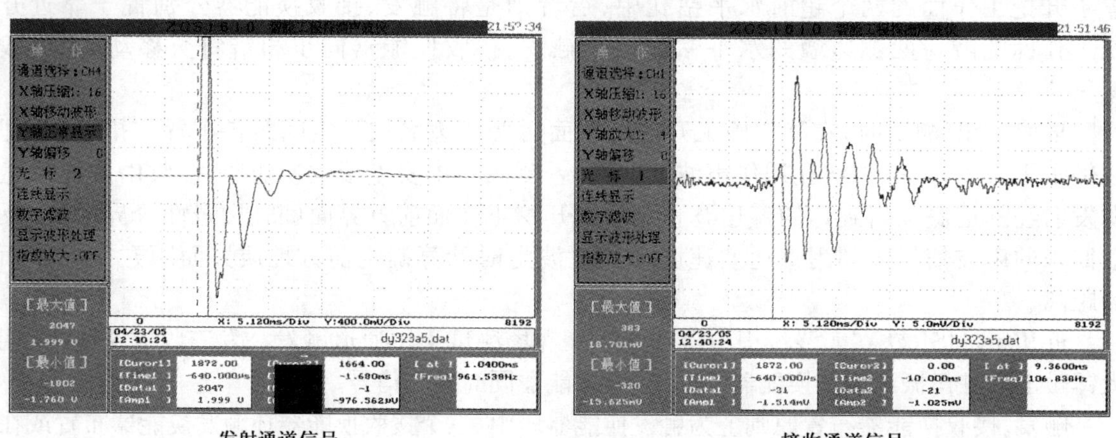

发射通道信号　　　　接收通道信号

图 3-10　出口右线 RK17＋323 开挖工作面测试典型波形图

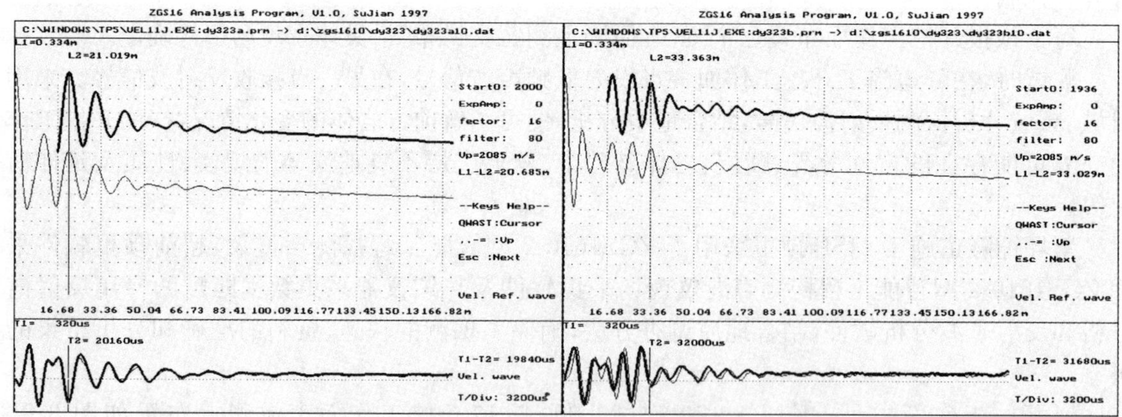

图 3-11　出口右线 RK17＋323 开挖工作面测试时域和频域分析成果图

分析结果认为目前开挖工作面前方 70m 范围内主要为砂岩、泥岩或炭质泥岩交替出现，软硬相间：

(1)开挖工作面至前方 18m：以砂岩为主，夹少量薄层泥岩或炭质泥岩，建议围岩类别 II 类。

(2)开挖工作面前方 18～31m:以泥岩或炭质泥岩为主,夹少量砂岩,围岩破碎,建议围岩类别 II 类。

(3)开挖工作面前方 31～40m:以砂岩为主,夹少量薄层泥岩或炭质泥岩,围岩破碎,建议围岩类别 II 类。

(4)开挖工作面前方 40～51m:以泥岩或炭质泥岩为主,夹少量砂岩,地下水丰富,建议围岩类别 II 类偏弱。

(5)开挖工作面前方 51～62m:以泥岩或炭质泥岩为主,围岩破碎,地下水丰富,建议围岩类别 II 类偏弱。

(6)开挖工作面前方 62～70m:以泥岩或炭质泥岩为主,夹少量砂岩,围岩破碎,地下水丰富,建议围岩类别 I 类。

开挖后揭露的地质状况和 HSP 预报大体吻合,但在涌水地段位置上有一定的出入。

3.5.3　地质雷达

地质雷达探测法是利用电磁波的反射原理,使用地质雷达仪器向隧洞开挖工作面前方发射具有一定频率的高频脉冲电磁波,经地层界面反射返回隧洞开挖工作面,通过识别和分析反射电磁波来探测与周边介质具有一定电性差异的地质体的一种电磁勘探方法,见图 3-12。

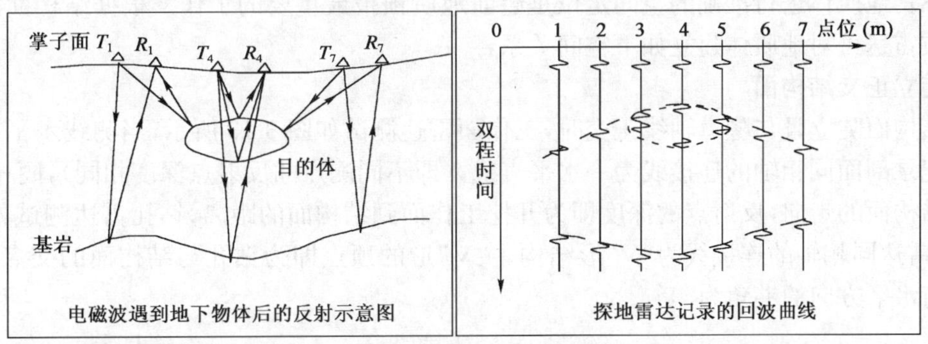

图 3-12　地质雷达反射探测原理图

工作过程中,由雷达信号发生器产生频率相对稳定的电磁波,通过雷达主控制器对信号脉冲宽度、相位、衰减度、指数增益等指标调谐调频,并进行信号样点数字化、信号叠加处理,然后由主控器通过信号高保真电缆和屏蔽天线将信号以一定的方向角向探测方向发射,电磁波遇到有电性差异的目的体后发生反射,反射回来的电磁波被天线再次接收,并返回到雷达的信号接收处理器内,经处理后的雷达信号分两路传送:一路直接传送给雷达显示器,通过“四色原理”将雷达信号以彩色形式直接显示在视频显示器上,其显示速度与天线运行速度保持同步;另一路进入数据存储器中,内存将所有技术参数连同雷达信号资料进行保存,以便进行回放和更深入的处理。所有雷达的专业处理、反演解释软件均可安装在通用计算机上,雷达主控器、内存可直接与通用计算机进行数据通讯,将雷达数据传到计算机以进行更高级的处理和解释。

电磁波向地下介质传播过程中,遇到不同的波阻扰界面时,将产生反射波和透射波,并遵循反射与透射的定律。反射波能量大小取决于反射系数 R,反射系数的表达示为:

$$R = (\sqrt{\varepsilon_1} - \sqrt{\varepsilon_2}) / (\sqrt{\varepsilon_1} + \sqrt{\varepsilon_2}) \tag{3-9}$$

式中:ε_1、ε_2——反射界面两侧的相对介电常数。

由式(3-9)可知，超前地质预报过程中的反射系数，主要取决于反射界面两侧介质的相对介电常数的差异，差异越大反射系数越大，探测出的异常越明显。

根据电磁波在地层中的传播速度 v 和传播时间 t，由下式计算地质体位置：

$$h=\frac{1}{2}vt \tag{3-10}$$

式中：t——反射波走时；

v——地层的电磁波速度。

v 值可用三种方法获取：

(1)由已知深度的目标体标定得出。

(2)用广角法或共深度点法测试得出。

(3)利用介质的相对介电常数 E_r 的经验值由下式计算得出。

$$v=\frac{c}{\sqrt{E_r}} \tag{3-11}$$

根据观测系统的不同，地质雷达可以分为工作面雷达和钻孔雷达(钻孔雷达相关内容详后)。

采用工作面雷达时，雷达的天线贴在开挖工作面上进行测试，根据采集到的图形分析和判断前方的地质情况。

对不良地质体进行准确的空间定位是超前地质预报最重要的工作。根据结构面的走向，采用地质雷达可对地质体建立如下空间关系：

1)陡立正交结构面

当结构面陡立且与隧道轴线正交时，工作面雷达测试如图 3-13 所示，当测线水平布置时，其雷达记录剖面同相轴的连接线为一水平直线，(即不同测点的反射点深度相同)，同相轴的连线即为结构面的走向，反射点的深度即为开挖工作面到结构面的距离；钻孔雷达测试如图3-14 所示，其雷达同相轴的连接线为“V”形结构。“V”形的顶点即为钻孔与结构面的交点，“V”形的两翼与水平方向的夹角为 45°。

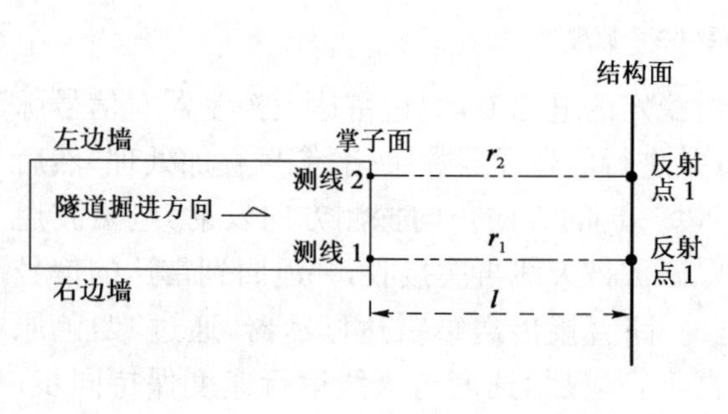

图 3-13 陡立正交结构面的工作面雷达探测

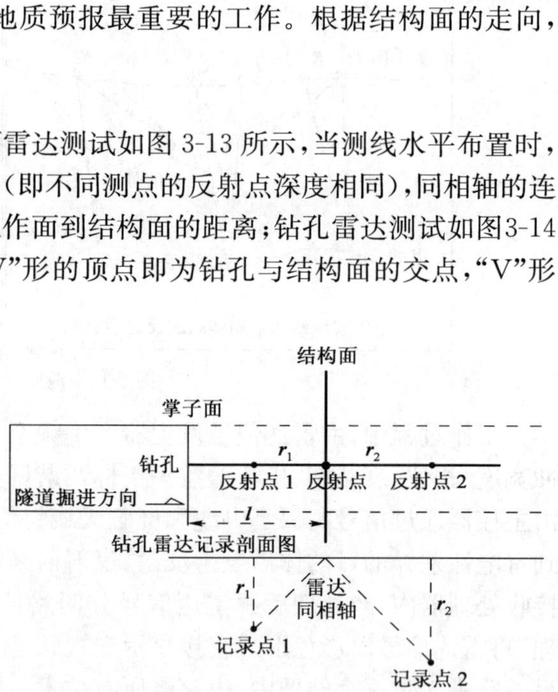

图 3-14 陡立正交结构面的钻孔雷达探测

结构面距隧道的距离 l 满足下列公式：

$$l=l_1+r \tag{3-12}$$

式中：l_1——开挖工作面距发射点的距离；

r——发射点距结构面的距离，当发射点在结构面后方时，r 为“+”，当发射点在结构面前方时，r 为“−”。

2)倾斜正交结构面

此空间关系下,进行工作面雷达测试,当测线在工作面上水平布置时,同一测线上不同测点对应的反射点深度相同,其同相轴的连接线仍为结构面的走向;当测线在工作面上垂直布置时,雷达同相轴的连接线为一倾斜直线,如图 3-15,其夹角 β 与结构面的倾角 α 存在以下关系:

$$\alpha = \arccos(\cot\beta) = \arccos\left(\frac{r_2 - r_1}{R}\right) \tag{3-13}$$

式中:r_2——测点 2 距结构面的距离;

r_1——测点 1 距结构面的距离,其中 $r_2 > r_1$;

R——测点 1、2 的垂直距离。

钻孔雷达测试如图 3-16,其雷达同相轴的连接线仍为"V"形结构。"V"形的顶点同样为钻孔与结构面的交点,"V"形的两翼与水平方向的夹角不再是 45°,其夹角 β 与结构面的倾角 α 满足:

$$\alpha = \arcsin(\tan\beta) = \arcsin\left(\frac{r}{l'}\right) \tag{3-14}$$

式中:r——发射点距结构面的距离(雷达反射点深度);

l'——结构面与钻孔的交点距发射点的距离。

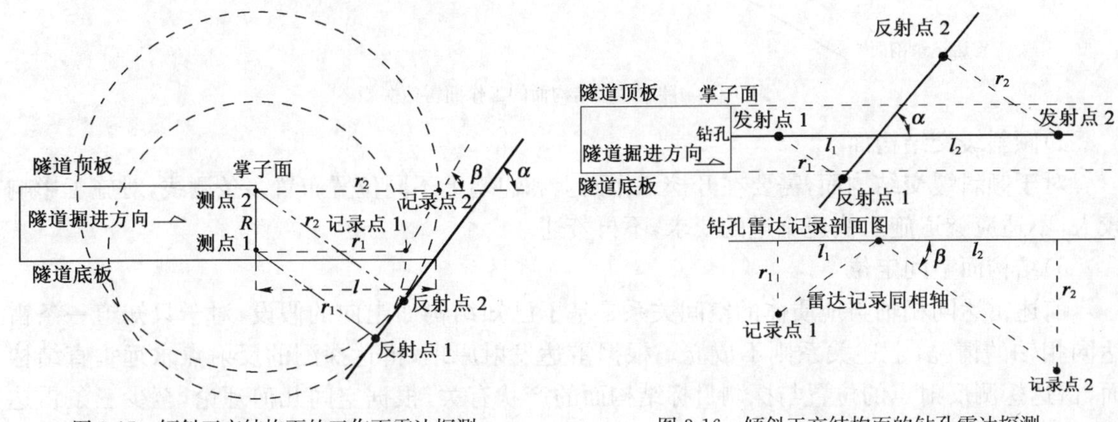

图 3-15　倾斜正交结构面的工作面雷达探测　　图 3-16　倾斜正交结构面的钻孔雷达探测

3)陡立缓交结构面

当结构面陡立且与隧道缓交,工作面雷达测试如图 3-17,当测线在边墙上水平布置时,雷达同相轴的连接线为一倾斜直线,其倾角 β 与结构面与隧道的夹角 α 存在以下关系:

$$\alpha = \mathrm{Arcsin}(\tan\beta) = \mathrm{Arcsin}\left(\frac{r_2 - r_1}{R}\right) \tag{3-15}$$

式中:r_1——测点 1 距结构面的距离;

r_2——测点 2 距结构面的距离;

R——测点 1、2 的水平距离。

当测线在开挖工作面上水平布置时,雷达同相轴的连接线与倾斜正交结构面的雷达图像相似,都满足:$\alpha = \mathrm{Arccos}(\cot\gamma) = \mathrm{Arccos}\left(\frac{r_4 - r_3}{R}\right)$,但其参数的意义不同。在倾斜正交结构面中,$\alpha$ 为结构面的倾角;R 为两测点的垂直距离。而在陡立缓交结构面中,α 为结构面与隧道轴线的夹角;R 为两测点的水平距离。当测线在开挖工作面上垂直布置时,其雷达同相轴为一水平直线。

在进行钻孔雷达测试时，其雷达图像与倾斜正交结构面雷达图像相似，同样满足上述关系，只是参数的意义不同。

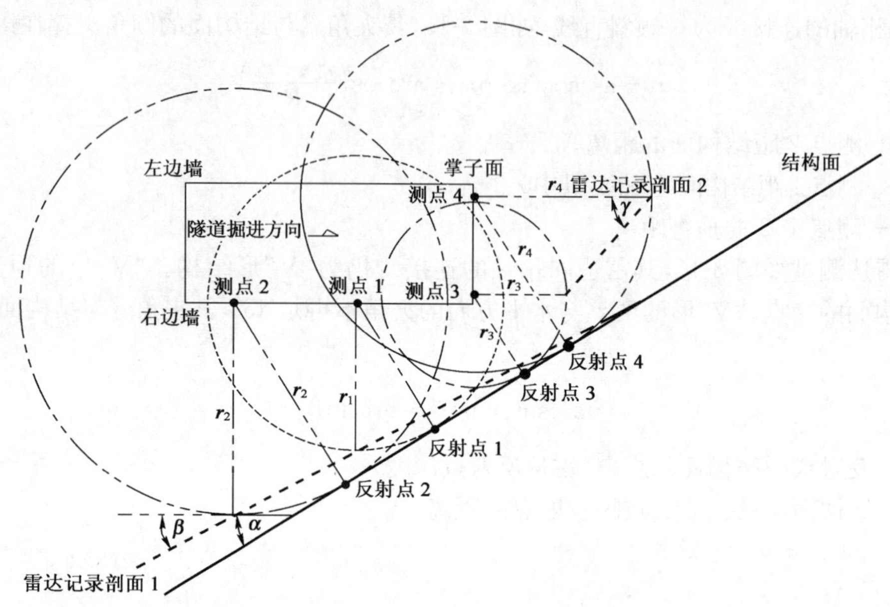

图 3-17　陡立缓交结构面的工作面雷达探测

4)倾斜缓交结构面

对于倾斜缓交结构面，需要在开挖工作面上和边墙上不同位置布置多条测线，对施工影响较大，不适应隧道施工快速掘进的要求，不再赘述。

5)结构面空间定位

前述雷达同相轴与地质体的空间关系是基于已知结构面走向的假设，对于只知道一条雷达同相轴的情况，上述关系则不成立。根据雷达发射原理，雷达探测的反射点永远垂直结构面，雷达探测反射点的位置与探测目标结构面的产状有关，根据空间几何理论，至少三条雷达测线追踪到同一结构面后，才能准确定位结构面的空间位置，确定结构面的产状，因此在分析雷达同相轴时，要考虑目标结构面的空间位置，用结构面方程求解程序计算结构面的产状，而不能简单地把一切目标结构面当作陡立结构面解释，否则会造成很大的误差。

3.5.4　钻孔地质雷达

钻孔雷达(borehole radar)基本原理与表面雷达相同，在二维平面内其反映的雷达图像特征以及对不同岩性的探测差异与表面雷达一致，这里仅对钻孔雷达的探测方法、观测系统及资料的处理、解释进行说明。

3.5.4.1　探测方法研究

对开挖工作面前方进行探测时，在开挖工作面上打设三个以上钻孔，孔深一般不小于15m，把探头放入钻孔中进行测试，根据各孔位置和测得的异常分布，通过空间几何交汇的方法，能准确判定开挖工作面前方不良地质体的位置与规模。发射天线和接受天线同在一个钻孔中并以固定间距沿钻孔从内向外移动，以固定间距触发，一般采用间隔为0.5～1m。钻孔地质雷达介质中的反射波形成雷达剖面，通过异常体反射波的走时、振幅和相位特征来识别目标体，判明其位置、岩性及几何形态。图 3-18 为孔内雷达探测工作及成果显示图。

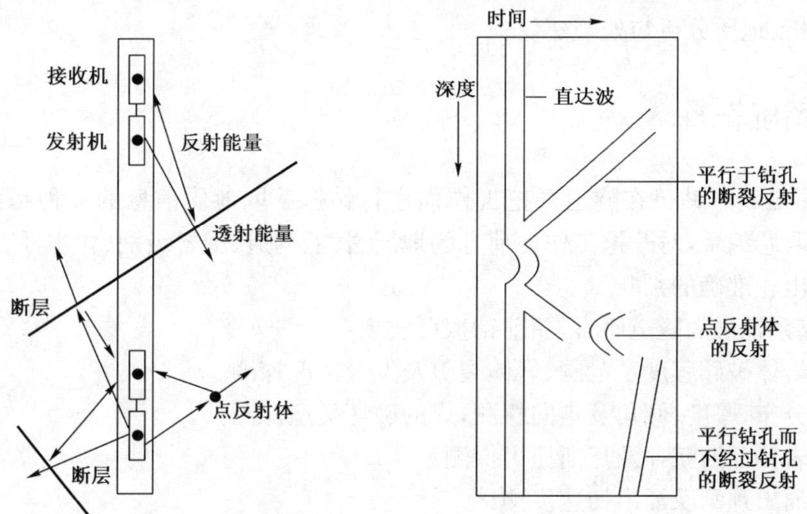

图 3-18　孔内雷达探测工作及成果显示图

从几何形态来看，地下异常体可概括为点状体和面状体两类，前者如采空区等，后者如裂隙、层面等，它们在雷达图像上有各自特征，其中点状体反射呈现双曲线，面状体反射呈现“V”形。异常体的位置可通过反射波的走时确定，岩性则可通过反射波振幅来判断。

钻孔雷达可具体探测开挖工作面前方以钻孔为中心，15m 为半径的一定空间范围内的不良地质体，可有效解决钻探法无法探测底板、底角等部位的难题。

钻孔雷达具有以下特点：

(1)超强的高分辨率：在物探方法中，雷达具有最高的分辨率，理论和实践证明，300MHz 的天线在岩体中可以分辨 3m 范围内几厘米的水管、泥夹层。

(2)不受人为干扰：与工作面所用的表面天线相比，孔内环境决定天线不受外界施工机械、人为活动干扰。

(3)天线运动与理论计算一致：将天线一次送入孔内一个固定深度，边采集边均匀抽出，这种工作方式与工作面垂直测试相比在采集信息量、图像模式上无疑具有更好的分辨率。

(4)天线耦合方式：与工作面剖面测试相比，钻孔只是一个小畸点，天线的发射效率可以达到 90%(表面天线只达到 60%左右)，无“地—空”界面反射波干扰。

(5)采用双孔法测定岩体电磁波速，计算涌水位置更准确。

3.5.4.2　观测系统研究

钻孔雷达观测系统布设即钻孔布设，一般采用梅花型，以确保在探测范围内仪器分辨率相同、地质体定位准确。钻孔孔径大于 65mm。

预报工作分两步完成：初步探测、精确探测。

(1)初步探测：中心孔一次钻进深度 30m，钻孔完成后进行钻孔雷达探测，初步探明有无煤层和节理裂隙发育带。

(2)精确探测：分两次打设周边孔，孔深 30m，并分别在孔中作雷达测试、孔斜测试，必要时作煤层参数和瓦斯参数测试。

3.5.4.3　资料处理与解释

资料处理、分析、解释分三个阶段：中心孔雷达资料整理分析、周边超前孔雷达资料（含中心孔）整理分析、地质分析与处理建议。

3.6　超前钻探

超前钻探是利用钻机在隧道开挖工作面进行钻探获取地质信息的一种超前地质预报方法，通过钻探取芯编录，对开挖工作面前方的地层岩性、构造、围岩级别、含水性、含煤构造等的位置、规模作出较准确的判断。

对于过煤系地层的隧道而言，超前钻探可实现：

(1)前方岩体破碎程度及范围、岩体裂隙及发育情况探测。

(2)煤层分布、厚度、倾角及走向探测，煤的破坏类型探测。

(3)前方岩体瓦斯赋存及瓦斯压力探测。

(4)瓦斯涌出预测及涌出初速度测试。

超前钻探主要采用冲击钻和回转取芯钻：冲击钻不能取芯，但可通过钻速变化、卡钻抱钻现象、岩粉、冲洗液的颜色及流量变化粗略探明开挖工作面前方岩性、岩石强度、岩体完整程度、是否含煤等，其速度相对较快，为隧道施工过程大部分洞段采用钻探探测提供了时间保障和可能性；回转取芯钻通过钻孔岩芯鉴定，可以确定不同岩性地层在施钻开挖工作面前方的分布位置、不同岩性地层在隧道轴线上的长度，接近煤层时可用于煤层取芯及试验，但其速度较慢，占用施工时间过多，只能应用于临近煤层处或重大地质构造处的隧道重点洞段。两者应合理搭配使用，以提高预报准确率和钻探速度，减少占用开挖工作面的时间。

接近煤层前，必须对煤层位置进行超前钻探，标定各煤层准确位置，掌握其瓦斯赋存情况：

(1)在距煤层15～20m处的开挖工作面钻1个超前钻孔、初探煤层位置。

(2)在距初探煤层10m处的开挖工作面上钻3～5个超前钻孔，分别探测开挖工作面前方上部及左右部位煤层位置，并采取煤样和气样进行物理、化学分析和煤层瓦斯参数测定，在现场进行瓦斯含量、涌出量、压力等测试工作。

(3)按各孔见煤、出煤点计算煤层厚度、倾角、走向及与隧道的关系，并分析煤层顶、底板岩性。

(4)掌握并收集钻孔过程中的瓦斯动力现象，若在钻孔过程中，大量的瓦斯、煤浆、煤粉、水从钻孔中喷出或高压瓦斯将钻杆向外推（顶钻）、夹钻、抱钻等现象，则开挖工作面前方可能会产生煤和瓦斯突出。

3.6.1　煤层探测

煤层在大范围中是任意不规则的曲面，但在隧道附近的小范围内，可以假定煤层是平面，设其方程为：

$$Ax + By + z + C = 0 \tag{3-16}$$

若探测孔为三个，其见煤点坐标为：$A_1(x_1, y_1, z_1)$、$A_2(x_2, y_2, z_2)$、$A_3(x_3, y_3, z_3)$，则煤层面的方程为：

$$\begin{vmatrix} x & y & z \\ x_1 & y_1 & z_1 \\ x_2 & y_2 & z_2 \\ x_3 & y_3 & z_3 \end{vmatrix} = 0 \tag{3-17}$$

坐标轴规定：隧道掘进方向为 y 轴；开挖面底部右侧横断面方向为 x 轴；向上为 z 轴。

式(3-17)为利用三个超前探孔得到的平面方程，而仅用三个探测孔的数据是不能精确确定煤层位置的，因为煤层并不是一个严格的平面，而探测孔的见煤点往往在隧道边界之外距离较远，由此推算的隧道掘进见煤点往往有较大的误差。为了精确确定煤层厚度和位置，除探测孔外，应该利用瓦斯预测、排放孔的参数，共同确定煤层的平面方程。此时，理想的煤面方程应满足煤面至各探孔过煤点垂距平方和最小的条件。用求最小值的原理，可求得式(3-16)的各项系数。

$$A = \frac{(\sum z_i y_i - \overline{z}\sum y_i)(\sum x_i y_i - \overline{y}\sum x_i) - (\sum y_i^2 - \overline{y}\sum y_i)(\sum z_i x_i - \overline{z}\sum x_i)}{(\sum x_i^2 - \overline{x}\sum x_i)(\sum y_i^2 - \overline{y}\sum y_i) - (\sum x_i y_i - \overline{x}\sum y_i)(\sum x_i y_i - \overline{y}\sum x_i)} \tag{3-18}$$

$$B = \frac{\overline{z}\sum x_i - \sum x_i z_i}{\sum x_i y_i - \overline{y}\sum x_i} - A \cdot \frac{\sum x_i^2 - \overline{x}\sum x_i}{\sum x_i y_i - \overline{y}\sum x_i} \tag{3-19}$$

$$C = -\overline{z} - A\overline{x} - B\overline{y} \tag{3-20}$$

式中：x_i、y_i、z_i——各探孔见煤点坐标；

$\overline{x}$、$\overline{y}$、$\overline{z}$——这些坐标的平均值。

煤层参数计算：

$$倾角：\theta = \arccos \frac{1}{\sqrt{A^2 + B^2 + 1}} \tag{3-21}$$

煤层走向与隧道中线夹角：

$$\beta = \arctan B \tag{3-22}$$

煤层厚度：

$$d = \frac{1}{n}\sum d_i \tag{3-23}$$

$$d_i = \frac{|Ax_i + By_i + z_i + C|}{\sqrt{A^2 + B^2 + 1}} \tag{3-24}$$

紫坪铺隧道工程建设中，超前钻探采用 XY-2 地质取芯钻机。由于开挖断面较大，为保证探测准确可靠，有效控制危险区域，在隧道开挖横断面上布置三排钻孔。钻孔布置见图3-19、图 3-20 中的 1～5 号孔所示。每循环钻孔深度为 50m，钻孔直径 Φ65mm，钻孔终孔点控制隧道开挖线外 5m。

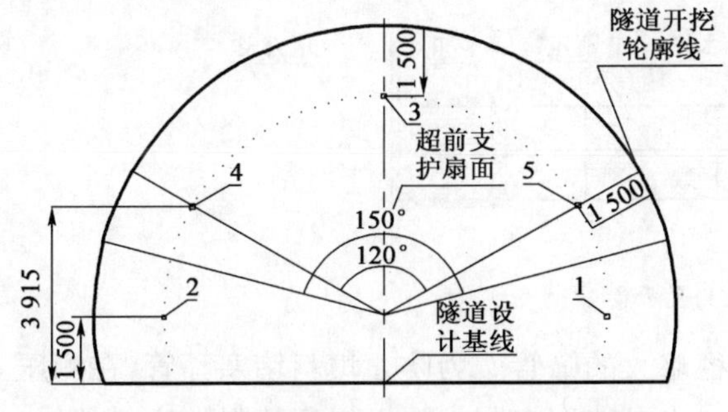

图 3-19　超前钻探断面布置（尺寸单位：mm）

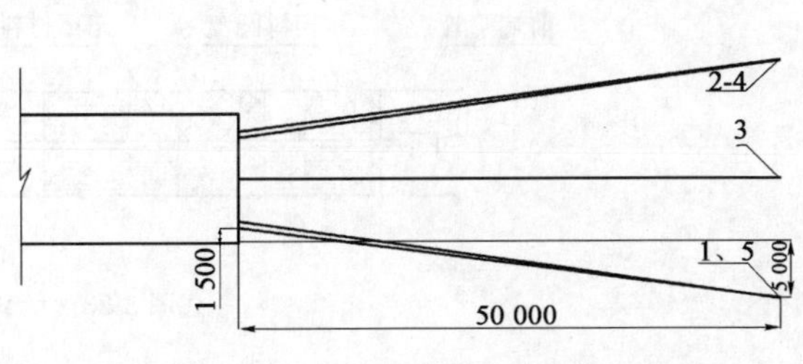

图 3-20　超前钻孔平面布置（尺寸单位：mm）

图 3-21 为钻孔取芯芯样，图 3-22 为开挖过程揭示的水平煤层。

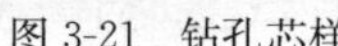

图 3-21　钻孔芯样

图 3-22　开挖过程揭示的水平煤层

3.6.2　瓦斯探测

超前钻探是过煤系地层隧道最有效、准确率最高的一种超前地质预报手段，除了通过施钻现象和岩芯取样分析开挖工作面前方地质状况外，还可进一步精确测定前方煤岩体的瓦斯赋存和压力等相关参数。

3.6.2.1　瓦斯压力测定

煤层瓦斯压力测定是通过钻孔揭露煤层，安设测定仪表并密封钻孔，利用煤层中瓦斯的自然渗透原理测定在钻孔揭露处达到平衡的瓦斯压力。

按测压的方式，瓦斯压力测定分为主动测压法和被动测压法：主动测压法是通过钻孔向被测煤层充入补偿气体达到瓦斯压力平衡而测定煤层瓦斯压力的测压方法，补偿气体可采用高压氮气(N_2)、高压二氧化碳气体(CO_2)或其他惰性气体，补偿气体的充气压力应略高于预计煤层瓦斯压力；被动测压法是钻孔封完孔后，通过被测煤层瓦斯的自然渗透，达到瓦斯压力平衡而测定瓦斯压力的测压方法。

测压封孔方法分填料封孔法和封孔器法两类。根据封孔器的结构特点，封孔器分为胶圈、胶囊和胶圈—黏液等几种类型。

1)填料封孔法

填料法是应用最广泛的一种封孔方法。钻孔完成后，用水清洗钻孔，放入带有压力表接头的紫铜管，管径约 6～8mm，长度不小于 6m。填料法封孔结构如图 3-23 所示。

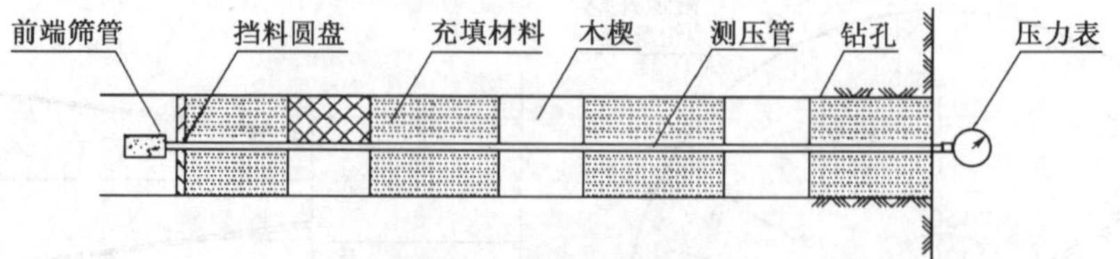

图 3-23　填料法封孔示意图

为了防止测压管堵塞，在其前端焊接一段直径略大的筛管。为防止填料堵塞筛管，在测压管上套焊挡料圆盘。充填材料可选用水泥或黏土，也可选用膨胀水泥以提高填料的密封效果。

每充填 1m 左右，送入一段木楔，用堵棒捣固，保证钻孔密封可靠。人工封孔时，封孔深度一般不超过 5m；压气封孔时，借助喷浆罐将水泥砂浆由孔底向孔口逐渐充满，其封孔深度可达 10m 以上。

填料法封孔的优点是不需要特殊装置，密封长度大，密封质量可靠；缺点是人工封孔长度短，效率较低，且封孔后需等水泥基本凝固后，才能上压力表测压。

2)胶圈封孔器

胶圈封孔是一种简便的封孔方法，适用于岩体完整致密处测压，如图 3-24 所示。

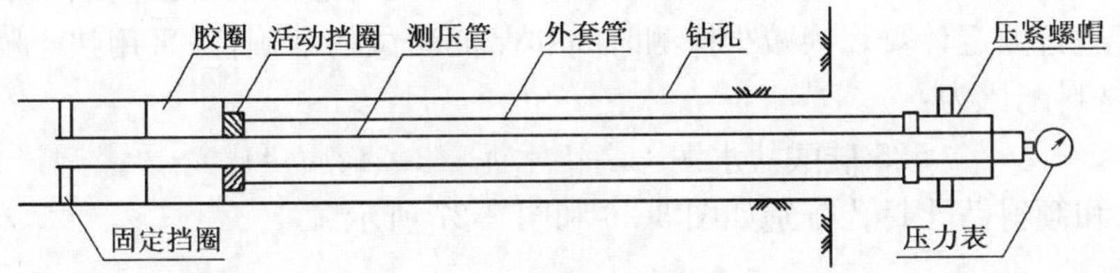

图 3-24　胶圈封孔器结构示意图

封孔器由内外套管、挡圈、胶圈和压力表等组成。内套管即为测压管，其前端焊有环形固定挡圈，当拧紧压紧螺帽时，外套管向前移动压缩胶圈，使胶圈径向膨胀，即达到封孔目的。封孔径 50mm 的钻孔时，胶圈外径为 49mm，内径为 21mm，每节胶圈长度为 78mm。

胶圈封孔器测瓦斯压力的主要优点是简单易行，封孔器可重复使用；缺点是封孔深度小，且要求封孔段岩体完整。

3)胶圈—压力黏液封孔器

胶圈—压力黏液封孔装置是中国矿业大学研制成功的一种封孔方法，其与胶圈封孔器的主要区别是在两组封孔胶圈之间，充入带压力的黏液。胶圈—压力黏液封孔器结构如图 3-25。

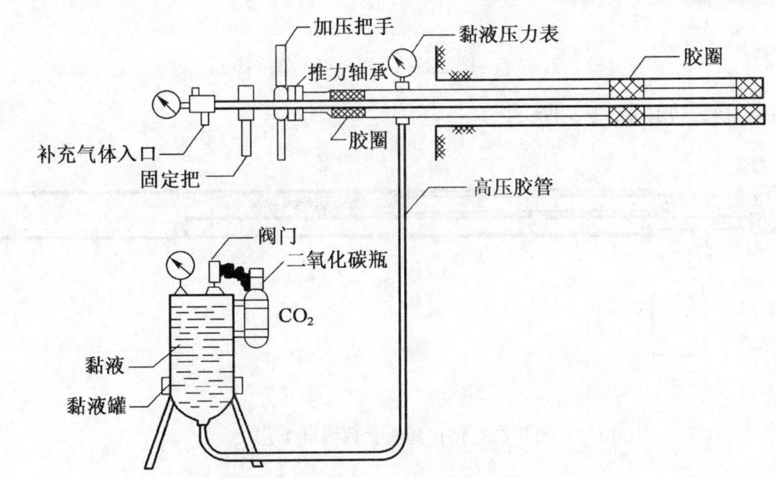

图 3-25　胶圈—压力黏液封孔器结构示意图

胶圈—压力黏液封孔装置是由胶圈封孔系统和黏液加压系统组成。为缩短测压时间，该封孔装置带有预充气口，预充气压力略小于预计的煤层瓦斯压力。胶圈—压力黏液封孔器的主要优点主要在于封孔长度大；同时，压力黏液可渗入封孔段岩体裂隙，增大了密封效果。为进一步提高黏液的堵漏效果，可在黏液中增加固体碎屑，或将压力黏液改为气、液、固三相泡沫介质。试验表明，利用三相泡沫，可封堵宽度小于 4mm 的裂隙。

尽管工程界已进行了诸多煤层测压方面的研究工作,但迄今尚不能保证每次测压都成功。这除了与封孔测压工艺条件(如孔未洗净,填料不紧密,水泥凝固产生收缩裂隙,接头漏气等)有关外,还取决于测压处岩体的裂隙发育状况。当岩体裂隙较为发育时,瓦斯会沿裂隙流动。此种地质状态,测煤层的原始瓦斯压力应尽可能选择在岩体完整处进行,并适当增大封孔长度。

3.6.2.2　紫坪铺隧道工程实践

紫坪铺隧道工程建设中,瓦斯压力测试采用主动式快速测压方法,其测压时间相较传统测压方法大幅降低,且测压准确率和成功率都明显提高。瓦斯涌出量及瓦斯涌出衰减系数采用容积式流量计进行测定计算。为减少探测时间和保证测试的准确性,采用快干膨胀水泥注浆封孔工艺,其材料配比为:

525 硅酸盐水泥∶高铝水泥＝3∶1(质量比)

水平钻孔和倾斜钻孔封孔分别如图 3-26 和图 3-27 所示。

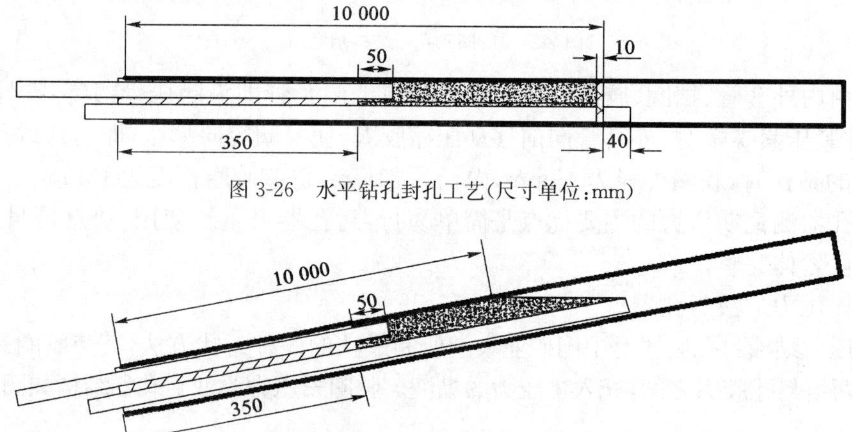

图 3-26　水平钻孔封孔工艺(尺寸单位:mm)

图 3-27　倾斜钻孔封孔工艺(尺寸单位:mm)

钻孔瓦斯参数测试如图 3-28 所示。

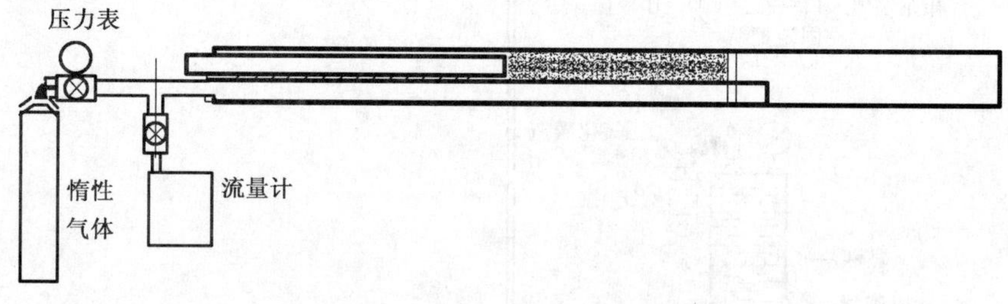

图 3-28　钻孔瓦斯参数测试工艺

3.6.3　超前钻探钻机选型

为有效提高超前钻探效率,减少施工作业时间,选择钻进速度快、性能优良的钻机非常重要。国外进口钻机价格昂贵,使用成本高,但钻进速度快,进退场时间短,对于地质条件复杂的长大瓦斯隧道可考虑采用。以下就几种应用较多的国外钻机作一简述:

1)KR803-1C 履带式锚固钻机

该钻机为德国 KLEMM 公司生产，可实现回转钻进、顶冲跟管钻进和潜孔锤跟管钻进。回转取芯钻进可保证直径 91～200mm 工程钻孔的取芯要求。钻机各工艺之间的转换配置方便简捷，操作灵活安全。该钻机作业如图 3-29 所示，其性能参数见表 3-5。

KR803-1C 钻机性能参数　　表 3-5

项　目	参　数	项　目	参　数
履带宽度	400mm	起拔速度	38.1m/min
底盘宽度	2 300mm	扭矩	12kN·m
行走速度	2.60km/h	动力头钻头直径	85mm
动力臂长度	3 600mm	液压夹持器直径	50～254mm
爬坡能力	>40°	液压夹持器扭矩	36～40kN·m
接地比压	4.7N/cm^2	柴油机功率	110kW
最大推进行程	3 600mm	液压系统工作压力	250bar
给进力	40kN	运输尺寸(长×宽×高)	7 800mm×2 300mm×2 700mm
起拔力	80kN	整机质量	10.5t
给进速度	17.5～75m/min		

2)RPD-150C 钻机

该钻机为日本矿研公司所产，适用于地下、隧道、边坡工程地质钻探、注浆加固、管棚支护等各类工程的深孔钻进，在长大隧道中的超前地质预报、止水注浆中应用广泛。该钻机采用回旋冲击单管钻进和套管钻进，配有性能优越的旋转冲击动力头，实现旋转和冲击一体化，有较高的冲击功，动力强劲、钻孔速度快、操作简单，钻杆可自动拆卸。该钻机外形如图 3-30 所示，性能参数见表 3-6。

图 3-29　KR803-1C 锚固钻机作业

图 3-30　RPD-150C 钻机

RPD-150C 钻机性能参数　　表 3-6

项　目	参　数	项　目	参　数
发动机	日本川崎发动机，欧洲 2 号排放标准	宽度	2 250mm
额定输出功率	111kW	接地比压	7.2 N/cm^2
燃油箱容积	150L	爬坡度	20°
液压系统		液压只腿	后面有两个液压只腿，前部没有
液压泵	日本变量柱塞泵	钻架	

续上表

项　目	参　数	项　目	参　数
液压油路	有一个回路	最大容许扭矩	9kN·m
液压油箱容积	270L	最大推进行程	2 760mm
履带底盘		最大钻速	80rpm
行驶速度	2.2km/h	冲击动力锤	KD8-00B
长度	2 670mm	液压夹持器直径	225mm

3)MEDIAN 钻机

该钻机为法国 TEC System 公司所产，适用于隧道与地下工程超前地质钻探、注浆加固等工程的深孔钻进。该钻机配有性能优越的旋转动力头，动力强劲，采用回旋单管钻进和套管钻进，钻孔深度达 100～150m，钻杆可自动拆卸，可通过钻孔参数自动记录仪直观判断岩石的强度变化及水压力数值。该钻机外形如图 3-31，性能参数见表 3-7。

MEDIAN 钻机性能参数　　表 3-7

项　目	参　数	项　目	参　数
最大钻孔深度	100 ～ 150m	动力臂长度	3.6m
钻孔直径	≤100mm	动力臂侧向转动角度	+/− 180°
钻机最大推进力	6 000daN	动力臂摆角	−20 ～150°
最大钻孔高度	5m	履带接地长度	2 470mm
单根钻杆长度	1.5m　3m	履带宽度	500mm
接地比压	0.6bar	走行速度	1.8 km/h
钻进速度和扭矩	600 rpm、176daNm 105 rpm 、700daNm	动力头行程	3.6m
给进速度	17(低速)/ 45(高速) m/min		

4)C6 钻机

该钻机为意大利 CASSAGRANDE 公司所产，可采用双动力系统使套管与钻杆同时跟进冲击回转钻进，钻孔直径 40～250mm。该钻机冲击钻进功率大，可在卵砾石层中施钻孔深 30m 的钻孔。最大回转扭矩 13 550N·m，大扭矩回转钻进可提高孔向精度及钻深能力。钻孔定位系统灵活，施工中无盲区，钻架配置双液动夹盘，方便夹紧及拆卸钻具。该钻机外形如图 3-32，性能参数见表 3-8。

图 3-31　MEDIAN 钻机

图 3-32　C6 钻机

C6 钻机性能参数表　　表 3-8

项　目	参　数	项　目	参　数
发动机	蜗轮增压电喷发动机，欧洲 3 号排放标准	宽度	2 250mm
额定输出功率	127kW	履带宽	400mm
燃油箱容积	190L	接地比压	6.8N/cm^2
液压系统		爬坡度	53°
液压泵	德国力施勒公司变量柱塞泵	液压只腿	前后各有两个液压只腿
液压油路	有三个回路	钻架	
工作压力	250Pa	最大容许扭矩	20kN·m
液压油箱容积	600L	最大推进行程	4 000mm
履带底盘		最大钻速	530rpm
行驶速度	1.7km/h	冲击动力锤	可安装克鲁博 D21 打击装置
长度	2 990mm	液压夹持器直径	254mm

3.7　综合分析与开挖验证

综合地质分析、物探和超前钻探结果，可对开挖工作面前方地质做出综合分析预报，并在开挖后进行系统总结，以提高后续洞段的地质预报准确率。

以紫坪铺隧道 LK16＋950～LK16＋750 洞段的地质综合分析结果和开挖验证为例，其对比如表 3-9。由表可见，整个隧道的工程地质条件和过煤层地质灾害预报结果，在总体上与开挖时揭露情况比较一致，隧道整体施工过程中预报准确度达到 60％～75％。

紫坪铺等几座特长隧道超前地质预报的成功应用说明，在煤系地层隧道超前地质预报中，基于地质分析，采用先进的物探方法和超前钻探，对开挖工作面前方的断层、煤层等不良地质体进行超前探测和综合分析，往往取得良好的效果，应在工作中积极推广。

超前预报与实际开挖观测对比　　表 3-9

预报里程	地质综合分析结果	开挖观测结果
LK16＋250～LK16＋230	以泥岩为主，夹少量砂岩，围岩破碎、节理裂隙发育，易掉块，含水	灰色砂岩、炭质泥岩互层，夹煤屑，充填泥，其中 LK16＋855 处有煤包体，松散破碎
LK16＋230～LK16＋215	砂岩和泥岩互层，节理裂隙发育或软弱夹层，含水～富水	灰色薄～中层细粒砂岩夹炭质泥岩互层，多分布煤线，线状流水
LK16＋215～LK16＋198	以泥岩为主，夹少量薄层砂岩，围岩较破碎，易掉块，可能小型坍方，含水	灰色炭质泥岩夹薄层细砂岩，层面夹煤屑，充填泥，强度极低，线状流水
LK16＋198～LK16＋178	砂岩和炭质泥岩互层，围岩较破碎，含水	灰色薄～中层砂质泥岩夹煤线，上台阶含石英岩脉，线状流水
LK16＋178～LK16＋160	以砂岩为主，夹薄层泥岩或炭质泥岩，围岩较破碎，含水	灰色薄～中层含煤包体细～中粒砂岩，线状流水

续上表

预报里程	地质综合分析结果	开挖观测结果
LK16+160～LK16+145	以泥岩或泥岩或炭质泥岩为主，夹少量砂岩，围岩破碎，节理裂隙发育，易掉块，可能小型坍方，含水	灰色炭质泥岩夹薄层细砂岩，含多个煤包体，松散破碎，强度极低
LK16+145～LK16+125	砂岩和泥岩互层，围岩破碎，节理裂隙发育，含水	灰色炭质泥岩夹薄层细砂岩，含多个煤包体，线状流水，松散破碎，强度极低
LK16+125～LK16+110	以泥岩或炭质泥岩为主，夹少量砂岩，围岩破碎，节理裂隙发育，含水	灰色炭质泥岩夹薄～中层细粒砂岩互层，含煤包体砂岩，线状流水
LK16+110～LK16+90	砂岩和炭质泥岩互层，围岩较破碎，节理裂隙发育，易掉块，含水	以灰色炭质泥岩为主，含5层0.1～0.3m薄煤层，线状流水，松散破碎，强度极低
LK16+90～LK16+70	砂岩和炭质泥岩互层，围岩较破碎，节理裂隙发育，含水	灰色炭质泥岩夹薄～中层细粒砂岩互层，多煤线分布，线状流水
LK16+70～LK16+50	以砂岩为主，夹薄层泥岩或炭质泥岩，围岩较破碎，含水	灰色中层含煤包体中粒砂岩，局部煤线分布，线状流水
LK16+50～LK16+30	以砂岩为主，夹薄层泥岩或炭质泥岩，围岩较破碎，含水	灰色中层含煤包体中粒砂岩，局部煤线分布，线状流水

第 4 章　隧道瓦斯监测及预测技术

从无数次瓦斯隧道重大灾害事故历史教训和长期生产实践总结得出，当前瓦斯灾害事故频发很大程度上是由于瓦斯信息漏检漏测，以致不能及时全面掌握隧道内瓦斯状况，或现场技术人员对施工中瓦斯监测数据所显现的大量无序信息分析不清，因而采取的防治措施针对性不强或严重滞后造成，某些客观因素（安全管理不善、通风故障等）又增加了灾害发生的频率和破坏力度。在目前对瓦斯灾害认识的基础上，通过构建覆盖全隧道危险部位的瓦斯实时监测网络及时、系统掌握隧道内瓦斯信息，在可能发生灾害突变之前实施有效预测、预警，并采取相应防治措施，完全有可能减少甚至杜绝灾害发生。

4.1　瓦斯检测仪器及监控系统

《铁路瓦斯隧道技术规范》中明确规定："瓦斯隧道施工期间，应建立瓦斯通风监控、检测的组织系统，测定气象参数、瓦斯浓度、风速、风量等参数。低瓦斯工区可用便携式瓦检仪，高瓦斯工区和瓦斯突出工区除便携式瓦检仪外，尚应配置高浓度瓦检仪和瓦斯自动检测报警断电装置。"即根据瓦斯隧道工区和等级划分，确定选用的瓦斯检测仪器或监控系统。目前，隧道施工中瓦斯检测及监控还没有形成自身体系，多直接采用煤矿安全生产中的瓦斯检测仪器或监控系统。

4.1.1　便携式瓦斯检测仪

便携式瓦斯检测仪携带方便，操作简易，可直接快速测定矿井或隧道内任意位置瓦斯浓度，较好地满足生产、施工需要，目前在矿井生产和隧道施工中应用较为广泛。按测定瓦斯的原理，便携式瓦斯检测仪可分为热效式瓦斯检测仪、热导式瓦斯检测仪、光学瓦斯检测仪和气敏半导体瓦斯检测仪。

4.1.1.1　热效式瓦斯检测仪

热效式瓦斯检测仪是指利用瓦斯燃烧热效应的差别而设计制造的瓦斯检测仪。该类检测仪精度较高，数据显示直观。其中，以催化燃烧式的瓦斯检测仪应用最为广泛。

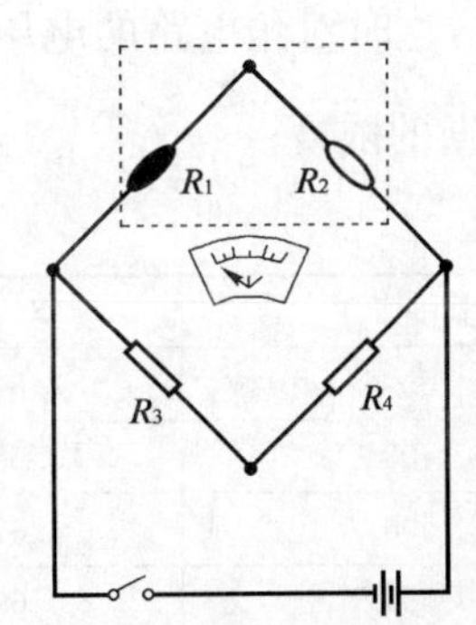

图 4-1　热效式瓦斯检测仪检测电桥电路原理

热效式瓦斯检测仪的检测气室电路工作原理如图 4-1 所示，其基本结构为惠斯顿电桥电路，由 R_1，R_2，R_3，R_4 等电阻元件组成。其中，R_1 是工作原件，表面涂有热催化剂，通电遇有瓦斯时进行催化氧化反应，致使 R_1 温度升高，电阻增大；R_2 是补偿元件，仅起补偿平衡作用；

R_3 和 R_4 是电阻相同的普通电阻。电桥供电后，无瓦斯工况下，电桥静态平衡，即$\frac{R_1}{R_2}=\frac{R_3}{R_4}$，对角电路中无电压输出，$V_s=0$；当遇有瓦斯工况下，$R_1$ 增大，电桥平衡破坏，$\frac{R_1}{R_2}>\frac{R_3}{R_4}$，对角输出一定的电压，$V_s>0$。瓦斯浓度低于 4%时，电桥输出的电压与瓦斯浓度基本呈线性关系，可通过测量电桥输出电压测算出瓦斯浓度；当瓦斯浓度超过 4%时，输出电压不再与瓦斯浓度成正比关系，所以该类瓦斯检测报警仪检测范围有限，只能测 0～4%浓度的瓦斯。

中国煤炭科学研究院重庆分院生产的 AZJ-85B、AZJ-91，重庆无线电二厂生产的 JCB-2，浙江永嘉煤矿专用设备厂生产的 JJ20-1 等瓦斯检测仪均属于此类检测仪，其性能参数如表 4-1。其中，AZJ-2000 瓦斯检测仪应用于云顶山隧道施工期瓦斯检测。

热效式瓦斯检测仪性能参数 表 4-1

项　目	AZJ-85B	AZJ-91	JCB-2	JJ20-1
测量范围	0～5%CH_4	0～5%CH_4	0～5%CH_4	0～4%CH_4
分辨率	0.01%CH_4	0.01%CH_4	0.01%CH_4	0.1%CH_4
显示方式	三位液晶	三位数码管	三位数码管	三位数码管
报警方式	声光	声光	声光	声光
尺寸(mm)	147×72×33	115×60×25	140×72×33	110×70×30

4.1.1.2 热导式瓦斯检测仪

热导式瓦斯检测仪是指利用瓦斯和空气的导热性差别而设计制造的瓦斯检测仪，其检测气室电路结构也是惠斯顿电桥，如图 4-2 所示。

用恒定电流将热敏电阻、铂丝或钨丝等热敏元件加热到某一温度，如果被测气体的导热系数较高，则热敏元件的热量容易散发，其温度降低，电阻减小。这样，工作元件的电阻率变化仅与各气室内的导热条件有关，即决定于气室内混合气体的导热系数，隧道内部分常见气体的导热系数可参见表4-2。甲烷的导热系数比空气大，热敏元件温度下降产生的电阻差与甲烷的浓度成正比。瓦斯室内无瓦斯时，电桥处于平衡状态，$\frac{R_1}{R_2}=\frac{R_3}{R_4}$，对角电路无电压差，$V_s=0$；当瓦斯室内有瓦斯时，$R_1$ 与 R_3 的温度下降，其电阻减小，电桥失去平衡，$\frac{R_1}{R_2}<\frac{R_3}{R_4}$，这时对角电路的电压差 V_s 正比于检测气室内瓦斯的浓度。

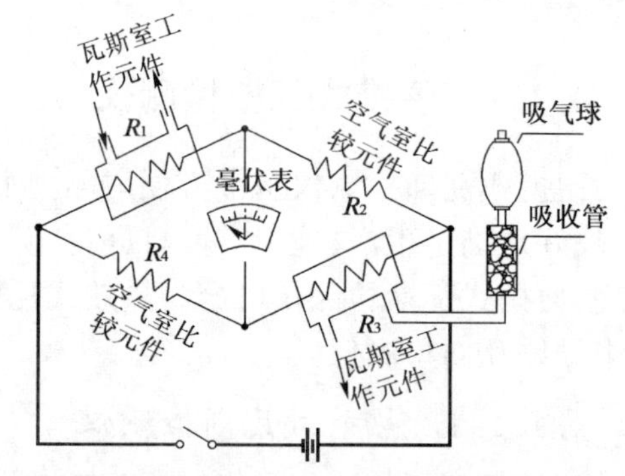

图 4-2 热导式瓦斯检测仪检测电桥电路与气路原理

隧道内部分常见气体的导热系数 单位：10^2W/(m·k) 表 4-2

温度(K)	空气	CH_4	CO_2	N_2	O_2
300	2.62	1.66	3.42	2.59	2.66
400	3.38	2.43	4.93	3.27	2.30
500	4.07	3.25	6.68	3.89	4.12
600	4.69	4.07	8.52	4.46	4.73
700	5.24	4.81	10.46	4.98	5.28

中国煤炭科学院重庆分院研发的 JC/DB-1 型瓦斯检测仪、AZS-1 型三气组合检测报警仪，常熟红旗仪表厂生产的 LRD-1 型瓦斯检测仪，浙江奉化电子仪表厂生产的 KDD-1 热导式瓦斯检测仪均属于此类检测仪。

4.1.1.3　光学瓦斯检测仪

在我国矿井生产和瓦斯隧道施工中应用较为普遍的光学瓦斯检测仪是根据光的干涉原理制成的。光通过气体介质的折射率与气体密度有关，如果以空气室和瓦斯室都充入同等密度新鲜空气时产生的条纹为基准，当瓦斯室充入含瓦斯气体时，空气室中的新鲜空气和瓦斯室中的含瓦斯气体密度不同，引起折射率变化，光程也随之发生变化，干涉条纹产生位移。干涉条纹的位移量与瓦斯浓度成正比关系，根据干涉条纹的位移量就可以测得瓦斯的浓度。

国内早期产品以 AQG-1 瓦斯检测仪为主，后期陆续研制成功 AQG-2 和 AQG-3 型瓦斯检测仪、JCB-C10B 瓦斯测报仪和 CJG10 型光干涉式甲烷测定器等。其中，JCB-C10B 型甲烷测报仪在华蓥山隧道瓦斯检测中应用效果良好；CJG10 型光干涉式甲烷测定器成功应用于红石岩隧道和云顶山隧道施工期瓦斯检测；AQG-3 型瓦斯检测仪也在贵广线小范坪隧道中得到应用。

4.1.1.4　气敏半导体式瓦斯检测仪

半导体气敏传感器是利用半导体与气体接触后其特性发生变化的机理，把被测气体的成分和浓度等信息转换为电信号的传感器，以灵敏度高、响应时间快、经济可靠等优点得到迅猛发展，目前已成为世界上产量最大、应用最广的传感器之一。

气敏半导体加热到稳定状态下，当有气体吸附时，吸附分子在表面自由扩散，其间一部分蒸发，一部分固定在吸附处。如果材料的功函数小于吸附分子的电子亲和力，则吸附分子将从材料夺取电子变成负离子吸附；如果材料功函数大于吸附分子的离解能，吸附分子将向材料释放电子而成为正离子吸附。O_2 和 NO_x（氮类氧化物）倾向于负离子吸附，称为氧化型气体。H_2、CO、CH_x（碳氢化合物）等倾向于正离子吸附，称为还原型气体。氧化型气体吸附到半导体上，使载流子减少，从而增大材料电阻率；还原型气体吸附到半导体上，将使载流子增多，材料电阻率下降。这样，可通过电阻率变化探测吸附气体的种类和浓度。国内产品有 TONS-90AA 气体报警仪、GM3 气体检测仪等。

总体比较各种类型便携式瓦斯检测仪性能，其优缺点参见表 4-3。

各类瓦斯检测仪的优缺点比较　　表 4-3

检测仪种类	检测原理	优　点	缺　点
热效式检测仪	利用气体热效应差异进行检测	①低浓度时灵敏度高； ②受其他不可燃气体影响小； ③CO_2影响小	①受温度影响； ②瓦斯浓度检测范围有限； ③受 H_2S 影响大
热导式检测仪	利用气体导热系数差异进行检测	①精度高，稳定性好； ②瓦斯浓度检测范围大	①受 CO_2 温度、湿度影响； ②气体选择性差
光学检测仪	利用气体的光折射率差产生的干涉条纹位移进行检测	①精度高，体积小，容易校正； ②瓦斯浓度检测范围大	①受空气影响； ②气体选样性差
气敏半导体式检测仪	利用半导体与气体接触后其特性发生变化进行检测	①精度高； ②瓦斯浓度检测范围大； ③制作工艺简单	①稳定性差； ②受环境影响大； ③气体选样性差

4.1.2 瓦斯遥测仪

瓦斯遥测仪是在瓦斯检测仪的基础上发展起来的，具有连续监测、记录、报警和断电等装置，可安全、高效地监测矿井、隧道作业点和回风流中的瓦斯。瓦斯遥测仪已在煤矿系统得到普遍推广，并向智能化方向发展，有与井下环境监控系统融为一体的趋势。同时，也开始逐步在部分重大瓦斯隧道工程中得到应用。

瓦斯遥测仪主要包括探头、发送机、报警器、接收机、自动记录仪和低通滤波器等装置，最远可实现10km的遥测。其遥测原理如图4-3。

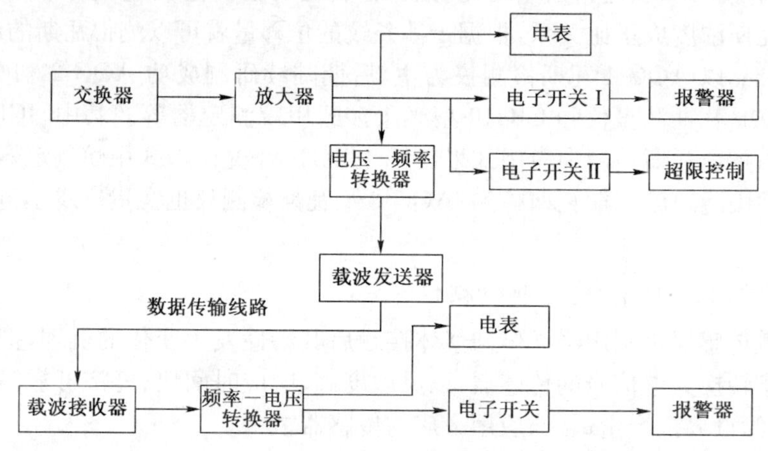

图4-3 瓦斯遥测原理示意图

瓦斯遥测仪的探头多采用热催化式元件的传感器，也有采用热导式和光干涉型的。以应用较多的热催化式元件传感器为例，其探头对瓦斯的感知和热效式瓦检仪原理类似，由检测瓦斯浓度的电桥电路构成。当遇有瓦斯时，电桥失去平衡，产生电压输出。此电压经电缆送到直流放大器放大后，分三路输出：一路送入电表在洞内显示出瓦斯浓度；一路用来控制电子开关I和电子开关II，瓦斯浓度超过限定值时，信号增强，电子开关I接通警报器电源，发出警报；当瓦斯浓度超过限值时，电子开关II切断电源，实施断电处理；一路进入电压—频率转换器，电信号在此被转换成脉冲信号，并进一步被调制成载波，由载波发送器发送至接收机，接收机将载波上的脉冲信号解调，用频率—电压转换器还原成电信号，由仪表显示瓦斯浓度，并以同样的方式控制电子开关和报警器，从而实现遥测。

目前，应用较多的瓦斯遥测仪包括AK-201A型瓦斯遥测仪、ADJ-2型瓦斯遥测仪、KCD-II型瓦斯遥测仪、ABD-21自动瓦斯监测断电仪等，各遥测仪相关主要技术参数见表4-4。其中，ABD-21自动瓦斯监测断电仪应用于垫邻高速公路铜锣山隧道施工期瓦斯监测；ADJ-2瓦斯遥测仪在垫邻高速明月山隧道工程中应用效果良好。

几种瓦斯遥测仪技术参数　　表4-4

项　目	AK-201	ADJ-2	AYJ-2	KCD-II
测量范围(% CH_4)	0～4	0～3		0～4
测量误差	—	0～1% ±0.10 1%～2% ±0.15 2%～4% ±0.20	0～1% ±0.10 1%～2% ±0.20 2%～4% ±0.30	—

续上表

项　目	AK-201	ADJ-2	AYJ-2	KCD-II
断电点设置范围（% CH_4）	0.5～3	0.5～1.5	0.5～4	全信号范围
断电误差（% CH_4）	≤0.1	≤0.05	≤0.1	—
报警方式	声光	声光	声光	声光

4.1.3　瓦斯监控系统

监控技术是一门融通信技术、控制技术、计算机技术和电子技术为一体的综合性很强的学科。“监测”是对环境、生产等参数进行自动监测。“监控”是指系统根据监测所得到的数据来进行分析，并依据所得结果进行反馈控制。瓦斯监控系统的功能侧重于监测，即对环境的各种参数进行收集处理，控制功能主要是实施瓦斯超限断电处理。

国外广泛应用的瓦斯监控系统有英国 MINOS 瓦斯监测系统、德国 TF-200 瓦斯监控系统、波兰 CMM-20 瓦斯监测系统等。MINOS 监测系统能对井下环境进行连续监测，包括瓦斯浓度、瓦斯抽放系统负压、风速、风压和烟雾及粉尘等。TF-200 监控系统是 YF-24 系统的更新产品，主要有瓦斯、风速等传感器，传输方式是调频，传输通道数是 52 个，传输距离为 18～42km。CMM-20 监测系统适合于小煤矿和隧道工程，可配接 20 个测点。

我国瓦斯监控系统的研究和应用起步较晚，但发展极为迅速。20 世纪 80 年代初，从国外引进了一批安全监控系统装备部分煤矿，并结合我国煤矿的实际情况进行消化、吸收，先后研制出 KJ2、KJ4、KJ8、KJ10、KJ13、EJ19、EJ38、KJ66、EJ75、EJ80 等各型监控系统，在煤矿系统已大量使用，并部分推广应用到瓦斯隧道施工监测中。实践表明，安全监控系统为煤矿和瓦斯隧道安全生产和管理起到了十分重要的作用。随着电子技术、计算机软硬件技术、网络技术的迅猛发展，国内各主要科研单位和生产厂家又相继推出了 KJ90、KJ95、KJ101、KJF2000 和 KJG2000 等监控系统，以及 MSNM、WEBGIS 等煤矿安全综合化和数字化网络监测管理系统。

4.1.3.1　瓦斯监控系统组成

各瓦斯监测、监控系统产品千差万别，但就系统的整体结构和技术特征而言大体相同，主要由四部分组成：监控主机、计算机网络及监控软件；传输接口和传输通道；井下数据采集分站；各种传感器及执行器，如图 4-4 所示。

1）系统监控中心站

中心站系统硬件包括监控主机工控服务器、系统监控软件、网络附件系统、电源系统、网络打印机、中心监控大屏幕系统、大屏幕控制软件、大屏幕控制开关电源等。

监控主机工控服务器功能强大：可设置瓦斯数据监视大屏幕，对各分站进行监测监控；地面可对分站、传感器的数量、类型、参数、安装地点等进行设置；各种瓦斯监测数据动态图形、柱状图、实时曲线、历史曲线显示；软件可自动生成报表，报表内容、起止时间可由用户设定；各类数据、曲线查看、存储及打印；实时数据超限时的声光报警及断电等。

2）井下分站功能

尽管各监控系统井下分站形式多样，但基本上具备了如下功能：开机自检和本机初始化；通信测试；分站设程控功能（实现断电仪功能、风电、瓦电闭锁功能和一般的环境监测功能）；死机自复位且通知中心站；接收地面中心站初始化本分站参数设置功能（如传感器配接通道号、量程、断电点、报警上、下限等）；分站自动识别配接传感器类型；超限报警；接收中心站对本分站指定通道输出控制和异地断电。

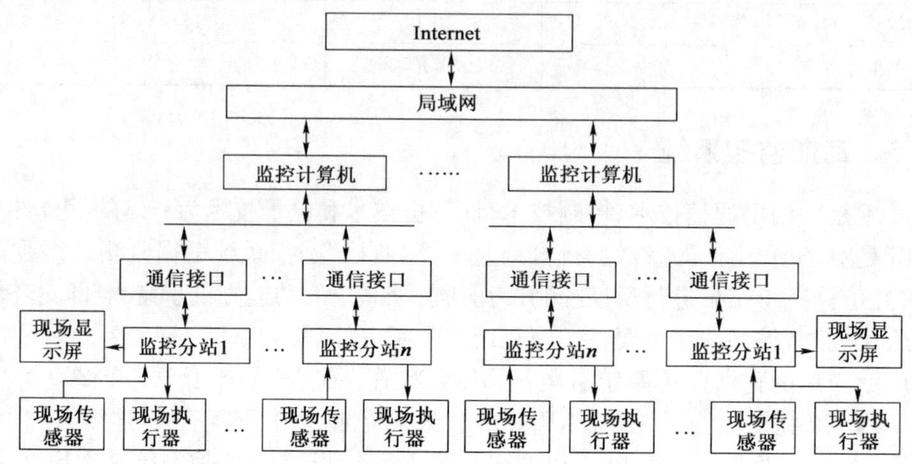

图 4-4　瓦斯总体监控系统

3)通信接口

井下监控分站和地面监控中心站的信息传输采用分时多路复用技术。信息的传输主要表现为：信息上传，包括信息的采集、交换、处理；信息下发，由地面主机产生并传输到井下的监控仪执行各种反馈任务。

井上、井下信息传输设备接口通常采用 RS485 通信协议和 CAN 总线通信。

4)系统配接的传感器

传感器的稳定性和可靠性是瓦斯监控系统能正确反映被测环境和设备参数的关键要素。催化燃烧型瓦斯传感器是当前使用最广泛、最普遍的瓦斯传感器，从报警矿灯、便携式瓦斯报警仪到安全监控系统中的低瓦斯传感器，现已占据了瓦斯检测的主导地位，对煤矿安全生产和隧道安全施工起到了至关重要的作用。

4.1.3.2　隧道常用瓦斯监控系统

1)TF-200 瓦斯监控系统

TF-200 监控系统能集中、连续监测矿井、隧道的环境和工况信息，具有遥测、遥信及控制量输出功能，可配接 20 种环境和工况传感器。该监控系统在天生桥隧道施工期瓦斯监控中应用效果良好。其主要技术参数表详见表 4-5。

TF-200 基本技术参数　　表 4-5

中心站容量	输入、输出可以无限。每个中心站柜有 144 个电流型模拟量输出或 288 个脉冲型模拟量输出或 288 个开关量输出。可多个中心站柜组合
全传输模拟量(V. I. R)	16 路
全传输开关量输入、输出	32 路
全传输指令量输出	80 路
传输距离(中心站至分站)(km)	18～24
巡检周期(s)	10

2)KJ90 瓦斯监控系统

中国煤炭科学研究院重庆分院研发的 KJ90 瓦斯监控系统是一套集安全、生产、网络管理为一体的大型综合安全监控系统，能实时监测矿井和隧道内瓦斯、风速、CO、温度、湿度、O_2、CO_2、风门开闭、馈电状态、机电设备开停等参数和状态，具备瓦电闭锁和风电闭锁功能。系统采用先进的分布式处理模式，能充分发挥各部分设备的性能优势，结构简洁，可操作性强，便于系统的日常维护及管理。KJ90 基本技术参数见表 4-6，其一般配置如图 4-5 所示。

KJ90 基本技术参数　　表 4-6

项　目	参　数	
容量	64 个分站(可扩展为 128 个)	
模拟量输入	512 个点(可扩展为 1 024 个)	
开关量输入	512 个点(可扩展为 1 024 个)	
控制量输入	384 个点(可扩展为 768 个)	
传输距离	中心站至分站＞15km 分站至传感器＞2km	
传输速率	1 200bps	
巡检周期	每个分站＜0.5s	
遥测误差	＜1%	
	传感器配置	
低浓度瓦斯传感器	KG3003 型	0～4% CH_4
高浓度瓦斯传感器	KG9001 型	0～100% CH_4
风速传感器	CW-1 型	0.3～15m/s
温度传感器	KG3004A 型	0～40℃
湿度温度组合传感器	KG9301 型	0～40℃ 20%～100%RH
设备开停传感器	KTC-90 型	3A 以上(交流)即能感应
CO 传感器	KG9201 型	0～50×10^{-6}
O_2 传感器	KG8903 型	0～25% O_2
温度传感器	KG9301A 型	0～50℃
风门开闭传感器	KG92-I 型	380V/5A
声光报警器	AGS 型	
远程断电控制器	KYD-I/II 型	

KJ90 系统目前在瓦斯隧道中应用较多，在合武铁路红石岩隧道、都汶高速紫坪铺隧道、龙溪隧道、镇胜高速槽箐头隧道、忠垫高速明月山隧道、谭家寨隧道等多个瓦斯隧道工程中应用效果良好。

3)KZJ001 煤矿救灾监测系统

KZJ001 煤矿救灾监测系统是由计算机或工控机、监测分站、数据接口及各类传感器和执行器组成的一套功能齐全的实时灾害监测系统，既可用于灾害环境下的矿井实时监测、控制及故障诊断，也可在隧道工程施工中作为实时监控系统使用。系统具备瓦电闭锁和风电闭锁功能。KZJ001 煤矿救灾监测系统组成如图 4-6 所示，其基本技术参数如表 4-7 所示。

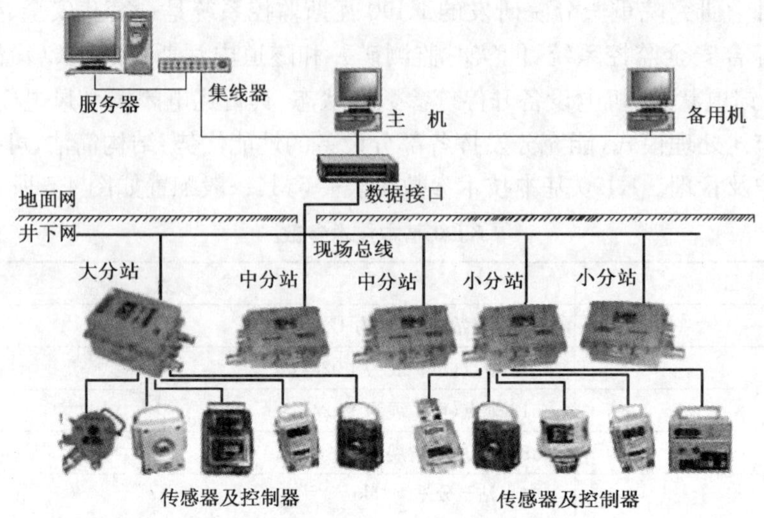

图 4-5　KJ90 安全监控系统一般配置示意图

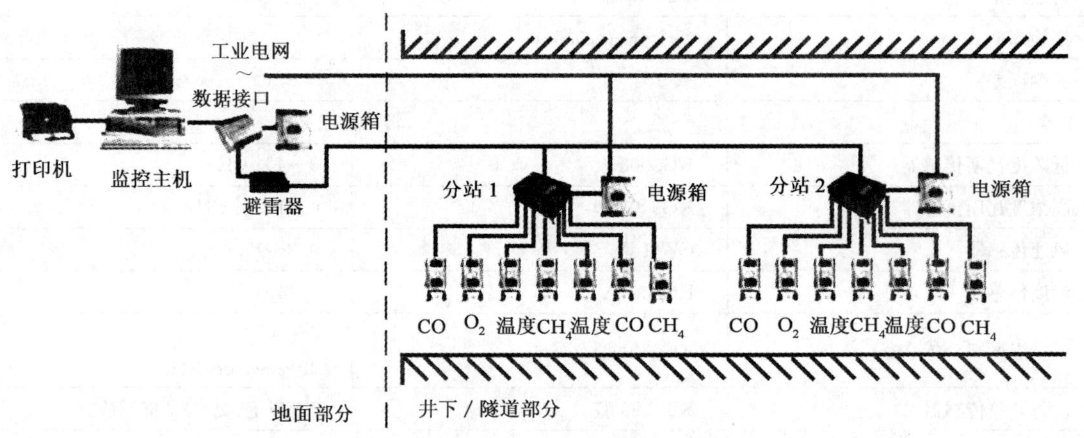

图 4-6　KZJ001 煤矿救灾监测系统

KZJ001 基本技术参数　　表 4-7

项　　目	参　　数
监控容量	16 台分站
模拟量	频率量信号：200～1 000Hz；输出高电压平时应不小于 3V（输出电流为 2mA 时），输出低电压平时不大于 0.5V，其正脉冲和负脉冲宽度均不得小于 0.3ms
开关量	电流型信号：1mA/5mA。电流≤1.5mA 表示为停；电流≥4mA 表示为开
控制量	第 1 路控制量输出为高低电平（低电平≤0.5V，高电平≥3V）；第 2、3、4 路控制量为无源机械触电，触电容量为：36VDC/0.2A
模拟量输入传输处理误差	≤1%
最大巡检周期	≤10s
断电时间	≤2s
画面响应时间	≤5s

目前，该系统在贵广线小范坪等高瓦斯隧道工程建设中得到应用。

4.2　隧道瓦斯监测技术

4.2.1　隧道瓦斯实时监测网络

4.2.1.1　隧道瓦斯实时监测网络的构建

全面、实时把握隧道内瓦斯信息是采取相应防治措施、防止瓦斯灾害事故的重要依据，建立完善的长大隧道瓦斯监测网络意义重大。目前，隧道施工期瓦斯监测网络多采用系统自动监控和人工检测相结合的模式，即通过自动监测，由监控系统覆盖隧道重点部位和易发生瓦斯积聚的部位，实现实时监测及预警；通过人工检测，实现全隧道范围的瓦斯数据补充采集，如图4-7所示。

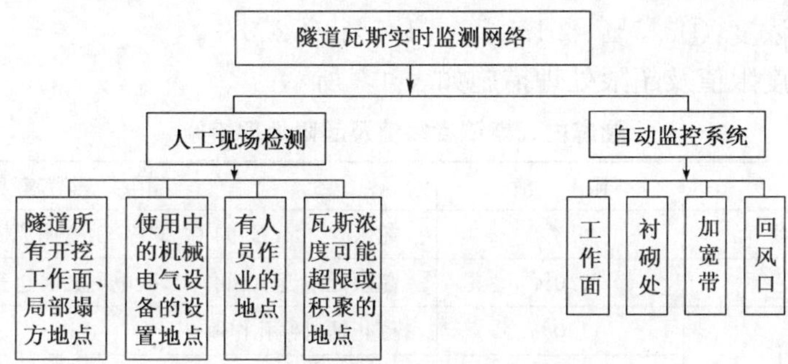

图4-7　隧道瓦斯实时监测网络构建

当前，瓦斯隧道多选择煤矿系统的矿井环境监测设备。由于隧道施工和煤矿生产属于不同的工程类型，在施工工艺上差异较大，因此在隧道瓦斯监控系统选型时不能完全照搬煤矿经验，而应结合施工特点，既考虑技术上安全可靠，又考虑经济上价格合理。铁路、交通系统的瓦斯管理技术水平还不成熟，若盲目选择技术先进的监控系统，除给技术管理增加难度外，还会造成较大的经济浪费，故需结合隧道和施工的整体状况，如煤层瓦斯状况、隧道的施工组织设计、施工通风方式、技术管理水平等，确定监控系统的类型和规模。瓦斯传感器、瓦斯断电仪等设备的种类很多，在选型时一定要注意设备的匹配性，以免在使用过程中出现因设备不配套造成故障，或不能正常使用。

在做好瓦斯系统监控的同时，还要做好人工检测。隧道内监控系统探头的布置总是有限的、离散的，人工检测主要作用在于补充没有布置监控系统探头的部位的瓦斯信息，对于瓦斯随机性特征具有较强的适应性。

这样，通过系统自动监控和人工检测的相互补充、相互配合，可构建起覆盖全隧道的瓦斯实时监测网络，有效解决瓦斯漏检漏测难题，系统、全面把握隧道内任意位置任意时刻的瓦斯信息。

自动监控和人工检测方法的技术特性见表4-8。

在构建瓦斯实时监测网络的基础上，建立隧道施工瓦斯监测预警分级管理机制，在监测到瓦斯异常变化情况时，及时通报相关领导和部门责任人，并采取有效措施，防止瓦斯安全事故的发生。

自动监控和人工检测方法的技术特性对比　　表 4-8

特　　性	自动检测	人工检测
检测位置及频率	重要部位的连续性监测	所有开挖工作面、局部塌方地点，使用中的机械电气设备的设置地点，作业点附近，瓦斯可能积聚处及各种通风死角一定频次的检测
理论支持	多、复杂	简单、易理解
检测作业方便性	操作简便，可遥测	现场作业，耗时多
检测连续性	连续	离散，有一定的检测频率
检测数据特性	连续性强	变化幅度大
检测数据结果	平均值	最大值、最小值
经济性	初次投入大	一次性投入少

瓦斯分级管理浓度：①0.5%；②1.0%；③1.5%；④2.0%。

隧道内瓦斯浓度限值及超限处理措施如表 4-9 所示。

隧道内瓦斯浓度限值及超限处理措施　　表 4-9

地　　点	限　　值	超限处理措施
低瓦斯工区任意处	0.5%	超限处 20m 范围内立即停工，查明原因，加强通风监测
局部瓦斯积聚	2.0%	超限处附近 20m 停工，断电，撤人，进行处理，加强通风
开挖工作面风流中	1.0%	停止钻机钻孔作业
	1.5%	超限处附近 20m 停工，断电，撤人，进行处理，加强通风等
回风巷或工作面回风流中	1.0%	停工，撤人，处理
放炮地点附近 20m 风流中	1.0%	严禁装药放炮
煤层放炮后工作面风流中	1.0%	继续通风，不得进入
局扇及电气开关 10m 范围内	0.5%	停机，通风，处理
电动机及开关附近 20m 范围内	1.5%	停止运转，撤出人员，切断电源，进行处理
竣工后洞内任何处	0.5%	查明渗漏点，进行整治

4.2.1.2　系统监控注意事项

开挖工作面瓦斯浓度传感器距工作面距离不得超过 15m，随工作面掘进及时延接电缆；每次放炮时应对开挖工作面传感器加强保护或临时移至后方安全位置、放炮后及时恢复至原位。二次衬砌台车前方的瓦斯浓度传感器距离二衬台车前缘 0～5m；每次前移台车时应同时前移传感器。回风瓦斯浓度传感器吊挂于距隧道口 10～15m 处，各点传感器应安装在隧道中线位置距顶板约 250mm 左右处。

瓦斯监控系统通信电缆应吊挂整齐，距动力电缆间距不得小于 0.2m，出现破损及时更换。

当隧道掘进超过一定长度，开挖工作面传感器与分站通信距离超出分站能力，应及时将分站前移至隧道内安全地点，保证瓦斯信息数据有效传输。

每天采用便携式瓦检仪核对监控系统探头的准确性，当误差超过 0.2%时，应在瓦检员的协助下 8h 内完成调试工作，并做好记录。

每周对各传感器进行一次标准气样调校。每周对“风电闭锁、瓦电闭锁”功能进行一次测试，出现故障立即汇报相关领导，安排专业人员维修。维修期间加强瓦斯检测，停止工作面作业。

中心站值班人员必须 24h 坚守岗位，保证系统正常运行。主机出现故障时立即启动备用计算机，并尽快修复主机。

如果施工过程中发现有其他有毒有害气体，还应配备必要的仪器检测空气中 H_2S、SO_2、NO_2、CL_2等有害气体浓度。

4.2.1.3　人工检测注意事项

瓦斯隧道施工中，必须坚持 24h 瓦斯检测。洞内瓦检员实行三班制，每班工作 8h，其间不得擅自离岗。瓦检员执行巡回检查制度，做到检查的均衡性，严禁空班漏检，认真填写瓦斯循环图表和记录牌板。

有煤（岩）与瓦斯突出危险的采掘工作面、有瓦斯喷出危险的采掘工作面和瓦斯涌出量较大、变化异常的工作面必须有专人经常检测，并安设断电仪。特殊工序如电焊作业、塌方处理等，必须保证全过程瓦斯检测。对各种通风死角每班进洞检测。

隧道瓦斯检测的主要地点：开挖工作面、横通道，衬砌台车附近、防水板台车附近，局部通风机及其开关附近，回风中机械电气设备附近，放炮地点附近 20m 范围内，焊接、切割地点前后 20m 范围内，有人员作业的地点，局部塌方地点，通风死角等处。每个检测断面检查五点或三点。即顶部、两侧拱脚处及两侧墙脚处。

严格执行放炮员、工班长、瓦检员在场的"一炮三检制"（即每炮检查三次：装药前、爆破前、爆破后要认真检查爆破地点的瓦斯，瓦斯浓度超过 1%，不准爆破）和"三人连锁放炮制"，并及时把检测报表报相关管理人员。

瓦检员发现瓦斯异常情况，应立即采取果断措施（撤离人员、断电停止作业、加强通风等），并把情况反映给工区管理人员及项目经理。

便携式瓦检仪以及瓦斯监控系统探头必须定期经专职质检部门校验。

4.2.2　隧道瓦斯监测管理制度

全面准确的掌握隧道瓦斯信息，一是需要有切实可行的监测技术措施，二是应有科学严密的监测管理制度。提高瓦斯监测技术水平，加强监测管理，是瓦斯隧道安全施工的重要保障。

4.2.2.1　隧道瓦斯监测管理机构

为确保安全施工生产，及时、准确了解和掌握隧道中瓦斯分布及浓度情况，项目部须组建瓦斯检测监控中心，并成立相应瓦斯检测、监控小组，形成完整的瓦斯监测体系，如图 4-8 所示。

瓦斯检测监控中心组长一般由项目经理担任；副组长分别为项目副经理、总工程师；组员主要有安质部长、工程部长、安全员、工区长。

瓦斯检测小组由瓦检负责人及瓦检员组成，瓦检员数量必须确保满足各工作面瓦斯检测三班制轮流值班要求。

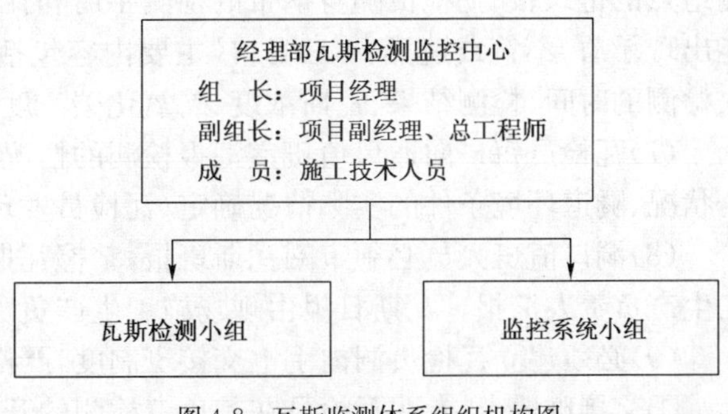

图 4-8　瓦斯监测体系组织机构图

监控系统小组由经过培训、学习并考

试合格的技术人员组成。

瓦斯监测体系岗位职责如下：

(1)组长、副组长的主要职责是全面负责小组内管理工作；制定并贯彻各项瓦斯管理制度；遇到险情采取应急措施。

(2)安全员主要职责是检查监控系统小组人员的日常工作，指导监控小组成员进行瓦斯监控；负责检查瓦斯检测小组的交接记录及瓦斯检测日志，制定并执行奖罚措施。

(3)工区长主要监督、评核瓦斯检测小组的工作效绩、到岗情况、检测频率、检查范围等。

瓦斯检测小组 24h 洞内值班，进行瓦斯检测及“一炮三检”制度，做好瓦检日常纪录；当瓦斯浓度超标时，严格按照瓦斯隧道的施工要求执行指令；做好洞内风速检测，保证洞内空气清新。

监控系统小组按三班制轮流值班，值班人员每小时填写一次瓦斯监测记录，一旦发现瓦斯超限或风机运转不畅的情况，及时向分管领导汇报，并随时与施工现场保持联系。

4.2.2.2 瓦斯检测管理制度

瓦斯隧道施工必须建立瓦斯管理机构，配足专业检测人员和监测设备，并健全瓦斯检测管理制度，满足如下要求：

(1)每月根据隧道生产部署，按照《铁路瓦斯隧道技术规范》的要求编制隧道瓦斯检测计划图表，其内容应包括瓦斯检测地点、检测次数、巡回检测路线、巡回检测时间、检测人员的安排等。计划图表报总工程师批准后实施。

(2)瓦检员的配备符合《铁路瓦斯隧道技术规范》中有关规定和安全生产的需要。

(3)瓦检员必须具有实践经验，掌握一定的通风、瓦斯知识和技能，经专门培训、考核合格、持证上岗。在岗的瓦检员要参加定期培训，每次培训后进行考核、考试，不合格者不能上岗。

(4)瓦检员进入隧道必须携带便携式瓦检仪，要求仪器完好，精度符合要求。

(5)瓦检员必须严格执行瓦斯检测计划图表的要求。每次检测的结果必须认真准确地记入瓦斯检测手册和记录牌上，并通知现场作业人员。瓦斯浓度超过规定时，瓦检员有权责令现场人员停止作业，撤离到安全地点，并采取措施进行处理。不能处理或超过处理权限时，应在瓦斯超限地点的通道入口设置栅栏、揭示警标，并及时向洞口值班室报告。

(6)瓦检员不得发生空班(瓦检员未上班，造成分工区域当班未检测瓦斯)、漏检(瓦检员没执行巡回检测规定，造成分工区域应检测的地点一处或多处当班未检测瓦斯；或瓦检员没按规定次数检测，造成分工区域一处或多处检测点的检测次数少于规定次数)、假检(瓦检员假造检测记录、汇报假情况)，并做到洞内记录牌板、检测手册、瓦斯台账“三对口”，即必须做到隧道检测地点的记录板、瓦检员随身携带的检测手册和瓦斯台账填记的有关情况和数据完全一致，不能出现矛盾、不符或遗漏。“三对口”主要内容包括检测地点、检测人姓名、检测日期、班次、每次检测的时间、检测结果、瓦斯浓度、二氧化碳浓度、气体温度等。

(7)瓦检员每班向通风值班室汇报检测的情况，汇报的次数由总工程师根据隧道生产、安全状况、隧道环境条件的实际情况确定；瓦检员发现问题或安全隐患时及时汇报。

(8)洞口值班人员必须审阅瓦斯班报，掌握瓦斯变化情况，发现问题及时处理并向现场施工生产负责人汇报。瓦斯日报由现场施工生产负责人审阅。

(9)必须建立瓦检员洞内手上交接班制度，严格执行。该制度的主要内容包括：

①交接班地点：专职瓦检员在其负责检测的开挖工作面处交接班。

②交接班时间：交接班时间由总工程师根据施工管理制度等因素确定，瓦检员不得提早离开检测地点到交接班地点等候交班，应避免分工区域长时间无人检测瓦斯、通风状况。

③交接班内容：交班瓦检员要交清如下事项：

a. 分工区域内的通风、瓦斯、煤尘、防火、爆破和生产情况有无异常，是否需要下一班处理及应采取的措施；

b. 分工区域内的各种通风安全设施、装备的运行情况，是否需要维修、增加或拆除；

c. 分工区域内发现的各种“一通三防”（通风、防尘、防火、防突）隐患，当班处理的情况和需要继续处理的事项；

d. 有关领导交办工作的落实情况和需要请示的问题。

接班人对交班内容了解清楚后，交接班人员都必须在交接班手册（或记录本）上签字，记录备查。

交班时，如果下一班的瓦检员未到班，交班瓦检员必须请示值班领导，由值班领导决定是由交班瓦检员继续进行下一班的瓦斯检测工作，还是另派瓦检员，绝不能中断瓦斯检测工作。

4.2.3　隧道瓦斯监测工程案例

4.2.3.1　紫坪铺隧道

紫坪铺隧道施工期采用自动监控系统和人工检测相结合的监测模式，如图 4-9 所示。监控内容包括工作面瓦斯浓度、氧气浓度、回风瓦斯浓度、洞外压入式风机开停状况。

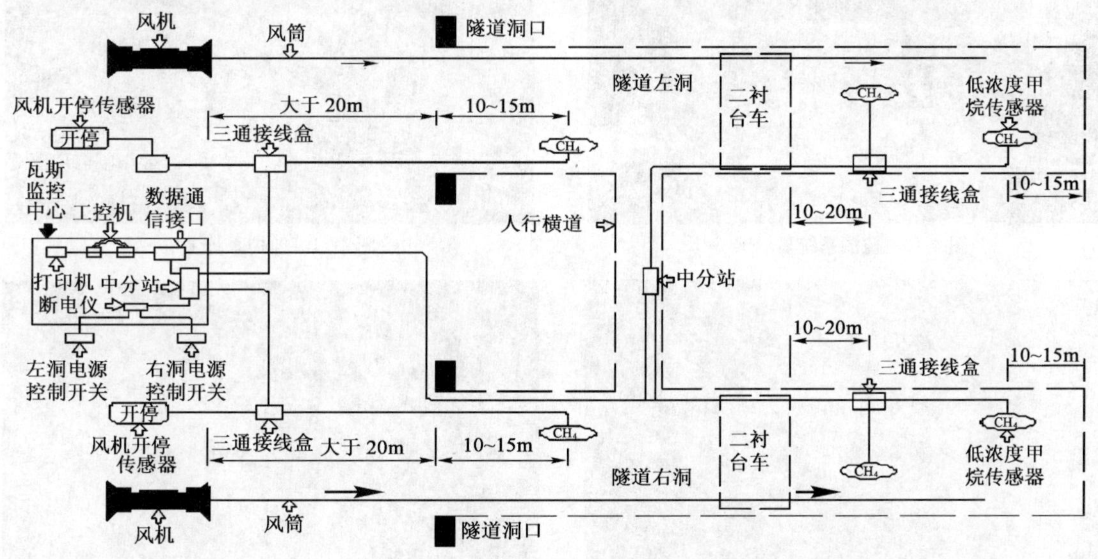

图 4-9　隧道瓦斯监测模式示意

自动监控系统引入 KJ90 瓦斯监控系统，进、出口端各布置一套，对隧道内重点部位瓦斯进行连续监测。瓦斯监控中心站设置于距隧道口不小于 20m 处，中心站内设工控机 2 台、打印机 1 台、数据通信接口 1 台、中型分站 1 台、断电仪 1 台。安设在中心站的中型分站通过通信电缆与风机开停传感器、断电仪、回风瓦斯传感器连接；断电仪与洞外的控制开关的 36V 控制电路连接。另在距隧道开挖工作面最近的一个已贯通人行通道内布设 1 台中型分站，该分站负责工作面瓦斯传感器、二次衬砌台车前方瓦斯传感器的通信、控制。监控系统传感器布设如表 4-10。

隧道内自动监控系统传感器布设 表 4-10

布设地点	监控内容	传感器型号	数量(台)	作　用
开挖工作面	瓦斯	KG9701	1	检测工作面瓦斯浓度
	氧气		1	检测工作面氧气浓度
二衬工作面	瓦斯	KG9701	1	检测瓦斯浓度
加宽带	瓦斯	KG9701	1	检测瓦斯浓度
回风	瓦斯	KG9701	1	检测瓦斯浓度
洞外	风机开停		1	检测风机开停状况

注：表内数据为出口端单洞数据。

监测系统如图 4-10～图 4-13 所示。

图 4-10　监测系统显示屏

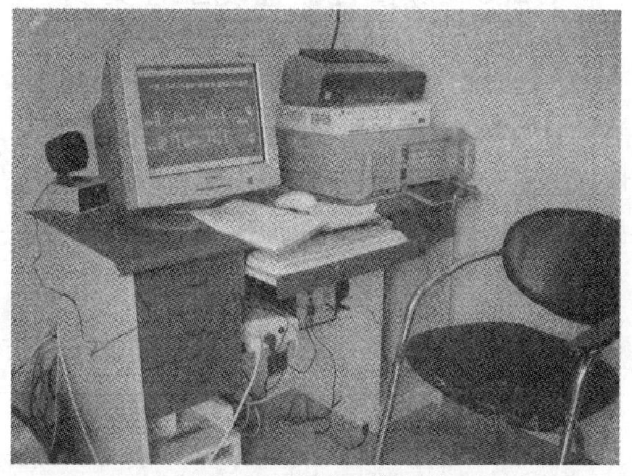

图 4-11　监控系统主机

图 4-12　监测系统回风流探测器

图 4-13　系统探测器

人工检测的范围包括各开挖工作面、局部塌方处、机械电气设备设置处、作业点、瓦斯浓度可能积聚的地点。

紫坪铺隧道瓦斯浓度监测具典型特征的实测数据如图 4-14 所示。

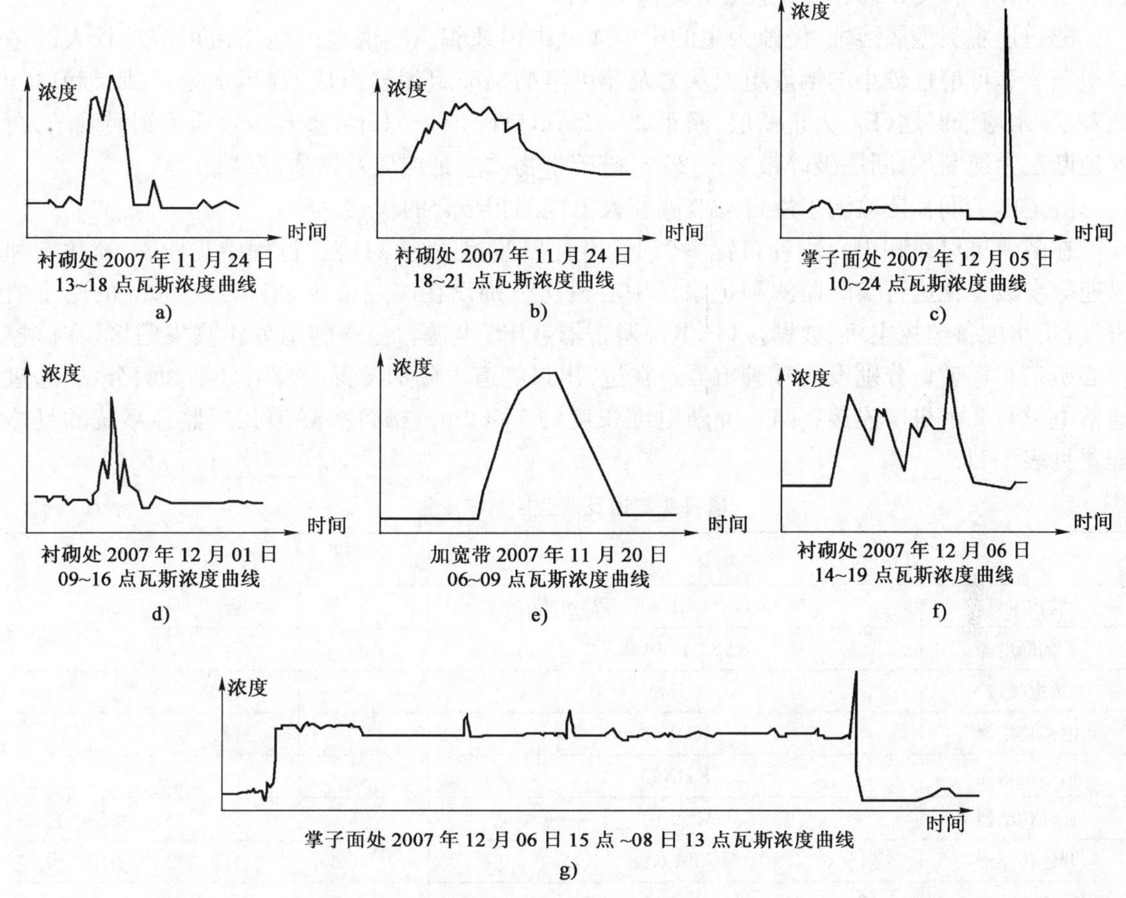

图 4-14　隧道瓦斯监测具典型特征的实测数据曲线

如图 4-14a)的异常区间是 14：25～15：30,从异常起始点开始,浓度远离背景值快速上升到峰值,持续一段时间后又快速降至背景值;

如图 4-14b)的异常区间是 18：20～20：00,从异常起始点开始,浓度离开背景值缓慢上升到峰值又缓慢下降至背景值,缓升缓降的过程类似正弦波;

如图 4-14c)的异常区间较短,从异常起始点开始,浓度远离背景值快速上升到峰值又快速下降至背景值,变化类似于脉冲;

如图 4-14d)的异常区间是 11：00～12：30,从异常起始点开始,浓度偏离背景值先缓慢上升,其后快速上升到峰值再快速下降,最后缓慢下降至背景值;

如图 4-14e)的异常区间是 07：00～08：20,从异常起始点开始,浓度匀速上升到峰值又匀速下降至背景值,类似于三角波;

如图 4-14f)可以看作是上面几种单峰变化的组合;

如图 4-14g)描述的浓度变化和 a)类似,不同的是异常区间的区间长度不同,即峰值附近的持续时间长度不同,不同的异常区间长度,和检测处煤层层厚相关。

4.2.3.2　槽箐头隧道

槽箐头隧道位于沪瑞国道主干线镇宁至胜境关段,为上、下行分离的高速公路隧道,左洞长 3 810m；右洞长 3 790m，隧道最大埋深 263m。

隧道地貌类型属溶蚀、侵蚀为主的中山或低中山地貌。隧道通过地层由可溶性较大的茅口组灰岩和可溶性较小的栖霞组泥灰岩及非可溶的栖霞组泥岩组成，穿越水塘子断层和白沙地断层：水塘子断层（F_1）为正断层，断距 20～25m，破碎带 9～12m，破碎带物质呈钙质胶结；白沙地断层为逆断层，断层破碎带 20～25m，破碎带物质呈钙泥质及铁质胶结。

隧道施工期瓦斯监测采用自动监测和人工检测相结合的模式。

在隧道进口段和出口段各布置一套 KJ90 瓦斯监控系统，对施工过程中瓦斯、一氧化碳和风速等参数变化进行实时监测和记录。中心机房分别设在离隧道进、出口约 500m 的两个值班室，机房配备监控主机、数据接口、电源避雷器、UPS 电源。由于隧道处于高发雷区，在监控中心机房和隧道口分别设信号避雷器。在进、出口隧道内分别设置一台中分站和大分站，通过通信电缆与 2 个机房连接。两芯屏蔽电缆长度约 1 000m。槽箐头隧道瓦斯监控系统的具体配置见表 4-11。

槽箐头隧道瓦斯监控系统配置 表 4-11

名　称	型　号	数　量	单　位	备　注
监控主机	P4 2.4G/256M/80G/17"液晶	2	台	
不间断电源	STK 1KVA/2H	2	台	
数据接口	KJJ46	2	台	
电源避雷器	KHD90	2	台	
信号避雷器	KHX90	4	台	
瓦斯传感器	KG9701	10	台	备用 2 台
开停传感器	GT-L(A)	6	台	备用 2 台
风速传感器	KGF15	2	台	
大分站	KDF-2	1	台	
中分站	KDF-3	1	台	
主通信电缆	MHYVRP 1×2×7/0.28			带屏蔽
传感器电缆	MHYVR 1×4×7/0.52			

隧道进、出口风机各配置开停传感器一台，在人行横洞处设风速传感器，其余传感器测点及设置见表 4-12（以出口侧为例）。人工检测主要采用便携式瓦检仪。

隧道出口侧监测点设置 表 4-12

点　号	安 装 位 置	监 测 内 容	设 定 断 电	设 定 报 警
01A01	左洞开挖工作面	CH_4(%)	1.00	0.50
01A02	左洞开挖工作面	CO(ppm)	200.00	197.50
01A03	右洞开挖工作面	CH_4(%)	1.00	0.50
01A04	右洞开挖工作面	CO(ppm)	200.00	197.50
01A05	4 号人行横洞	风速(m/s)	7.99	7.99
01A06	左洞回风	CH_4(%)	1.00	0.50
01A09	右洞回风	CH_4(%)	1.00	0.50

槽箐头隧道瓦斯监测系统布置如图 4-15 所示。

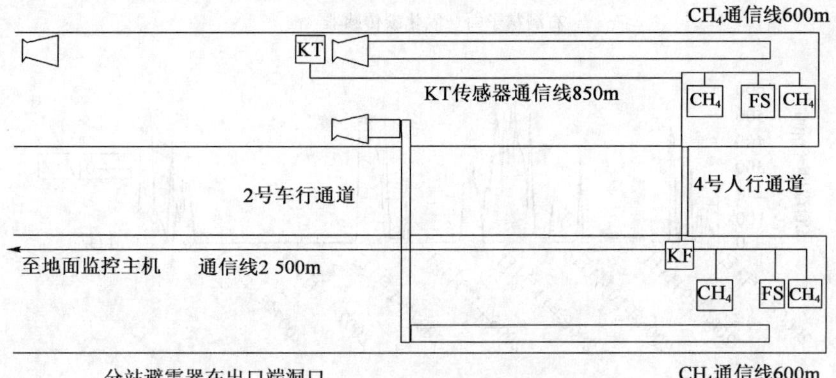

图 4-15　出口侧(胜境关侧)初期分站和传感器布置

槽箐头隧道出口侧瓦斯、风速、CO 监测数据如图 4-16～图 4-18 所示。

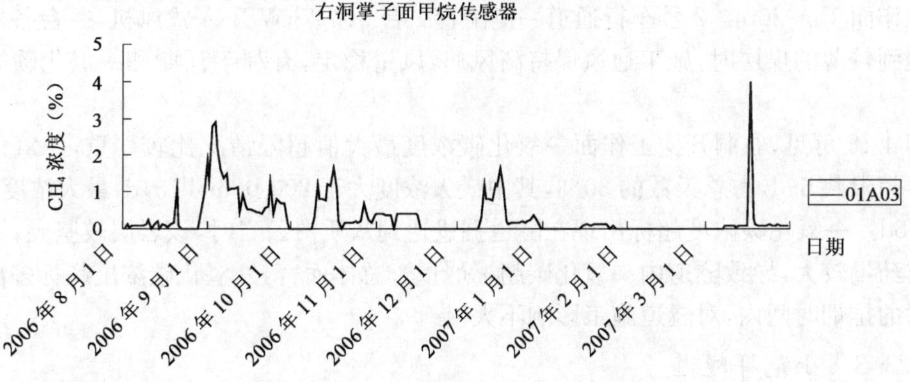

图 4-16　右洞开挖工作面瓦斯浓度最大值监测数据

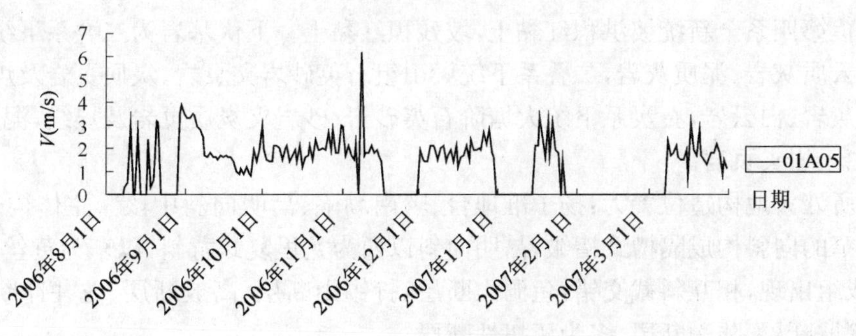

图 4-17　风速最大值监测数据

由图 4-16 可见，出口侧右洞开挖工作面瓦斯最大浓度超限共 25d。其中，最大浓度大于 1.5%有 9d，最大浓度大于 1%有 16d，最大超限浓度为 4%，平均最大浓度为 0.5%。瓦斯浓度超限原因主要在于隧道施工揭露靠近煤层煤岩和薄煤层，爆破作业后瓦斯渗涌进入隧道空间。项目部根据监测数据及时采取防治措施，保证了隧道安全施工。

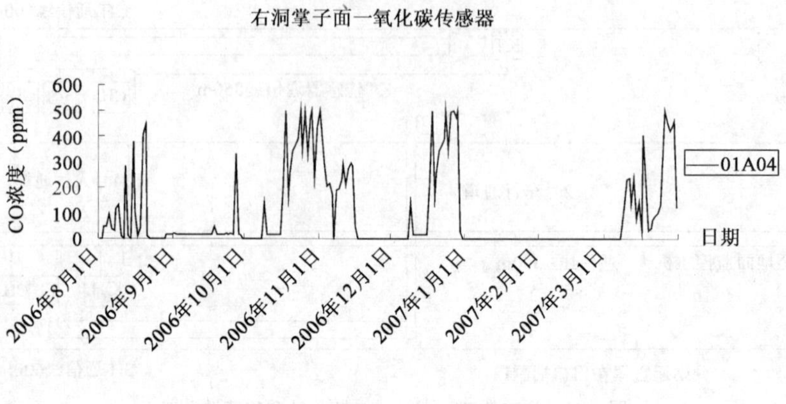

右洞掌子面一氧化碳传感器

CO浓度（ppm）

01A04

日期

2006年8月1日 2006年9月1日 2006年10月1日 2006年11月1日 2006年12月1日 2007年1月1日 2007年2月1日 2007年3月1日

图 4-18　右洞开挖工作面一氧化碳浓度最大值监测数据

槽箐头隧道施工通风以压入式通风为主，出口侧右洞配置 2×110kW 压入主风机一台，出风口距工作面 15～20m。2 号车行通道一侧配置 2 台 2×37kW 压入式风机，一台备用。隧道掘进中遇到较薄的煤层时，施工通风保持高风速，风量稳定，有利于瓦斯和一氧化碳等气体的稀释。

由图 4-18 可见，右洞开挖工作面一氧化碳浓度最大值超限情况比较严重，一氧化碳最大浓度发生超限共 69d，占总天数的 30%，其中最大浓度大于 200 ppm 共 51d，最大浓度大于 100 ppm 共 18d。一氧化碳浓度超标出现在隧道掘进遇到灰质白云岩时，该岩层较坚硬，爆破开挖所用的炸药量较大，导致隧道内一氧化碳超标严重。总体而言，一氧化碳浓度超标多出现在爆破作业后的排烟时间内，对隧道施工影响不大。

4.2.3.3　小范坪隧道

贵广铁路小范坪隧道位于贵州省黔南州贵定县境内，隧道全长为 1 639m。隧址区呈剥蚀低山岩溶峰丛地貌，地形起伏较大，丘包与槽谷相间分布，海拔 1 030～1 280m，高差达 200～250m。

段内上覆第四系全新统坡洪积红黏土，坡残积红黏土。下伏基岩为二叠系下统栖霞、茅口组灰岩夹白云质灰岩、泥质灰岩，二叠系下统梁山组石英砂岩夹页岩、炭质页岩及煤线，石炭系中统黄龙群灰岩、白云岩，石炭系下统大塘阶石英砂岩、砂岩夹炭质页岩及煤线，泥盆系上统尧梭组灰岩、白云岩夹页岩。

隧址区所处大地构造位置为：扬子准地台、黔南坳陷、昌明向斜中段。主体构造由宽缓背斜与紧密狭窄的向斜构成隔槽式褶皱，昌明向斜以西为龙里复式背斜，以东为黄丝背斜。区内断层发育，成组出现，相互斜截交错：鱼洞山断层、打锡山断层、高坡断层、龙井冲断层、蒙古冲逆断层、蕨箕坡断层、陡沟断层，多为压扭性断层。

隧道瓦斯监测采用自动监控系统和人工检测相结合的模式。

自动监控系统采用煤炭科学研究院重庆分院生产的 KZJ001 煤矿救灾监测系统。地面中心站布置在隧道外 20m 处，内设工控机 1 台、打印机 1 台、数据通讯接口 1 台、中型分站 1 台及断电仪 1 台，分站通过数据传输线与数据通讯接口连接，分站与各处传感器通过通信电缆连接；断电仪与控制开关的 36V 控制电路连接。监测系统配置见表 4-13，布置如图 4-19。

监控系统配置　　表 4-13

设备名称	规格型号	单位	数量
工控计算机	P4 2.8G * 2/250G/1G/17"液晶	台	1
电源避雷器	KHD90	台	1
信号避雷器	KHX90	台	2
UPS 电源	STK 1KV/2H	台	1
数据接口	KZJ001-J	台	1
中分站	KZJ001-F	台	1
瓦斯传感器	KG9701A	台	6
设备开停传感器	GT-L(A)	台	2
馈电断电器	KJD-18	台	1
两通接线盒	KP5001 A2	个	50
三通接线盒	KP5001 A3	个	10
通信电缆	MHYVR1 * 4 * 7/0.43	km	3.5

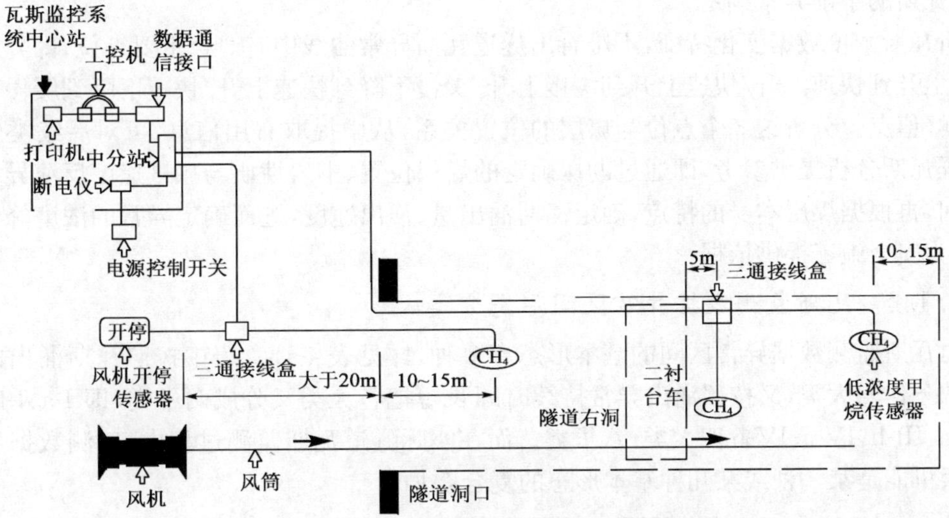

图 4-19　小范坪隧道瓦斯监控系统布置

瓦检员配备瓦检仪，跟班检测。人工检测便携式瓦检仪配备如表 4-14 所示。

小范坪隧道便携式瓦检仪　　表 4-14

设备名称	规格型号	主要技术参数	数量
一氧化碳检测报警仪	SP-114 CO	0~2000 ppm	1
硫化氢检测报警仪	SP-114 H_2S	0~200 ppm	1
光干涉甲烷测定器	AQG-3	0~10% CH_4	10
电子甲烷监测仪	JCB-CJ20B	0~4% CH_4	20

从紫坪铺、槽箐头等隧道瓦斯监测的成功经验可见：

(1)隧道施工期瓦斯监控必须建立瓦斯监控管理机构、健全瓦斯监测管理制度。瓦斯监控管理机构的作用是制定并贯彻实施各项管理制度；掌握全隧道的瓦斯状况；指挥安全施工，负责揭煤防突方案的制定；负责全隧道通风状态管理及评估；检查和校正各种检测设备；瓦斯隧道施工相关培训。

(2)须构建自动监控系统与人工现场检测相结合的瓦斯实时监测网络，随时了解洞内各处瓦斯浓度和风速，超限立即报警或断电。仅设置自动监控系统是不够的，探头不能太靠近开挖面，放炮时会损坏，所以必须配合人工检测。

4.3 瓦斯监测数据分析

4.3.1 瓦斯监测数据的特征分析及分类

4.3.1.1 瓦斯监测数据的异常识别

隧道瓦斯异常可分为事后判定异常和事前判定异常：前者根据瓦斯监测的浓度—时间曲线分析，判别局部/短暂时间段内瓦斯浓度明显高于背景值，称为瓦斯的事后异常判定；后者基于瓦斯监测的浓度—时间曲线分析，当浓度梯度大于某一给定值，预测瓦斯涌出将可能出现异常，称为瓦斯的事前异常判定。

分析瓦斯浓度数据变化特征，不难看出隧道瓦斯异常曲线中有3个重要点位，即异常起始点、缓慢上升到快速上升/快速上升到缓慢上升/缓慢下降到快速上升/快速下降到缓慢下降的转折点、峰值点。分析这3个点位与煤层的位置关系，从中提取有用信息，可对后续类似洞段开挖过程瓦斯分析提供参考，即通过勘探确定的煤层位置、围岩性质与掘进速度反演异常点的出现时间，再根据煤层本身的特点，确定瓦斯涌出量、涌出速度，进而确定异常的浓度峰值和持续时间，为安全施工提供依据。

4.3.1.2 瓦斯监测数据异常区间形态分类

隧道瓦斯监测数据异常区间的基本形态有多种，详见表4-15。表中按照瓦斯涌出的速度变化大致分作四大类，又按照涌出异常持续时间长短把各大类又分成两子类，即I-a、I-b、II-a、II-b、III-a、III-b、IV-a、IV-b四大类，八子类。而在实际隧道瓦斯监测过程中，监测数据所表现的形态很可能是某一种或某几种基本形态的复合叠加。

隧道瓦斯监测数据异常区间的基本形态分类 表4-15

类型	描述	按峰值的持续时间划分	简化图	分析	实例
I	从异常起始点开始，浓度远离背景值快速上升到峰值，持续一段时间后又快速降回背景值	有持续时间——矩形波	a)	上升与下降的速度快表明围岩连通性好或瓦斯压力大；持续时间越长，瓦斯储量越丰富	见图4-14g)
		持续时间极短或无持续时间——单位脉冲波	b)	上升与下降的速度快表明围岩连通性好；持续时间短表明瓦斯储量少	见图4-14c)

续上表

类型	描　述	按峰值的持续时间划分	简化图	分　析	实　例
II	从异常起始点开始,浓度离开背景值缓慢匀速上升到峰值,持续一段时间后又缓慢匀速下降回背景值	持续时间极短或无持续时间——三角波	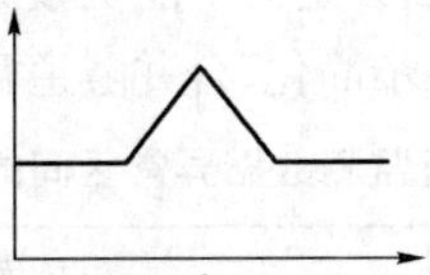 a)	匀速上升与匀速下降,表明围岩的连通性比 I 类所对应地质背景低,可能有一定的瓦斯压力;持续时间短表明瓦斯储量少	见图 4-14e)
		有持续时间——梯形波	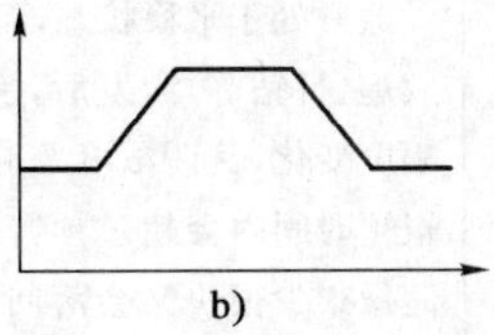 b)	匀速上升与匀速下降,表明围岩的连通性比 I 类所对应地质背景低,很可能有一定的瓦斯压力;持续时间越长,瓦斯储量越丰富	
III	从异常起始点开始,浓度偏离背景值缓慢上升,然后快速上升到峰值持续一段时间后快速下降,最后缓慢下降回背景值	有持续时间——变异的梯形波	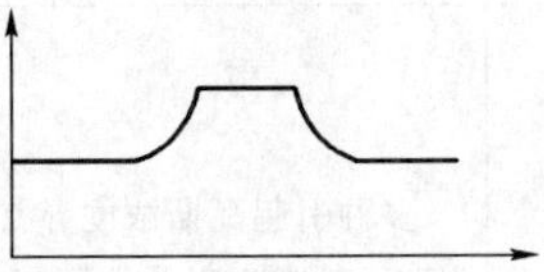 a)	上升速度的加快很大程度是由于连通性变化所致,下降速度的减缓很可能是瓦斯压力释放所致;持续时间越长,瓦斯储量越丰富	
		持续时间极短或无持续时间——变异的三角波	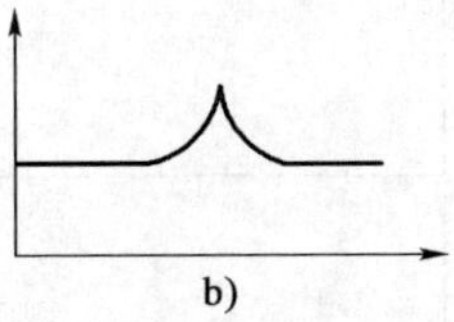 b)	上升速度的加快很大程度是由于连通性变化所致,下降速度的减缓很可能是由瓦斯压力释放所致;持续时间短表明瓦斯储量少	见图 4-14d)
IV	从异常起始点开始,浓度偏离背景值快速上升,然后缓慢上升到峰值持续一段时间后缓慢下降,最后快速下降回背景值	有持续时间——变异的梯形波	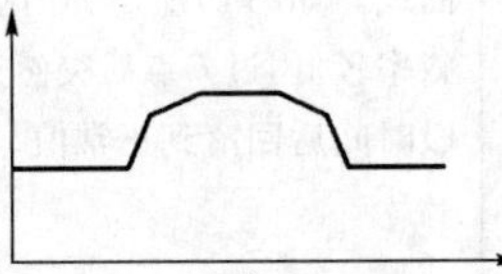 a)	上升速度的减缓很可能与瓦斯涌出逐渐稳定有关,下降速度的提高很可能是连通性的变化所致;持续时间越长,瓦斯储量越丰富	
		持续时间极短或无持续时间——正弦波	b)	上升速度的减缓很可能与瓦斯涌出逐渐稳定有关,下降速度的提高很可能是连通性的变化所致;持续时间短表明瓦斯储量少	见图 4-14b)

对隧道瓦斯监测数据异常区间的基本形态进行分析，可直观掌握异常起始点、缓慢上升到快速上升/快速上升到缓慢上升/缓慢下降到快速上升/快速下降到缓慢下降的转折点、峰值点等特殊点位，根据峰值期持续时间的长短预测含煤地层瓦斯储量。

把瓦斯监测数据进行如表4-15的细分是为了能从数据及其自身形态角度出发分析瓦斯监测数据的趋势，为切合现场实际需求，可进一步简化、合并隧道瓦斯监测数据异常区间，如表4-16。

隧道瓦斯监测数据异常区间的简单划分 表4-16

类型	图	特点描述	与基本形态划分的联系
三角型	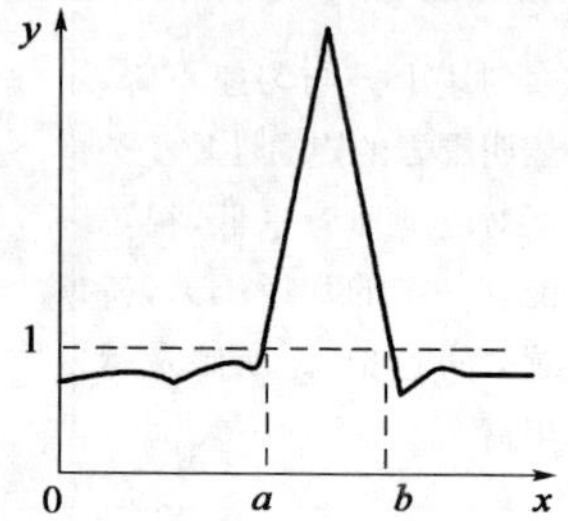 a)	通常处于平稳状态，而经某种事件（如放炮、打钻等）激发后，引起瓦斯浓度大幅度变化，瓦斯浓度监测值曲线可能在很短时间内会超过预警值，由于瓦斯的储量很少很快又会落回平稳状态水平，判断该状态正常	类似于：I-a、II-a、III-a、IV-a
多峰型	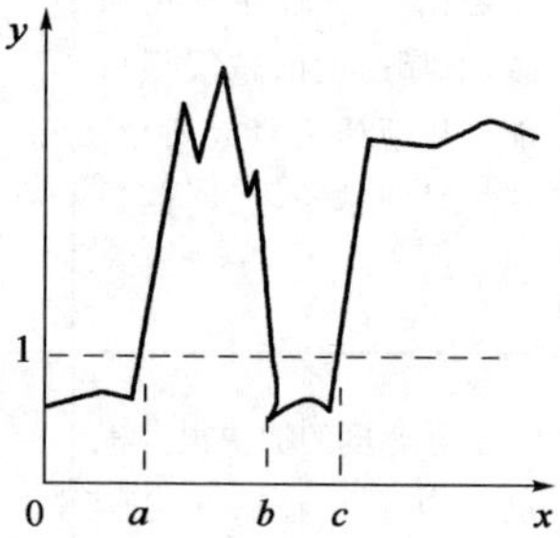 b)	多种引起瓦斯浓度异常因素的综合作用下，瓦斯监测数据形成的一类特殊曲线。曲线在高端出现振荡，形成多个尖峰，出现这种特征后的一段时间内很可能发生瓦斯涌出异常	持续一段时间内的异常涌出，常是多种基本形态的组合
增量型	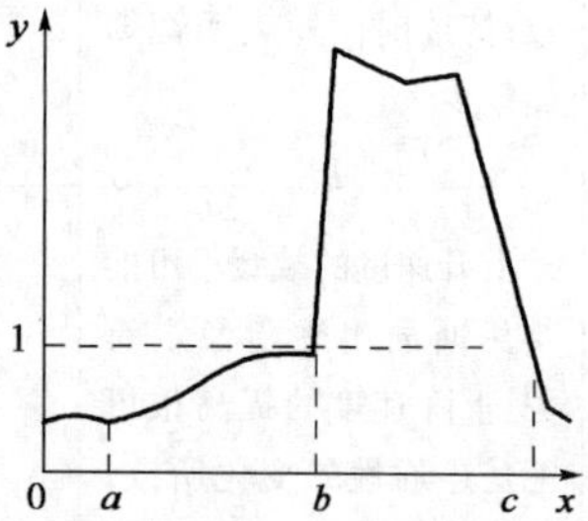 c)	多种引起瓦斯浓度异常因素的综合作用下，瓦斯监测数据形成的另一类特殊曲线。如图c)所示，在起始位置a-b段斜率较低，过b点后突然升高，经较长一段时间后回落到正常值	类似于：I-b、II-b、III-b、IV-b

4.3.1.3 隧道瓦斯监测数据分类

不同地质背景、采样环境的瓦斯监测数据具有不同的特点。对隧道瓦斯监测数据的处理，必须针对其数据特点，选择合适的方法。结合监测点的布置，可对隧道瓦斯监测数据进行如图4-20所示的分类。

按监测点位置类型的不同，可分为开挖工作面处监测数据、衬砌处监测数据、加宽带监测数据和回风口监测数据四种；根据数据监测时间的长短可分为短期数据、长期数据。开挖工作面处监测数据与衬砌处监测数据属于短期监测数据，加宽带监测数据与回风口监测数据属于长期监测数据。

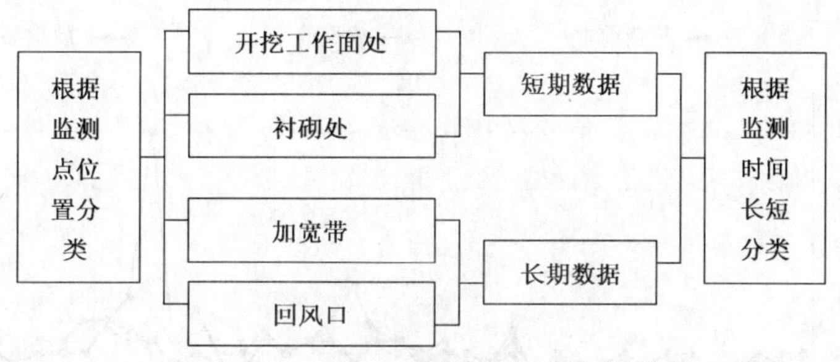

图 4-20　隧道瓦斯监测数据分类

开挖工作面处与衬砌处的短期监测数据，可以近似认为只受时间因素制约。因此，开挖工作面处与衬砌处的短期监测浓度序列数据可认为时间的函数。开挖工作面处与衬砌处的短期监测数据，其数据特点（瓦斯动态）类似于钻孔瓦斯动态和放炮后的瓦斯动态。因此，开挖工作面处与衬砌处的短期监测数据所提供的物理信息可类比钻孔瓦斯动态或放炮后瓦斯动态所提供的物理信息。

加宽带与回风口的长期浓度监测数据，受到时间和空间双重因素的制约。在时间尺度上，浓度序列与隧道围岩中的瓦斯解吸特性和瓦斯渗流途径有关；在空间坐标上，若把隧道看作一个不断伸长的 x 轴，则开挖工作面前方含煤的不均质性、掘进造成的围岩体破坏过程与裂隙产生和扩展过程的随机性，以及由此导致的含煤层的瓦斯压力和透气性系数的不均匀变化等，都必将沿着 x 轴变化，对浓度序列值产生影响。假定掘进速度为 v，则在 t 时刻有 $x=vt$，这样在空间（即 x 轴）上，影响浓度序列值的诸因素的复杂变化便可转而表示成为时间 t 的函数，因此也就可以把浓度序列简化为一个时间序列。

加宽带与回风口的长期浓度监测数据，其数据特点与矿井的瓦斯涌出量时间序列数据特点相类似，因此，其数据处理方法可与矿井中瓦斯涌出量监测数据的处理方法相类比。

4.3.2　影响瓦斯监测数据的环境特征因素

4.3.2.1　放炮对隧道瓦斯浓度数据的影响

放炮振动能改变瓦斯涌出路径、致使围岩松动，有利于瓦斯的涌出。煤系地层洞段爆破作业后，岩层中吸附的瓦斯解吸、逸散，是导致隧道瓦斯超限的主要原因。

图 4-21 是紫坪铺隧道在 2007 年 11 月～12 月期间 41 次放炮前后的瓦斯浓度统计（横轴表示从装药到放炮为一个周期的期次）。显然，放炮后的瓦斯浓度常远高于放炮前的瓦斯浓度，这是因为放炮改变了瓦斯涌出路径，有利于瓦斯逸散。

4.3.2.2　不同采样环境对隧道瓦斯浓度数据的影响

在不同的环境特征影响下，瓦斯爆炸事故发生的概率不同。如前所述，隧道瓦斯监测的采样环境分为开挖工作面处（开掘处）、衬砌处、加宽带和回风口四类，瓦斯涌出在不同的采样环境具有不同的涌出特征。

以紫坪铺隧道为例，表 4-17 是右洞 01A01～01A04 监测点（01A01～01A04 监测点分别布置在开挖工作面、衬砌、加宽带和回风口)瓦斯浓度作出的分类统计,统计时间均为 2007 年 11 月 16 日到 2007 年 12 月 15 日。从表 4-17 可以看出:

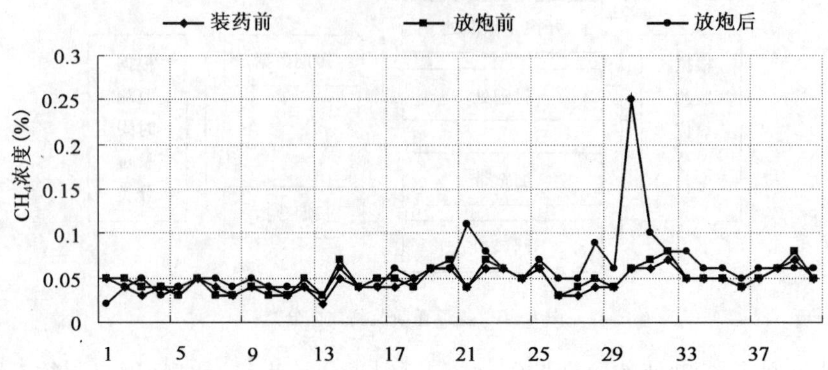

图 4-21 紫坪铺隧道 2007 年 11 月～2007 年 12 月放炮前后的瓦斯浓度统计

(1)开挖工作面处与衬砌处出现异常次数明显多于加宽带与回风口处。

(2)开挖工作面处与衬砌处有延迟的比率明显低于加宽带与回风口处有延迟的比率。

(3)在紫坪铺隧道右洞 01A01～01A04 监测点,监测数据类型 I、II 明显比 III、IV 出现频率高。

01A01-01A04 监测点监测数据类型的分类统计 表 4-17

数 据 类 型	开挖工作面处 (01A01)	衬砌处 (01A02)	加宽带 (01A03)	回风口 (01A04)
I-a	16	18	2	2
I-b	6	10	0	1
II-a	3	4	0	7
II-b	15	20	6	14
III-a	0	1	0	0
III-b	2	2	0	2
IV-a	1	5	0	0
IV-b	5	6	0	2
A	20	28	2	9
B	28	38	6	19
总	48	66	8	28

瓦斯浓度的变化速度及其峰值大小与瓦斯释放通道的连通性密切相关,瓦斯浓度曲线对时间的积分再乘上相应的体积因子,反映岩体中瓦斯的储存量。

图 4-22、图 4-23 为紫坪铺隧道右洞瓦斯监测的典型单点浓度记录图。可见瓦斯监测单点浓度记录曲线总体满足瓦斯快速增长、稳定发展与衰减的规律;满足拱顶比拱脚瓦斯浓度高的规律。

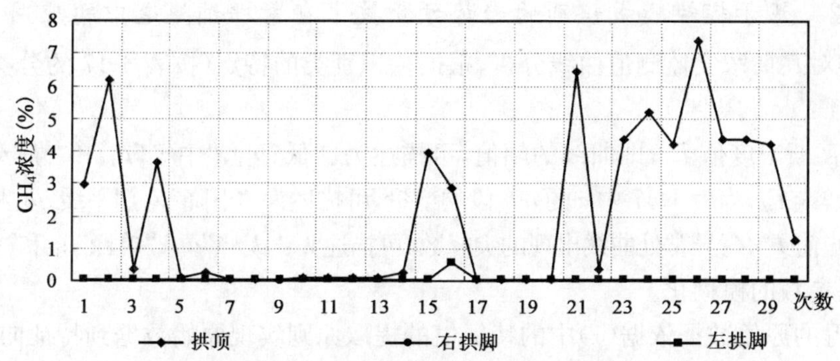

图 4-22　K16＋650 处瓦斯浓度变化曲线

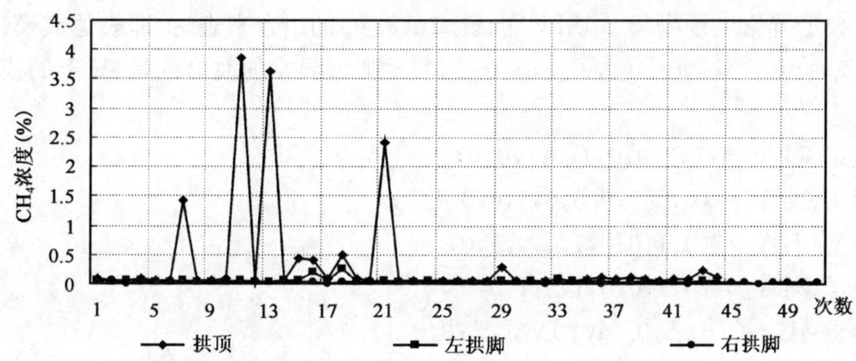

图 4-23　K16＋660 处瓦斯浓度变化曲线

4.4　隧道瓦斯预测技术

随着瓦斯监测技术的发展，如何利用现场监测数据来进行有效的瓦斯异常预警预测，成为当前研究的热点之一。

目前，国内外学者针对瓦斯预测已进行了诸多研究，总体可以分为两类：一类是定性预测，另一类定量预测。定性预测是对瓦斯浓度的历史数据和现状做出解释、分析以及判断，从而综合的评价预估瓦斯浓度变化、发展的趋势，主要包括判断预测法、专家评估法和模糊综合评价。定量预测主要是利用过去和现在的各种瓦斯数据，根据实际情况建立相关数学模型，对瓦斯浓度变化、发展做出预测，主要包括回归分析法、灰色系统、BP 神经网络等方法。

4.4.1　基于模糊模式识别的趋势预测技术

4.4.1.1　模糊模式识别

模式识别技术是信号处理与人工智能的一个重要分支，在错误率最小的前提条件下，自动地把待识别模式分配到各自的模式类中去，使识别的结果与客观情况相符。模糊模式识别技术是将模糊技术应用到模式识别领域，用隶属度将模糊集合划分为若干子集，根据最大隶属原则或择近原则进行分类。相关阐述详见第二章。

4.4.1.2 基于模糊模式识别的趋势预测技术在紫坪铺隧道中的应用

(1)通过对瓦斯浓度监测值曲线分析,根据待识别类的特点(按表4-17的分类),可以提取以下几个特征:

特征1:瓦斯浓度值 F_1,即曲线的幅值,可描述为:"低"μ_{11}、"中等"μ_{12}和"高"μ_{13};

特征2:增量 F_2,为表4-17中 c 的 a-b 段的增量,可描述为:"下降"μ_{21}、"平缓"μ_{22}和"上升"μ_{23};

特征3:峰值 F_3,为异常处曲线出现的尖峰数,可描述为:"无峰"μ_{31}、"单峰"μ_{32}和"多峰"μ_{33}。

(2)特征参数的模糊化。

先将获得的原始数据依据(1)中的特征值的提取原则实现原始数据到特征向量的转换;再将特征向量根据实验和经验进行模糊划分,确定每个参数的隶属度 μ_{ij}($i=1,2,3$;$j=1,2,3$),各特征参数的隶属度划分原则如表4-18所示。

把各种典型异常的模糊集 A_i 用 F_i 的隶属函数 μ_{ij} 的组合来表达,即表达成模糊向量的形式 $A_i=(\mu_{11},\mu_{12},\mu_{13},\mu_{21},\mu_{22},\mu_{23},\mu_{31},\mu_{32},\mu_{33})$,每种典型异常的波形都是 A_i 上的模糊子集,表示如下:

平缓型正常:$A_1=(1,0,0;0,1,0;1,0,0)$

三角形正常:$A_{11}=(0,0.5,0.5;0,1,0;0,1,0)$

增量正常型:$A_{31}=(0,1,0;0,1,0;0,1,0)$

增量异常型:$A_{32}=(0,1,0;0,1,0;1,0,0)$

多峰异常:$A_2=(0,0.5,0.5;0,0.5,0.5;0,0,1)$

本文给出的隶属度划分原则和各种典型异常的模糊集 A_i 是根据对紫坪铺瓦斯隧道的现场勘察和经验判断得出。

各特征参数的隶属度划分原则 表4-18

F1	μ_{11}	μ_{12}	μ_{13}
$F_1 \geqslant 0.5\%$	0	0	1
$0.3\% \leqslant F_1 < 0.5\%$	0	0.25	0.75
$0.1\% \leqslant F_1 < 0.3\%$	0	0.75	0.25
$F_1 < 0.1\%$	1	0	0
F_2	μ_{21}	μ_{22}	μ_{23}
$F_2 \geqslant 0.3\%$	0	0	1
$0.1\% \leqslant F_2 < 0.3\%$	0	0.25	0.75
$0 \leqslant F_2 < 0.1\%$	0	1	0
$F_2 < 0$	1	0	0
F_3	μ_{31}	μ_{32}	μ_{33}
$F_3 = 0$	1	0	0
$F_3 = 1$	0	1	0
$F_3 > 1$	0	0	1

(3)判决准则。

选择欧氏距离的贴近度作为"特征参数的模糊化中"所述样本训练集上的判决准则。欧氏贴近度的运算公式如下：

$$\rho(\underset{\sim}{A},\underset{\sim}{B}) = 1 - \frac{1}{\sqrt{n}}\sqrt{\sum_{i=1}^{n}(\mu_{\underset{\sim}{A}}(x_i) - \mu_{\underset{\sim}{B}}(x_i))^2} \tag{4-1}$$

式中：x_i——包含的特征；

$\underset{\sim}{A}$、$\underset{\sim}{B}$——模糊子集；

$\mu_{\underset{\sim}{A}}$、$\mu_{\underset{\sim}{B}}$——评判对象因素。

(4)紫坪铺隧道瓦斯监测数据的模式识别。

本文选取 3 个实际监测点的监测数据作为研究实例，即：①01A01 监测探头 2007.11.20～2007.11.26 七天的每小时瓦斯监测数据；②K16＋650 点监测左拱脚 2007.12.07～2007.12.10 四天的 30 次瓦斯监测数据；③K16＋993 点 2005.11.19～2005.12.13 的日平均监测数据。用模糊模式识别方法对其进行趋势预测。

图 4-24～图 4-26 是样本实测数据曲线图，其中前半部分用作建模，后半部分用作检验用模糊模式识别方法进行趋势预测的正确性。待检样本建模部分的特征向量如下：

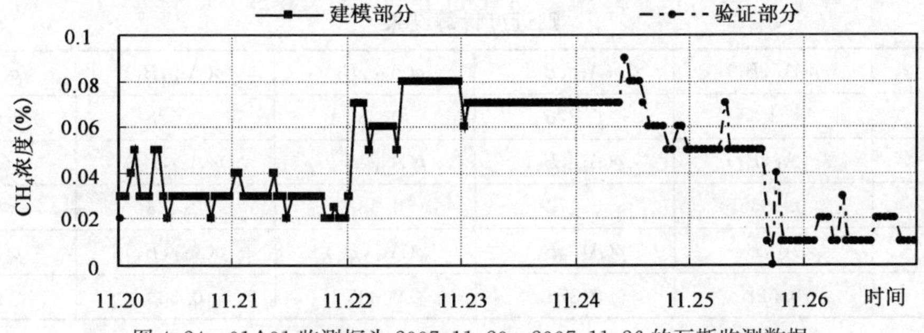

图 4-24　01A01 监测探头 2007.11.20～2007.11.26 的瓦斯监测数据

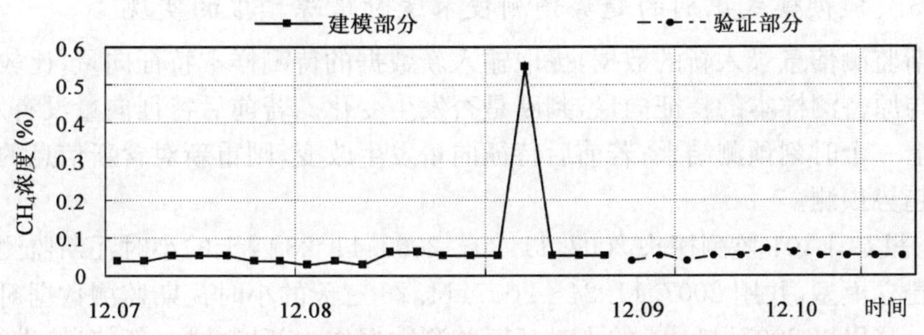

图 4-25　K16＋650 点监测左拱脚 2007.12.07～2007.12.10 的瓦斯监测数据

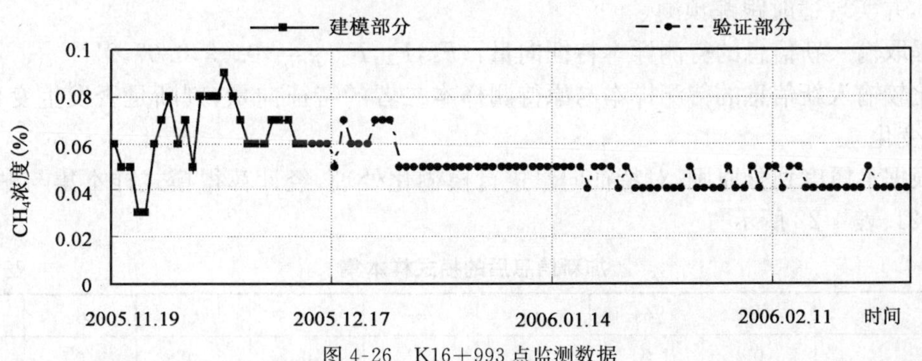

图 4-26　K16＋993 点监测数据

①$\{F_1,F_2,F_3\}=\{0.08,0.06,0\}$

②$\{F_1,F_2,F_3\}=\{0.55,0.52,1\}$

③$\{F_1,F_2,F_3\}=\{0.09,0.06,2\}$

根据表 4-18 隶属度划分原则将其转化为论域里的特征向量如表 4-19 所示。

待检样本的模式样本集 表 4-19

μ_{ij}	μ_{11}	μ_{12}	μ_{13}	μ_{21}	μ_{22}	μ_{23}	μ_{31}	μ_{32}	μ_{33}
B_1	1	0	0	0	1	0	1	0	0
B_2	0	0	1	0	0	1	0	1	0
B_3	1	0	0	0	1	0	0	0	1

根据欧氏贴近度公式计算出的贴近度如表 4-20 所示。

根据这个原则，这 3 个实际监测点的监测数据用模糊模式识别作的趋势预测结果分别是：平缓正常型、三角正常型和平缓正常型。这个预测结果与样本实测数据相符（见图 4-23～图 4-25的后半部分）。

贴近度计算结果 表 4-20

ρ_i	$\rho(A_1,B_1)$	$\rho(A_{11},B_1)$	$\rho(A_{31},B_1)$	$\rho(A_{32},B_1)$	$\rho(A_2,B_1)$
B_1	1	0.376	0.333	0.528	0.333
ρ_i	$\rho(A_1,B_2)$	$\rho(A_{11},B_2)$	$\rho(A_{31},B_2)$	$\rho(A_{32},B_2)$	$\rho(A_2,B_2)$
B_2	0.1835	0.473	0.333	0.423	0.451
ρ_i	$\rho(A_1,B_3)$	$\rho(A_{11},B_3)$	$\rho(A_{31},B_3)$	$\rho(A_{32},B_3)$	$\rho(A_2,B_3)$
B_3	0.528	0.376	0.333	0.333	0.514

4.4.1.3 模糊模式识别的趋势预测技术适时跟踪预报的实现

根据瓦斯监测信息录入新的数据，提取输入新数据的待测样本特征向量，比较输入新数据的待测样本与原待测样本的特征向量，判断是否发生变化。若前后特征向量没有发生改变，趋势模式仍取上一个时刻预测结果；若前后特征向量发生改变，则重新对含新信息的待测样本进行模糊模式趋势预测。

图 4-24 是以 01A01 监测探头 2007.11.20～2007.11.23 四天的小时瓦斯监测数据作为原始输入数据建立模型，并用 2007.11.24～2007.11.26 三天的小时瓦斯监测数据对模型预测结果进行验证。这里以 2007.11.24 的小时瓦斯监测数据作为新增数据（新信息）进行建模，如图 4-27 所示，并实现适时跟踪预测。

（1）提取输入新信息的待测样本特征向量：$\{F_1,F_2,F_3\}_{新}=\{0.09,0.07,2\}$

（2）比较输入新信息的待测样本与原待测样本二者的特征向量，判断是否发生变化；本例判断发生变化。

（3）根据隶属度划分原则，对特征向量进行模糊化处理，经计算得模式样本集与贴近度分别如表 4-21、表 4-22 所示。

加新信息后的模式样本集 表 4-21

μ_{ij}	μ_{11}	μ_{12}	μ_{13}	μ_{21}	μ_{22}	μ_{23}	μ_{31}	μ_{32}	μ_{33}
$B_{1新}$	1	0	0	0	1	0	0	0	1

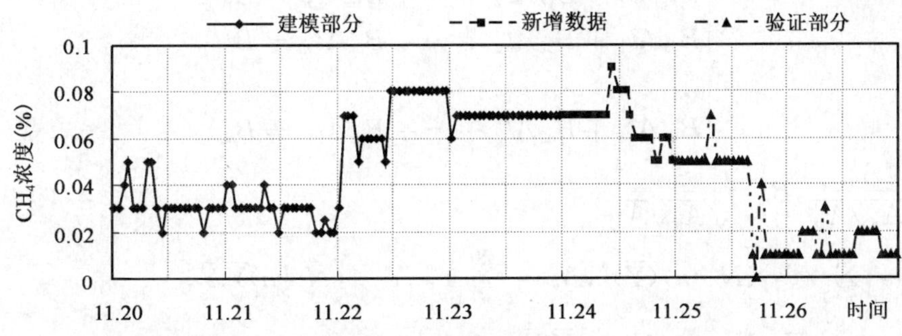

图 4-27 01A01 监测探头增加新数据后的建模及验证数据曲线

加新信息后的贴近度 表 4-22

ρ_i	$\rho(A_1, B_{1新})$	$\rho(A_{11}, B_{1新})$	$\rho(A_{31}, B_{1新})$	$\rho(A_{32}, B_{1新})$	$\rho(A_2, B_{1新})$
$\rho(B_{1新})$	0.528	0.376	0.333	0.333	0.514

由表 4-23 可知，增加新信息后用模糊模式识别进行趋势预测其结果不变，仍保持是平缓正常型。

4.4.2 疏系数自回归模型预测技术

4.4.2.1 疏系数自回归模型

分析隧道瓦斯监测数据，瓦斯异常信息多以时间序列的形式排列。对瓦斯异常信息进行预测预报时，可以有多种方法，如线性回归方程、AR、MA、ARMA 模型等，但是这些模型各有其假定条件，如经典统计学中的回归模型是不考虑变量自身与历史数据间的依赖关系；AR、MA、ARMA 模型只适合平稳序列的预报。由于瓦斯运移、涌出的复杂性，监测所获取的数据往往不能满足以上模型所要求的条件，这就需要寻求一种约束条件不是太多的数学模型。

疏悉数自回归模型可有效解决以上问题，其最大优点就是可以反映目前数据和历史数据间的动态依赖关系、数据不必具平稳性，且模型的阶可以很高，数据可以较少；此外，对模型进行检验时，不是用经典统计学的 F-检验，而是采用 BIC 准则，且以准则函数值极小的模型作为最佳模型。

设时序模型的数据个数为 N，最大迟后量为 n，模型阶数为 P，且 $0<P<n$，模型为：

$$Y_t = \alpha_0 + \alpha_1 Y_{t-1} + \alpha_2 Y_{t-2} + \cdots + \alpha_p Y_{t-p} + \varepsilon_t \tag{4-2}$$

式中：ε_t——模型残差。

为求式(4-2)中的 $\alpha_0, \alpha_1, \alpha_2 \cdots \alpha_p$，须建立矩阵并求解：

首先令 $p=n$，按最小二乘估计原理，为了求得 a_j，必须使下式达最小值：

$$Q(\hat{a}) = \sum_{t=n+1}^{N} \{Y_t - \sum_{j=1}^{n} a_j Y_{t-j}\}^2 \tag{4-3}$$

由线性最小二乘法可知，$a_1 \cdots a_n$ 应满足正规方程组：

$$a_1 \sum_{t=n+1}^{N} Y_{t-1} Y_{t-j} + a_2 \sum_{t=n+1}^{N} Y_{t-2} Y_{t-j} + \cdots + a_n \sum_{t=n+1}^{N} Y_{t-n} Y_{t-j} = \sum_{t=n+1}^{N} Y_{t-n} Y_{t-j} \ (j = 1, 2 \cdots n) \tag{4-4}$$

把上式写成矩阵形式，经标准化后的矩阵形式如下：

$$\begin{cases} B_{11}Al_1 + B_{12}Al_2 + \cdots + B_{1n}Al_n = B_{10} \\ B_{21}Al_1 + B_{22}Al_2 + \cdots + B_{2n}Al_n = B_{20} \\ \vdots \\ B_{n1}Al_1 + B_{n2}Al_2 + \cdots + B_{nn}Al_n = B_{n0} \end{cases} \tag{4-5}$$

式中：$B_{ij}=\dfrac{A_{ij}}{\sqrt{A_{ii}}\sqrt{A_{jj}}}$，$B_{i0}=\dfrac{A_{i0}}{\sqrt{A_{ii}}\sqrt{A}}$

其中：$A=\sum\limits_{t=n+1}^{N}Y_t^2-(N-n)(\overline{Y})^2$；$A_{i0}=\sum\limits_{t=n+1}^{N}Y_{t-i}Y_t-(N-n)\overline{Y}_i\overline{Y}$；

$A_{ij}=\sum\limits_{t=n+1}^{N}Y_{t-i}Y_{t-j}-(N-n)\overline{Y}_i\overline{Y}_j=A_{ji}$

$\overline{Y_i}=\sum\limits_{t=n+1}^{N}Y_{t-i}/(N-n)$，$\overline{Y}=\sum\limits_{t=n+1}^{N}Y_t/(N-n)$　　$(1\leqslant i,j\leqslant n)$

从(4-5)式解出 Al_i 后，就得式(4-2)中的有关参数：

$$\alpha_0 = \overline{Y} - (\alpha_1\overline{Y_1} + \alpha_2\overline{Y_2} + \cdots + \alpha_n\overline{Y_n}) \tag{4-6}$$

$$\alpha_i = Al_i\sqrt{A/A_{ii}} \qquad (1 \leqslant i \leqslant n) \tag{4-7}$$

用以上方法求出的方程(4-2)未经 BIC 准则挑选变量，还不是最优的时序预报方程。为求得最优模型，建立矩阵 S。令 $S_{ij}=B_{ij}$，$X_i=B_{i0}(1\leqslant i,j\leqslant n)$，得

$$S=\begin{bmatrix} S_{11} & S_{12} & \cdots & S_{1n} & X_1 \\ S_{21} & S_{22} & \cdots & S_{2n} & X_2 \\ \vdots & \vdots & & \vdots & \vdots \\ S_{n1} & S_{n2} & \cdots & S_{nn} & X_n \\ X_I & X_2 & \cdots & X_n & X_0 \end{bmatrix} \tag{4-8}$$

此处 $X_0=1$。对上式进行逐步回归分析，并用 BIC 准则找出使准则函数值极小的模型作为最佳预报模型。

所谓 BIC 准则就是计算下式的值，使之作为模型取舍的标准。

$$\mathrm{BIC_P} = \log(\sigma_\varepsilon(P))^2 + [P\log(N-n)^2]/(N-n) \qquad (n \geqslant P \geqslant 0) \tag{4-9}$$

式中：$(\sigma_\varepsilon(P))^2$——$P$ 阶模型的拟合残差方差。

首先对(4-8)式进行连续 n 次消去变换，变换后可得第 $n+1$ 列的前 n 个元素 X_1、$X_2\cdots X_n$，这些就是 n 阶标准化模型的参数 $Al_i(i=1,2\cdots n)$。最终换算公式为：

$$\alpha_i = Al_i\sqrt{A/A_{jj}} \tag{4-10}$$

$$(\sigma_\varepsilon(n))^2 = A \cdot Y_0/(N-n) \tag{4-11}$$

$$\mathrm{BIC}_n = \log(\sigma_\varepsilon(n))^2 + [n \cdot \log(N-n)^2]/(N-n) \tag{4-12}$$

A_{jj} 表示 S 矩阵的第 i 列所对应变量 j 在 A 矩阵中的 A_{jj} 值，Y_0 是变换后的 S 矩阵的右下角元素。

为了删除对回归效果贡献较少的参数项，以下式作为删除标准：

$$P_{n-1}^{(i)} = X_i^2/S_{ii} \qquad (1 \leqslant i \leqslant n) \tag{4-13}$$

取

$$P_{n-1}^{in} = \min_{1\leqslant i\leqslant n} P_{n-1}^{(i)} \qquad (1\leqslant in\leqslant n) \tag{4-14}$$

上式说明了第 i_n 个变量的回归效果最差，应予以删除。删除的方法是把矩阵中的第 i_n 行(列)调到最外层，然后拖以$(n+1,n+1)$消去变换，消去欲删除之变量，且矩阵第 n 列的前 $n-$

1 个元素 $X_1, X_2 \cdots X_{n-1}$ 就是 $n-1$ 阶标准化模型的残差平方和最小的模型的参数，$S(n,n)$ 元素就是该模型的残差平方和。算出 $n-1$ 阶模型的 BIC 值，并计算 $P_{n-2}^{(i)}(1 \leqslant i \leqslant n-1)$，决定删除何变量，然后再进行矩阵行列调整，进行 (n,n) 消去变换。以此类推，一直到零阶模型。比较各阶模型的 BIC 值，如 P 阶模型的 BIC 值最小，那么便确定 P 阶为最佳模型，相应的参数为 $\hat{\alpha}_0, \hat{\alpha}_1, \hat{\alpha}_2 \cdots \hat{\alpha}_p$，且模型为：

$$Y_t = \hat{\alpha}_0 + \hat{\alpha}_1 Y_{t-1} + \hat{\alpha}_2 Y_{t-2} + \cdots + \hat{\alpha}_P Y_{t-p} + \varepsilon_t \tag{4-15}$$

式中 $\hat{\alpha}_0, \hat{\alpha}_1, \hat{\alpha}_2 \cdots \hat{\alpha}_P$ 的下标通常是 $\{1,2,3\cdots P\}$ 的子集。

4.4.2.2　疏系数自回归模型在紫坪铺隧道中的应用

以紫坪铺隧道 02A01 监测探头对开挖工作面的监测数据为例，利用疏系数自回归预报的动态数据处理方法对其"异常出现的极大可能时刻"进行分析处理。定义当瓦斯含量浓度大于等于 0.5%时为瓦斯"异常出现的极大可能时刻"。为了使时序数据符合疏系数模型的特点，建立如表 4-23 与表 4-24 中的时间间隔 Y_i 序列，Y_i 的单位是天。

取 $n=9$，通过计算机程序对 Y_i 时间序列进行分析处理，从表 4-25 可知，BIC 值最小的是 $P=5$ 的自回归模型。模型参数：41.702，−0.953，−1.167，−1.659，−0.792，0.334；挑选的变量及相应的顺序：3，9，6，8，1。故预报模型为：

$$\hat{Y}_i = 41.702 - 0.953Y_{i-3} - 1.167Y_{i-9} - 1.659Y_{i-6} - 0.792Y_{i-8} + 0.334Y_{i-1} + \varepsilon_t$$

时间序列原始数据　　表 4-23

日　期	最大瓦斯浓度(%)	出现浓度≥0.5%	时间间隔	日　期	最大瓦斯浓度(%)	出现浓度≥0.5%	时间间隔	日　期	最大瓦斯浓度(%)	出现浓度≥0.5%	时间间隔
2007.05.01	1.8	△	0	2007.05.19	0.79	△	12	2007.06.06	0.98	△	9
2007.05.02	0.23			2007.05.20	0.33			2007.06.07	1.18	△	1
2007.05.03	0.19			2007.05.21	0.51	△	2	2007.06.08	0.4		
2007.05.04	0.22			2007.05.22	0.39			2007.06.09	0.25		
2007.05.05	0.17			2007.05.23	0.25			2007.06.10	0.4		
2007.05.06	0.15			2007.05.24	0.22			2007.06.11	0.38		
2007.05.07	1.16	△	6	2007.05.25	0.3			2007.06.12	0.17		
2007.05.08	0.16			2007.05.26	0.2			2007.06.13	0.34		
2007.05.09	0.23			2007.05.27	0.26			2007.06.14	0.25		
2007.05.10	0.26			2007.05.28	1.02	△	7	2007.06.15	0.37		
2007.05.11	0.32			2007.05.29	0.25			2007.06.16	0.33		
2007.05.12	0.23			2007.05.30	0.35			2007.06.17	0.26		
2007.05.13	0.3			2007.05.31	0.4			2007.06.18	0.25		
2007.05.14	0.2			2007.06.01	0.29			2007.06.19	2.44	△	12
2007.05.15	0.28			2007.06.02	0.32			2007.06.20	0.12		
2007.05.16	0.27			2007.06.03	0.27			2007.06.21	0.14		
2007.05.17	0.2			2007.06.04	0.27			2007.06.22	0.17		
2007.05.18	0.26			2007.06.05	0.33			2007.06.23	0.18		

续上表

日　期	最大瓦斯浓度（%）	出现浓度≥0.5%	时间间隔	日　期	最大瓦斯浓度（%）	出现浓度≥0.5%	时间间隔	日　期	最大瓦斯浓度（%）	出现浓度≥0.5%	时间间隔
2007.06.24	0.14			2007.07.28	0.23			2007.08.31	0.18		
2007.06.25	0.14			2007.07.29	0.24			2007.09.01	0.15		
2007.06.26	0.17			2007.07.30	0.36			2007.09.02	0.15		
2007.06.27	0.17			2007.07.31	0.24			2007.09.03	0.15		
2007.06.28	1.04	△	9	2007.08.01	0.21			2007.09.04	0.17		
2007.06.29	0.23			2007.08.02	0.26			2007.09.05	0.28		
2007.06.30	0.28			2007.08.03	0.17			2007.09.06	0.26		
2007.07.01	0.3			2007.08.04	0.21			2007.09.07	0.13		
2007.07.02	0.26			2007.08.05	1	△	15	2007.09.08	0.13		
2007.07.03	0.3			2007.08.06	0.18			2007.09.09	0.13		
2007.07.04	0.25			2007.08.07	0.25			2007.09.10	0.17		
2007.07.05	0.32			2007.08.08	0.19			2007.09.11	0.19		
2007.07.06	1.67	△	8	2007.08.09	0.28			2007.09.12	0.18		
2007.07.07	0.23			2007.08.10	0.2			2007.09.13	0.71	△	15
2007.07.08	0.23			2007.08.11	0.22			2007.09.14	1.3	△	1
2007.07.09	0.2			2007.08.12	0.17			2007.09.15	0.24		
2007.07.10	0.57	△	4	2007.08.13	0.17			2007.09.16	0.32		
2007.07.11	0.21			2007.08.14	0.18			2007.09.17	0.17		
2007.07.12	0.22			2007.08.15	0.19			2007.09.18	0.13		
2007.07.13	0.21			2007.08.16	1.1	△	11	2007.09.19	0.23		
2007.07.14	0.19			2007.08.17	0.17			2007.09.20	0.33		
2007.07.15	0.57	△	5	2007.08.18	0.15			2007.09.21	0.39		
2007.07.16	0.19			2007.08.19	0.12			2007.09.22	0.37		
2007.07.17	0.22			2007.08.20	0.14			2007.09.23	0.39		
2007.07.18	0.22			2007.08.21	0.1			2007.09.24	0.31		
2007.07.19	0.22			2007.08.22	0.9	△	6	2007.09.25	0.36		
2007.07.20	0.2			2007.08.23	0.12			2007.09.26	0.63	△	12
2007.07.21	0.51	△	6	2007.08.24	1.36	△	2	2007.09.27	0.32		
2007.07.22	0.18			2007.08.25	0.15			2007.09.28	0.32		
2007.07.23	0.17			2007.08.26	0.13			2007.09.29	0.3		
2007.07.24	0.17			2007.08.27	0.13			2007.09.30	0.29		
2007.07.25	0.17			2007.08.28	0.12			2007.10.01	0.27		
2007.07.26	0.18			2007.08.29	0.14			2007.10.02	0.31		
2007.07.27	0.17			2007.08.30	5.55	△	6	2007.10.03	0.39		

续上表

日　期	最大瓦斯浓度（%）	出现浓度≥0.5%	时间间隔	日　期	最大瓦斯浓度（%）	出现浓度≥0.5%	时间间隔	日　期	最大瓦斯浓度（%）	出现浓度≥0.5%	时间间隔
2007.10.04	0.34			2007.10.10	0.98	△	2	2007.10.16	0.32		
2007.10.05	0.39			2007.10.11	0.61	△	1	2007.10.17	0.33		
2007.10.06	0.45			2007.10.12	0.32			2007.10.18	0.28		
2007.10.07	0.41			2007.10.13	0.32			2007.10.19	1	△	4
2007.10.08	1.17	△	12	2007.10.14	0.72	△	3				
2007.10.09	0.46			2007.10.15	0.76	△	1				

经原始数据处理后建立的序列数据　表 4-24

i	1	2	3	4	5	6	7	8	9	10	11	12
Y_i	6	12	2	7	9	12	9	8	4	5	6	15
i	13	14	15	16	17	18	19	20	21	22		
Y_i	11	6	2	6	15	12	11	2	3	4		

模型阶数 P 与相应的 BIC 值处理结果表　表 4-25

P	BIC	P	BIC
9	0.3584E+01	4	0.2466E+01
8	0.3207E+01	3	0.2657E+01
7	0.2831E+01	2	0.2754E+01
6	0.2459E+01	1	0.2494E+01
5	0.2178E+01	0	0.2942E+01

最终预报方程为：

$$\hat{Y}_i=41.702-0.953Y_{i-3}-1.167Y_{i-9}-1.659Y_{i-6}-0.792Y_{i-8}+0.334Y_{i-1}$$

为了检验预报方程的效果，以下作了具体的预报，结果比较理想。

$$\hat{Y}_{23}=41.702-0.953Y_{20}-1.167Y_{14}-1.659Y_{17}-0.792Y_{15}+0.334Y_{22}$$

$$\hat{Y}_{23}=7.121$$

根据预测值，第 23 次发生瓦斯浓度异常是在 7.121 天后，这与实际的 2007 年 10 月 25 日（即 $Y_{23}=6$）瓦斯浓度最大值为 1.34%（$Y_{24}=15$）相比较，预测模型精度可靠。因此用疏系数自回归模型预测瓦斯异常是可行的。

上述分析说明“异常出现的极大可能时刻”的出现具有一定的规律，利用疏系数自回归预报的动态数据处理方法对其进行预测是合理的。并得出以下三点结论：

(1)瓦斯的涌出是可以认识的，每次异常涌出不是孤立的，而是具有一定的相关性。

(2)由于瓦斯涌出规律的复杂性，所以采用单因素（如本小节采用瓦斯浓度的时间序列）的模型在一定程度上降低了预测精度。如果采用多因素的混合自回归模型效果会更好。

(3)如数据序列数据不是太多，最大迟后量 n 可以据下式得到：

$$n=\mathrm{int}((N-3)/2)$$

式中：N——数据总个数。

4.4.3 摆动模型预测技术

4.4.3.1 摆动模型

采用摆动模型分析隧道的瓦斯浓度异常，通过摆动量、偏离率和变动率几个指标研究瓦斯浓度变化，从中提取潜在异常前兆信息，初步识别可能出现异常的区间。

摆动模型的指标主要有：摆动量、偏离率和变动率。

(1)摆动量：为了描述瓦斯涌出变化规律性而提出的一个指标，用以考察瓦斯浓度的变化程度与异常出现的关系。

(2)偏离率：对于隧道不同洞段，即使在使用滑动平均线分析异常出现的过程中曲线趋势是一致的，但不同洞段的煤层瓦斯含量、围岩渗透性系数等不一样，监控系统所测得的瓦斯浓度也会有差别。偏离率可将滑动平均线规范化。

$$y(n)_t = \frac{x_t - MA(n)_t}{MA(n)_t} \tag{4-16}$$

$$MA(n)_t = \frac{1}{n}\sum_{i=1}^{n} x_{t-i+1} \quad \text{(最近 } n \text{ 时刻内的瓦斯浓度滑动平均)}$$

式中：t——当前时刻；

n——时间长度；

x_t——t 时刻的瓦斯浓度值。

(3)变动率：统计学中的方差能很好描述瓦斯浓度的变动率。一方面，方差反映的是序列的离散程度，也即各值偏离均值的程度。方差越大，瓦斯浓度变化幅度越大；方差越小，瓦斯浓度变化幅度越小。另一方面，当监控系统是采用变质变态的读数方式时，一定的时间间隔内瓦斯涌出量变化频繁，表现在序列中就是该段时间内读数值的数量较多，而在相同时间间隔内，瓦斯涌出稳定，则读数值数量较少。以正常和异常两种情况的同时期的均值相等为前提，异常时的方差要远大于正常时的方差。由此可见，一定时间步长的瓦斯浓度值的方差表明了瓦斯涌出的变化程度。

$$\mu = \frac{1}{k}\sum_{t=1}^{k} x_t \tag{4-17}$$

$$S^2 = \frac{1}{k-1}\sum_{t=1}^{k} (x_t - \mu)^2 \tag{4-18}$$

式中：μ——序列的样本均值；

S^2——序列的样本方差；

k——时间步长。

4.4.3.2 摆动模型在紫坪铺隧道瓦斯预测中的应用

对紫坪铺隧道 K16+993 点瓦斯监测数据建立摆动模型，并作出分析。

图 4-28 是对瓦斯浓度最高值变化曲线的 5 期滑动平均后的偏离率计算结果图。从图可以得出，从偏离率的大小、正负的变动来分析瓦斯浓度的异常：正偏离时浓度上升；负偏离时浓度下降；偏离率为零时浓度为恒值；偏离率的大小和浓度变化的大小、速率也存在一定联系。

图 4-29 是对瓦斯浓度最高值变化曲线的方差计算结果图。可以用方差的大小来分析瓦

斯的变动情况，如图可以得出：方差越小，瓦斯浓度变化越稳定；变动越大，方差越大；稳定的变动幅度对应稳定的方差。

可以认为，频次的剧增和偏离率的增减变化是瓦斯状态突变的前兆信息。尽管瓦斯浓度本身没有超出规定值，但其中蕴含的异常信息在事故发生前一定时间会有明显的表现。可将其分析结果信号传递给与之进行数据传输的监控系统，利用监控系统可向作业地点和监控中心发出报警信号。前兆信息随突变的临近越来越强。对瓦斯浓度数据中潜在信息进行挖掘，能够为安全管理提供决策支持信息，有效保护生命财产的安全。

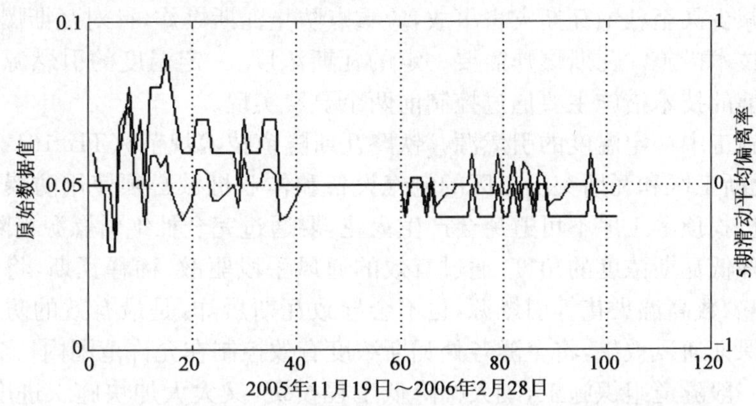

图 4-28　K16＋993 最高浓度值及 5 期滑动平均后的偏离率

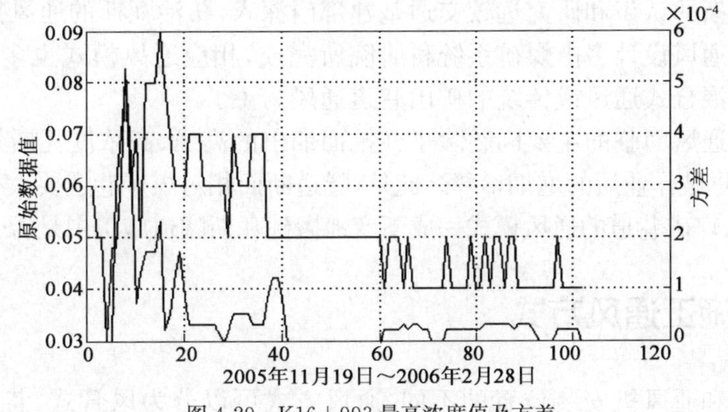

图 4-29　K16＋993 最高浓度值及方差

4.4.3.3　摆动模型实时跟踪预报的实现

偏离率的适时跟踪预报方法类似于灰色理论中新陈代谢思想，即以增加新信息与去掉旧信息同时进行的方式建模，通过数据序列本身更新，使模型更能真实的代表实际序列。因此，偏离率适时跟踪预报的计算过程为：在上一个原始数据序列$\{X(t)\}=\{x(t),x(t-1)\cdots x(t-n+1)\}$中，置入新信息$x(t+1)$，去掉老信息$x(t-n+1)$，得$\{x(t+1)\}=\{x(t+1),x(t)\cdots x(t-n+2)\}$，然后建立模型即可实现偏离率的适时追踪预报。

变动率的适时跟踪预报与偏离率的适时跟踪预报方法不同，而通过增加新信息后直接建模，而不去掉旧信息。即变动率的适时跟踪预报的计算过程与变动率的计算过程类似，不同之处在于计算时前者较后者序列长度增加 1。

第5章　瓦斯隧道施工通风技术

根据国内外工程事故统计分析，隧道瓦斯灾害事故主要为瓦斯爆炸，而发生瓦斯突出的概率较低。要有效减少甚至杜绝瓦斯灾害事故，应重点防止瓦斯爆炸，针对瓦斯爆炸的发生条件采取相应的防治技术措施。瓦斯爆炸需要一定的瓦斯浓度、一定温度的引燃源、足够的氧，三者缺一不可。目前的技术措施主要通过控制前两个要素实现。

为减少隧道施工中一定温度的引燃源，《铁路瓦斯隧道技术规范》(TB 10120—2002)明确要求“隧道内高瓦斯工区和瓦斯突出工区的电气设备和作业机械必须使用防爆型”，然而隧道作业中焊接、装渣、找顶等工序不可避免会产生火花，要通过完全杜绝引燃源消除瓦斯爆炸，实现难度极大。从降低瓦斯浓度的角度，通过有效的通风手段驱散、稀释瓦斯，将其控制在爆炸下限内，即使出现少数高温火花等引燃源，也不会导致瓦斯爆炸，是最有效的防止瓦斯爆炸的技术措施。若能保证通风效果，将全隧各处瓦斯浓度有效控制在允许范围内，完全可能将瓦斯隧道施工变为按一般隧道组织施工，既大幅降低工程投资，又大大加快施工进度。可见，施工通风将直接决定隧道是否存在瓦斯爆炸的安全隐患，是瓦斯隧道安全施工最重要的环节。

煤矿系统对瓦斯的认识和研究远较交通基建部门深入，防治瓦斯的通风技术也更为完善，故早期瓦斯隧道的通风设计多由煤矿系统科研院所完成，相应通风模式也多以适于煤矿巷道特点和瓦斯规律的混合式通风或传统的矿山巷道通风为主。

瓦斯隧道施工通风面临的主要问题除了开挖面涌出的高压、高浓度瓦斯外，还包括各类施工机械尾气排放和爆破作业后的炮烟稀释。此外，隧道断面相对煤矿巷道要大很多，施工中爆破作业容易损坏风管，煤矿巷道的通风模式一成不变地搬到瓦斯隧道施工中是否合适还有待商榷。

5.1　隧道施工通风方式

根据风道类型和通风机安装位置的不同，通风方式可以分为风管式、巷道式和风墙式三种，其中隧道施工通风常用的是风管式和巷道式通风。

5.1.1　风管式通风

5.1.1.1　压入式通风

压入式通风方式一般是由设置于洞口的风机把新鲜空气通过风管压入工作面，以稀释并排出开挖工作面的有毒、有害气体和粉尘，而污浊空气流经整个隧道由隧道口排出，如图5-1所示。新鲜风流从风管口流出以后，由于空气分子的径向运动，在风流边界上与瓦斯、炮烟等污浊气体相互掺混，发生动量交换，使风速逐渐降低，而射流断面逐渐扩大，到一定距离后反向流离工作面，如图5-2所示。

从风管口到风流反向点的距离称为有效射程，有效射程以外的瓦斯、炮烟及废气等，呈涡流状态，不能迅速排出，故风管口距离开挖工作面的长度必须小于有效射程。

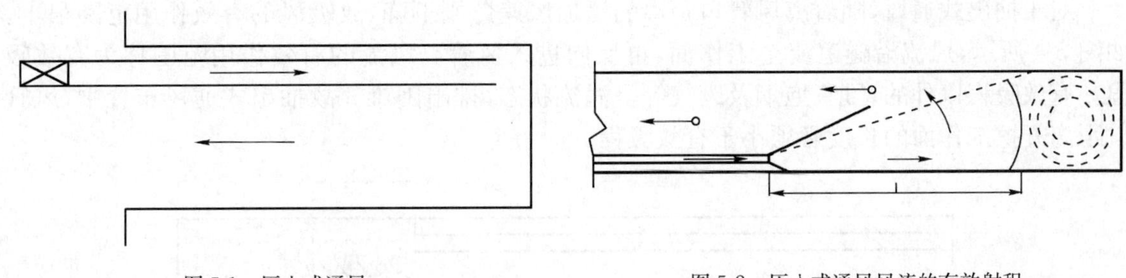

图 5-1　压入式通风　　　　图 5-2　压入式通风风流的有效射程

有效射程计算有如下方法：

(1)冶金、煤炭矿山及部分隧道通风研究的公式：

$$l_1=(4\sim5)\sqrt{A} \tag{5-1}$$

式中：l_1——有效射程；

A——隧道的断面面积。

(2)大瑶山隧道模型试验计算公式：

$$l_1=(4.5\sim5.9)D_e \tag{5-2}$$

式中：D_e——隧道当量直径。

(3)日本施工通风的取值方法：

$$l_1=6.67D_e \tag{5-3}$$

压入式通风的优点是有效射程大，稀释、排出瓦斯及炮烟的效果好；工作面回风不通过风机和通风管，对于有瓦斯涌出的工作面安全性高；工作面的污浊空气沿隧道流出，沿途带走隧道内的瓦斯、粉尘及施工机械尾气，对改善工作面环境、降低瓦斯浓度更有利。

压入式通风的缺点主要在于隧道长距离掘进时，排出瓦斯、炮烟需要的风量大，通风排烟时间较长，回风流污染整条隧道。

根据绝大多数隧道无轨运输施工特点，采用压入式通风可以使工作面的污染最小，空气质量最好，同时，通风机不需经常移动，利于工作面设备布置和作业，管理上也方便，因而更宜于机械化作业，是目前隧道施工通风的主要方式。独头掘进长度小于 2km 的瓦斯隧道多采用压入式通风，如发耳隧道等，效果良好。

5.1.1.2　抽出式(压出式)通风

抽出式通风方式是由轴流风机通过风管把工作面的污染空气抽出，新鲜风流沿隧道流入。抽出式通风采用硬质风管，如图 5-3a)所示；若采用柔性风管，则系统布置应如图 5-3b)所示的压出式通风，两种方式特点类似。

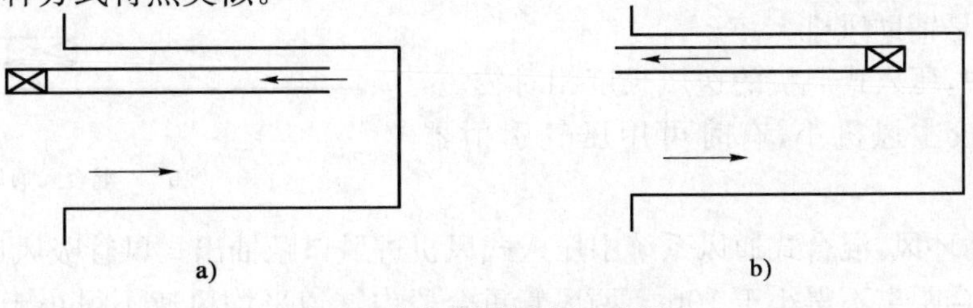

图 5-3　抽出式通风和压出式通风

a)抽出式；b)压出式

对于抽出式通风，随着离风管口距离的增加风速急剧下降，故吸风的有效作用范围很小。如图 5-4 所示，风流沿隧道流至工作面，再反向进入风管。风流的有效作用范围称为有效吸程。有效吸程以外的瓦斯、炮烟及废气等呈涡流状态，排出困难。故抽出式通风布置中，风管口距离开挖工作面的长度必须小于有效吸程。

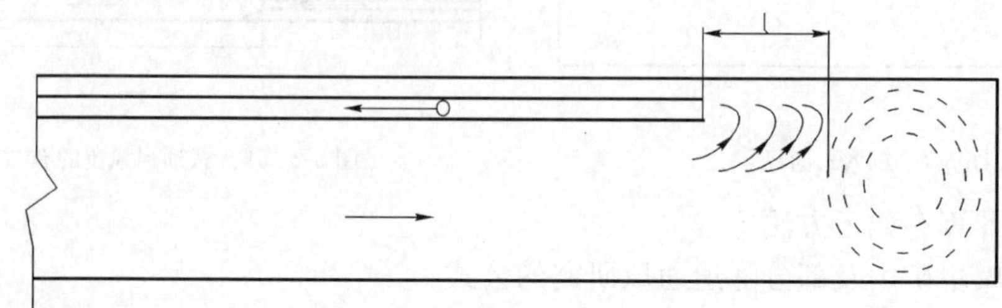

图 5-4 抽出式通风风流有效吸程

有效吸程计算如下式：

$$l_2=1.5\sqrt{A} \tag{5-4}$$

式中：l_2——有效吸程；

其余符号意义如前。

此外，为保证瓦斯、炮烟排出效果，吸风口距离开挖工作面的长度还应大于炮烟抛掷长度 l_0（炮烟抛掷区是指放炮后炮烟弥漫的区域）。

$$l_0=15+\frac{G}{5} \tag{5-5}$$

式中：l_0——炮烟抛掷长度；

G——同时爆破的炸药量。

抽出式（压出式）通风的优点是有效吸程内排出瓦斯和炮烟效果好，所需风量小，回风流不污染隧道，适于采用有轨运输的隧道施工通风。

抽出式（压出式）通风的缺点在于有效吸程很短，只有当风管口离工作面很近时才能达到通风效果，往往造成工作面设备布置困难，通风设备有被爆破飞石损坏的可能。

在瓦斯隧道中，由于抽出式通风回风流经过风机和风管，如果叶轮与外壳碰撞或其他原因产生火花，有引起瓦斯爆炸的危险，故风机叶轮必须用软金属制造以避免产生撞击火花，且电机须为防爆型。

5.1.1.3 混合式通风

混合式通风系统如图 5-5 所示，抽出式（在柔性风管系统中作压出式布置）风机的功率较大，是主风机；压入式风机是辅助风机。

通风系统中，压入式风机的送风长度相对较短，需要的风量也较主风机小，有时可用压气引射器代替。

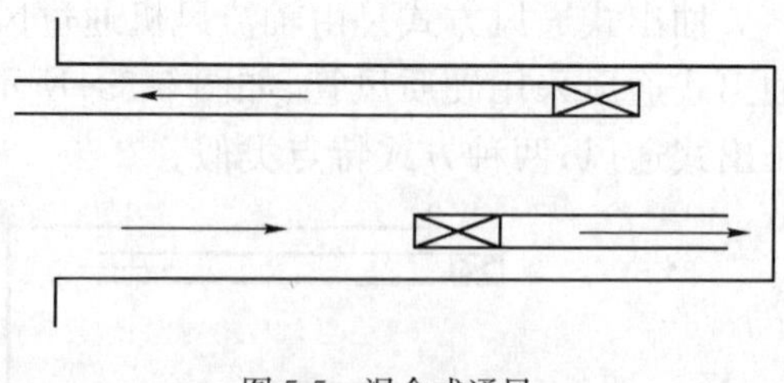

图 5-5 混合式通风

为了避免循环风，混合式通风系统中压入式风机进风口距抽出式风管吸风口（或压出式风机吸风口）的重合距离不得小于 10m。两风管重合段内隧道平均风速不得小于该隧道的最低允许风速。

混合式通风的优点在于其综合了压入式通风和抽出式通风的优点，利用压入式风机有效射程长的特点，把瓦斯、炮烟及废气等搅混、稀释并排离工作面，再由抽出式(压出式)风机吸走，适合于大断面长距离隧道通风，在机械化作业时更为有利。

混合式通风的缺点是必须保证两台风机同时运转，通风系统较复杂，可靠性差，不便于管理，且运行成本高。

目前，混合式通风在煤矿系统中应用较多，在公路隧道和铁路隧道中也有一定应用，如圆梁山隧道等瓦斯隧道施工过程中阶段性采用过混合式通风。

5.1.2　巷道式通风

巷道式通风利用最靠近开挖工作面的横通道在正洞和平导之间(或平行双洞间)形成一个循环风流系统，新鲜空气由正洞流入，由平导流出，如图 5-6 所示。位于横通道前方的正洞和平导的独头掘进洞段，可以采用局部的风管式通风。巷道式通风适用于设有平导的长大隧道或左、右线分离的平行隧道，尤其适于瓦斯隧道特别是高瓦斯隧道施工通风。

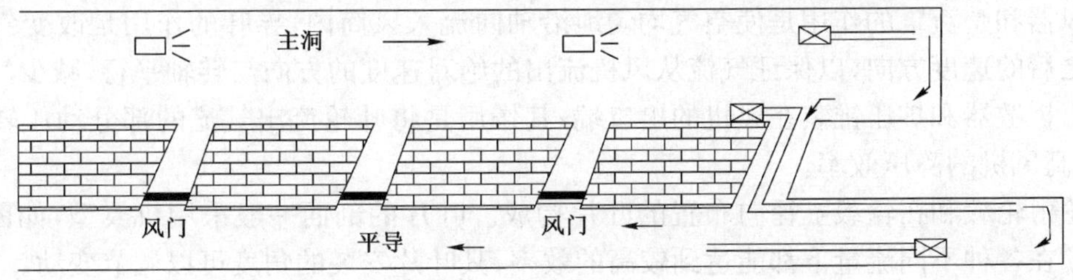

图 5-6　巷道式通风

《铁路瓦斯隧道技术规范》(TB 10120—2002)明确规定："非瓦斯工区的施工通风方式宜采用压入式或混合式；低瓦斯工区的施工通风应采用压入式，也可采用巷道式；高瓦斯工区和瓦斯突出工区，施工通风宜采用巷道式"。

早期隧道施工中，巷道式通风局限于传统的矿山巷道式通风，即压入式风机安装在进风隧道内，污染空气沿平导或另一条平行隧道流出。为避免循环风，除用作回风的横通道外，不用的横通道须设置风门进行封闭。南昆线家竹箐隧道即采用这种通风方式，成功解决了高瓦斯隧道施工通风的难题(详后)。

射流通风是公路隧道运营通风的显著特点，广邻高速华蓥山隧道首次成功地将射流通风理念引入到隧道施工通风中，实现射流巷道式通风。华蓥山隧道为双洞单向行车的特长直线人字坡隧道，左、右隧道各长 4 706m。施工采用钻爆法全断面开挖，出渣采用无轨运输方式。施工通风面临的主要问题：一是全断面开挖揭煤时的高压、高浓度瓦斯；二是无轨运输车辆的废气。该隧道施工通风中引入射流风机，摒弃了传统的采用大功率主风机向洞内输送新鲜空气的通风方式，利用先进的射流技术推动洞内外空气的交换，把洞口到射流风机的区段变为真正意义上的巷道式通风(进风道为新鲜风流)，在射流风机到掘进面之间实现单一的压入式通风(轴流风机置于新鲜风带中)。隧道独头施工通风西端最长距离为 2 200m，东端为 2 800m，取得了长大公路高瓦斯隧道施工通风的好成绩。

射流巷道式通风充分发挥了巷道式通风的优势，具有通风效果好、能耗低、现场操作简单、可靠性高等优势，是长大高瓦斯隧道(双线隧道或有平导的隧道)最适合的施工通风方式，在近几年瓦斯隧道建设中得到大量推广应用，如都汶高速公路紫坪铺隧道、龙溪隧道；垫邻高速公路明月山隧道、铜锣山隧道以及忠垫高速公路谭家寨隧道等均采用此种施工通风方式，取得了显著的防治瓦斯的效果。

5.2 隧道常用风机

长大高瓦斯隧道的通风技术水平，将直接影响隧道掘进速度与施工工期，这不仅取决于合理布置通风方式，还取决于风管和风机合理选型和配套程度。

根据风机构造，可分为三类：离心式通风机、轴流式通风机和射流风机。其中，离心式风机由于体积大、功率小、送风量和风压小等缺陷，在隧道施工中极少应用。

5.2.1 轴流式风机

轴流式风机一般由进风口（包括集风器和整流罩）、叶轮（由圆柱型轮毂与等距离的机翼型叶片构成）、导叶、风筒和环形扩散器组成，如图 5-7 所示。

集风器和整流罩的作用是使空气均匀地沿轴向流入风筒内，导叶的作用是改变气流从叶轮流出之后的速度方向，以保证气流从风机流出的绝对速度的方向与转轴平行，减少气流的能量损失。扩散器和扩压锥装在风机的出口端，其作用是将叶轮流出气流的部分动压转变为静压，以提高风机的静压效率。

叶轮由轮毂和在轮毂上径向布置的叶片构成。叶片的剖面一般采用机翼型，如图 5-8 所示。为了在各种不同流量下都能达到较高的效率，其叶片安装的角度可以调节变动。

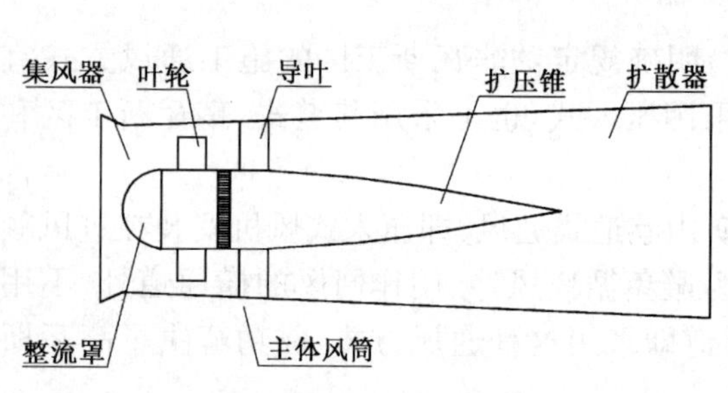

图 5-7 轴流风机结构

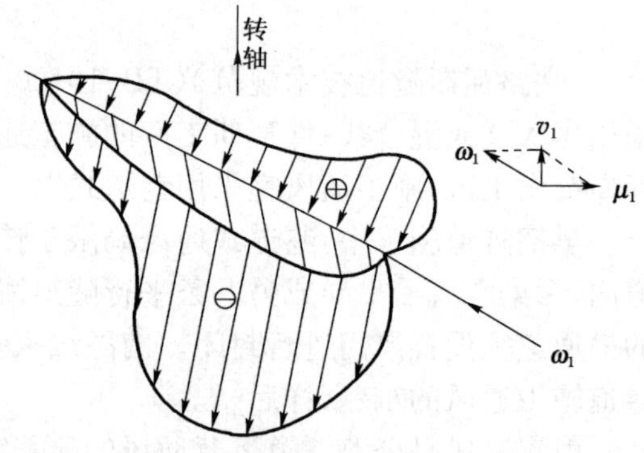

图 5-8 气体绕流过机翼型叶片

轴流式通风机的工作原理是让气流通过叶轮时，靠叶轮旋转时斜向装置的叶片推动气流前进，气流在叶轮内做轴向流动，获得能量。轴流式风机的叶轮旋转时，叶片的正面（工作面）形成正压，叶片的背面（非工作面）形成负压；由于叶片剖面的形状为机翼型，有效增大了叶片工作面与非工作面之间的压差。根据机翼理论，当气流平顺绕流过机翼型的叶片时，气流正好在机翼的前端点分开，在尖尾的角点汇合，沿机翼弓背面流动的气体速度必然比沿机翼平底面（或凹底面）流动的气体速度大。机翼前方具有相同能量的气流质点，沿弓背面流动者速度较大即动能增大因而压力能减小即压强较低；反之，沿平底面流动的气流质点速度较小，压强就较高。

现以机翼的平底面作为轴流式通风机叶片的工作面，向着通风机的出口；以弓背面作为非工作面，背着风机的出口。当叶轮旋转时气体绕流过叶片，在叶片正面和背面形成的压力差是气流对叶片的作用力，其反作用力则是叶片对气流的作用力。通过该力在叶轮旋转过程中所做的功，使气流获得能量。

轴流风机选型应结合使用条件、隧道需风量、全风压及全性能曲线进行选择。对于瓦斯隧道施工通风，如果风机布置在隧道以外，可采用普通风机；如果风机布置在隧道内，必须采用防爆型。

轴流风机的轴功率按式(5-6)计算：

$$S_{kw}=\frac{Q_a\cdot p_{tot}}{1\,000\eta}\cdot\left(\frac{273+t_0}{273+t_1}\right)\cdot\frac{P_1}{P_0}\tag{5-6}$$

式中：S_{kw}——轴流风机轴功率；

Q_a——轴流风机的风量；

p_{tot}——轴流风机的全风压；

η——风机效率；

t_0——标准温度；

t_1——风机环境温度；

P_0——标准大气压；

P_1——风机环境大气压。

轴流风机所需配用的电机功率按式(5-7)计算：

$$M_1=\frac{S_{kw}}{\eta_m}\cdot k\tag{5-7}$$

式中：M_1——电机功率；

η_m——电机效率，可取 90%～95%；

k——电机容量安全系数，可取 1.15。

5.2.2　射流风机

射流风机是由轴流风机加消音器组成，其结构见图 5-9。

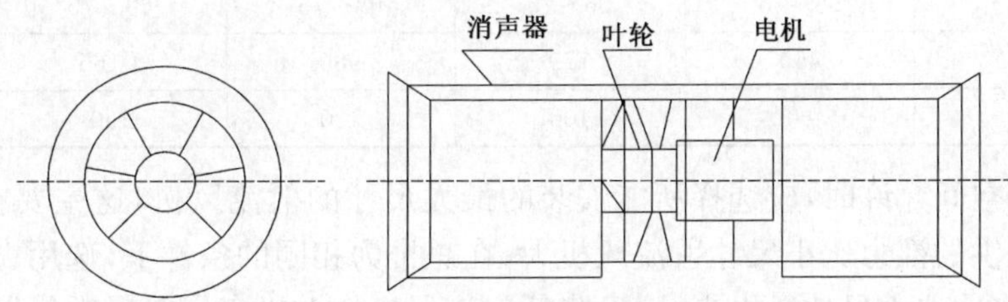

图 5-9　射流风机结构示意

虽然射流风机由轴流风机组成，但两者工作原理有很大区别。轴流风机的出口与风管相连，风机通过叶片产生压力，推动风管内的空气流动。射流风机则安放在一个空间中，高速气流由射流风机的出口射出，此高速气流将带动周围的空气向前流动，在隧道中形成通风。风机产生的射流速度越高，带动隧道内空气流动的能力越大。因此，射流风机被设计成能产生很高的出口风速，通常超过 30m/s。风机出口风速越高，风机产生的噪声越大，为了降低噪声，射流风机两端必须加装消音器。

隧道中的风机射流是一种有限空间的紊动射流，与通常的自由射流有极大的不同，具有以通风气流为伴随流动等特点，是一种特殊而复杂的射流形式。射流以初始速度 V_j 进入通风速

度为 V_i 的隧道空间，在风机出口处，射流与隧道气流之间形成切向间断而产生漩涡，使射流微团产生横向脉动而与隧道气流进行动量交换、质量交换。这种“卷吸”作用，使射流范围扩展、流量增加、速度减小，形成射流发展过程。与此同时，伴随流动范围逐渐减小，整个隧道气流沿纵向呈现渐变的、非均匀的逆压流动，直至射流发展完成，伴随流消失，断面开始形成均匀流速度分布。当流动速度衰减到一定程度时，下一组风机开始工作。在隧道中将多组风机按一定间距串接，利用射流的诱导效应和增压效应，在隧道中形成空气的纵向流动，可满足隧道施工通风的需要。

射流通风具有显著的经济效益和良好的环境效益，同时还具有系统投资少、调控灵活、管理简便、运行费用较低等突出优点，使得射流通风逐渐成为一种重要的隧道施工通风方式。普通射流风机的通风效率很低，一般仅为 15%左右，且相对能耗较大；而大功率射流风机效率大得多，通常在 40%～70%之间。通过采用大功率射流风机，提高射流速度，可显著提高风机效率并降低能耗。

目前，主要国产射流风机的部分型号及技术参数见表 5-1。为了增加射流风机在选用上的灵活性，每种尺寸的射流风机都有几种不同功率的电机选用。例如，1 120mm 风机可以配用 15kW、18kW、22kW、30kW、37kW 电机。

部分国产射流风机型号及技术参数　　表 5-1

机号(No.)	63	90	100	112	125
叶轮直径(mm)	630	900	1 000	1 120	1 250
轴向推力(N)	245～515	390～840	530～1 095	695～1 340	845～1 655
流量(m^3/s)	8.6～12.3	15.4～22.3	20～28.5	25.8～35.5	31.8～44
出口风速(m/s)	27.6～39.5	24.2～35.1	25.5～36.3	26.2～36	25.9～35.9
转速(r/min)	2 900～2 930	1 440～1 470	1 460～1 470	1 460～1 480	1 470～1 480
电机功率(kW)	5.5～15	7.5～22	11～30	15～37	18.5～45
噪声(dB(A))	68～75	66～75	68～75	69～75	69～75
总重力(kN)	450	770	985	1 165	1 410
最小间距(m)	80	100	120	150	180

当隧道顶部空间允许时，应选择所能安装的最大尺寸的射流风机，这主要在于：①大尺寸射流风机所能提供的推力比小尺寸射流风机大，在总推力相同的条件下，选用大尺寸射流风机时，风机的数量将比选小尺寸风机少，因而降低射流风机的总投资。②通常每组射流风机都设有就地控制箱，风机数量减少后，就地控制箱的数量也相应减少。③射流风机所用耐火电缆十分昂贵，风机数量的减少可以大大降低耐火电缆的费用。④由于风机数量的减少，还将节省设备的安装、运行管理、维护等费用。

5.3 隧道施工通风系统设计

5.3.1 风量计算

瓦斯隧道开挖过程中，瓦斯从岩缝或煤层中释放、涌出。通过施工通风，可以冲淡、稀释瓦斯，并防止瓦斯在角隅或洞顶滞留，前者主要与风量有关，后者主要与风速有关。因此，必须根据瓦斯涌出量、爆破排烟、同时工作的最多人数、洞内施工机械排放废气量等分别计算通风所需风量，并按允许风速进行检验，采用其中的最大值，以确保风量和风速满足瓦斯防治要求。

5.3.1.1　按瓦斯涌出量计算

独头掘进的瓦斯隧道多采用压入式通风，整个巷道都是回风流，考虑到洞内有电气设备，还有后续作业，故工作面风流中瓦斯浓度须控制在 0.5％以下。对于有平导的巷道式通风，回风风流中瓦斯浓度应在 0.75％以下。但其开挖工作面仍为独头，风流中的瓦斯浓度应控制在 0.5％以下，故按瓦斯涌出量，通风量计算如下：

$$Q=q\cdot k/r \tag{5-8}$$

式中：Q——隧道通风量；

q——瓦斯绝对涌出量；

r——工作面回风流瓦斯允许浓度；

k——瓦斯涌出不均匀系数，取 1.5～2.0。

对于独头掘进的隧道而言，瓦斯来源主要包括掘进时的爆落煤块、新暴露的洞壁及已喷混凝土待衬砌段洞壁三部分，故瓦斯涌出量计算如下：

$$q=q_1+q_2+q_3 \tag{5-9}$$

式中：q_1——开挖工作面爆落煤块瓦斯涌出量；

q_2——新暴露洞壁瓦斯涌出量；

q_3——喷射混凝土段洞壁瓦斯逸出量。

开挖工作面爆落煤块的瓦斯涌出量 q_1 计算如下式：

$$q_1=V_a\rho_w W/1\,440 \tag{5-10}$$

式中：ρ_w——煤的密度；

W——每吨煤块瓦斯逸出量，$W=W_0-W_0'$；

W_0——每吨煤瓦斯含量；

W_0'——煤块中残存瓦斯量，W_0'与煤的挥发分有关；

V_a——每日开挖各循环爆落煤块的总体积，全煤巷工况下，V_a 为每日进尺与隧道断面面积的乘积，半煤巷工况下，应根据煤层产状、厚度及进尺推算煤块体积，由于全隧煤层分布不同，计算该值时应根据施工工区的最不利煤层情况计算。

新暴露煤壁的瓦斯逸出量随时间逐渐衰减，暴露的煤壁面积与施工安排有关，假设未喷混凝土支护时，煤壁长度等于一天的掘进进尺。故新暴露煤壁瓦斯涌出量 q_2 可按下式计算：

$$q_2=A_0Q_0f(t) \tag{5-11}$$

式中：A_0——每天新暴露未支护煤壁面积，当洞壁上岩壁与煤壁有相同强度的瓦斯逸出时，$A_0=A+UH$；

A——隧道断面面积；

U——隧道断面周长；

H——每日开挖进尺；

Q_0——单位时间内单位洞壁面积瓦斯逸出初始量，$Q_0=0.026W_0[0.000\,4(V^r)^2+0.016]$；

W_0——每吨煤瓦斯含量；

V^r——煤层挥发分；

$f(t)$——时间衰减函数，$f(t)=e^{-at}$；

a——衰减系数；

t——煤壁暴露计算时间。

已喷混凝土段的瓦斯逸出量计算如下，设独头掘进隧道已喷混凝土段长 L_0，每日进尺为 H，可分成几个条带（每条带长 Hm），近似认为在同一条带内瓦斯逸出的强度相同，不同条带瓦斯逸出不同，并随时间衰减。其中，某条带 i 的瓦斯逸出量为：

$$q_3^i=\frac{10^6K(p_{1i}^2-p_2^2)A}{2\Delta p_2\rho_a} \tag{5-12}$$

式中：Δ——喷射混凝土支护厚度；

p_2——洞内气压；

ρ_a——瓦斯气体密度，可取 0.716kg/m^3；

K——喷射混凝土层的瓦斯渗透系数，气密性喷射混凝土取 6×10^{-11} m/min，普通混凝土取 6×10^{-10} m/min；

p_{1i}——该条带围岩瓦斯压力，$p_{1i}=p_0e^{-\alpha\cdot i}$；

p_0——煤层中瓦斯初始压力；

α——瓦斯压力衰减系数。

则隧道瓦斯逸出量：

$$q_3=\sum_{i=1}^{n}q_3^i=\sum_{i=1}^{n}\left[\frac{10^6K(p_{1i}^2-p_2^2A)}{2\Delta p_2\rho_a}\right]=\frac{10^6KHU}{2\Delta p_2\rho_a}\left[p_0\sum_{i=1}^{n}(e^{-2\alpha})^i-\sum_{i=1}^{n}p_2^2\right] \tag{5-13}$$

上式中，$\sum(e^{-2\alpha})^i=(e^{-2\alpha})^1+(e^{-2\alpha})^2+\cdots+(e^{-2\alpha})^n=\dfrac{e^{-2\alpha}-e^{-2\alpha(n+1)}}{1-e^{-2\alpha}}$，$\sum\limits_{i=1}^{n}p_2^2=np_2^2$。

故 q_3 计算如下：

$$q_3=\frac{10^6KHU}{2p_2\rho_a\Delta}\left[\frac{p_0^2(e^{-2a}-e^{-2a(n+1)})}{1-e^{-2a}}-np_2^2\right] \tag{5-14}$$

式中：n——隧道内已喷混凝土段 L_0除以每日进尺 H，即 $n=L_0/H$；

其余符号意义同前。

5.3.1.2 按稀释和排炮烟所需风量计算

按排出炮烟计算风量的公式很多，但由于施工实际情况复杂、影响因素众多，公式大多带有经验公式的特点，不可避免的带有各种取值范围较广的系数，应用时要充分考虑其局限性，并在实践中予以修正。

1)压入式通风风量的计算

(1)方法一：

$$Q=\frac{2.25}{t}\sqrt[3]{\frac{G(AL)^2\varphi b}{\xi^2}} \tag{5-15}$$

式中：t——放炮后通风时间；

G——单次爆破最大装药量；

φ——淋水系数，按表 5-2 取值；

b——炸药爆炸时的有害气体生成量，煤层中爆破取 100，岩层中爆破取 40；

ξ——风管漏风系数；

A——隧道断面面积；

L——最长通风距离，长距离隧道掘进时，炮烟在沿隧道流动过程中与空气混合，在未到达隧道出口时已被稀释到允许浓度，从工作面至炮烟已稀释到允许浓度处的距离称为临界长度，在这种情况下，L 取临界长度值，$L = 12.5\dfrac{GbK}{A\xi^2}$；

K——紊流扩散系数，由表 5-3 查取。

淋水系数取值　　表 5-2

井巷潮湿情况	φ	潮湿的巷道	0.6
沿干燥岩层掘进的巷道	0.8	岩层含水	0.3

紊流扩散系数　　表 5-3

$l/2D$	K	$l/2D$	K
6.35	0.40	12.10	0.60
7.72	0.46	15.80	0.67
9.60	0.53	21.85	0.74

(2)方法二：

$$Q = \frac{19}{t}\sqrt{GLA} \tag{5-16}$$

式中各符号意义同前。

(3)方法三：

该方法考虑到放炮后工作面附近一段距离内(炮烟抛掷长度 l_0)即已充满了炮烟。在炮烟抛掷长度内的空气参与稀释炮烟，因此在计算工作面所需风量时按下式计算：

$$Q = \frac{5Gb - Al_0}{t} \tag{5-17}$$

2)抽出式(压出式)通风的风量计算

以下两种方法只适用于爆破后立即开始通风的情况。否则，由于炮烟不断向外蔓延，增大了炮烟区的容积，计算的风量将偏小，会延长通风排烟时间。

(1)方法一：

$$Q = \frac{2.13}{t}\sqrt{GbA\left(15 + \frac{G}{5}\right)} \tag{5-18}$$

式中各符号意义同前。

(2)方法二：

$$Q = \frac{18}{t}\sqrt{GAl_0} \tag{5-19}$$

式中各符号意义同前。

3)混合式通风的风量计算

在混合式通风系统中，使用两台工作方式不同的通风机或局部风机，其风量应分别计算。以压入方式工作的风机应向工作面提供的风量计算如下：

(1)方法一：

$$Q_1 = \frac{2.25}{t}\sqrt[3]{G(AL_y)^2\varphi b} \tag{5-20}$$

式中：Q_1 ——压入式风机向工作面提供的风量；

L_y ——压入式风筒口到工作面的距离；

其余符号意义同前。

(2)方法二：

$$Q_1 = \frac{19}{t}\sqrt{GL_yA} \tag{5-21}$$

式中各符号意义同前。

以抽出方式工作的风机，从工作面吸出的风量(扣除漏风量)按工作面风量与隧道最低允许平均风速计算，即：

$$Q_2 = Q_1 + Av \tag{5-22}$$

式中：Q_2 ——抽出式风机从工作面净吸风量；

v ——隧道的允许最低平均风速。

也可以按下式估算抽出风机的吸风量：

$$Q_2 = (1.2 \sim 1.25)Q_1 \tag{5-23}$$

式中各符号意义同前。

5.3.1.3　按洞内同一时间最多人数所需风量计算

根据铁路、矿山等部门颁发的隧道施工技术规范规定，每人每分钟供给风量不得小于 $4m^3$，则：

$$Q = 4kN \tag{5-24}$$

式中：k ——备用系数；

N ——洞内同一时间最多人数。

5.3.1.4　按稀释和排出内燃机废气风量计算

使用内燃机动力设备时，隧道的通风量应足够将设备所排出的废气全面稀释并排出，使隧道内各主要作业地点空气中有毒、有害气体的浓度降至允许浓度以下。按稀释和排出内燃机废气风量计算方法较多，主要包括安全稀释计算法、柴油机额定功率系数法和复合危害计算法。

1)安全稀释计算法

安全稀释计算法就是由某污染物要求的最大通风量乘以安全系数(一般安全系数取 2)来确定该台设备的通风要求量。

$$Q = 2\,\frac{q_f C_i}{[T_i]} \tag{5-25}$$

式中：C_i ——第 i 项污染物排放浓度；

$[T_i]$——第 i 项污染物允许浓度；

q_f ——柴油机废气排放率，$q_f = \dfrac{mVn\eta}{1\,000K}$；

V ——柴油机汽缸每次排量；

m——汽缸数；

K——柴油机每工作循环转数，四冲程取 2，二冲程取 1；

n——柴油机转速；

η——充气系数，通常取 0.75～0.9。

柴油机的转速 n 应取该污染物排放率最大时的转速。

2）柴油机额定功率系数法

由于安全稀释法计算麻烦，可通过试验和统计规定柴油机的功率通风计算系数 k_0（单位功率在单位时间内所需的通风量）。使用时，以该系数乘以各工作区域内柴油设备的总功率，经验性确定出某区域内的风量。

$$Q = k_0 \sum_{i=1}^{N} N_i \tag{5-26}$$

式中：k_0——功率通风计算系数，我国暂行规定为 2.8～3.0m^3/minHp；

N——某工区内柴油设备总台数；

N_i——各台柴油设备的额定功率。

在隧道施工过程中，某些设备如凿岩台车、装载机等，其柴油机只有部分时间处于满负荷工况。若不加区别都乘以相同的系数，计算通风量会远超过实际需要，造成浪费。因而应根据各种设备工作时柴油机利用率对上述风量计算进行修正，即：

$$Q = \sum_{i=1}^{N} T_i k_0 N_i \tag{5-27}$$

式中：T_i——各台柴油机设备工作时柴油机利用率系数；

其余符号意义同前。

实际应用中，这种方法常和复合危害计算法结合使用。

3）复合危害计算法

该计算方法要综合考虑废气中各种成分的危害性，按其计算出的通风量，应足以使各种污染物在稀释后不仅分别低于其本身的允许安全卫生浓度值，且各种污染物的浓度与其本身的允许安全卫生浓度的比值之和也必须低于某一极限值（通常为 1）。

$$\frac{C_1}{T_1} + \frac{C_2}{T_2} + \cdots + \frac{C_n}{T_n} \leqslant 1 \tag{5-28}$$

式中：C_1、$C_2 \cdots C_n$——稀释后各种污染物的浓度；

T_1、$T_2 \cdots T_n$——各相应污染物的安全卫生允许浓度。

5.3.1.5　按洞内最小允许风速验算

根据《铁路瓦斯隧道技术规范》（TB 10120—2002）规定：瓦斯隧道施工中防止瓦斯积聚的风速不宜小于 1m/s。则工作面风量为：

$$Q = 60S \cdot v \tag{5-29}$$

式中：S——隧道最大断面；

v——隧道允许最低风速。

5.3.2　风压计算

5.3.2.1　通风阻力计算

根据空气动力学原理，气流在各种流道（风管管道、隧道）中流动时，沿程受风管和风道摩擦阻力及局部阻力。为把需要的风量输送到作业面，通风机必须具备相应的压力，即：

$$H_p \geqslant h \tag{5-30}$$

式中：H_p——通风机风压；

h——通风总风阻。

通风阻力包括摩擦阻力和局部阻力。摩擦阻力在风流的全流程内存在，局部阻力发生在流道断面发生变化处，如拐弯、分支及风流受到其他阻碍的地方。

$$h = \sum h_f + \sum h_z \tag{5-31}$$

式中：h_f——摩擦阻力；

h_z——局部阻力。

1)摩擦阻力

通风中摩擦阻力的计算公式由流体力学的圆形管道摩擦阻力公式（达西公式）转换而来，达西公式如下：

$$h_f = \lambda \cdot \frac{L}{D} \cdot \frac{\rho}{2} \cdot v^2 \tag{5-32}$$

式中：h_f——摩擦阻力；

λ——达西系数，无因次；

L——管道长度；

D——管道直径；

ρ——流体密度；

v——管内平均流速。

代入隧道当量直径 $D = \frac{4A}{U}$，则：

$$h_f = \frac{\lambda\rho}{8} \cdot \frac{LU}{A} \cdot v^2 \tag{5-33}$$

式中：U——隧道断面周长；

A——隧道断面面积。

令 $a = \frac{\lambda\rho}{8}$，再代入 $v = \frac{Q}{A}$，有：

$$h_f = \frac{aLU}{A^3} \cdot Q^2 \tag{5-34}$$

式中：a——摩擦阻力系数。

令 $R_f = \frac{aLU}{A^3}$，则：

$$h_f = R_f \cdot Q^2 \tag{5-35}$$

式中：R_f——摩擦风阻。

2)局部阻力

局部阻力计算如下：

$$h_z = \zeta \cdot \frac{\rho v^2}{2} \tag{5-36}$$

式中：ζ——局部阻力系数；

其余符号意义同前。

代入 $v=\dfrac{Q}{A}$，有：

$$h_z=\zeta\cdot\frac{\rho}{2A^2}\cdot Q^2 \tag{5-37}$$

令 $R_z=\zeta\cdot\dfrac{\rho}{2A^2}$，有：

$$h_z=R_z\cdot Q^2 \tag{5-38}$$

式中：R_z——局部风阻。

故通风阻力为：

$$h=RQ^2=(\sum R_f+\sum R_z)Q^2 \tag{5-39}$$

5.3.2.2　风机风压计算

隧道施工中，主风机为全隧供风，其风压必须克服隧道、横通道、平导及风管各部分风阻；局部风机多为向局部工作面供风。

1）主风机风压

$$H_g=\left[\frac{1}{F_g^2}+\sum\left(\zeta_j\frac{1}{F_j^2}+\frac{\lambda_j L_j}{d_j}\cdot\frac{1}{F_j^2}\right)+(0.5+\frac{\lambda_e L_e}{d_e})\frac{1}{F_e^2}\right]\frac{\gamma}{2g}Q_g^2 \tag{5-40}$$

式中：H_g——主风机需要风压；

F_g——主风机出口断面面积；

ζ_j——平导、横通道及风道各部分局部阻力系数；

F_j——平导、横通道及风道各部分断面面积；

λ_j——平导、横通道及风道各部分摩阻系数；

L_j——平导、横通道及风道各部分长度；

d_j——平导、横通道及风道各部分当量直径；

λ_e——正洞摩擦系数；

L_e——正洞通风长度；

d_e——正洞的当量直径；

F_e——正洞通风段断面面积；

γ——空气容重；

Q_g——主风机风量。

2）局部风机风压

$$H_j=(\sum\zeta+\frac{\lambda L}{d})\cdot\frac{\gamma}{2g}\cdot\frac{Q_j Q_g}{F_j^2} \tag{5-41}$$

式中：H_j——需要的局部风机风压；

$\sum\zeta$——风管管路局部阻力系数之和；

λ——风管摩阻系数；

L——风管长度；

d——风管当量直径；

γ——空气容重；

Q_j——局部风机吸入风量；

Q_g——风管出口风量；

F_j ——通风管断面积。

5.3.3 风管式通风系统设计

以独头掘进隧道压入式通风为例，施工通风系统设计流程如下：

1)漏风系数

$$\xi=\left(1-\frac{L}{100}P_{100}\right)^{-1} \tag{5-42}$$

或

$$\xi=(1-\beta)^{-\frac{L}{100}} \tag{5-43}$$

式中：L ——管道长度；

P_{100} ——平均百米漏风率；

β——百米漏风率。

2)风机供风量

$$Q_j=\mu\cdot Q_{max} \tag{5-44}$$

式中：μ ——通风安全裕度；

Q_{max} ——工作面风量计算一节中各项之最大者。

3)风阻系数

$$R_f=\frac{6.5aL}{d^5} \tag{5-45}$$

$$a=\frac{\lambda\rho}{8} \tag{5-46}$$

式中：a ——风管摩擦阻力系数；

d ——风管直径；

λ ——管道沿程阻力系数(达西系数)，无因次；

ρ ——空气密度。

P_{100} 、β 和 a 是系统设计中最重要的参数，都与管道的材质、直径、连接形式、表面状况、制造及安装维护密切相关，只有通过大量的工程试验，才能获得较准确的值。

4)管道阻力损失及通风机全压

长距离通风系统管道漏风不可忽视，设计风量应取风机风量与工作面风量的几何平均值：

$$Q=\sqrt{Q_j\cdot Q_{max}} \tag{5-47}$$

于是，管道阻力损失：

$$H_t=R_fQ^2+h_v \tag{5-48}$$

式中：h_v ——管道出口动压损失。

其余符号意义同前。

通风机功率：

$$W=H_tQ_j/\eta \tag{5-49}$$

式中：η ——风机效率。

其余符号意义同前。

5)风机选型及系统工况

在忽略 h_v 的情况下，根据 Q_j 和 H_t 可初选通风机，可由式(5-48)绘制管道特性曲线，如图

5-10 所示，其与通风机特性曲线的交点即是系统的工作点。对于一个合理的系统，在最长通风距离时，该工作点应处在风机高效稳定的工作区内，工况点的风量 $Q_A \geqslant Q_j$，工况点的全压 H_A 低于风机额定全压，与风机设计工况尽量靠近。

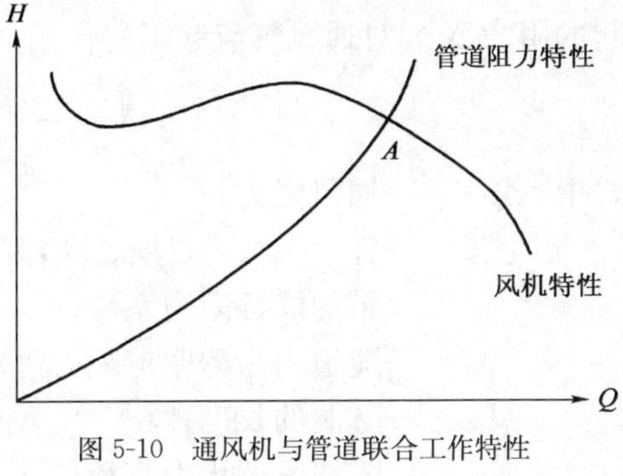

图 5-10　通风机与管道联合工作特性

5.3.4　射流通风系统设计

对于采用射流通风作为施工通风的隧道，确定风量后，需计算用于克服隧道中全部空气阻力所需要的射流风机的推力。

5.3.4.1　隧道中总推力

隧道中的空气阻力主要由以下各项阻力组成：

1）自然风作用力 Δp_w

自然风作用力是由隧道内外的温度差、隧道两端洞口的大气气压差以及隧道外大气自然风的共同作用形成的。

在运营通风计算中，要将自然风力作为阻力考虑，然而对于有平导的巷道式施工通风来讲，自然风力的影响很小，可以忽略不计。

2）交通通风力 Δp_t

车辆在隧道内行驶所形成的交通通风力 Δp_t，其值与车辆外型、断面面积、车行方向以及与隧道内风流的相对速度有关。在单向隧道中，如果车辆速度低于隧道中风速，车辆会产生拖阻，如果车辆速度大于隧道中风速，则车辆会对空气流动产生助推力；在双向隧道中，与风速反向的车辆行驶速度会对空气流动产生阻力，由于交通所带来的通风力可按下式计算：

$$\Delta p_t = \frac{C_d \cdot A_v}{A} \times 0.5\rho[(N_{c1} + N_{T1})(v_1 + v_T)^2 - (N_{c2} + N_{T2})|v_2 - v_T|(v_2 - v_T)] \tag{5-50}$$

式中：Δp_t——交通通风力；

C_d——车辆拖阻系数，取 1.0；

A_v——车辆迎风面积；

ρ——空气密度；

N_{c1}——与风向相反行驶小汽车车辆数；

N_{T1}——与风向相反行驶载货汽车车辆数；

N_{c2}——与风向同向行驶小汽车车辆数；

N_{T2}——与风向同向行驶载货汽车车辆数；

v_1——与风向相反行驶车辆速度；

v_2——与风向同向行驶车辆速度；

v_T——隧道中空气平均流速。

对于单向隧道，$N_{c1}=0$，$N_{T1}=0$。

3）通风阻抗力

不管施工还是运营，通风阻抗力都是由空气流动引起的，因此施工通风阻抗力可按照运营通风的计算方法计算。具体如下：通风气流以速度 v_i 在隧道中流动时，进、出口及壁面摩擦引起的阻力 Δp_r 对通风气流起阻碍作用，即与 v_i 方向相反。通风阻抗力 Δp_r 的计算式为：

$$\Delta p_r = \left(\sum\xi + \sum\lambda_i \frac{L_i}{d_i}\right) \cdot \frac{\rho}{2} \cdot v_i^2 \tag{5-51}$$

式中：Δp_r ——通风阻力；

$\sum\xi$ ——ξ_{in}、ξ_{out}、ξ 三项之和，其中 ξ_{in}、ξ_{out} 为隧道入口和出口阻力系数，ξ 为紧急停车带的局部阻力系数；

λ_i ——隧道内沿程摩擦阻力系数；

L_i ——隧洞的长度；

d_i ——隧洞内的水力直径；

v_i ——隧道内的风速；

ρ ——空气相对密度。

$$\lambda_i = \frac{1}{(1.1138 - 2\log\frac{\Delta}{d_i})^2} \tag{5-52}$$

式中：Δ ——隧道壁面粗糙度。

其余符号意义同前。

4)隧道中的总推力

隧道中的总推力是用于克服隧道中的空气阻力，故：

$$P = \Delta p_T A \tag{5-53}$$

式中：P ——隧道中的总推力；

Δp_T ——自然风作用力、交通通风力和通风阻抗力三项阻力损失之和，即 $\Delta p_T = \Delta p_w + \Delta p_t + \Delta p_r$。

5.3.4.2 射流风机推力

射流风机产生的推力与风机送风量以及风机风速与隧道内风速的比值有关。单台射流风机产生的推力计算如下：

$$\Delta p_j = \rho \cdot v_j^2 \cdot \varphi \cdot (1-\psi) \cdot K \tag{5-54}$$

式中：Δp_j ——射流通风升压力；

K ——喷流系数，取为 0.85；

v_j ——射流风机出口风速；

φ ——射流风机的出风口面积与隧道断面面积之比；

ψ ——隧道内风速与射流风机出风口风速之比。

隧道中的总推力等于隧道中所有射流风机产生的推力之和。

5.3.4.3 射流风机所需台数

如果射流风机的型号和布置情况相同，在满足隧道设计风速的条件下，射流风机台数 i 可按下式计算：

$$i = \frac{P}{\Delta p_j} \tag{5-55}$$

式中符号意义同前。

5.4 瓦斯局部积聚防治

隧道瓦斯超限的主要原因主要是通风效果不佳，其次是发生瓦斯局部积聚和瓦斯突然涌出。国内外的煤矿、隧道瓦斯爆炸事故分析表明，约一半以上的爆炸事故是由局部瓦斯积聚引发的。因此，预防和处理局部瓦斯积聚是高瓦斯隧道通风的一项重要工作。

瓦斯积聚一般由于隧道内风速偏低或隧顶有瓦斯涌出源(煤线或生烃岩层)引起的。瓦斯积聚分为空洞积聚和层状积聚。空洞积聚发生在隧道坍方处或严重超挖处，空洞中的瓦斯浓度可达 50%～80%，并且瓦斯浓度沿空洞高度基本相等。层状瓦斯积聚发生是由于瓦斯比重小于空气，易停滞在隧道顶部，而附壁效应也使靠近洞壁的瓦斯浓度较大，根据有关资料，瓦斯逸出处附近的拱顶往往会形成一片长 10～15m，宽 2～3m 的瓦斯层，其厚度一般为 20cm，滞留层的瓦斯浓度在底部为 2%，而顶部可超过 10%。

对空洞中局部积聚和隧顶层状积聚的试验研究，以及对瓦斯空气混合气体的着火和爆炸分析表明，瓦斯层能作为火焰通向远离火源的瓦斯超限地区的传导体。火焰沿瓦斯层的运动速度大于 30m/s 时，即可扬起隧道壁的煤尘，导致爆炸。为了及时发现和消除隧道瓦斯局部积聚，要加强对可能出现瓦斯积聚地区的瓦斯浓度测量。通常，停风区、顶板冒落空洞、在隧道断面形状突变处、横通道处、二衬台车处以及洞壁不平齐处等处易聚集瓦斯。

5.4.1 层状瓦斯积聚防治

防止和消除瓦斯层状积聚的主要方法是全面或局部增加风速。一般而言，如果隧顶有集中瓦斯涌出源形成层状瓦斯积聚，消除积聚瓦斯所需的平均风速为：

$$v = 4\sqrt[4]{q/D_e} \tag{5-56}$$

式中：q——涌出源瓦斯流量；

D_e——隧道的当量直径。

如果不能保证消除危险区段瓦斯积聚所需的风速，必须采取局部增加风速的方法，例如在有流量 0.5m^3/min 及更高的分散或集中瓦斯涌出源的条件下，要用局部风机消除瓦斯积聚。

煤矿系统处理瓦斯积聚主要包括稀释排出、封闭隔绝和抽放瓦斯。借鉴这些处理措施原理，结合隧道施工特点，在高瓦斯隧道施工中可采取如下防止瓦斯层状积聚的主要措施：

(1)提高光面爆破效果，使隧道壁面尽量平整，既可减少瓦斯积聚空间，又可减小通风阻力，达到通风气流顺畅。

(2)及时喷混凝土封堵岩壁的裂隙和残存的炮眼，减少瓦斯渗入隧道。

(3)增大风速，减少瓦斯积聚可能。

(4)向瓦斯积聚部位送风驱散瓦斯。

5.4.2 空洞瓦斯积聚防治

如前所述，瓦斯空洞积聚多发生在隧道坍方处或严重超挖处，可采用向空洞内送风的方法驱散瓦斯，防止瓦斯空洞积聚。

1)风管分支排放法

瓦斯空洞积聚处(如塌方处)附近的风管上加“三通”或安设一段小直径的分支内管，向瓦斯积聚处送风，如图 5-11 所示，以排除积聚的瓦斯。

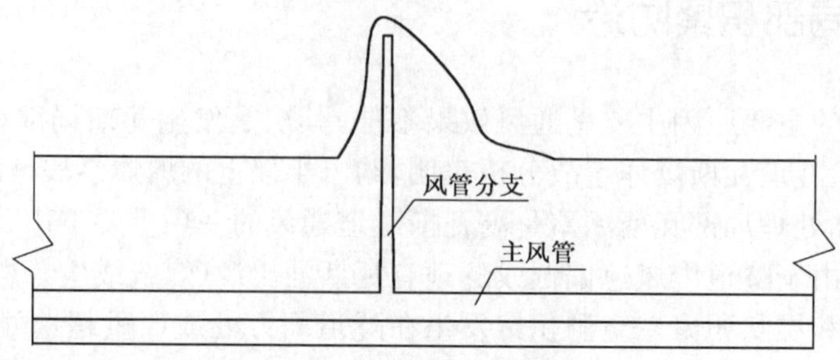

图 5-11　风管分支排放安装示意图

2)压风排除法

在高压风管上接出分支，并在支管上设若干个喷嘴，利用压风将空洞积聚的瓦斯排除，如图 5-12 所示，当开挖工作面发生塌方或涌水造成坍腔时，也可采用此方法防止瓦斯积聚。

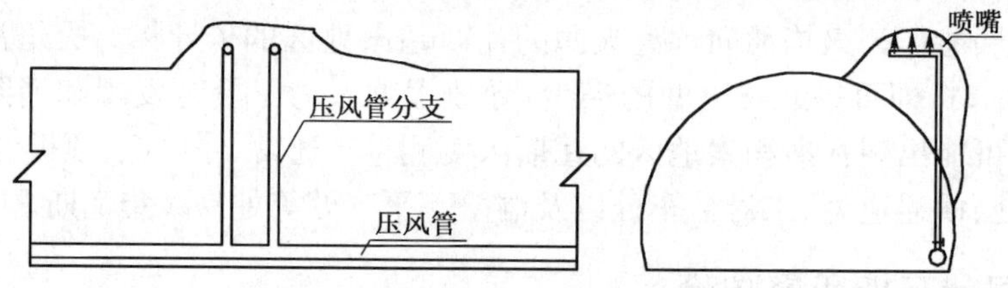

图 5-12　压风排除瓦斯安装示意图

3)采用引射器进行排放

引射器的基本原理是“孔达效应”，以压缩空气作为能源，压缩空气进入一个径向的环形空间，在环形空间内压缩空气得到膨胀，同时使流速提高。在此作用下可产生低压和负压而进入设备的空腔。这样，可使压缩空气在增压管内扩散，然后以高速喷射出去驱散瓦斯。诱导进入的气体可以达到 18～20 倍的压缩空气体积。由负压而产生的高速气流轨迹是以紊流状态流动，如图 5-13 所示。

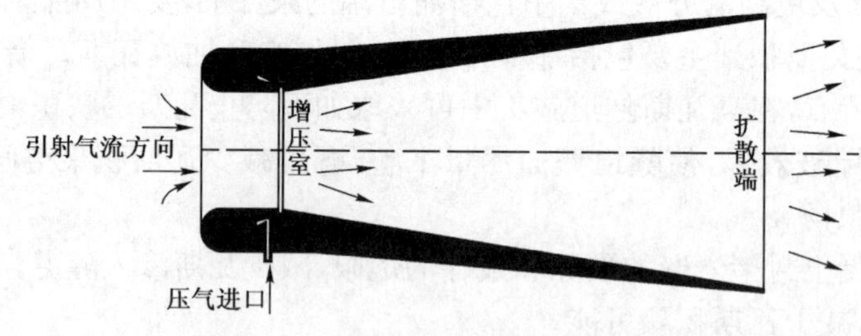

图 5-13　环缝式空气引射器作用原理

5.5　瓦斯隧道通风管理

通风效果的好坏，通风系统设计是前提，管理是关键。为保持良好的通风效果，必须加强管理，健全管理制度，建立专门的通风管理机构，负责通风设备、通风管道的日常使用、检查、维修、保养等工作，以及协调有关部门做好通风效果的检测、试验与记录等，以确保通风效果和施工安全。

(1)瓦斯隧道施工期间，应建立瓦斯通风监控体系，测定风速、风量等参数。

(2)对瓦斯易积聚的地段如模板台车附近、坍方段落、防水板背后、断面变化处等，可采用空气引射器、气动风机等设备，实施局部通风以消除瓦斯积聚。

(3)瓦斯隧道在施工通风期间，应连续通风。因检修、停电等原因停风时，必须撤出人员，切断电源。恢复通风前，必须检查瓦斯浓度。当停风区中瓦斯浓度不超过1%，并在压入式局部通风机及其开关地点附近10m以内风流中的瓦斯浓度均不超过0.5%时，方可人工开动局部通风机。当停风区中瓦斯浓度超过1%时，必须制定排除瓦斯的安全措施。回风系统内必须停电撤人。只有经过检查证实停风区内瓦斯浓度不超过1%时，方可人工恢复局部通风机供风。

(4)压入式风机必须装设在洞外或洞内新鲜风流中，避免污风循环。瓦斯工区的通风机应设两路电源，并应装设风电闭锁装置。当一路电源停止供电时，另一路应在15min内接通，保证风机正常运转。

(5)瓦斯隧道采用风管式通风时，应采用抗静电、阻燃的风管，并保证风管百米漏风率不大于1%。

(6)采用传统的矿山巷道式通风时，除用作回风的横通道外，其他不用的横通道应及时封闭，这是减少漏风的关键措施。

(7)瓦斯突出隧道掘进工作面附近的局部风机，均应实行专用变压器、专用开关、专用线路供电、风电闭锁、瓦电闭锁装置。

5.5.1　瓦斯隧道通风管理评估

为准确把握隧道内通风管理质量，确保通风效果，对通风管理主要要素进行整理、分析，可建立如表5-4的通风质量评估体系，定期对隧道通风状况进行评估、检查。

通风管理质量评估体系　　表5-4

评估项目及质量标准	分　值
1)主要通风管理	100×0.4
(1)主通风机管理	100×0.4×0.4
主通风机能力满足要求，安设位置符合相关规定	35
主通风机开启的台数和挡速满足要求	30
主通风机必须安装水柱计、电流表、电压表、轴承温度计、通讯电话	5
主通风机应配备专职司机(司机必须经过培训)、建立风机运行记录、司机岗位责任制和操作规程	10
主通风机应安设两路电源，当一路电源停止供电时，另一路应在15min内接通	10
主通风机因检修、停电或其他原因停止运转时，必须制定停风措施；主通风机开停必须由瓦检员指挥，不得随意开停，停主要通风机必须有安全技术措施	10
(2)隧道内通风管理	100×0.4×0.3
隧道必须有完整独立的通风系统	45
隧道内风速、风量及计算符合《铁路瓦斯隧道技术规范》及《煤矿安全规程》要求	35
瓦斯隧道各开挖工作面必须采用独立通风，严禁任何两个工作面之间串联通风	20
(3)主通风机风管管理	100×0.4×0.3
必须采用抗静电、阻燃风管；风管吊挂平直，风管拐弯处要设弯头或缓慢拐弯；风管口到开挖工作面的距离符合规定	50
风管接头严密(手到接头处0.1m处感觉不到漏风)；无破损(末端20m除外)	50

续上表

评估项目及质量标准	分　值
2)局部通风管理	100×0.20
局部通风机的选择应满足局部通风要求	30
局部通风机的安装及标准符合相关规范要求	40
局部通风机必须由指定人员负责管理(专职瓦检员、放炮员或安全员兼管),不得无计划停风,有计划停风的必须有专项停风安全措施,保证正常运转;使用局部通风机供风的开挖工作面不得停风;因检修、停电等原因停风时,必须有备用局部通风机	20
高瓦斯隧道必须实行“三专、两闭锁”供电	10
3)通风安全管理制度	100×0.10
施工企业必须建立安全管理部门或配备专职安全管理人员	10
建立、健全各级领导和各业务部门的安全管理责任制,并严格执行	10
隧道风量调节符合规定要求;有风量调节记录	15
必须建立测风制度,每10天进行一次全面测风,同时应根据需要测风,并有测风记录及牌板	25
通风安全、瓦斯仪器仪表要定期校验,确保使用的准确性	15
瓦检员、放炮员、测风员等要制定定期培训计划,每次培训要考核,有记录可查,并持证上岗	25

评分及安全程度				
≥90	75～90	60～75	50～60	<50
安装状况良好 低安全风险	安装状况较好 较低安全风险	安全状况中等 中等安全风险	安全状况较差 较高安全风险	高安全风险 不安全

5.5.2 风管通风防漏降阻措施

对于采用风管通风的长大隧道施工而言,风管性能的优劣和制造、安装及维护的质量对通风效果有着直接的影响。目前,很多隧道施工通风管理较差,风管布置扭曲、破损严重,导致风量和风压随流程迅速衰减,开挖工作面处基本无风或微风,空气污染严重。对于瓦斯隧道施工而言,如果不能保障风速和风量,会形成巨大的安全隐患。故对于瓦斯隧道施工通风,必须加强管理,采取有效措施降低风管风阻,以有效保障通风质量。

如前所述,管道式通风的通风阻力包括摩擦阻力和局部阻力。

摩擦风阻与风管的直径有关,见式(5-45)。风管直径增大,其表面相对粗糙度变小,摩擦阻力系数和摩擦风阻也相应变小。

风管的局部风阻可按式(5-57)计算:

$$R_z = \zeta \frac{1}{d^4} \tag{5-57}$$

式中:R_z——风管的局部风阻;

ζ——局部阻力系数,无因次;

d——风管直径。

从上述风管阻力的分析,可以得到相应降低风阻的技术措施,以确保风管百米漏风率控制在1%以下:

(1)由于风管风阻与直径的5次方成反比,要降低摩擦阻力,延长送风距离,最有效的方法是增大风管的直径,即增大过流断面积,这对减小风阻有明显的效果。

(2)长距离通风中，由于风压高，摩擦风阻降低而接头风阻升高，使得接头风阻在总风阻中的比例增加，减少接头对于降低总风阻效果明显。风管的节长应增大到 50m 以上，并尽可能采用带内外封帘的拉链等密封性好、坚固耐用的连接方式，以减少接头漏风，降低局部阻力。

(3)柔性风管发生破损会大量漏风。漏风量与破损面积和通风内外压差有关，破损处越大，压差越高，漏风量也就增大。所以减少靠近风机一端的高压差区段的漏风尤为重要。一旦局部破损，要及时粘补。

(4)风管的吊挂质量对风管风阻和供风长度影响较大，为了减少风管弯曲、褶皱产生的局部阻力，应注意以下几点：

①风管吊挂必须做到平、直、稳、紧，即：在水平面上无起伏，垂直面上无弯曲，风管无褶皱、无扭曲。

②尽量避免直角拐弯，拐角要圆滑，尽量增大拐弯的曲率半径，在拐角大、风量大的拐角处最好设置导向叶片。

③风管断面应尽量避免突然变化，断面扩大或缩小要逐渐过渡，不同直径的风管连接应采用过渡接头。实验证明，最有利的扩张中心角是 8°，最好不要超过 20°。

④由于温度变化，风流中水蒸气凝结成水，积存在风管内，使风管变形，还可能坠坏吊环，故风管上每隔一定距离要设置放水孔，及时把水放掉。

5.6　瓦斯隧道施工通风数值分析

瓦斯隧道通风效果直接关系瓦斯浓度和分布，进而影响到施工安全和工程进度，因此，采用数值方法研究通风方案和效果，优化完善通风方案，为瓦斯隧道的施工通风提供理论指导很有必要。

5.6.1　开挖工作面最小风速取值分析

开挖工作面最小风速是隧道通风设计的基础。对于瓦斯隧道而言，最小风速设计取值过低，不能起到降低瓦斯浓度，驱散角隅处瓦斯积聚的效果；最小风速取值过大，会大幅度增加设备和电力投入，增加工程成本。《铁路瓦斯隧道技术规范》(TB 10120—2002)根据家竹箐隧道的实践，确定“瓦斯隧道施工中防止瓦斯积聚的风速不宜小于 1m/s”，但该指标的提出是基于家竹箐隧道特殊的高压、高浓度瓦斯的工程背景条件，要求过高。

各瓦斯隧道所处区域地质岩层生烃能力不一，瓦斯赋存条件不同，且各隧道断面等结构型式差别较大，推广采用 1m/s 的开挖工作面风速进行设计，无疑有失偏颇，造成设备和投资的大幅增加。因此，通风方案应根据隧道特点进行深入分析。

本文数学模型结合紫坪铺隧道工程建设，分析该隧道开挖工作面最小风速合理取值。模型中，根据现场检测资料，瓦斯涌出量取 1.95m^3/min(检测到的单洞最大涌出量)，瓦斯从开挖工作面涌出并向隧道进口扩展，瓦斯涌出随时间延长逐渐衰减，至 30min 释放完全(紫坪铺隧道煤层以鸡窝煤和煤线为主，且节理、裂隙发育，瓦斯赋存量有限，揭煤过程中，瓦斯很快释放完成)。开挖工作面设为瓦斯进口边界条件，隧道壁设为固体壁面边界。隧道采用台阶法开挖，下台阶距开挖工作面 30m。

初始条件：隧道内空气密度 ρ_a：1.225kg/m^3；隧道内平均温度：20℃；壁面粗糙度：0.36；风

管出口距开挖工作面距离 20m。

计算考虑以下工况：开挖工作面风速为 1m/s、0.5m/s 和 0.2m/s 三种工况。

1)工况一：风速 v=1m/s

开挖工作面处瓦斯浓度变化规律如图 5-14～图 5-16 所示。

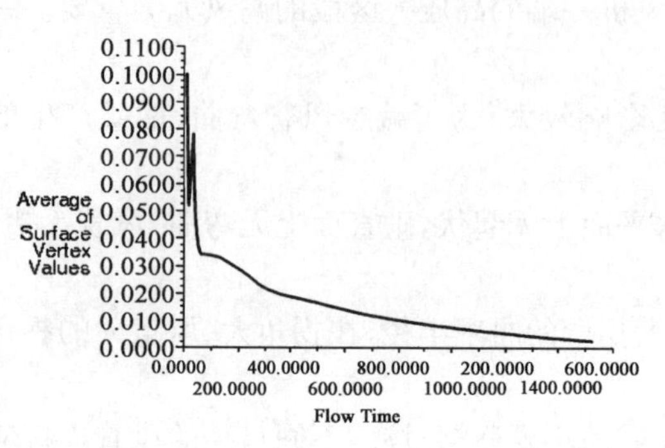

图 5-14　开挖工作面瓦斯变化曲线

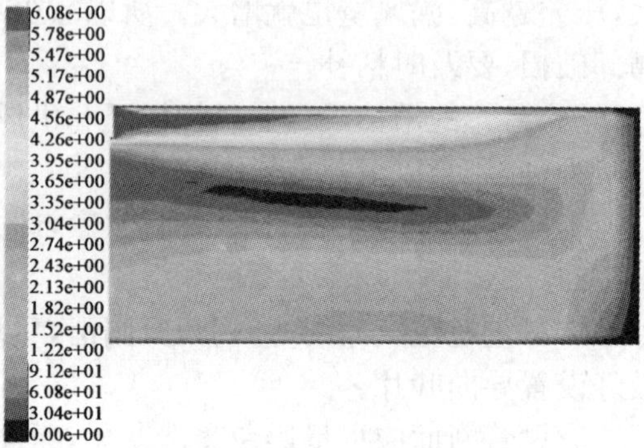

图 5-15　风管出口至工作面风速云图

随时间延长，瓦斯浓度总体趋势是逐渐降低。前期出现一次波谷和一次波峰，主要是开始通风后，新鲜风从风管口运移至开挖工作面，将开挖工作面处瓦斯稀释，浓度急剧下降，继而因运移受阻形成涡流区，导致瓦斯在此短暂积聚，形成峰值，随新鲜风不断输送，涡流区的气体不断被置换稀释，瓦斯浓度也随之降低。在 1 450s 时，开挖工作面瓦斯浓度降到 0.5%，随时间延长，新鲜风不断补充，瓦斯浓度将继续降低。该工况下，能实现在短时间内(30min)将开挖工作面瓦斯浓度降至 0.5%以下。

2)工况二：风速 v=0.5m/s

开挖工作面处瓦斯浓度的变化规律如图 5-17～图 5-19 所示。在 2 700s 时，开挖工作面瓦斯浓度降到 0.5%，4 000s 时瓦斯浓度降到 0.1%。从图 5-17 可知，随时间变化，瓦斯浓度逐渐降低，出现稳定状态。在实际情况中，隧道内有衬砌车、杂物、来回运渣车等，回风阻力会变大，因此回风风速将会减慢，须增加射流风机来增强回风速率，提高通风效率。该工况下，能实现短时间内(60min)将开挖工作面瓦斯浓度降至 0.5%以下。

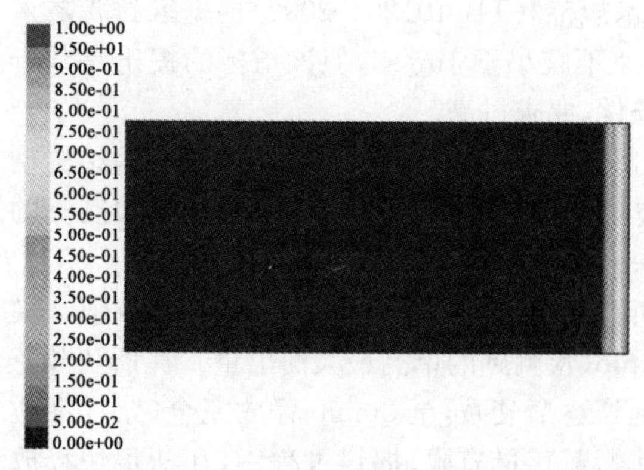

图 5-16　风管出口至工作面瓦斯浓度云图

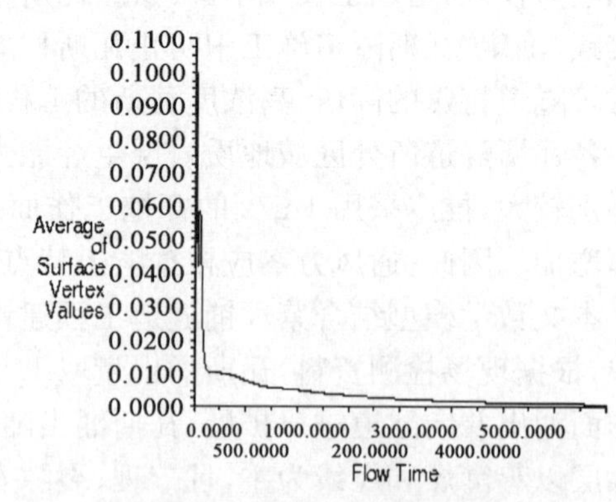

图 5-17　工作面瓦斯变化曲线

3)工况三：风速 v=0.2m/s

开挖工作面处瓦斯浓度的变化规律如图 5-20～图 5-23 所示。在 6 000s 时，开挖工作面瓦斯浓度仍未降至 0.5%以内。距离开挖工作面 30m 处(此处为下台阶处),瓦斯浓度仍保持 1%以上,风速由开挖工作面的 0.20m/s 降到 0.15m/s,速度下降较快。从图 5-23 可见,速度出现一个峰值,也是涡旋引起的,但随时间变化,逐渐降低,最后出现稳定状态。隧道施工防治瓦斯的关键是迅速降低瓦斯浓度,洞内风速过低,必然产生瓦斯积聚,极易发生安全事故,该工况下,不能满足使隧道内瓦斯浓度降至 0.5%的安全要求。

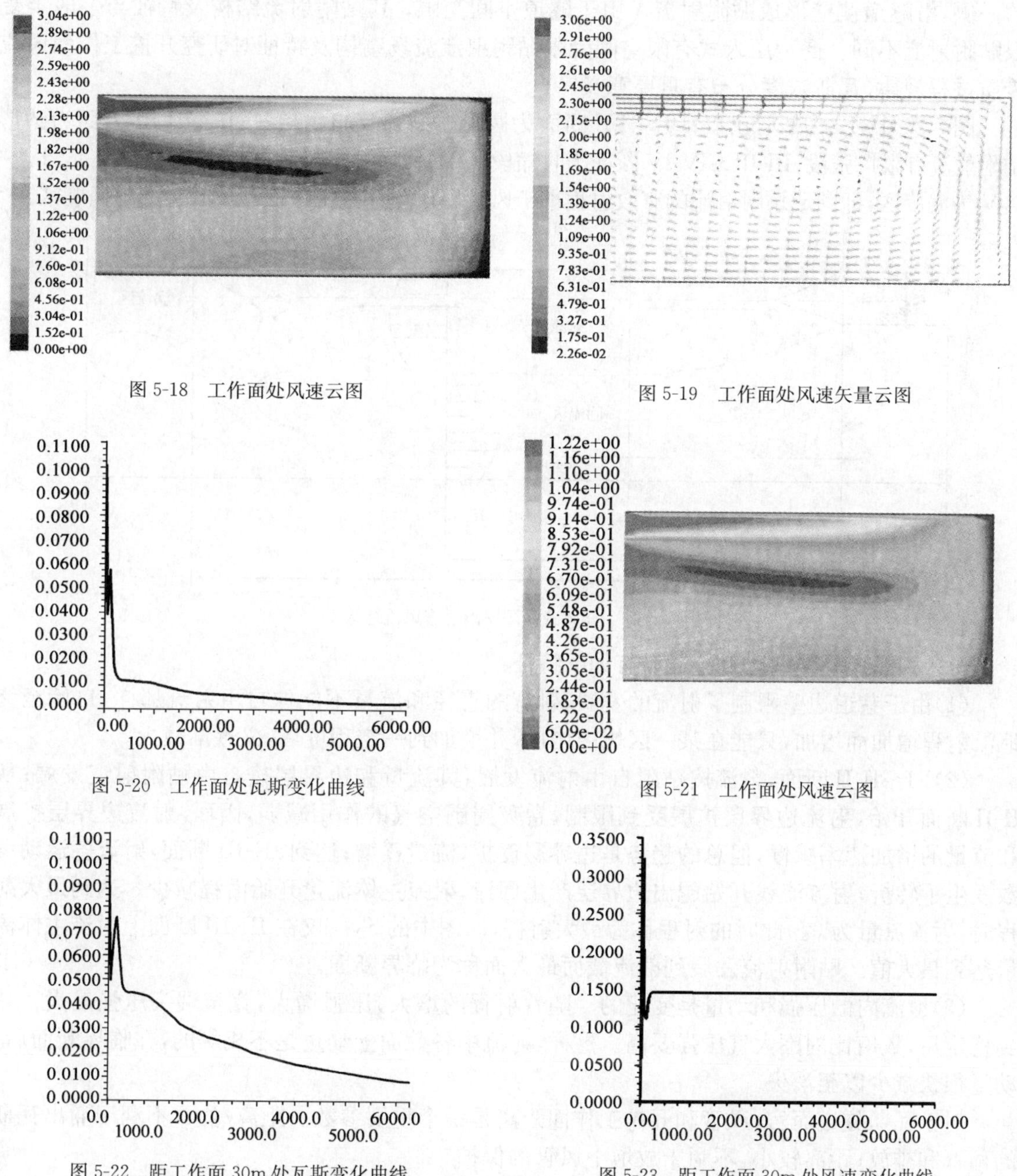

图 5-18　工作面处风速云图

图 5-19　工作面处风速矢量云图

图 5-20　工作面处瓦斯变化曲线

图 5-21　工作面处风速云图

图 5-22　距工作面 30m 处瓦斯变化曲线

图 5-23　距工作面 30m 处风速变化曲线

通过对以上各工况的通风模拟分析可知,在瓦斯涌出发生后,隧道开挖工作面处不同风速会产生不同的通风效果,1m/s 风速能满足通风要求,0.5m/s 风速基本能满足通风要求,0.2m/s

风速不能满足通风要求，故紫坪铺隧道通风设计时，可考虑以 0.5m/s 作为最小风速取值。

5.6.2 开挖工作面附近风管通风分析

空气从圆形风管出口射入同一介质的空间所形成的气流称为空气射流。出风口一侧为壁面，其余空间自由的射流称受限贴附自由射流。开挖工作面的压入式通风管一般布置在隧道的一侧，沿隧道侧壁形成贴附射流。由于隧道空间受限，其贴附射流结构及特征与一般半受限贴附射流不同。揭示压入式有限空间受限贴附射流流场结构及特征对研究开挖工作面风流传质过程规律、瓦斯浓度分布有重要意义。

图 5-24 中，I-I 为风管出口；I-I～II-II 断面为圆形贴附射流自由段；II-II～III-III 断面为圆形贴附射流有限扩张段；III-III～IV-IV 断面为收缩段。每一段的边界可近似看作是直线。IV-IV～V-V 为涡旋区，即圆形贴附射流的有效射程小于风管出口与开挖工作面距离时会产生涡旋区。

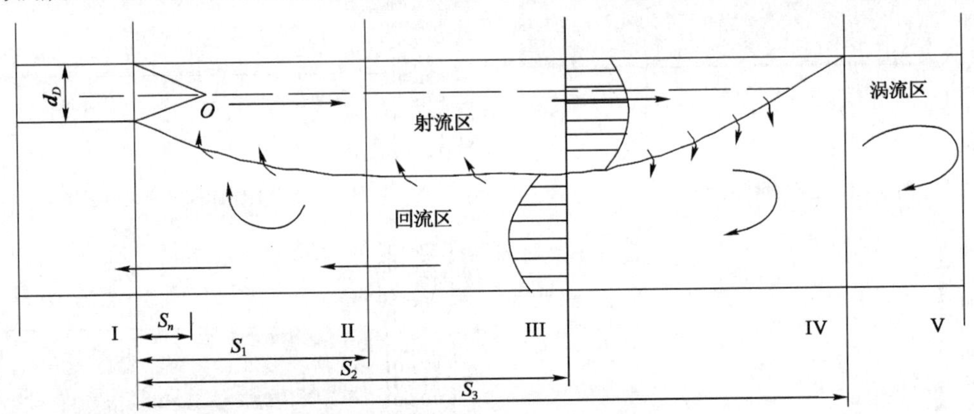

图 5-24 压入式受限贴附射流风流结构

压入式圆形受限贴附射流通风有如下特征：

(1)由于巷道边壁限制了射流的发展，射流的直径和流量不能像自由射流那样，自始至终地沿射程增加而增加，只能在某一区域内增加，并增加到一定程度后，又逐渐减少。

(2)I-I～II-II 断面，射流按贴附自由射流发展，其流量和边界层按自由贴附射流发展；从 II-II 断面开始，射流边界层扩展受到限制，卷吸周围空气的作用减弱，因而，射流边界层扩展和流量的增加速率减慢，但总的趋势是边界层逐扩，流量逐增；达到 III-III 断面，射流各运动参数发生了转折，射流流线开始越出边界层产生回流，射流主体流量开始沿程减少。达到最大射程时，射流流量为 0。此时的射程称为最大射程，即图中的 S_3。仅在 III-III 断面上射流主体流量达到最大值。贴附射流发展到射流截面最大面称为临界断面。

(3)射流内的压强和动量是变化的。随着射程的增大，压强增大，直至端头压强最大。达到稳定后，数值比周围大气压强要高。这样，射流中各截面上动量是不相等的，在临界断面后，动量很快减少以至消失。

对于瓦斯隧道而言，风管和开挖工作面距离是一个重要参数。距离过大，不利于涌出瓦斯的稀释和排放；距离较小，不利于放炮中风管的保护。

为了分析风管和开挖工作面的合理距离，对风管出口到工作面的距离 L 分别为 35m、40m 进行了数值模拟计算。图 5-25、图 5-26 分别为风管出口距工作面 35m、40m 时风管中心水平面的速度矢量图和标量图。

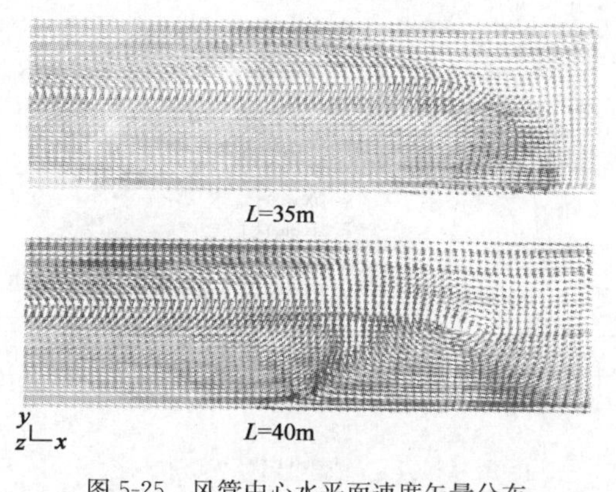

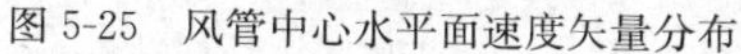

图 5-25　风管中心水平面速度矢量分布

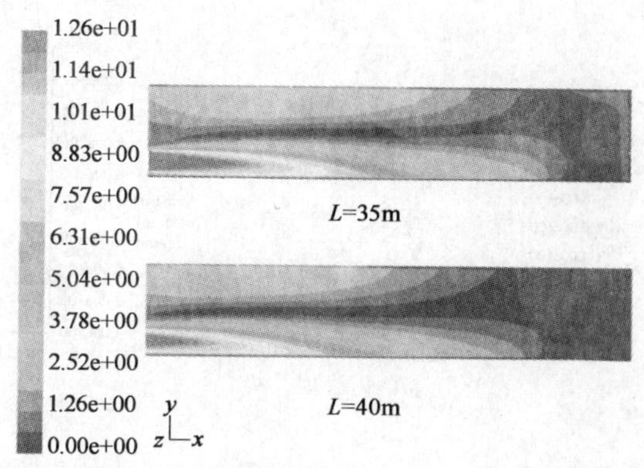

图 5-26　风管中心水平面速度标量分布

在射流运动过程中，射流不断卷吸周围的空气，射流范围扩大，但由于空间受限和回流的影响，射流范围的扩展受到一定的限制，射流不再卷吸周围的空气，而是向外析出空气。图 5-25 的计算结果明显地表现了附壁射流区、冲击射流附壁区与回流区，以及射流的卷吸与析出，射流的卷吸与析出有明显的分界，分界处有涡流。

从图 5-26 中可以明显看到，当 $L=40\text{m}$ 时，射流不能到达工作面，相反在工作面附近形成了涡流区，而涡流区的流动方向与射流区的流动方向相反。

如图 5-26 所示的当 $L=35\text{m}$ 时，距射流出口不同距离的 Y-Z 平面的速度分布图表明了贴附射流的形成过程。射流并非一开始就形成了贴附，而是要经过一段距离（起始段）的发展，从起始段后（$X=6\text{m}$），射流开始形成贴附，到 $X=8\text{m}$ 时，完全形成圆形贴附射流。

图 5-27 为当 $L=35\text{m}$ 时的射流速度变化图。图 5-28b)～i) 是 X 方向不同截面上的速度分别沿 Y、Z 轴的变化曲线，速度负值表示回流，速度 0 点即是射流与回流的边界，充分说明了受限贴附射流的 X 方向速度变化过程及分布。

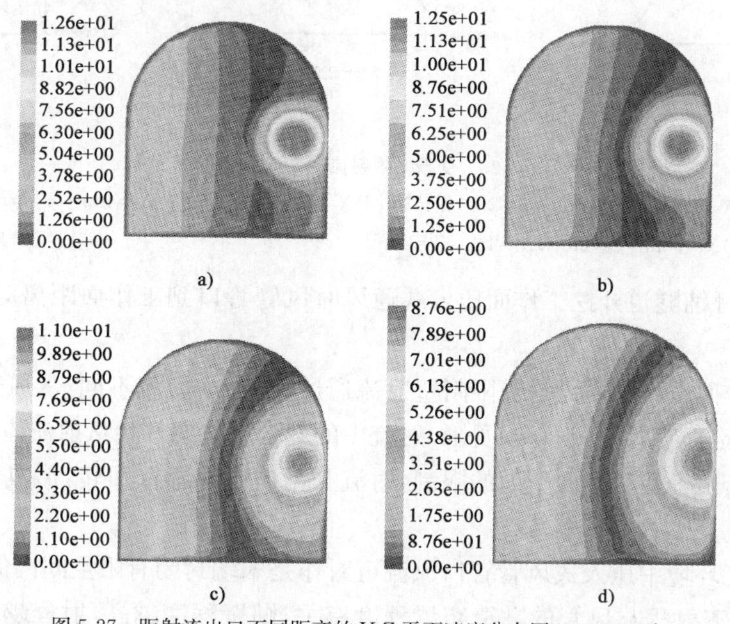

图 5-27　距射流出口不同距离的 Y-Z 平面速度分布图（$L=35\text{m}$ 时）

a) $X=2\text{m}$；b) $X=4\text{m}$；c) $X=8\text{m}$；d) $X=12\text{m}$

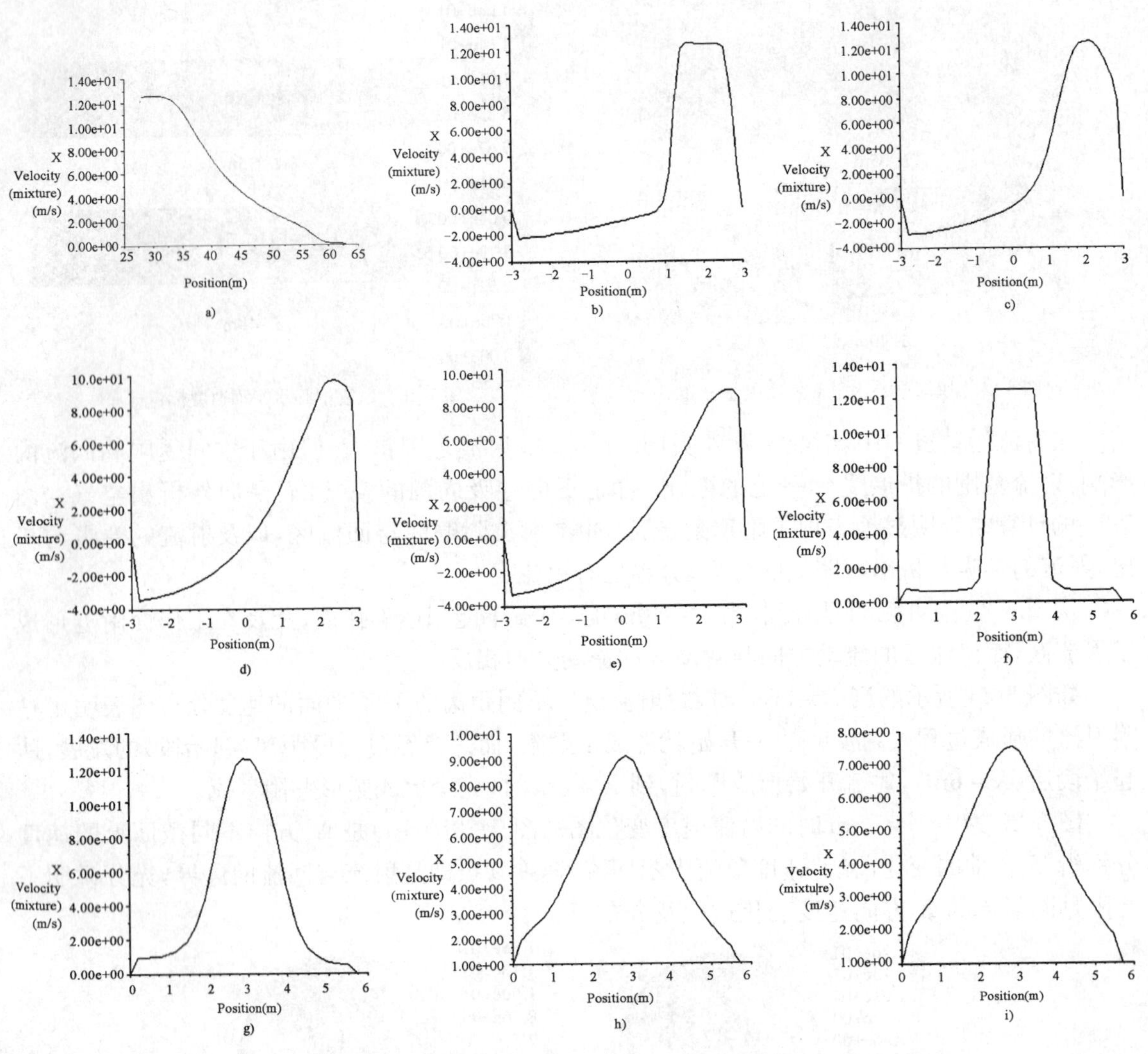

图 5-28　受限贴附射流截面速度分布

a)$Y=3$m　$Z=2$m；b)$X=28$m　$Y=3$m；c)$X=32$m　$Y=3$m；d)$X=38$m　$Y=3$m；e)$X=40$m　$Y=3$m；f)$X=28$m $Z=2$m；g)$X=32$m　$Z=2$m；h)$X=38$m　$Z=2$m；i)$X=4$m　$Z=2$m

通过计算紫坪铺隧道开挖工作面压入式通风时风管管口到工作面距离对流场的影响，得到以下结论：

(1)开挖工作面压入式通风是受限附壁射流通风，与自由射流不同，从风管出口射出的射流断面发展到一定程度时，由于空间受限，射流中的部分空气便开始从射流体中析出，之后，射流体到达工作面，由于受工作面壁面的限制，射流开始冲击并附壁回转，形成了隧道内的空气流动。

(2)隧道施工环境中压入式风管管口风流可看作是末端封闭有限空间内的一种附壁射流，因此风管管口射流射程与风管的贴壁布置程度有关，贴壁程度越高，射程越大。故通风实践中，在保证壁面不对风管构成破坏的情况下，通风管应尽量靠近壁面以提高射程。

(3)开挖工作面受限贴附射流通风存在有限的射程，当风管出口距工作面大于射流的有效射程时，在工作面附近会出现涡流，这将不利于污染物的快速排出。针对紫坪铺隧道具体情况，风管的有效射程在 30～40m，但在实际施工过程中要兼顾瓦斯排放安全系数，故风管和开挖工作面的距离不得大于 25m。

5.7　瓦斯隧道施工通风工程案例

5.7.1　紫坪铺隧道施工通风

5.7.1.1　施工通风方案

紫坪铺隧道在深入分析工程条件的基础上，结合华蓥山隧道通风经验，采用射流巷道式通风。该通风方式通过引入射流风机，结合大功率主扇向洞内输送新鲜空气的通风方式，利用先进的射流技术推动洞内外空气的交换，在平行双洞的长大瓦斯隧道施工中，形成真正意义上的巷道式通风。

结合工程进度，紫坪铺隧道施工通风分阶段进行布设：

第一阶段为隧道施工长度 0～600m 段，采用的通风方式为独头压入式通风方式，左右洞分别为独立的通风系统，采用射流通风技术，左右线开挖工作面的新鲜风流由洞口轴流风机供给，射流风机诱导风流从隧道中排出，横通道予以封闭，确保无漏风和循环风出现，风管轴流风机放在洞外 30m 处。

本阶段单洞采用单台轴流风机能满足施工要求(如图 5-29 所示)。

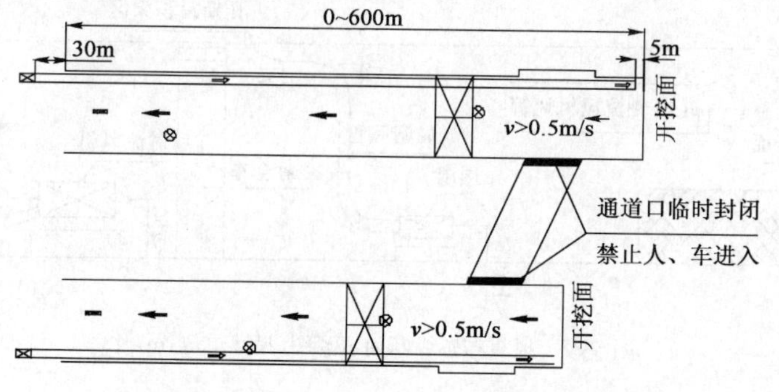

图 5-29　施工通风第一阶段

第二阶段为隧道施工长度 600～1 900m 段，与第一阶段相同独头采用压入式通风方式，只是因为通风距离大，本阶段单洞要采用 2 台轴流风机才能满足施工要求，如图 5-30 所示。

第三阶段为隧道施工长度 1 900～2 550m 段，采用的通风方式为巷道式通风方式，通风采用射流通风技术，左右线开挖工作面的新鲜风流由洞口两台轴流风机供给，根据横通道的布置风向，射流风机诱导左洞为进风巷，右洞为回风巷，以靠近开挖工作面车行横通道为左右洞连通风道，以后横通道予以封闭，确保无漏风和循环风出现，风管轴流风机放在洞外 30m 处，如图 5-31 所示。

风机在隧道内的布置断面示意如图 5-32 和图 5-33 所示。

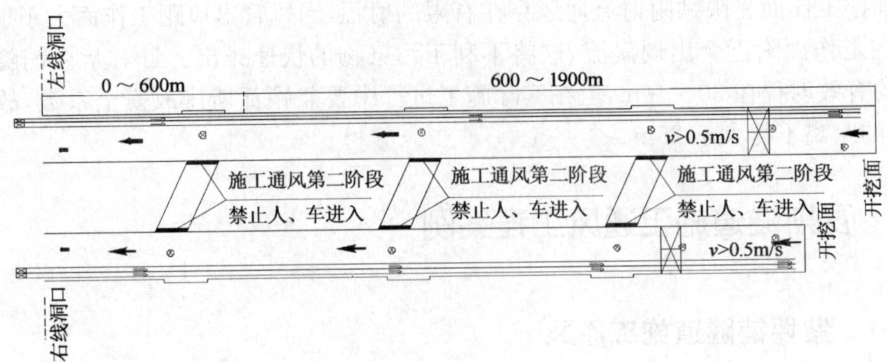

图 5-30　施工通风第二阶段

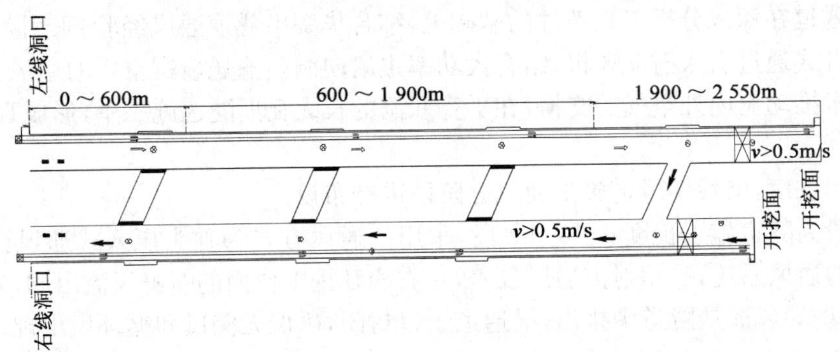

图 5-31　施工通风第三阶段

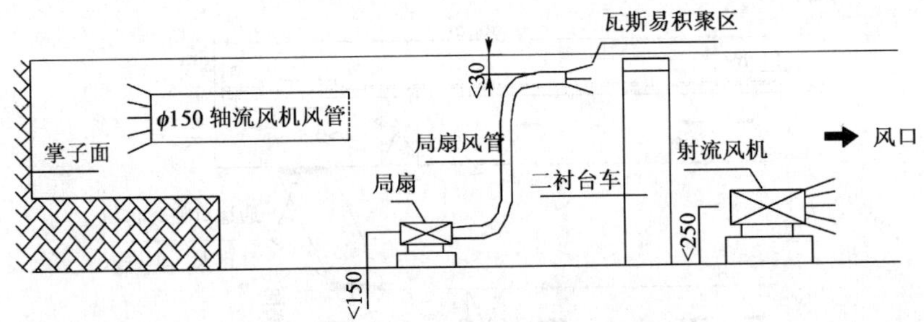

图 5-32　风机布置纵断面示意图(尺寸单位:m)

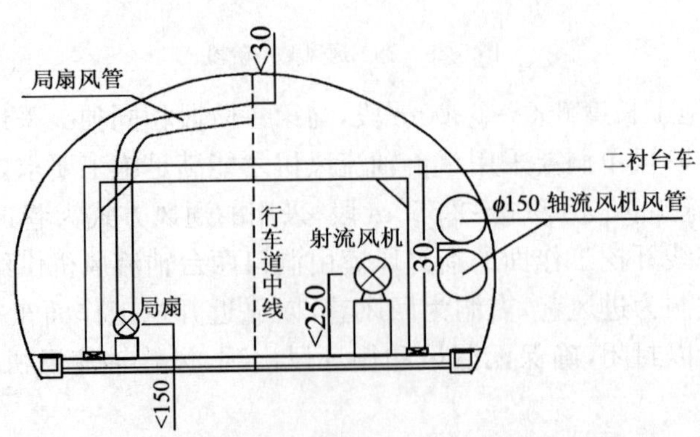

图 5-33　风机布置横断面示意图(尺寸单位:m)

5.7.1.2　隧道施工通风需风量

根据《铁路瓦斯隧道技术规范》(TB 10120—2002)及《公路隧道施工技术规范》(JTG F60—2009)有关规定,确定紫坪铺隧道施工通风计算参数,详见表 5-5。

隧道施工通风计算参数　　表 5-5

项　目		单　位	计算及控制参数
设计控制风速	开挖工作面最小风速	m/s	0.5
	回风巷最小风速	m/s	0.5
断面积	开挖工作面面积	m^2	50
	回风巷面积	m^2	65
洞内工作人员每分钟需风量		m^3/min	4
单洞瓦斯最大涌出量		m^3/min	1.95
工作面容许瓦斯浓度		%	0.4
风管直径		m	1.5
风管百米漏风率		%	1
爆炸产生的有害气体		m^3/kg	80
1kW 内燃机械需风量		m^3/min	3
施工机械设备	自卸汽车、混凝土运输车	kW	202
	挖掘机	kW	100
	装卸机	kW	145

第一、二阶段独头压入式通风开挖工作面需风量和回风巷需风量均由洞外轴流风机提供,射流风机不提供风量、起洞内外调压作用;第三阶段巷道式通风开挖工作面需风量由洞外轴流风机提供,射流风机除起调压作用外,还要提供回风巷部分需风量。

根据计算和分阶段施工通风设计,隧道总体需风量由回风巷内作业的机械需风量控制,各阶段需风量及风机理论风量如表 5-6 所示。

隧道各阶段通风量计算结果(m^3/min)　　表 5-6

隧道长度(m)	轴流风机风量	开挖工作面需风量				回风巷需风量			备　注
		爆破作业	稀释瓦斯	机械	最小风速	洞内人员	机械	最小风速	
0～600	0～2 575	768	975	1 648	1 500	384	2 118	1 950	独头压入式通风
600～1 900	3 537～4 030	592	975	1 648	1 500	384	3 330	1 950	独头压入式通风
1 900～2 550	2 728～2 912	530	975	2 254	1 500	384	7 872	1 950	巷道式通风

根据计算和分阶段施工通风设计,随着隧道施工长度的增加,施工通风所需风机数量和功率均有所增加,其关系如表 5-7 所示。

隧道各阶段通风功率关系　　表 5-7

序列	隧道长度(m)	理论计算最小功率(kW)	理论风机最大功率(kW)	准确计算风机功率(kW)	备　注
1	0	0	0	0	第一阶段:独头压入通风,开挖工作面风量 1 648m^3/min、回风巷风量 2 118m^3/min,左右洞各一台轴流风机和射流风机
2	100	96.91	183.38	148.08	
3	200	125.29	164.30	154.18	

续上表

序列	隧道长度(m)	理论计算最小功率(kW)	理论风机最大功率(kW)	准确计算风机功率(kW)	备注
4	300	141.91	161.85	159.68	第一阶段：独头压入通风，开挖工作面风量 1 648m³/min、回风巷风量 2 118m³/min，左右洞各一台轴流风机和射流风机
5	400	295.84	425.89	385.24	
6	500	339.88	421.02	397.76	
7	600	386.40	415.86	408.84	第二阶段：独头压入通风，开挖工作面风量 1 648m³/min、回风巷风量 3 330m³/min，左右洞内各 2 台轴流风机和 1～2 台射流风机
8	700	277.32	865.08	760.74	
9	800	310.11	868.08	780.48	
10	900	344.70	870.87	797.92	
11	1 000	381.18	873.44	813.34	
12	1 100	479.62	935.78	886.82	
13	1 200	520.11	973.88	898.56	
14	1 300	562.75	939.74	908.70	
15	1 400	607.62	941.35	917.40	
16	1 500	654.83	942.70	924.72	
17	1 600	704.47	943.78	930.84	
18	1 700	756.64	944.58	935.80	
19	1 800	811.47	945.10	939.72	
20	1 900	869.05	945.32	942.68	
21	2 000	533.00	942.65	1 091.20	第三阶段：巷道式通风，开挖工作面风量 2 250m³/min、进风巷风量 2 254 m³/min、回风巷风量 7 272 m³/min、左右洞各 2 台轴流风机和 9 台射流风机
22	2 100	533.05	949.20	1 092.36	
23	2 200	574.07	955.67	1 094.36	
24	2 300	596.12	962.06	1 095.76	
25	2 400	587.29	968.36	1 096.36	
26	2 500	643.45	974.57	1 096.64	
27	2 550	655.99	977.64	2 096.84	

5.7.1.3 风管选型

考虑减少通风阻力以及风管的内压承受能力，取风管风速 1 200m/min，则风管的直径应为：

$$d = 2\sqrt{\frac{Q}{3.14 \cdot v}} \tag{5-58}$$

式中：d——设计风管直径；

Q——设计通风量；

v——设计风管风速。

风管直径为 1.5m，选用洛阳市高林隧道环境控制技术有限公司的阻燃、抗静电柔性风管，百米损耗率为 1%。

5.7.1.4　风机选型

考虑紫坪铺隧道为高瓦斯隧道，进入隧道内的局部风机和射流风机均采用防爆型风机，为减少洞内风机及设备数量（防爆电缆数量也将增加），降低瓦斯隧道的安全隐患，在第三阶段巷道式通风时也将功率较大的轴流风机放置在洞外 30m 处，故此风机可按非防爆配置。根据设计风量及通风阻力计算结果，选定风机如表 5-8 所示，通风设备如图 5-34 所示。

紫坪铺隧道施工通风风机选型

表 5-8

风 机 型 号	风量 (m^3/min)	风压 (Pa)	高效风流 (m^3/min)	转速 (r/min)	出口风速 (m/s)	最大电机功率 (kW)
SDF(C)-No12.5	1 550～2 912	1 378～5 355	2 385	1 480		110×2
FBCZN12/30(防爆)	384～1 200	370～1 150				30
FBCZN8/5.5(防爆)	156～450	200～650				5.5
SDS-II-No10.0(防爆)					38	30

5.7.1.5　通风效果

通风是防治瓦斯灾害的主要技术，为确保通风效果，需对隧道内风速进行检测。紫坪铺隧道以布置在二衬台车处的测速点为例，该点 2006 年 8 月至 2007 年 3 月的风速数据如图 5-35 所示。

图 5-34　紫坪铺隧道选用的风机

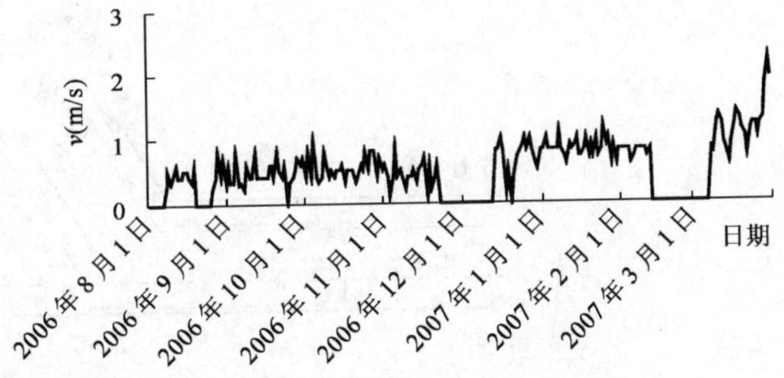

图 5-35　紫坪铺隧道开挖工作面风速最大值监测

由图可见，紫坪铺隧道二衬台车处最大风速为 2.21m/s，平均风速为 0.68m/s，风速稳定，瓦斯监测数据也表明，在该风速下，浓度超限多在放炮排烟时间内，放炮后半小时瓦斯浓度会显著下降，满足施工要求，证明了该恒定风速有利于瓦斯等有害气体的稀释。

实践证明，结合隧道施工对通风分阶段进行，综合采用压入式通风和射流相结合的方式，能有效降低瓦斯浓度，保证瓦斯隧道安全施工。

5.7.2　家竹箐隧道施工通风

家竹箐隧道位于南昆铁路威（舍）—红（果）段的北端，全长 4 990m，其走向基本上是南北方向（NW30°）。隧道位于盘关向斜东翼，属单斜构造，岩层产状为 N20°～35°E/18°～30°NW。由于距向斜轴部较远，故褶皱、断层不甚发育，只在隧道中部煤系地层有一条正断层，其破碎带宽 15～20m，断距 2m。

隧道从家竹箐煤田最窄处穿过。隧道的南半部起始段 1 000m 为二叠系上统峨眉山玄武岩，系基性火山喷出岩，节理发育，尤以洞口段 120m 为甚，呈碎块石状，风化极为严重。由此往北，紧接的是二叠系大隆、长兴、龙潭煤系地层，长 1 157m，此段煤系地层属Ⅴ级围岩。隧道的北半部为砂岩、泥岩及灰岩、白云岩，其中砂岩泥岩属三叠系飞仙关组及永宁组，薄至中厚层，长 1 450m，为 III 级围岩。灰岩、白云岩主要集中分布于北洞口段，长 1 240m，中厚层，属 II～III 级围岩。灰岩中岩溶发育，施工中多处发现有岩溶管道和溶槽，地下水发育，给施工造成较大困难。

隧道共穿过 26 层厚度 0.5m 以上的煤系地层，其中有突出危险的煤层共五层（12 号、13 号、14 号、17 号、18 号），有尘爆危险的煤层有 2 层（1 号、3 号）。

家竹箐高瓦斯隧道采用钻爆开挖、有轨运输的作业方式。施工中共分为 5 个工区：一工区（进口工区），二工区（4 号斜井工期），三工区（1 号、2 号斜井工区），四工区（3 号斜井工区），五工区（出口工区）。

5.7.2.1 隧道施工通风方案

家竹箐隧道为我国第一座有煤与瓦斯突出危险的隧道，为有效降低瓦斯安全隐患，确保通风效果，施工通风分为两个阶段进行。

第一阶段为巷道形成以前，采用压入式通风。在洞口安置风机，利用风管将风引入洞内，新鲜空气沿风管流至施工工作面，而回风流则在辅助风机的协助下，沿巷道排出洞外。以三、四工区施工通风为例，其第一阶段通风状况如图 5-36 所示。

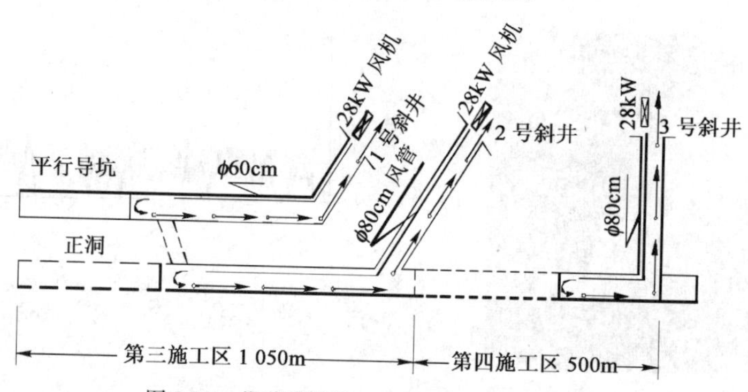

图 5-36 巷道贯通前三、四工区施工通风示意

第二阶段为巷道形成以后，采用巷道式通风。以三、四工区施工通风为例，一部分新鲜空气是从 2 号斜井进入正洞，另一部分新鲜空气则是从 3 号斜井进入正洞。正洞的新鲜空气经横通道进入高位平导，又从高位平导的 1 号斜井排出洞外（见图 5-37），即正洞为进风道，平导为回风道。独头导坑的通风，采用局部风机补给，巷道中横通道窜风流仍然是通过反向风门进行隔离的。

5.7.2.2 通风量计算

家竹箐隧道由于采用有轨运输，故不考虑施工机械废气排放处理，其通风量的计算原则是：

(1)按掘进工作面最大瓦斯涌出量计算风量，以回风流中瓦斯浓度不超过 1%的要求为依据。

(2)按掘进面一次爆破最大用药量计算通风量。

(3)按洞内施工同时工作最多人数所需空气量计算通风量，每人每分钟供风为 $5m^3$。

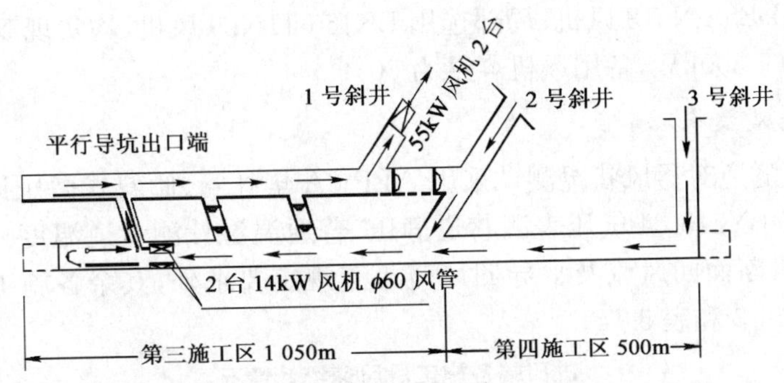

图 5-37 巷道贯通前三、四工区施工通风示意

(4)按高瓦斯隧道最低风速 0.5m/s 进行验算。

按上述通风计算方法,计算结果如表 5-9～表 5-12 所示。

按开挖工作面最大瓦斯涌出量计算 表 5-9

巷 道 名 称	涌出量(m^3/min)	不均匀系数	允许浓度(%)	供风量(m^3/min)
隧道进口	5.17	1.3	1	672
平导进口	3.11	1.3	1	404
隧道斜井	5.77	1.3	1	750
平导斜井	3.48	1.3	1	452

按开挖工作面一次爆破最大用药量计算 表 5-10

巷 道 名 称	炸药用量(kg)	通风距离(m)	断面积(m^2)	通风时间(min)	风量(m^3/min)
上半断面	32	30	15	30	151
下半断面	84	30	40	30	400
全断面	110	30	55	30	541

按洞内施工同时工作最多人数所需空气量计算 表 5-11

巷 道 名 称	每人需空气(m^3)	工作人数	安全系数	风量(m^3/min)
上半断面	5	60	1.5	450
下半断面	5	95	1.5	713
全断面	5	120	1.5	900
平导断面	5	50	1.5	375

按瓦斯隧道最低风速计算 表 5-12

巷 道 名 称	巷道断面(m^2)	最低风速(m/s)	风量(m^3/min)
隧道上半断面	15	0.5	450
隧道下半断面	40	0.5	1 200
全断面	55	0.5	1 650
平导断面	13	0.5	390

5.7.2.3 风机选型

由表中的计算结果可知,应由瓦斯隧道最低风速所需风量作为控制风量,并以此作为选择风机的依据,风机选择防爆型。

平导进口抽风机选用辽宁省北票矿山机械厂生产的 INDB55-No15 风机;斜井工区平导出

口抽风机，选用 INDB55-No18 风机；局部选用 BKJ66-11No9 风机，均实现双回路供电、风电闭锁。总装机容量为 1 300kW，备用风机容量为 50%。

5.7.2.4　通风效果

家竹箐高瓦斯隧道对通风状况测试采用 AFP-8A 毕托管、倾斜式微压计进行动压、静压、全压测定的，并用 ZBY215-84 气压表测巷道静压、普通温湿计测巷道温度。对巷道的风速分析可知：除正洞上半断面回风流及平导回风流小于规定要求外，其余各施工段风速均满足要求，具体情况见表 5-13 和表 5-14。

进口端各施工段风速统计情况

表 5-13

位置	里　程	平均动压 (mmH_2O)	平均静压 (Pa)	平均全压 (Pa)	风速 (m/s)	风量 (m^3/min)	空气容量 (kg/m^3)
平导	PDK0+140	1.620	100.058	115.95	5.69	47.46	0.99
平导	PDK0+405	1.320	100.058	113.29	5.15	42.95	0.99
平导	PDK1+160	0.640	100.058	106.40	3.58	39.21	0.99
平导	PDK1+490	1.330	100.058	111.66	5.16	43.03	0.99
平导	PDK1+670				0.18	1.50	0.99
正洞	IDK579+055				0.18	2.71	0.995
上半断面	IDK579+170	0.690	100.058	100.87	3.69	55.82	0.995

隧道贯通巷道通风量测统计

表 5-14

里　程	风速(m/s)	风量(m^3/s)	瓦斯含量(%)
IDK577+265	1.48	28.8	0.32
IDK579+348	2.48	45.2	0.31
IDK580+390	0.26	10.67	0.26
IDK580+414	0.42	17.2	0.30
IDK580+996	3.06	26.2	0.10
1 号、2 号斜井间	1.55	3.72	0.20
PDK1+970	0.27	1.05	7.00
PDK1+890	0.60	0	0.36
PDK1+832	1.27	3.74	0.36
PDK1+685	8.07	31.6	0.37
PDK1+510	4.80	43.4	0.37

由表可见，巷道贯通后部分位置风速及瓦斯含量仍存在超限现象，但只要及时增设临时风门，超限现象可立即消失。

家竹箐隧道是我国铁路建设史上最危险的一座隧道，其施工过程中，完善的通风系统、健全的通风管理制度，确保了通风效果，有力保障了隧道安全顺利建成。

第6章　高瓦斯隧道设备配置及供配电系统

隧道瓦斯爆炸事故多是由于瓦斯浓度超限后，作业环境中存在火源或设备机械不具备防爆性能出现引火高温所致：美国加利福尼亚州 San Fernando Valley 隧道施工中发生瓦斯爆炸，导致17人死亡，事故原因是瓦斯大量逸出，隧道内作业机械高温成为点火源导致爆炸；1971年12月11日，美国密歇根州 Huron 隧道发生瓦斯爆炸，导致22人死亡，事故原因在于通风不畅部位发生瓦斯积聚超限，被点火源引爆；我国第一座遇到瓦斯爆炸的隧道是贵昆线岩脚寨隧道，由于开关不具备防爆性能，在拉闸瞬间产生火花，引起瓦斯爆炸，伤亡人数多达数百人；达成线炮台山隧道先后因照明灯泡爆裂和非防爆型汽车驶入高瓦斯工区发生两次瓦斯爆炸，造成十数人伤亡。2005年12月22日，都汶高速公路紫坪铺隧道开挖工作面发生坍方，瓦斯异常涌出达到爆炸界限，模板台车配电箱附近悬挂的三芯插头短路产生火花引发特大瓦斯爆炸事故，造成44人死亡，11人受伤。

从上述事故分析可见，瓦斯爆炸会造成严重的生命财产损失，但其发生瓦斯爆炸必须满足瓦斯浓度(5%～16%)、引火温度(650～750℃)、氧气浓度(12%)三个条件，隧道施工中可以通过有效降低瓦斯浓度或杜绝引火高温来避免。降低瓦斯浓度的主要措施在于通风。杜绝引火高温的主要措施则在于严格隧道施工管理，严禁火源，并要求隧道内作业的电气设施及机械设备具备防爆性能。

《铁路瓦斯隧道技术规范》(TB 10120—2002)明确规定"隧道内非瓦斯工区和低瓦斯工区的电气设备与作业机械可使用非防爆型，其行走机械严禁驶入高瓦斯工区和瓦斯突出工区；隧道内高瓦斯工区和瓦斯突出工区的电器设备和作业机械必须使用防爆型"。

该项规定主要是借鉴煤矿生产安全经验，而瓦斯隧道施工与煤矿生产存在着显著差别：矿井使用周期长达数十年甚至更久，机电设备较为固定，所有设备采用防爆型是合理的；而瓦斯隧道施工工期比较短，且大部分隧道高瓦斯及瓦斯突出工区长度不大，只要采取有效的通风措施并进行严格的瓦斯监测与施工管理，即可将隧道瓦斯浓度降低到限值内。如果按规定全面配置防爆设备，则不仅设备一次性投入偏高，且工效影响较大。此外，隧道施工的危险高温不完全来自电气设备和作业机械，有轨运输轮轨的摩擦火花、挖装渣作业的撞击火花以及焊接作业的火花等很难完全避免。该项规定过于笼统、绝对，施工中是否必须遵循依然值得商榷。

6.1　高瓦斯隧道设备配置

隧道设备配置主要包括装运设备、钻爆设备、喷锚设备、衬砌设备及通风设备等，其中，装运设备和通风设备(详见通风技术章节)的选型和配置是设备满足高瓦斯隧道防爆性能要求的关键。

6.1.1 隧道装运设备配套

隧道运输的配套模式可分为:有轨运输模式(有轨装渣+有轨运输);无轨运输模式(无轨装渣+无轨运输);混合运输模式(无轨装渣+有轨运输)。

有轨运输模式主要采用大容量梭式矿车及轨行式装渣设备进行渣土挖装、外运。该运输模式引自煤矿系统,各类设备均有成熟的防爆型产品,运量大、速度快、对作业环境污染小,如果设备配套合理,轨道铺设科学,调度有效,会大大提高生产效率,产生较好的经济效益。但有轨运输模式需增加专用设备和工种,同时对洞口场地要求较高。家竹箐隧道、云台山隧道等早期瓦斯隧道施工均采用有轨运输模式。

无轨运输模式主要采用大型自卸汽车和轮式装载机进行渣土挖装、外运,设备多为通用型柴油机设备,不具备防爆性能,必须进行防爆改型才能应用于高瓦斯隧道。该运输模式有利于提高设备的使用效率,在施工大断面隧道时,洞内可灵活调车,协调管理方便,但废气排放导致洞内作业环境较差,空气污染严重,通风费用增加。华蓥山隧道、中梁山隧道、龙溪隧道、紫坪铺隧道等近年来建设的瓦斯隧道多采用无轨运输模式。

混合运输模式主要是采用轮式或履带式装渣设备与梭式矿车、电瓶车等有轨运输设备配套使用,组成一套机械化程度和出渣效率较高的出渣运输系统,具有装渣容量大、出渣效率高、人员劳动强度低、环保等优点。该运输模式是有轨运输模式和无轨运输模式的综合。武隆隧道正洞施工即采用混合运输模式。

上述模式中包括有轨运输设备、有轨装渣设备、无轨运输设备及无轨装渣设备四类设备,其中,无轨运输设备主要为自卸汽车。

1)无轨装渣设备

无轨装渣设备一般选用正铲侧卸装载机,主要以各种轮胎式、履带式装载机为主,特别是轮胎式装载机以其行走迅捷、机动灵活、技术成熟、可以适应多种工作环境等优点在隧道施工中被广泛应用。这类设备大多为通用型设备,不具防爆功能,必须进行防爆改型后才能应用于高瓦斯隧道。

部分小功率无轨挖装设备以防爆柴油机为动力,整车具有防爆性能,但生产效率较低,可靠性较差,因而应用较少。

2)有轨装渣设备

有轨装渣设备是指依靠轨道走行、主要以电力为动力的装渣设备,主要为扒渣机以及基于扒渣机改进的电动挖斗装载机装渣设备。该类设备主要应用于煤矿系统,多具备防爆性能。

3)有轨运输设备

有轨运输设备主要指以轨道行走、运输为主要特征,采用蓄电池机车为牵引动力的运输设备,主要为梭式矿车和矿斗车,两者的运输特性比较见表6-1。

梭式矿车和矿斗车运输特性比较 表6-1

特　性	梭式矿车	矿　斗　车
装渣特点	装、卸渣方便,可搭接使用	装渣满载系数高,但一次只能装一节,一个牵引机车拉两节时需进行调度,增加调度时间
占用站线	长度方向尺寸大,占用站线长	长度方向尺寸小,占用站线短

续上表

特　性	梭式矿车	矿斗车
自重	自重大,增加机车进场难度	自重轻
载重比	载重比较低,约为 2	载重比较高,约为 5
购置成本	单车成本低	单车成本低,但需增加翻车机购置费用
运行成本	运行成本高	运行成本低,维修及配件消耗少
掉道恢复	掉道恢复困难	掉道恢复容易

6.1.2　隧道钻爆设备配置

目前隧道钻爆法施工的凿岩机械主要包括凿岩机和凿岩台车。凿岩机分为风动、电动、液压、内燃四类,凿岩台车有履带式、轮轨(门架)式、轮胎式三类。

电动、内燃凿岩机由于凿岩速度慢、机体质量大、使用成本高等明显不足而在隧道施工中应用较少,最常用的凿岩机是风动、液压凿岩机。

凿岩台车依据其灵活性和使用功能,应用较多的是轮胎式和轮轨式。目前国内隧道施工常用的凿岩台车国外产品有瑞典阿特拉斯、芬兰汤姆洛克和日本古河产业等公司生产的轮胎式、门架式(二臂、三臂、四臂)台车,国产台车主要有南京黎明机械厂、沈阳风动机械厂、宣化风动机械厂生产的二、三臂轮胎式、轮轨式台车。

采用钻爆法的隧道施工,具体配置风动凿岩机配合钻孔台架进行钻爆施工还是凿岩台车进行钻孔作业,需结合拟建隧道实际情况综合考虑两者施工速度、施工质量、环境适应性、设备可靠性、投入成本以及和其他设备的配套性等主要要素。

1)施工速度

凿岩台车在中硬岩中成孔速度大致为 0.5～1m/min,风动凿岩机成孔速度大致为 0.05～0.15m/min。在施工速度方面凿岩台车优势明显,尤其适用于大断面隧道,但风动凿岩机可利用数量优势弥补其成孔速度低的不足。

2)施工质量

由于凿岩台车的钻孔精度高,光面爆破效果相较风动凿岩机更好。

3)环境适应性

凿岩台车一般适用于全断面开挖,其移动不灵活,特别是在有轨运输模式下,由于地面铺有轨道,台车的移动对出渣运输干扰大;风动凿岩机钻孔具有机动灵活的特点,无论全断面施工还是台阶法分部开挖都能应用,在场地狭小的施工环境中优势更为明显。

4)设备可靠性

凿岩台车一旦出现故障,必定给施工带来影响;风动凿岩机维修方便,不必考虑设备故障影响施工。

5)投入成本

进口二臂凿岩台车多在 500 万元以上,国产二臂台车也都在 100 万元以上,一次性投入较高;风动凿岩机的购置费用很低,每台仅数千元。

6)与其他设备的配套性

轮轨式台车只适宜与后卸式有轨装渣设备相配套;轮胎式台车在采用有轨运输模式的单

线隧道中移动很受限制，只能同车体窄、斗容量小的侧卸式装载机相搭配，造成两者的生产能力很不相称。采用风动凿岩机钻孔时，钻孔台架下净空可以依据隧道断面和设备需要确定，从而可以和多种侧卸式、后卸式装渣机械相匹配，充分发挥设备的生产能力。

6.1.3 高瓦斯隧道设备配置原则

高瓦斯隧道作业设备配置的总原则是既安全又经济，因此设备配置不仅要满足防爆性能的要求，还需实现快速施工，即满足设备的先进性、稳定性、经济性和配套合理性的要求，应遵循如下原则：

(1)长大高瓦斯隧道施工必须配备大型配套的机械化施工设备，以实现高度配套的机械化作业、良好的通风效果，达到安全、快速施工。

(2)在生产能力方面，每种机械设备的生产能力应与其他机械相匹配，并满足施工总工期的要求；机械动力性能要满足隧道的坡度、每循环工作量及施工环境的要求。

(3)在适应性方面，所选设备能适应不同的施工方案及多种环境的作业要求。

(4)在经济性方面，在保证工期要求的同时，应尽量降低总的设备投入成本，并选择节能型的设备。

(5)在通用性方面，同类机械设备应尽量采用同一厂家、同一型号设备，以加强设备的通用、互换；国产设备质量能达到要求时，尽量选用国产设备，保证设备配件充足、维修方便快捷。

(6)在防爆性能方面，瓦斯隧道施工设备配置是否要全部采用防爆型，不能仅取决于是否为“高瓦斯隧道”或“瓦斯突出隧道”来定性决定，而应根据隧道实际瓦斯浓度、高瓦斯及瓦斯突出工区长度、通风条件等具体条件综合确定：①隧道瓦斯浓度高，高瓦斯及瓦斯突出工区长度大，隧道可全面配置防爆型设备；②隧道瓦斯浓度高，高瓦斯及瓦斯突出工区长度有限，通风良好，可在设置瓦斯监控系统及风、瓦、电连锁系统的前提下，根据实际情况对隧道内的电气设备、线路、局部风机、搅拌机、注浆机及二次衬砌台车电机等固定设备采用防爆型，隧道内施工的行走设备，如挖掘机、装载机、出渣机车等可考虑使用非防爆型。

6.2 有轨运输设备选型

6.2.1 轨道模式与装运设备配套

有轨运输通常采用重轨重载的运输模式，以利于提高运输效率，减小掉道风险。轨道布置有单线运输、双线运输和四轨三线等形式，一般采用四轨三线制，即在隧道内铺设四根钢轨形成轻车线、重车线两条运输线，通过一组特制的双开对称道岔，让两线的相邻两根钢轨满足构成第三条运输线(中线)的条件，如图 6-1 所示。门架式台车行走在外侧两根钢轨上，出渣时运输车辆穿过门架式台车在中线(第三线)位置装渣，经特制对称道岔分别由轻、重车线进出。三线均采用 900mm 轨距模式，门架式台车的轨距为 2 800mm。

四轨三线运输模式的基本作业流程见图 6-2。

6.2.2 有轨运输模式常用设备

有轨运输主要设备包括装载设备、运输设备、牵引设备以及提供动力的充电机等。

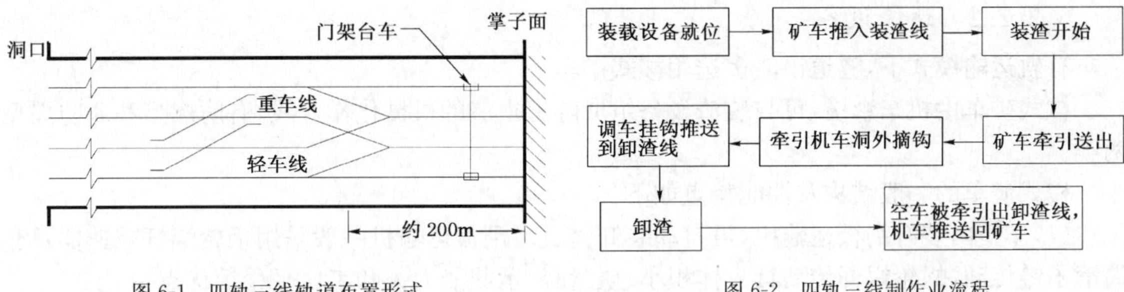

图 6-1　四轨三线轨道布置形式　　图 6-2　四轨三线制作业流程

6.2.2.1　装载设备

洞内装渣设备按行车方式有轮胎式、轮轨式、履带式，按装载方式又分为后卸式和侧卸式。有轨运输的装渣设备主要为后卸式设备，包括各种扒渣机、耙斗机和铲斗机等。国产设备大多生产效率在 150m^3/h 以下，部分厂家已经开始开发生产能力在 200m^3/h 以上的挖掘装载机。

国产的各类电动—液压型后卸式装载设备在质量方面相较国外同类产品有一定差距，特别是在液压部件、动力性能方面尤为明显，但其价格相对低廉、维修方便快捷，在瓦斯隧道中应用较多。

常用装渣机主要性能见表 6-2，其中，LWL180 履带式挖斗装载机如图 6-3 所示。

图 6-3　LWL-180 履带式挖掘装载机

常用装碴机主要性能及参数表　　表 6-2

型　号	装载能力 (m^3/h)	最小卸载高度(m)	功率 (kW)	轨距 (mm)	外形尺寸 (mm)
LZ80 立爪，轨行	80	1.4	37	600	5 100×1 300×1 830
LZ120 立爪，轨行	120	1.74	45	600、762	69 10×1 910×2 460
LZ120D 立爪	120	2.6	55		8 860×2 310×3 120
LWL180 挖斗履带	180	1.9	55		9 690×2 180×2 416
LW-151，挖斗轨行	150	2	55	600、762	8 800×1 600×2 600
ITC312H4，轨行	180～250	2.5	133	762	9 310×3 630×2 400

装渣设备选型应与施工环境、施工方法相配套，与工程进度相适应。以每循环产生的渣量和出渣时间来确定规定出渣时间内应配置的装渣能力，如式(6-1)：

$$W=\frac{F\cdot L\cdot k_1\cdot k_2}{t} \tag{6-1}$$

式中：W——所需装渣能力，m^3/h；

F——隧道开挖断面积，m^2；

L——循环进尺，m；

k_1——岩石松散系数；

k_2——装渣机效率；

t——装渣时间。

6.2.2.2　运输设备

有轨运输模式下，隧道出渣多选用梭式矿车。

梭式矿车由机车牵引，可与装渣设备组成隧道出渣的机械化作业线，有防爆型和非防爆型两类。

梭式矿车的一般结构及性能特点如下：

(1)车箱内装有刮板运输机，可自动装卸渣石。刮板运输机一般采用蜗轮蜗杆减速器及套筒滚子链传动，蜗轮蜗杆传动具有体积小、质量轻、承载能力大和工作平稳等优点。

(2)转向台车多采用钢板弹簧结构型式，减振性能好，运行平稳，不易掉道。

(3)某些系列的梭式矿车既可单车使用，又可搭接使用，搭接使用可较大程度提高出渣运输效率。

(4)车体可分为多个部分，便于拆卸搬运。

国产梭式矿车已形成了多个系列产品，性能各不相同，容积为 4～20m^3不等。隧道施工较为常用的是 14m^3、16m^3和 20m^3规格的梭式矿车。

在某些工程中，侧卸式矿车装载运输也有采用。侧卸式矿车翻斗形式分为曲轨式和液压式两种，由牵引车、绞车带动，可与立爪装渣机配套装渣，装渣后经牵引动力引至卸渣地点，自带专用曲轨卸料机构，当车厢翻至水平成最大卸渣角度时，车门也开到最大开度，矿车完成卸渣，返回时，车门通过曲轨门自动关闭到位。隧道施工常用的梭式矿车性能见表 6-3。

主要梭式矿车性能及参数　　表 6-3

型　号	容量(m^3)	适应断面	功率(kW)	外形尺寸(mm)	轨距(mm)	载质量(t)
SS14B 单蜗轮	14	3.5×3.5	18.5	11 255×1 710×2 275	762,900	20
SS16DB 双蜗轮	16	4.3×4.3	2×22	12 840×1 580×2 490	762,900	30
SS20B 双涡轮	20	5×5	2×22	16 000×1 780×2 500	762,900	40

梭式矿车需用量按式(6-2)确定。

$$N = (mQ/nq) + P \tag{6-2}$$

式中：N——梭式矿车辆数；

Q——开挖工作面的渣量，m^3；

m——松散系数；

n——合理的运输趟数(一般≤3)；

q——所选梭式矿车的容量，m^3；

P——备用台数。

其行车组织及除渣时间计算见式(6-3)：

$$T = T_1 + T_2 + T_3 + T_4 \tag{6-3}$$

式中：T——梭式矿车行车组织时间；

T_1——梭式矿车往返走行时间；

T_2——装渣作业时间；

T_3——卸车时间；

T_4——洞外调车时间。

6.2.2.3　牵引设备

长大隧道施工中的运输牵引设备通常选择电瓶车，包括防爆型蓄电池式电瓶车或工矿型蓄电池式电瓶车。防爆型蓄电池式机车采用防爆特殊型电源，装置内不积聚氢气、不产生火花，其余部件都是隔爆型，并可装设瓦斯自动检测报警断电装置，当机车周围瓦斯浓度超限时发出声光报警、自动断电使机车停驶。工矿型蓄电池式电瓶车则多应用于低瓦斯隧道。

电瓶车调速控制采用凸轮控制器或斩波控制器。斩波控制器采用计算机智能化控制，集换向、调速、控制于一体，具有结构合理、操作灵活、工作可靠、维修方便等特点，与凸轮控制器相比，具有起动力矩大、调速平稳、无火花通电等优点。

电瓶车的选配需着重考虑运距、坡度、牵引力和牵引安全性，对于长大隧道和大坡度隧道宜选用额定工作电压较高、牵引力较大的电瓶车。

常用国产电瓶车性能参数见表 6-4，其中，CDXG 型电瓶车型式如图 6-4 所示。

图 6-4　CDXG-18 工矿型电瓶车

国产电瓶车性能参数　　表 6-4

型　　号	牵引力(kN)	功率(kW)	外形尺寸(mm)	粘重(t)	轨距(mm)
XK8-7/144-KBT	12.83	2×15	4 490×1 192×1 660	8	600,762,900
JXK18-9/196	33.2	2×37	8 955×1 360×1 650	18	762,900
JXK14-9/196	28.5	2×37	5 285×1 360×2 000	14	900
CDXT1-12	16.8	2×35	5 615×1 222×1 650	12	762
JXK50-7/192	116	2×150	7 550×1 600×2 500	50	762,900

充电机是给蓄电池机车电瓶组充电的专用设备，分防爆型和非防爆型两类，多采用晶闸管整流形式的充电机，一般具有短路、失压、过压、过载、空载、负载反接等保护功能。国产常用晶闸管充电机主要技术参数如表 6-5 所示。

国产常用晶闸充电机主要技术参数　　表 6-5

<table>
<tr><th>型　　号</th><th>输入电压
AC(V)</th><th>输入电流
AC(A)</th><th>输出电压
DC(V)</th><th>输出电流
DC(A)</th><th>适应机车
(t)</th><th>外形尺寸
(mm)</th><th>适应
环境</th><th>质量
(kg)</th></tr>
<tr><td>CKA-100/100-210dI</td><td rowspan="7">380/660</td><td rowspan="4">66/39</td><td>100～210</td><td rowspan="2">20～100</td><td rowspan="2">8、12</td><td rowspan="4">1 150×1100
×1 200</td><td rowspan="4">防爆</td><td rowspan="2">1 300</td></tr>
<tr><td>CKA-100/100-300dI</td><td>100～300</td></tr>
<tr><td>CKK-150/40-150dI</td><td>40～150</td><td rowspan="2">20～150</td><td rowspan="2">2.5、5、8</td><td rowspan="2">1 350</td></tr>
<tr><td>CKK-150/70-210dI</td><td>70～210</td></tr>
<tr><td rowspan="3">CKF-200/290</td><td rowspan="3">104/60</td><td>105～210</td><td>(快充)</td><td rowspan="3">8、12</td><td rowspan="3">1 100×700
×1 920</td><td rowspan="4">非防爆</td><td rowspan="3">700</td></tr>
<tr><td>145～290</td><td>40～200</td></tr>
<tr><td></td><td>30～160</td></tr>
<tr><td>CZJ-60/200</td><td>380</td><td>42</td><td>0～200</td><td>18～60</td><td>2.5、5、8</td><td>700×500
×1 300</td><td>140</td></tr>
</table>

6.2.3 有轨运输注意事项

采用有轨运输模式进行渣土外运的隧道施工，须注意以下事项：

(1)有轨运输模式下选择配套设备时须充分考虑各设备之间的匹配关系：①装渣设备工作尺寸与隧道开挖断面相匹配；②装渣机装渣能力与要求出渣时间相匹配；③电瓶车牵引力与梭式矿车装渣量相匹配；④电瓶车牵引力与要求运行速度相匹配；⑤轨道质量与运行速度和装渣量相匹配；⑥配套设备各单机动力形式要基本一致，行走方式要与装运方案相适应。

(2)有轨运输施工管理，关键在于设备管理操作水平和机械设备的技术状态。操作技能上应严格要求，提高驾驶员(尤其是装渣驾驶员和梭式矿车驾驶员)操作水平；应有一批熟悉机械性能、掌握修理技术的管理者和修理工，以合理操作机械，及时排除机械故障，提高设备工作效率。

(3)在轨道铺设及维护方面，要注意解决好作业设备与运输轨道的配套衔接问题：大型机械设备进洞，必须铺设与之相适应的中、重型运输轨道；为优化洞内调车，可采用单开道岔、对称道岔、单侧渡线，安放单开式浮放道岔等办法，以利于运输避让、节省会车调车时间；成立专门的轨道铺设与维护小组，保证轨道的铺架和畅通，提高运输效率，减小掉道风险。

(4)为避免施工工序不衔接，必须及时掌握作业工序动态情况。

(5)电瓶车的工作动力大多采用可循环充电的铅蓄电池，要建立严格科学的充电管理制度，要避免粉尘严重的拌和站等恶劣环境对电瓶使用寿命造成影响。

6.2.4 高瓦斯隧道有轨运输选型工程案例

6.2.4.1 家竹箐隧道防爆设备配置

家竹箐隧道是国内瓦斯含量最高的长大隧道，进口、斜井同时掘进，台阶法施工，采用有轨运输模式。开挖设备采用“7655”支腿式风钻，每个工作面同时采用五台风钻作业。

家竹箐隧道建设时期，国内只有电力拖动的轨行设备才符合防爆性能的要求，故装渣设备选用江西矿山机械厂生产的ZL120D型立爪式装渣机，装渣能力120m^3/h，每个工作面配立爪装渣机两台；运输设备采用江西矿山机械厂生产的S8D型梭式矿车，装载能力8m^3，随运距的增加逐渐增加矿车数量，隧道掘进长度达到1km后，单洞梭式矿车数量增加到10台，可满足运输需要(备用2台)。

1～4号斜井工作面施工，由于场地和提升能力的限制，装渣设备采用了P-30B型耙斗式装渣机，运输设备采用V-1m^3型矿斗车，提升采用JmT-160型矿井提升绞车。以2号斜井为例，井场平均长度450m，往返一次900m，一次提升时间(含调车时间)为11min，可提升3m^3石渣。

家竹箐隧道地下涌水量较大，配置22-75kW150m防爆水泵10台，17kW以下防爆水泵12台。

家竹箐隧道防爆机电设备详见表6-6。

家竹箐隧道防爆机电设备　　表6-6

机电名称	规格型号	数量(台)
立爪式装岩机	LZ120D	6
耙斗装岩机	P-30B	13

续上表

机电名称	规格型号	数量(台)
梭式矿车	S8D	22
U 型斗车	U-1m^3	147
电瓶车	XK8-7/144KBT	20
电瓶车	CDXT-2.5T	12
防爆水泵	22-75kW150m	10
防爆水泵	17kW 以下	12

6.2.4.2　武隆隧道防爆设备配置

武隆隧道位于重庆市武隆县境内，全长 9 418m，按单线Ⅰ级电气化铁路设计，净高 6.65m，净宽 4.9m。隧道采用钻爆法施工，出渣采用有轨运输模式，分为进口、横洞和出口三个工区组织施工。隧道穿越地层以泥灰岩、灰岩为主，夹有小段煤层，有瓦斯突出危险。

出渣运输设备选择防爆型的 SS16DB 型梭式矿车，该车型车身较窄，可以为隧道施工留出更大的作业空间，施工中采取两节梭式矿车搭接以减少调车次数。

根据选定梭式矿车的容量和隧道坡度、机车牵引力大小，选定六盘水煤矿机械厂生产的 CDXT-12 型防爆电力机车为运输牵引设备。

武隆隧道平导及出口方向 2 号工作面是控制工期的工作面，其断面较小，侧卸式装载机无法工作，只能选择后卸式扒渣机，采用德国产 ITC312H3 挖掘装载机。在前期 ITC312H3 挖掘装载机不能到场之前，采用国产设备中生产性能较好的 LWL-150 挖掘装载机进行装渣作业，两种设备都为防爆型。

正洞进口方向与出口方向 1 号工作面为非控制工作面，经过比选，决定采用侧卸式装载机进行装渣作业。隧道最小开挖宽度 5.4m，考虑到梭式矿车宽 1.58m 及机械间、机械与岩壁间的最小安全距离，所选装载机车身宽度不得超过 3.22m。依据两个工作面的不同特点及要求，选择 WA320-3 型的装载机在进口方向工作面作业，ZL40F 型装载机在出口方向的 1 号工作面出渣。

钻爆设备方面，采用人工持风动凿岩机配自制简易钻孔台架进行钻爆作业。

通风设备方面，进口和出口 1 号工作面在施工前期分别采用一台 88-1 风机进行压入式通风，进口工作面掘进到 1 000m 后，串联一台 88-1 风机；出口方向 1 号与 2 号工作面贯通之后，再串联一台 88-1 风机。平导采用两台 SDA63B-2T22 风机。

武隆隧道主要工程机械设备配置如表 6-7。

武隆隧道主要工程机械配套　　表 6-7

名　称	型　号	规　格	功　率	数　量
风动凿岩机	YT28	81L/S	—	50
侧卸装载机	WA320-3	2.0m^3	114kW	1
侧卸装载机	ZL40F	1.8m^3	118kW	1
挖掘装载机	LWL-150	150m^3/h	55kW	1

续上表

名　　称	型　　号	规　　格	功　　率	数　　量
挖掘装载机	ITC312H3	250m³/h	90/112kW	1
梭式矿车	SS16DB	16m³	2×22kW	10
电瓶车	CDXT-12	12t	192V	7
通风机	88-1	60 000m³/h	2×110kW	4
通风机	SDA63B-2T22	30 000m³/h	2×22kW	2
拌和站	JSY500A×2-PLW800	55m³/h	37kW	1
拌和机	JZC350	5m³/h	7.5kW	1
混凝土喷射机	PZ-5K	5.5m³/h	5.5kW	5
混凝土输送泵	HB60	60m³/h	77kW	2
混凝土罐车	TSB-6	6m³	22kW	3
模板台车	液压	12m	—	2

从工程施工效果来看，铁路单线隧道利用侧卸装载机配合大吨位的梭式矿车进行出渣作业是一种较好的配套组合模式，梭矿搭接使用，节约了调车时间。国产设备中的运输设备和牵引设备技术较为成熟，能满足隧道施工的要求，但挖装设备的技术与国外产品仍有相当大的差距。WA320-3 装载机质量较国产装载机要好，故障率低，出渣的效率更高。

6.3　无轨运输设备防爆改型

无轨运输模式基本采用通用设备，以普通内燃机做动力的隧道施工机械（挖装、运输、混凝土罐车等）为非防爆型产品，在瓦斯环境中作业时，产生的火花和高温容易引发瓦斯爆炸事故。

隧道作业机械的火花和危险高温主要来源于三个方面：内燃机运转时引起的排气管、增压器、照明灯具、机体等可能产生的高温及火花；电气火花（包括静电火花）如启动机启动的大电流引起电路的各部火花、发电机充电时的电路火花、电瓶端子和灯具的电流火花、各种可能短路或接触不良引起的电流火花等；机械火花如离合器装置、制动装置产生的机械火花。

为有效消除作业机械可能产生的危险高温和火花，可参照《煤矿用防爆柴油机技术检验规范》和《煤矿用防爆柴油机无轨胶轮车技术检验规范》，对常规施工机械进行防爆改装。

6.3.1　设备防爆改型技术要求

无轨运输设备防爆改型满足以下技术要求：

(1)防爆柴油机必须采用水冷却方式。

(2)防爆柴油机可以使用弹簧起动器、液压起动器或压缩空气起动器。

(3)在防爆柴油机运转和维修期间，有可能受到撞击的零部件，均不允许使用轻金属制造。燃油泵改换材料困难时，可采取表面喷涂不小于 0.2mm 厚防护层或设置钢质罩壳保护措施。含轻金属外壳的材料，按质量百分比，铝、钛和镁的总含量不允许大于 15%，并且钛和镁的总含量不允许大于 6%。防爆柴油机及其配套的非金属材料的零部件，应采用电阻值小于 $1\times10^9\Omega$ 的不燃或阻燃性材料制造。用于密封的垫衬，应使用带有金属骨架或金属包封的不燃材料制造。

(4)在缸盖与机体之间隔爆结合面的有效宽度不小于 9mm，平面度不大于 0.15mm；进、排气系统各部件之间的隔爆结合面，进、排气系统与缸盖之间的隔爆结合面有效宽度不小 13mm；隔爆结合面的内部边沿到螺栓孔的边沿有效宽度不小于 9mm；隔爆结合面中含有冷却水道通孔的隔爆面，由结合面内部到水道通孔边沿的有效宽度应不小于 5mm；利用杆套间隙作为隔爆面的，杆套间隙应不大于 0.15mm，轴向长度应不小于 25mm；喷油器与缸头的配合，其间隙应不大于 0.2mm，轴向长度应不小 25mm；在隔爆腔机体上应避免钻通孔，至少留 3mm 或三分之一孔径的壁厚，取其大者。如果钻通孔应用螺塞堵死，螺塞最小拧入深度不小于 12.5mm，最小啮合扣数不少于 6 扣，并有防松措施；在隔爆腔机体的盲螺孔上拧固螺塞时，螺塞长度的选择，当无垫圈时，应在孔底至少还有一个螺距的余量。

(5)隔爆结合面的表面粗糙度 R_a 为 6.3μm。隔爆接合面须有防锈措施，但不得涂油漆。

(6)在柴油机的进气系统和排气系统，必须设置阻火器，阻火器的结构应易于装配、检验和清洗，且定位准确；阻火器框架隔爆结合面宽度应不小于 25mm，不允许在阻火器框架隔爆接合面内随意钻孔；栅栏型阻火器必须使用耐高温、防腐蚀、耐磨损材料制造。栅栏板的厚度应不小于 1mm，平面度不大于 0.15mm，气流方向的宽度不小于 50mm，相邻两栅栏板之间的间隙不大于 0.5mm；珠型阻火器的框架及挡板、球形体，应使用耐高温、耐腐蚀材料制造，装配完整后的珠型阻火器，内部球形体不得有松动，采用直径为 5mm 的球形体时，气流方向的填充厚度应不小于 60mm，采用直径为 6mm 的球形体时，气流方向的填充厚度应不小于 90mm。

(7)柴油机废气排出前，应通过水洗箱，水洗箱可安装在阻火器前，水洗箱与阻火器的固定板应使用耐腐蚀材料制造。水洗箱安装在阻火器前的应为隔爆结构，各隔爆结合面的宽度应不小于 25mm，箱体内边沿到螺孔边沿的宽度应不小于 9mm。水洗箱应设置水位标记。采用喷淋冷却的水洗箱可不设水位标记，但喷水箱应设水位标记。水洗箱注水孔应采用螺纹隔爆结构，孔盖应有系紧装置。水洗箱容量应能至少满足柴油机 4h 连续中载运行耗水。

(8)进气系统在空气滤清器后端，应设置阻火器和空气关断阀，以便事故时切断空气供应。该阀的严密性应保证在可燃气体中运转的柴油机，在切断燃油和空气供给后停机。

(9)防爆柴油机使用燃点在 55℃以上的燃料，燃油的闪点应高于 70℃。燃油箱应有牢固的结构，其安装位置应能避免撞击而损坏，并且能防止燃油管损坏时燃油不因重力或虹吸溢出。燃油箱上应设置加油孔和通气孔，孔盖必须用螺纹连接，并有系紧装置。通气孔的结构应能防止油箱翻倒时燃油的溢出。燃油箱的容量应不超过 8h 正常运行耗油量。燃油箱应设置油位标记，油位标记要有足够的强度，以免受到撞击而损坏。燃油箱必须用非燃性材料制造，其布置应能防止受到撞击和远离热源至少在 50mm 以上。燃油系统应设置停油阀，该阀可以远距离操作，也可以在故障时自动关闭。油路连接尽量减少，设计时应采取保护措施，防止运行中漏油。

(10)曲轴箱的通气孔应装设滤网装置，滤网应不少于五层，使之既能防止尘埃污染曲轴箱，又具有一定的阻火能力。注油孔和油位标记孔使用螺纹密封结构，注油孔盖应有系紧装置。

(11)进、排气系统每一部件(空气滤清器除外)，必须能承受 0.8MPa 水压试验，保持一分钟无渗漏、无变形；燃油箱应能承受 0.03MPa 水压试验，保持一分钟，无渗漏。

(12)防爆柴油机任一部位表面温度不得超过 150℃。防爆柴油机废气出口温度不得超过

70℃。压缩空气起动器出气口的温度不得超过 160℃。

(13)单缸类防爆柴油机,当出现下列情况之一时,声光报警装置应发出声、光报警信号,报警后延时 1min 内防爆柴油机应自动停机:排气温度 70℃;冷却水位低(蒸发冷却式柴油机适用)或冷却水温度 95℃(强制冷却式柴油机适用)。两缸以上多缸类防爆柴油机,当出现下列情况之一时,应报警、自动停机:排气温度 70℃;表面温度 150℃;冷却水温度 95℃,或厂家设计值;废气处理箱缺水;润滑油压力、液压油压力、压缩空气压力低予最低压力;超过最高转速。

(14)组装后的柴油机进气系统、排气系统应具备阻止火焰传播的性能。

(15)保护装置自动停机应及时检查和排除故障,在故障未排除前不能人工复位,更不能强行(人工复位前)启动防爆柴油机。

(16)防爆柴油机应配置车载式瓦斯检测报警仪或便携式瓦斯检测报警仪。

(17)防爆柴油机应配置自动灭火装置或便携式灭火器,便携式灭火器应能方便地取出使用。

6.3.2 设备防爆改型工程案例

都汶高速公路紫坪铺隧道采用无轨运输模式,为满足高瓦斯隧道对作业设备防爆性的要求,参照《煤矿用防爆柴油机技术检验规范》和《煤矿用防爆柴油机无轨胶轮车技术检验规范》等相关规定,委托有资质的专业厂家,对隧道施工通用设备进行了防爆改装,具体改装的内燃机动力机械施工设备如表 6-8。

紫坪铺隧道内燃机动力运输施工设备概况 表 6-8

设备名称	规格型号	动力类别	改装形式
挖掘机	Ex200-5	内燃机	内燃机防爆改造
装载机	ZLC50	内燃机	内燃机防爆改造
自卸汽车	XC3320	内燃机	内燃机防爆改造
混凝土搅拌运输车	SCCY-4A	内燃机	内燃机防爆改造
洒水车	CTT5110GSS	内燃机	内燃机防爆改造
轻型客货车	CA1401	内燃机	内燃机防爆改造

6.3.2.1 改装的主要结构和原理

机械设备的改装平面布置如图 6-5 所示。

改装后的机械设备技术特征如表 6-9 所示。

改装后的机械设备技术特征 表 6-9

启动方式	隔爆电启动	机体表面温度	150±5℃
排气方式	水洗式	冷却水温度	95±2℃
系统电压	不改变	机油压力	设定最低压力值
照明	隔爆灯	柴油机转速	设定最高转速值
排气温度	70±2℃	增压器及排气阻力	≤15kPa

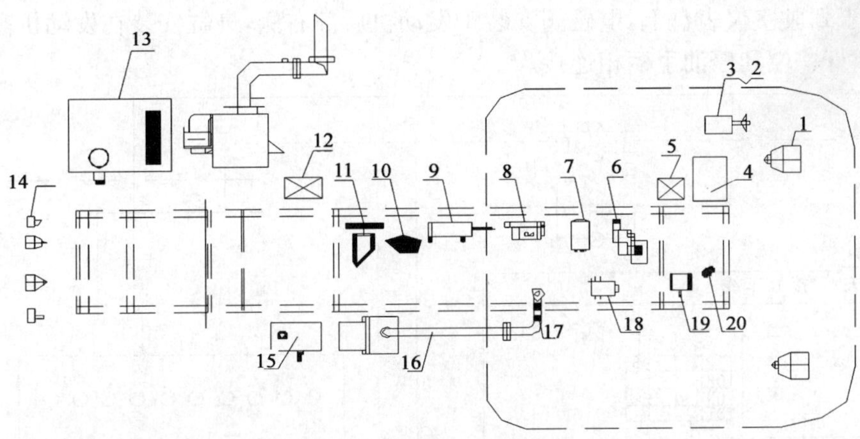

图 6-5　改装设备平面布置图

1-防爆照明灯与支架；2-电器防爆开关与支架；3-电气线路图；4-监控仪；5-发电机；6-熄火电磁阀与阀板；7-油杯与支架；8-隔爆电起动器；9-熄火油缸与支架；10-橡胶塞；11-离合器透气栅栏；12-隔爆蓄电池与支架；13-补水箱与支架；14-防爆信号灯与支架；15-废气处理箱与支架；16-排气管；17-排气波纹管；18-防爆发电机与支架；19-三通；20-监控标与支架

1）排气处理系统防爆改造

为杜绝排气火花和排气高温引燃周围可燃性混合气体，采用补水箱的排气处理系统，如图 6-6所示。柴油机 600℃左右的排气经过排气总管—增压器废气轮腔—夹层管，进入废气处理箱水面下部，经过水洗从水面冒出，再经过板式阻火器排放至大气中。

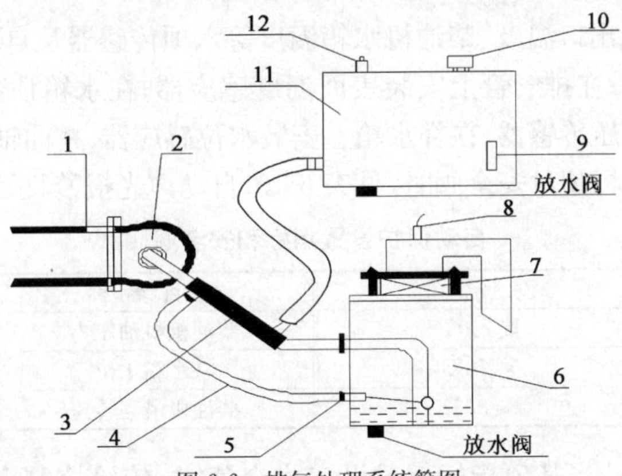

图 6-6　排气处理系统简图

1-柴油机排气总管；2-增压器；3-夹层排气管；4-水箱连接胶管；5-浮子式开关；6-废气处理箱；7-阻火器；8-排气温度感应器；9-水位计；10-加水口；11-补水箱；12-水位感应器

尾气经过阻火器时，阻火器可完全熄灭排气中较大碳粒可能残存火星。阻火器出气口处安装有温度传感器，当排气在出口处温度超过 70℃时，声光报警，延时 15～60s 后柴油机自动停机。通过排气处理系统改造，实现冷却排气出口处废气温度≤70℃，熄灭排气中的碳粒燃烧形成的火星。

废气处理箱在工作状态下是不断耗水的，耗水由补水箱通过连通胶管、浮子室开关向废气处理箱补水，使其水位一直保持在设定水位。补水箱上设有加水口、出水口、放水阀和水位计。补水箱上设置有水位感应器，当补水箱水位过低丧失向废气处理箱补水能力时，会自动报警，延时 15～60s 后柴油机自动停机。

2）电气系统结构防爆改造

电气系统结构防爆改造原理如图 6-7 所示，自动保护装置由控制盒、电磁阀及气缸构成。

控制盒安装于驾驶室仪表盘上,电磁阀安装于发动机后部右侧,气缸安装在发动机高压供油泵上,气缸活塞杆一端和停油手柄相连接。

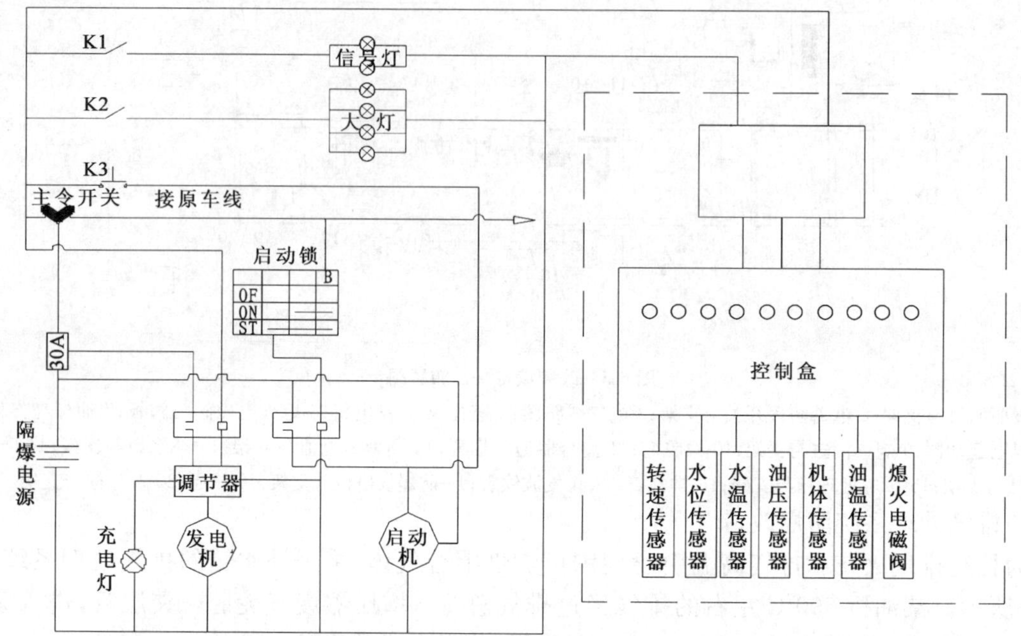

图 6-7 电气系统防爆改造原理

控制盒内增设了废气出口温度、柴油机水箱温度等六项传感器及自动保护设置:在废气处理箱出口处安装排温感应器;在排气管上安装表面温度感应器;在水箱顶部水箱安装温度感应器;在发动机主油道处安装油压传感器;在补水箱上安装水位感应器;在曲轴皮带轮处安装转速传感器。机器运转中某一项指标超过安全阀时,见表 6-10,自动声光报警且延时 15～60s 自动停机。

自动保护设置指标和安全阀 表 6-10

项目名称	设定值	项目名称	设定值
表面温度	≤150℃	柴油机机油压力	>0.1MPa
废气出口温度	≤70℃	补水箱水位	高于双层管及水洗箱
柴油机水箱温度	≤95℃	柴油机最高转速	≤2 650 转/min

该系统的工作原理是,当某项指标超过设定安全值时,传给控制盒电信号,控制盒接收信号后,发出声光警报,延时 30s 触发电磁电路,关闭空气阀,气缸活塞杆靠弹簧力向外运动,拉动停油杆停止向发动机供油,发动机停止运转。

6.3.2.2 防爆改装措施

根据改装的主要结构及原理,具体采取如下措施:

(1)更换发电机,将普通发电机更换为隔爆型发电机。

(2)把普通启动机(马达)改为隔爆型启动机。

(3)将蓄电池更换为阀控式免维修铅酸蓄电池,电网电路中接线处各种操纵开关均安装于隔爆箱内,与外界完全隔绝,混凝土罐车和自卸汽车改装后的防爆电器控制箱如图 6-8～图 6-9 所示。

(4)照明、信号等灯具均采用符合国家安全监察局规定的防爆产品。

(5)对于容易产生静电积聚的非金属件采取了抗静电措施。

(6)内燃机排气采用补水箱式废气处理装置和夹层排气管道或绝热材料包封措施，同时在废气处理箱排气出口处设置阻火栅栏（图 6-10），使排气出口处排气温度低于设定值（≤70℃），从而消除排气引发的危险高温和排气火花。

图 6-8　混凝土罐车的防爆电器控制箱

图 6-9　自卸汽车的电器防爆控制箱

图 6-10　自卸汽车的排气处理系统

(7)在柴油机排气总管和增压器废气轮壳表面粘结厚度为 15mm 的硬硅钙高温绝热材料，以确保该部件表面温度不超过 150°C。

(8)增设了六项自动检测装置及自动保护装置，设备运转中某一项指标超过安全值时，自动声光报警，且延时 15～60s 自动停机。

(9)增设瓦斯报警装置，当工作环境中瓦斯浓度达到设定值 1%时，瓦斯报警仪自动声光报警。

6.3.2.3　性能恢复

为满足改型后的设备在一般环境下工作的要求（如正常上路行驶），保留了原机的各种用电器（照明灯、方向灯、刹车灯、雾灯、远、近光灯等及线路的连接均是非防爆的）。从电瓶接线箱中通过电路开关引出 24V 电路，和原车钥匙开关处接线相连接。上路行驶时，把安装于电源接线箱上的开关旋至“开”的位置，原机各种用电器就启用。长期不需要采取防爆的情况下去除排气废水处理箱、更换启动、发电等装置即可恢复。

6.3.2.4　日常维护

对于改型后的技术装备，参照以下项目进行日常维护管理。

(1)加入补水箱的水应是经过处理的软水或者自来水，不可使用防冻液；

(2)冬季野外停放要采取放水处理，以免冻坏有关装置；

(3)每半月清理补水箱、废水处理箱进出水口的结垢，防止堵死及系统失效；

(4)各种电气电缆要细心保护，各防爆面不允许磕碰划伤，导线不允许折断；

(5)非正常停机后不允许强行启动，必须找出原因排除故障方能重新投入使用；

(6)各部部件要定期保养并检查其工作的可靠性，防止系统失效。

6.4　瓦斯隧道供配电系统

隧道施工常采用的供配电系统存在着漏电、短路、操作产生火花电弧等问题，在瓦斯环境下可能引燃、引爆瓦斯，造成事故，故瓦斯隧道施工供配电系统需专项设计。

6.4.1 瓦斯隧道供配电系统基本要求和技术指标

瓦斯隧道施工供配电系统设计与布置需满足以下基本要求和技术指标：

(1)高瓦斯隧道应配置两路电源，分别来自两个公用变电站或同一个变电站的不同母线段的两条电源线路，其电源线上不得分接隧道以外的任何负荷。当架设双线路困难时，也可以就近建立自备发电站作为备用电源。自备发电站的装机容量应至少能满足以下负荷要求：主风机、局部风机、隧道内抽水站及洞内照明。

(2)瓦斯工区内各级配电电压和各种机电设备的额定电压等级应符合下列要求：①高压不应大于 10 000V；②低压不应大于 380V；③照明、手持式电气设备、电话、信号装置的额定供电电压，在低瓦斯工区不应大于 220V，在高瓦斯工区和瓦斯突出工区不应大于 127V；④远距离控制线路的额定电压不应大于 36V；⑤电压波动范围，高压为±5%，低压为±10%，频率波动为 50HZ±1HZ。

(3)瓦斯工区内高压电缆应采用监视型屏蔽橡套电缆，电缆应采用铜芯。固定敷设的照明、通信、信号和控制用的电缆应采用铠装铅包纸绝缘电缆、铠装聚氯乙烯电缆或不延燃橡套电缆；移动式或手持式电气设备的电缆，应采用专用的不延燃橡套电缆。

(4)电缆的敷设应符合下列规定：①电缆在正洞、平行导坑和斜井内悬挂点的距离不得大于 3m；②电缆不应与风、水管敷设在同一侧，当受条件限制需敷设在同一侧时，必须敷设在管子的上方，其间距应大于 0.3m；③高、低压电力电缆敷设在同一侧时，其间距应大于 0.1m。高压与高压、低压与低压电缆间的距离不得小于 0.05m。

(5)电缆的连接应符合下列要求：①电缆与电气设备连接，必须使用与电气设备的防爆性能相符合的接线盒，电缆芯线必须使用齿形压线板或线鼻子与电气设备连接；②在高瓦斯工区和瓦斯突出工区内，电缆之间若采用接线盒连接时，其接线盒必须是防爆型的。

(6)瓦斯工区内的配电变压器严禁中性点直接接地，严禁由洞外中性点直接接地的变压器或发电机直接向瓦斯隧道内供电。

(7)瓦斯工区内的低压电气设备，严禁使用油断路器、带油的起动器和一次线圈为低压的油浸变压器。

(8)瓦斯隧道已衬砌地段的固定照明灯具，可采用 Exd II 型防爆照明灯；开挖工作面附近的固定照明灯具，必须采用 Exd I 型矿用防爆照明灯(Exd I 型矿用防爆照明灯较 Exd II 型防爆照明灯有更坚固的外壳，更适用于条件较差的作业地段使用)；移动照明必须使用矿灯。

(9)隧道内高压电网的单相接地电容电流不得大于 20A。

(10)瓦斯工区内严禁高压馈电线路单相接地运行，当发生单向接地时，应立即切断电源。低压馈电线路上，必须装设能自动切断漏电线路的漏检装置。

(11)为了防止雷电波及隧道内引起瓦斯爆炸，经由地面架空线路引入隧道内的供电线路，必须在隧道洞口处装设避雷装置；由地面直接进入隧道内的轨道和露天架空引入(出)的管路，必须在隧道洞口附近将金属体进行不少于 2 处的集中接地；通信线路必须在隧道洞口处装设熔断器和避雷装置。

(12)隧道内 36V 以上的和由于绝缘损坏可能带有危险电压的电气设备的金属外壳、构架等，都必须有保护接地，接地网上任一保护接地点的接地电阻值不得大于 2Ω；每一移动式或手持式电气设备与接地网间的保护接地，所用的电缆芯线的电阻值不得大于 1Ω。

(13)高瓦斯工区和瓦斯突出工区内局部风机及电气设备应作到“三专”(专用开关、专用线路、专用变压器)和“两闭锁”(瓦电闭锁——瓦斯浓度超标时与供电的闭锁、风电闭锁——隧道通风与动力设备主开关闭锁)。

6.4.2　瓦斯隧道供配电系统设计工程案例

6.4.2.1　紫坪铺隧道出口供配电系统设计

1)双回路电源

根据紫坪铺隧道施工条件，如再申请架设一条 10kV 线路既不经济，也影响工期。因此，在隧道出口左右洞口各设置装机容量为 350kW 的柴油发电站。在停电 15min，启动发电机供隧道内部分通风、排水、监测及照明用电，以保证供电的连续性。

2)隧道供电电路及电缆选取

隧道采用分路供电，由 500kW 变压器配电房引出两组回路。一组供给洞口轴流风机，一组供给洞内施工设备及大功率抽水设备。低压电缆采用不延燃橡套铜芯电缆，各种电缆的分支连接，均使用与电缆配套的 BHD2 矿用隔爆电缆接线盒，并在各用电区域分别设置防爆配电箱。

3)施工照明

紫坪铺隧道洞内照明系统采用防爆主电缆，在相应地段设置照明及信号专用 ZXB4 型综合保护装置，将 380V 三相中性点不接地电源降为 127V，用分支电缆、防爆接线盒接入防爆灯具，以满足道路和施工照明需要。

隧道内照明灯具，在已衬砌地段的固定照明灯具采用 EXd II 型防爆照明灯；开挖工作面附近固定照明灯具采用 EXd I 型矿用防爆照明灯；移动照明全部采用防爆矿灯。

4)瓦电闭锁

瓦电闭锁即瓦斯断电仪与供电主开关间设有电气闭锁线路，如图 6-11 所示。在区域供电主开关处设置瓦斯断电仪，断电仪探头设在瓦斯易涌出、易积聚处，瓦斯超限发出声光报警，同时经断电仪控制，供电主开关迅速断电，瓦斯浓度未降到限值下，断电仪可控制主开关不能合闸送电，从而保证施工和人身安全。

5)风电闭锁

风电闭锁即是隧道风机、局部风机与开挖面动力设备主开关间设有电气闭锁线路，如图 6-12 所示。风机停止，则馈电开关立即断电，开挖面动力设备停止工作；风机启动时，其他动力设备不会同时启动，以保证施工和人身安全。

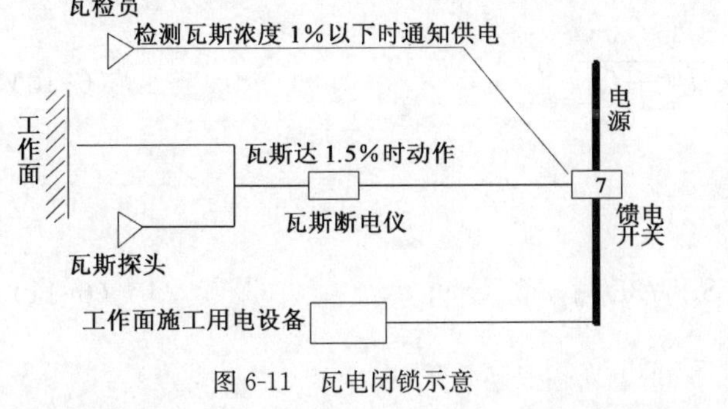

图 6-11　瓦电闭锁示意

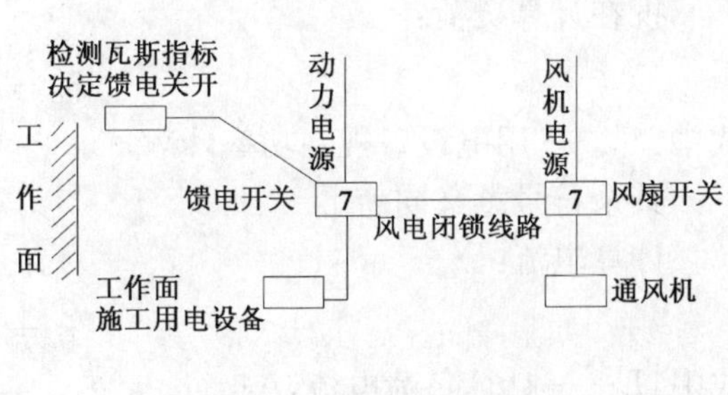

图 6-12　风电闭锁示意

6)变压器容量

隧道总用电量包括动力用电与照明用电两部分,其中主要为动力用电。由于施工设备类型较多,应综合考虑设备数量、高峰用电设备数量及设备实际工作情况,按需要系数法确定计算负荷。

(1)现场用电容量计算。

①单台设备的负荷计算:

一般电动机、灯等:

$$P_c = P_s \tag{6-4}$$

$$Q_c = P_s \tan\varphi \tag{6-5}$$

式中:P_c——用电设备计算有功功率,kW;

P_s——用电设备铭牌额定功率,kW;

Q_c——用电设备无功计算负荷,kW;

$\tan\varphi$——与功率因数角相对应的正切值。

对电焊机负荷,需将其在某一暂载率下的铭牌额定容量统一换算到标准暂载率下的功率,即换算到$JC_{100}=100\%$的功率,则电焊机的设备功率为:

$$P_c = P_s = \sqrt{JC}S_n \cos\varphi \tag{6-6}$$

式中:JC——用电设备的额定暂载率,电焊机$JC=35\%$;

$\cos\varphi$——用电设备的额定功率因数;

S_n——电焊机的铭牌额定容量,kW。

对于断续或短时工作制电动机的设备功率,如起重类设备,需将其在某一暂载率下的铭牌额定功率统一换算到标准暂载率下的功率,即换算到$JC=25\%$时的功率,则:

$$P_c = P_s = \sqrt{JC}P_n \tag{6-7}$$

式中符号意义同前。

②施工用电设备组的负荷计算

有功计算负荷:

$$P_c = K_x \times \sum P_{si} \tag{6-8}$$

式中:K_x——用电设备组需用系数;

其余符号意义同前。

无功计算负荷:

$$Q_c = P_c \tan\varphi \tag{6-9}$$

式中符号意义同前。

视在计算负荷:

$$S_c = \sqrt{P_c^2 + Q_c^2} \tag{6-10}$$

式中:S_c——用电设备视在功率,kW;

其余符号意义同前。

计算电流:

$$I_c = S_c / \sqrt{3}U_n \tag{6-11}$$

式中:I_c——计算负荷电流,A;

U_n——用电设备铭牌额定电压,V;

其余符号意义同前。

③多个用电设备组的负荷计算：

有功计算负荷：

$$P_{xc}=K_{\Sigma}\times\sum_{1}^{i}P_{ci} \tag{6-12}$$

式中：P_{xc}——多个用电设备组计算有功功率，kW；

K_{Σ}——同时系数，支干线取 0.9～1，总干线取 0.8～0.9；

$\sum P_{ci}$——用电设备组各设备的有功功率之和，kW。

无功计算负荷：

$$Q_{xc}=K_{\Sigma}\times\sum_{1}^{i}Q_{ci} \tag{6-13}$$

式中：Q_{xc}——多个用电设备组无功功率，kW；

其余符号意义同前。

视在计算负荷：

$$S_{xc}=\sqrt{P_{xc}^{2}+Q_{xc}^{2}} \tag{6-14}$$

式中：S_{xc}——多个用电设备组视在功率，kW；

其余符号意义同前。

计算电流：

$$I_{xc}=S_{xc}/\sqrt{3}U_{n} \tag{6-15}$$

式中：I_{xc}——多个用电设备组计算负荷电流，A；

其余符号意义同前。

(2)隧道电气设备计算负荷。

隧道施工用电设备的计算负荷详见表 6-11。可以看出，隧道施工用电设备的有功功率和为 397kW，无功功率和为 340kW。

隧道施工用电设备负荷计算　　表 6-11

机械名称	型号	规格	数量	计算负荷					
				单台	需要系数	cosφ	tanφ	有功功率(kW)	无功功率(kW)
混凝土输送泵	HBT-60A	60m³/h	1	75	0.6	0.75	0.88	45	40
衬砌台车	自制	12m	1	11	0.6	0.75	0.88	7	6
混凝土喷射机	PZ-5	5m³/h	2	5	0.6	0.75	0.88	6	5
双液注浆泵	KBY-50/70	5L/min	1	11	0.6	0.75	0.88	7	6
局部风机	JTB62-2	2×14kW	2	14	0.6	0.75	0.88	17	15
木工机具	电锯、电钻等	套	1	5	0.5	0.75	0.88	3	2
混凝土机具	搅拌振捣等	套	1	5	0.5	0.75	0.88	3	2
隔爆抽水机	380V-45KW-H120-100	120m³/h	2	45	0.6	0.75	0.88	54	48
隔爆抽水机	100m³/h	100m³/h	2	35	0.6	0.75	0.88	42	37
轴流通风机	山西侯马	2×110kW	1	220	0.75	0.75	0.88	165	146

续上表

机械名称	型号	规格	数量	计算负荷					
				单台	需要系数	cosφ	tanφ	有功功率（kW）	无功功率（kW）
交流电焊机	BBX-400	400A	3	19	0.35	0.50	1.73	20	34
施工照明	矿用隔爆型投光灯等		1	30	1.0	1.00	0.00	30	0
合计								397	340

取总负荷同时系数 $K_{\Sigma}=0.85$

①有功计算负荷：$P_{\text{江}}=K_{\Sigma}\times\sum_{1}^{14}P_{ci}=0.85\times397=338$，kW；

②无功计算负荷：$Q_{\text{江}}=K_{\Sigma}\times\sum_{1}^{14}P_{ci}=0.85\times340=289$，kW；

视在计算负荷：$S_{\text{江}}=\sqrt{P_{\text{江}}^2+Q_{\text{江}}^2}=445$，kW

根据计算结果，洞外设置一台500kW普通节能型变压器，可以满足洞内和洞口电气设备的工作使用和安全运行。

7)电器设备和导线选择

瓦斯隧道内采用防爆橡套铜芯线，并分别设置防爆电箱或防爆启动器。各种用电设备的线电流计算如下。

(1)电动机为动力的电动设备。

计算各支路三相电动机的线电流：(cosφ 取 0.75)。

$$I=K\sum P/V_mU\cos\varphi \tag{6-16}$$

式中：K——利用系数，取0.6～0.75；

$\sum P$——电动设备的合计功率，kW；

V_m——电气设备工作线电压，分220V或380V两种：当 $U=220$V 时，$V_m=1$；当 $U=380$V 时，$V_m=\sqrt{3}$。

(2)电焊机。

各支路电焊机的线电流：

$$I=K\cdot 1\,000\cdot\sum S/V_mU \tag{6-17}$$

式中：K——利用系数，取0.35；

$\sum S$——电焊机的合计视在功率，kW；

U——电焊机的工作线电压，分220V或380V两种：$U=220$V 时，$V_m=1$；当 $U=380$V 时，$V_m=\sqrt{3}$。

(3)电灯及电热设备。

各支路电灯或电热的线电流：

$$I=K\cdot 1\,000\cdot\sum P/V_mU \tag{6-18}$$

式中：K——利用系数，取1.0；

$\sum P$——电灯或电热的合计铭牌功率，kW；

U——电灯或电热的工作线电压，取220V或380V：当 $U=220$V 时，$V_m=1$；当 $U=380$V

时，$V_m=\sqrt{3}$。

将各支路电气设备的计算电流合计，确定支路的导线截面和防爆电器开关等的规格型号。

①变压器一回路：此回路供隧道内施工区域生产和隧道照明用电负荷 236kW，线电流 589A，本回路主要设备用电量及电流计算见表 6-12。

变压器一回路主要设备用电量及电流计算　　表 6-12

机械名称	型　号	规　格	投入数量	功率(kW)			线电流(A)
				单台	需要系数	合计	
混凝土输送泵	HBT-60A	$60m^3/h$	1	75	0.6	45	90
衬砌台车	自制	12m	1	11	0.6	6.6	13.2
混凝土喷射机	PZ-5	$5m^3/h$	2	5	0.6	6	12
双液注浆泵	KBY-50/70	5L/min	1	11	0.6	6.6	13.2
局部风机	JTB62-2	2×14kW	2	14	0.6	16.8	34
木工机具	电锯电钻等	套	1	5	0.5	2.5	5
混凝土机具	搅拌振捣等	套	1	5	0.5	2.5	5
隔爆抽水机	380V-45kW-H120-100	$120m^3/h$	2	45	0.6	54	108
隔爆抽水机	$100m^3/h$	$100m^3/h$	2	35	0.6	42	84
交流电焊机	BBX-400	400A	3	19	0.35	19.95	90
施工照明	矿用隔爆型投光灯等		1	30	1.0	30	135
合计						232	589

经验算，进入隧道的主电缆选用 U1 000V-240mm²，$3\times240mm^2+1\times120mm^2$ 矿用橡套铜芯电缆。馈电总开关选用 DW80 系列 630A。

②变压器二回路：此路供洞口轴流风机，负荷 220kW，线电流 440A。经验算，选用 $U1$ 000V-185mm²($3\times180mm^2+1\times95mm^2$)矿用橡套铜芯电缆。轴流风机电气馈电总开关选用 DW80 系列 500A。

其他各分支回路计算类同。

8)供配电系统

紫坪铺隧道出口的供配电系统如图 6-13 所示。

6.4.2.2　家竹箐隧道供配电系统设计

1)双回路电源

根据家竹箐隧道具体客观条件，综合考虑经济成本、工期等诸多因素，在隧道进口和斜井工区分别建一座装机容量为 480kW 的备用柴油发电站。备用发电站原则上只保证通风、瓦斯抽放设备及洞内主要设备用电。

备用电站装机容量计算确定如下。

(1)进口工区备用发电站容量确定。

①保安负荷：

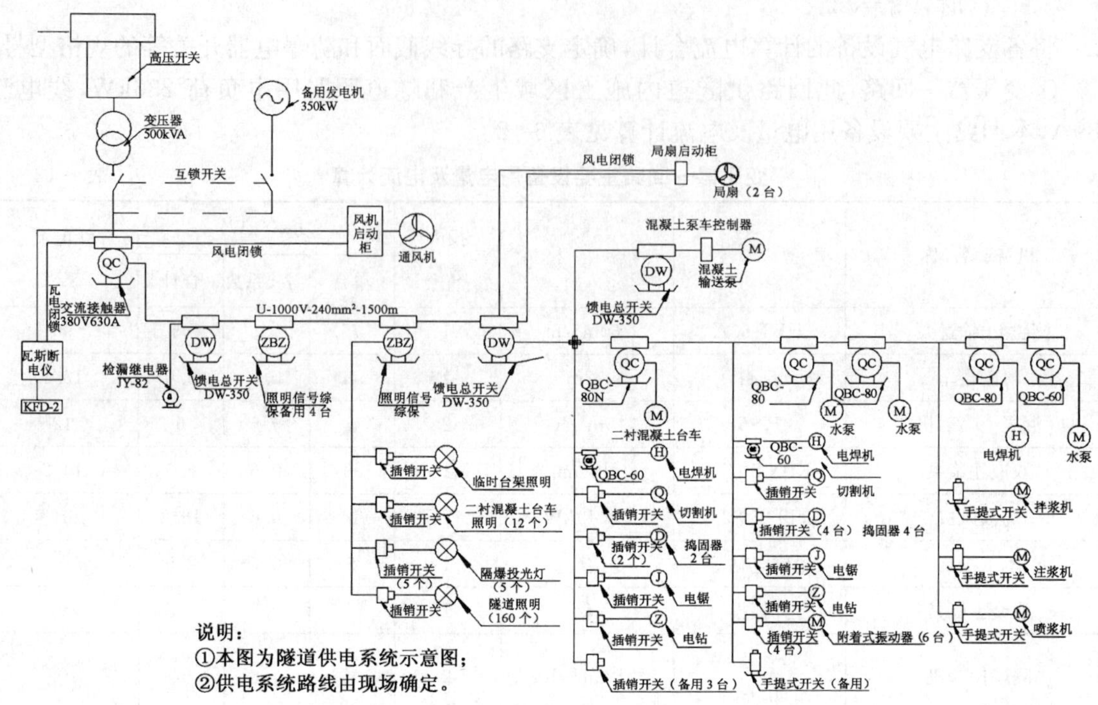

图 6-13　紫坪铺隧道出口供电系统

主风机：1×95＝95kW；

局部风机：2×28＋3×14＝98kW；

瓦斯抽放泵站：1×45＝45kW；

总计负荷：238kW。

②最大负荷 95kW。

③单台机组的容量，选用 120GF32 型 120kW 机组，4 台机组可并联使用。

④负荷验算：4×120＝480＞238，可行。

⑤按最大电机启动电流验算：

95kW 电机额定电流 I＝180.4A；

采用 xQO 型系列减压控制箱（屏），起动电流 I×3.5＝631.5A；

备用电站额定电流 216.5×4＝866A。

验算：866＞631.5，可行。

(2)2 号、3 号斜井工区备用发电站选型。

①主风机 1×95＝95kW。

②局部风机 6×28＋1×14＝182kW。

③抽水机 2×45＋4×11＝134kW；

总计负荷：411kW；

最大负荷：95kW。

经验算后，同样选用 4 台 120GF32 型 120kW 机组并联使用作为备用电源。

2)进口和斜井工区供配电系统

进口工区供电系统分为洞外供电、洞内供电、重要保安设备供电三个体系。变电设备、发电机组、配电室设置在一起。配电室设置供应主要设备和一般设备的低压控制开关，设置向洞内移动变电站供电的 6kV 矿用控制柜。配电室、发电机房 24h 专人值班，负责日常供电控制监视和备用电源应用。

3)照明系统

瓦斯隧道施工时，由于设备工作期间电压降大，“漏电保护”、“风电、瓦电闭锁”时会间断性引起洞内停电。为保证正常工作照明以及险情发生时人员能安全撤出并进行险情处理，家竹箐隧道采用了单独的照明系统，在洞外设照明专用变压器降压后经矿用防爆主电缆送入洞内，在各相应地段设置照明及信号专用 Z×Z8-2.5II 型综合保护装置，将 380V 三相中性点不接地电源降压为 127V。防爆接线盒接入 KBY-20 防爆防尘荧光灯、防爆投光灯及防爆白炽灯。该综合保护装置除常规保护外，还设有高灵敏度可调漏电保护装置，当照明灯具、电缆等因绝缘变低超限或破坏漏电时，停止供电，可保证防爆要求和人身安全。

4)三专两闭锁

对瓦斯隧道施工的重要机电设备和供配电范围，必须采用专用变压器、专用开关、专用线路，以确保正常施工和安全。

家竹箐隧道采用 10kV 电力干线 T 接 10/6kV 洞内专用变压器，由配电室 KYGG-6 型矿用开关柜经 VGSP 矿用 6kV 监屏橡套电缆送电至洞内 KBSGZY 隔爆动力专用移动变电站，降压为 380V 后，再由各防爆馈电开关及防爆电缆完成向各工作面的供配电。

洞外电力变压器由 RW-10 跌落式熔断器实现常规过流、短路等保护，室内 6kV 开关柜除常规保护外，对进洞的 6kV 电缆因受损或绝缘低引起的漏电时实施保护断电。

洞内专用移动变电站为 6/0.4kV 中性点不接地干式矿用专用变电站，除常规保护外，在低压端馈电开关上设有高灵敏度漏电保护装置，确保施工机具、电缆等绝缘降低、对地短路产生漏电或火花等事故时，能迅速自动切断电源并信号显示。同时，该专用变电站通过安设在工作面的瓦斯探头、瓦斯断电仪控制停、送电。

区域供电主开关设瓦电闭锁，风机、局部风机和动力设备主开关间设风电闭锁。

5)保护接地网

采用独立的保护接地网，接地电阻小于 2Ω。

洞内独立的接地网能防止洞外地网杂散电流进入洞内，当洞内机电设备因内部绝缘过低、损坏、短路等原因，造成设备外壳带电、漏电或对地产生火花时，在瓦斯环境下可能引发瓦斯爆炸。采用不低于 $16mm^2$ 软铜线将设备外壳与地线网可靠连接能有效防止上述事故。同时移动变电站、综合保护装置、漏电继电器等保护设备均有接地线和辅助接地线与地线网连接，能迅速切断相连接的供电控制开关，防止引发事故。

家竹箐隧道采用有轨运输施工，为防止洞外杂散电流经钢轨进入洞内，采取在洞口钢轨连接处加装绝缘胶垫胶套措施和将钢轨洞外段与专设洞外接地极焊接。

6)供配电系统

家竹箐隧道各施工区供电示意见图 6-14，正洞进口及平导进口设备供电示意见图 6-15，斜井供电示意见图 6-16，出口地面及洞内电气设备用电示意见图 6-17，进口及斜井各作业区局部照明示意见图 6-18。

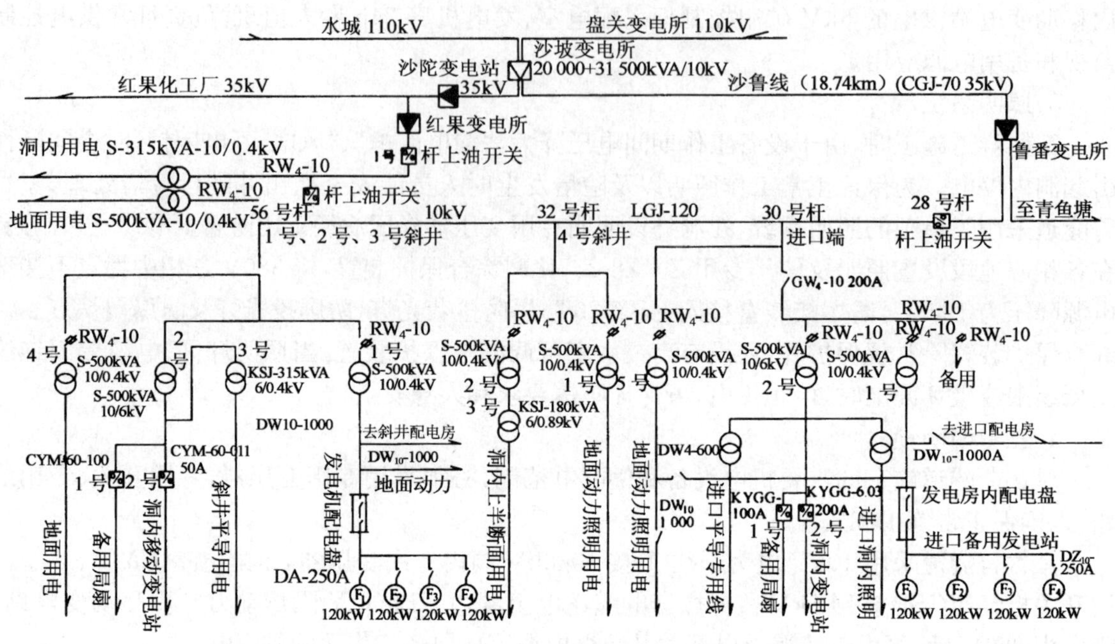

图 6-14　家竹箐隧道各施工区供电示意

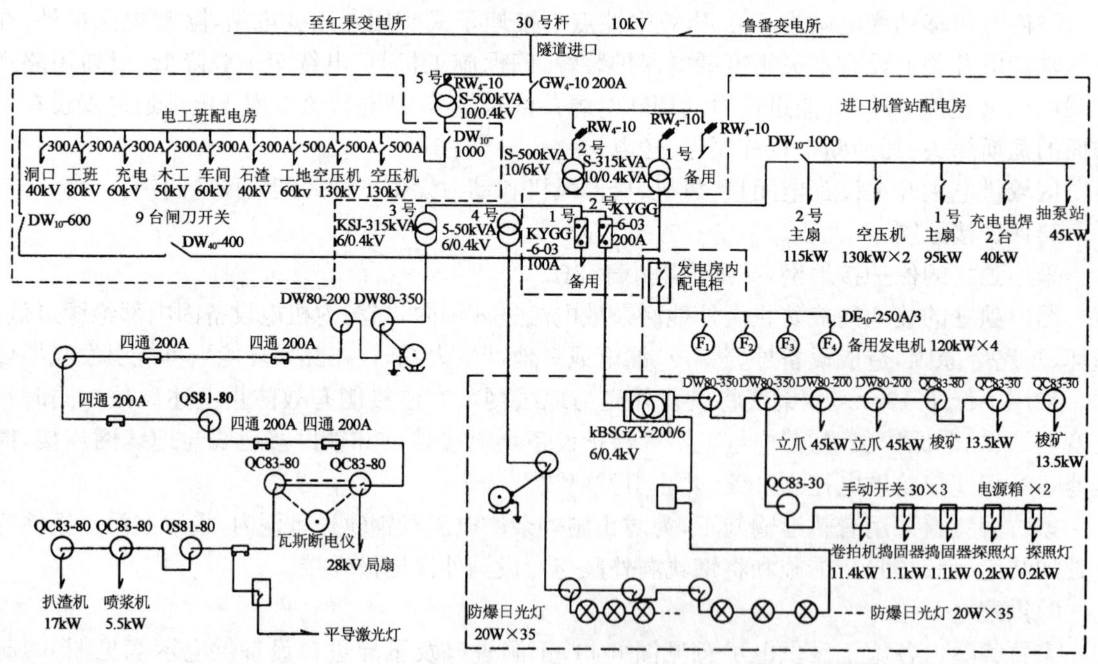

图 6-15　家竹箐隧道正洞进口及平导进口电气设备供电示意

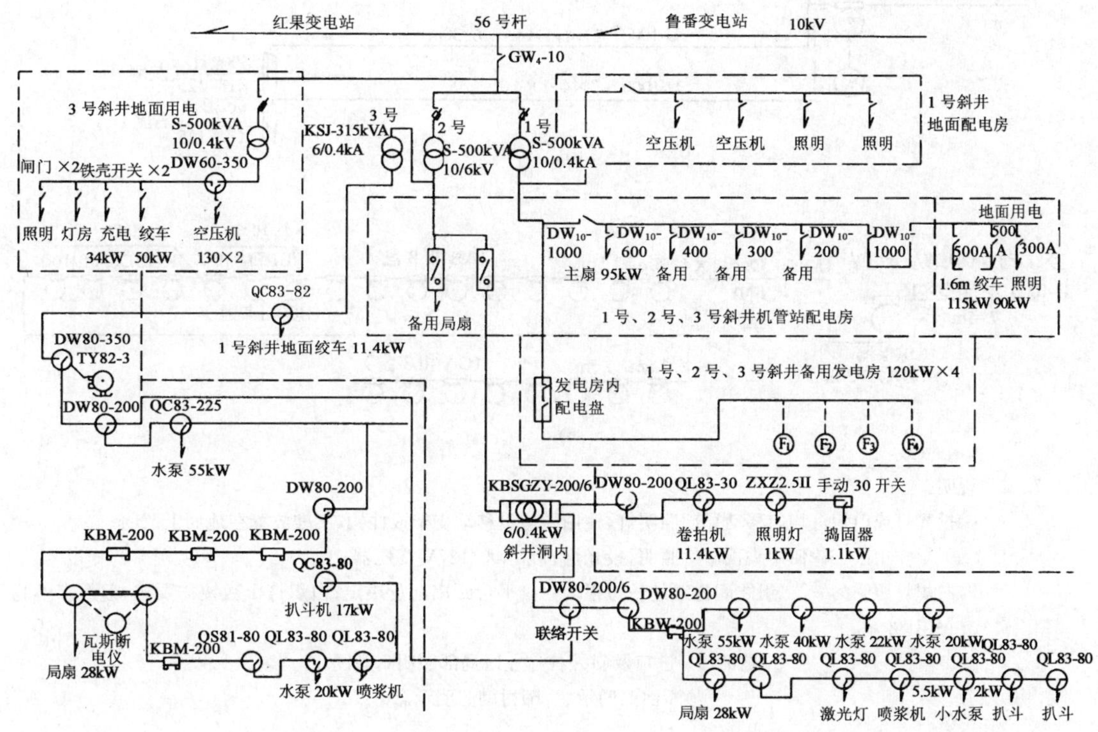

图 6-16　家竹箐隧道斜井供电示意

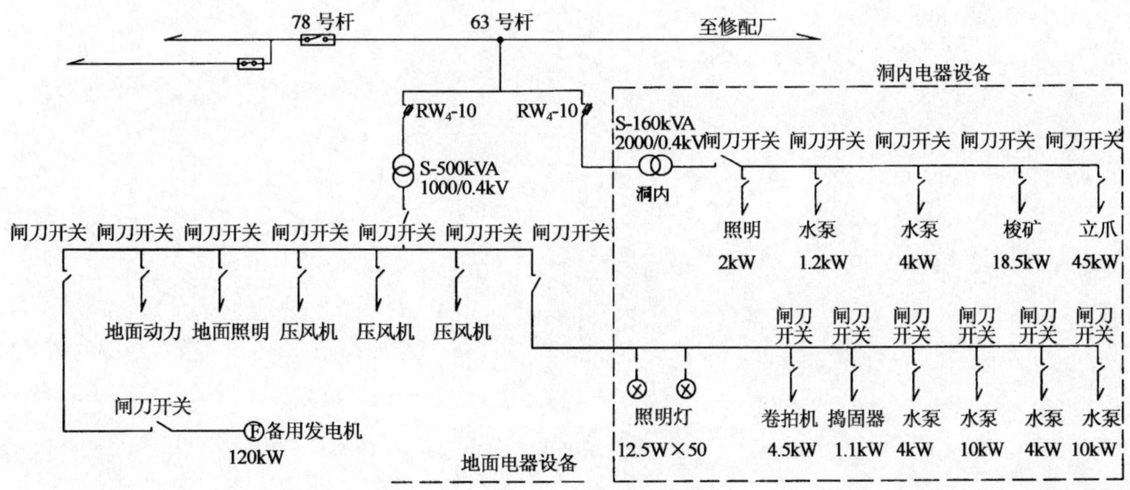

图 6-17　地面及洞内电气设备用电示意

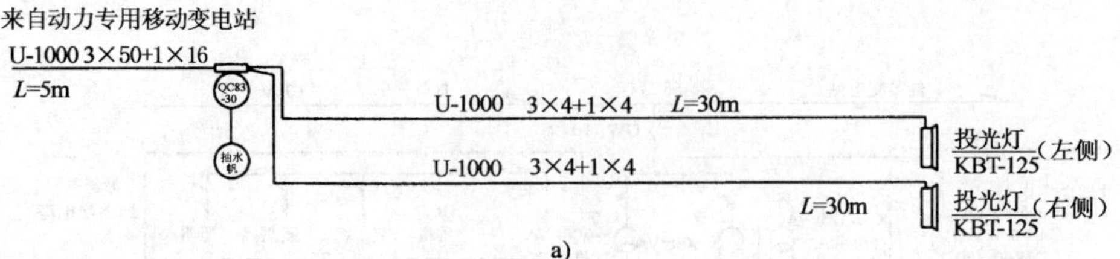

a)

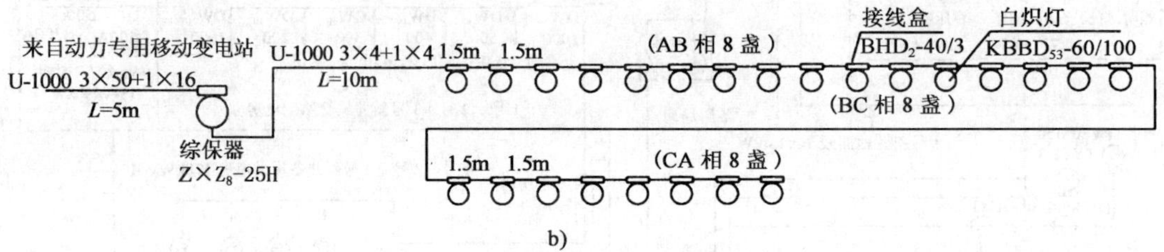

b)

说明：

①投光灯或白炽灯均匀移动局部照明灯，使用中应设移动支架或挂钩，不准放置在地面上照明；

②平导作用区一律使用头顶矿灯照明，投光灯自带 400/127V 变压器；

③白炽灯照明的一、二组之间连线的长短视两衬砌平台距离远近决定；白炽灯个数按需要定，但最多不超每组 32 盏。

图 6-18 进口及斜井各作业区局部照明示意图

a)断面照明示意；b)衬砌照明示意

第7章　瓦斯隧道坍方防治技术

坍方是隧道工程施工中最为常见、典型的安全事故，坍方不仅造成工期延误、工程费用增加，甚至造成生命财产重大损失。对于穿越煤层或煤系地层的瓦斯隧道而言，由于煤体结构松软、自稳能力差，更易发生坍方，并且，坍方造成的危害更严重，可能会引发瓦斯爆炸事故，造成巨大的灾难。随坍方的发生和发展，围岩中裂隙、裂纹发展并破裂，以致贯通，形成了新的瓦斯运移、涌渗通道；坍方形成新的临空面，破坏了岩层中原有的气体压力平衡，煤层中的瓦斯解吸并向低压处运移，进入隧道空间，形成瓦斯异常涌出；坍腔内容易积存瓦斯，浓度往往较高。

近年来，瓦斯隧道由于坍方处理不当引发的瓦斯爆炸事故触目惊心，教训惨痛。2004年12月7日，新213国道都江堰至汶川段友谊隧道施工过程突发坍方，坍落物堵塞隧道造成气流不通，原本蕴含在岩层中的瓦斯因坍方涌出，达到爆炸界限后遇火源发生爆炸，造成4人死亡，61人受伤。2005年12月22日，都汶高速公路紫坪铺隧道开挖工作面发生坍方，瓦斯异常涌出达到爆炸界限，模板台车配电箱附近悬挂的三芯插头短路产生火花引发特大瓦斯爆炸事故，造成44人死亡，11人受伤，直接经济损失2 035万元。

可见，相较普通隧道，瓦斯隧道坍方处理更为困难，也更为危险。瓦斯隧道建设过程应高度重视坍方防治，尽可能避免坍方发生；一旦发生坍方，必须针对坍方治理，尤其是瓦斯治理制定专项技术方案，加强瓦斯管理，以确保治理过程不发生瓦斯爆炸等次生灾害。

7.1　瓦斯隧道坍方原因分析

瓦斯隧道施工过程易发生坍方，相关工程案例统计见表7-1。

由表7-1可见，导致瓦斯隧道坍方的因素众多，主要可分为地质因素、技术因素和管理因素三类，坍方可能是某类因素导致，也可能是某几类因素共同作用所致。

1)地质因素

瓦斯隧道大多经过煤层或煤系地层，具有如下工程地质特点：

(1)煤层结构松软、弹性模量较低，泊松比较高，脆性大，自稳性差，支护不及时易坍塌。

(2)煤岩结构具不均质性，原生和次生裂隙系统发育，导致煤岩物理力学性质具有显著的各向异性特征，通常煤岩中存在两组近于垂直的割理，层理为煤岩层的第一级弱结合面，面割理为次一级的弱结合面，弱结合面处易失稳破坏。

(3)煤岩具有显著的流变性，在恒定荷载下，其强度随时间延长而降低。

(4)富水软弱的煤系地层，隧道初期支护变形大，易坍方；煤系地层夹断层时，受断层及隐伏构造的影响，应力集中、挤压强烈，具备良好的瓦斯赋存条件，施工中常出现瓦斯超限；炭质页岩、泥质页岩、泥岩、泥灰岩等煤系地层，胶结程度差，结构疏松，亲水性较强，一旦吸水或饱水，不易散失或排出，易发生膨胀、软化与崩解。

瓦斯隧道坍方统计分析

表 7-1

编号	名称	线路	隧道长度(m)	地质情况	坍方发生的原因	危害情况
1	曾家坪2号隧道	内昆线	2 477	上部覆盖志留系中统大路寨组、嘶风崖组。岩性为泥质灰岩、页岩、砂岩，以泥质灰岩为主。进口段与双河断层近30°斜交	地质因素不明，现场管理不善	施工中发生坍方
2	黄莲坡隧道	内昆线	5 306	三叠系上统～侏罗系下统香溪群之中厚～巨厚层状砂岩、泥岩及薄煤层或煤线，上覆侏罗系中统自流井组泥岩夹砂岩	坍方处有一断层，其下盘节理裂隙发育，并有一小滑动面，涌水量大导致坍方	DK193＋000～DK192＋988段发生坍方
3	云台山隧道	侯月线	I线8 145，II线8 178	石炭系和二叠系地层石盒子组的砂页岩、泥岩及煤层，穿越4条较大的断裂带，全隧昼夜涌水量约9 850m^3	地质因素造成坍方	施工中发生坍方
4	北碚隧道	渝合高速	左4 025 右4 035	穿越中梁山背斜，自背斜两翼向轴部依次穿越侏罗系中统新田沟组，中下统自流井组，下统珍珠冲组，三叠系上统须家河组，中统雷口坡组，下统嘉陵江组、飞仙关组，二叠系中统长兴组和龙潭组地层		施工中发生坍方
5	西山坪隧道	渝合高速	1 520	三叠系上统须家河组厚层砂岩，侏罗系中下统自流井组粉砂质页岩、砂岩及珍珠冲组粉砂质泥岩、岩屑石英砂岩，三叠系上统须家河组中一厚层状中粗粒岩屑长石石英砂岩，局部夹灰色薄层泥岩		施工中发生坍方
6	中梁山隧道	成渝高速	左3 165 右3 108	隧道横穿中梁山背斜，背斜轴部分布有F_1、F_3断层和一些次级小断层，节理、裂隙发育。岩性为三叠系、二叠系和侏罗系炭质页岩、细砂岩、灰岩		大小坍方共98次
7	华蓥山隧道	广渝高速	4 706	二叠系龙潭组煤系地层、茅口灰岩		施工中发生坍方

续上表

编号	名　称	线　路	隧道长度(m)	地质情况	坍方发生的原因	危害情况
8	缙云山隧道	成渝高速	左2 528 右2 478	隧道穿越缙云山复式背斜，分布 F_1，F_4，F_5，F_7，F_8 等断层。核部为三叠系上统雷口坡组及嘉陵江组，两翼为三叠系上统须家河组	第4次坍方处有一断层，岩体破碎、节理发育，地下水丰富，初期支护强度偏低	发生5次大规模坍方，其中第4次坍方规模最大，里程K329＋674～696
9	圆梁山隧道	渝怀线	11 068	毛坝向斜、桐麻岭背斜。岩性为二叠系灰岩、页岩、泥岩、砂岩、白云岩。大规模涌突水	地质情况不明，设计施工方案不当	施工中发生突泥，坍方，重大人员伤亡
10	齐岳山隧道	宜万线	10 528	隧道穿越齐岳山背斜、箭竹溪向斜和15条断层。岩性为二、三叠系泥岩、泥砂岩、砂岩、灰岩、泥灰岩、炭质页岩、煤层等		施工中发生坍方
11	野三关隧道	宜万线	13 841	隧道穿越石马坝背斜、二溪河向斜、柳山拐断层、堰潭冲断层、大坪断层、望碑断层、水洞坪断层。岩性为志留系、泥盆系、石炭系、二叠系、三叠系和侏罗系等灰岩夹煤系地层、泥岩、页岩、泥灰岩	坍方处为弱风化炭质灰岩，岩体破碎，节理裂隙发育，引起上部失稳。支护偏弱，超挖处回填不密实，钢拱架后有空洞	K103＋245～K103＋290段发生坍方，地表坍陷
12	龙溪隧道	都汶高速	3 658	以炭质泥岩、砂岩、粉砂岩为主，穿越 F_8 大断层。岩体较破碎，节理、裂隙发育。地下水较丰富	坍方段岩层大部分为薄层炭质泥岩，位于 F_8 大断层前的次级小断层，节理裂隙发育，局部有股状水。岩体非常破碎，自稳能力极差	左线LK22＋035处坍方，塌腔右侧松动带最大高度34m。原初期支护与塌渣接触处瓦斯浓度达4%以上，塌腔内瓦斯浓度更高
13	岩脚寨隧道	贵昆线	2 714	三叠系乐平煤系石灰岩、页岩、煤层，横穿普郎煤田的大煤山背斜西南翼，节理发育	对地质情况和瓦斯认识不足，瓦斯爆炸引发坍方	5次爆炸，2次燃烧。34人死亡，65人受伤
14	凉风垭隧道	崇遵高速	8 214	穿越 F_1 断层。地质复杂，节理裂隙发育。岩性为灰岩、泥质页岩、泥岩、碎屑岩、炭质页岩等	地质条件差，坍方段为薄至中厚层泥灰岩薄层粉砂岩	施工中发生坍方，瓦斯燃烧

续上表

编号	名称	线路	隧道长度(m)	地质情况	坍方发生的原因	危害情况
15	何家寨隧道	水柏线	2 335	处于北西构造带之倒转背斜的南西翼，地层全部发生倒转呈单斜构造。岩性为石炭系、二叠系的碳酸盐岩与煤系地层及玄武岩相间组成的地层结构	隧道地质条件复杂，岩溶发育，煤层分布多，初期支护违规施工，将柔性支护改为模注混凝土护拱	多次坍方、涌水、突泥。地表坍陷，增加工程整治费用1 000多万元，工期延迟半年多
16	天生桥隧道	南昆线		穿越二叠系龙潭组煤系地层		施工中发生坍方
17	家竹箐隧道	南昆线	4 990	隧道位于盘关向斜东翼，属单斜构造，隧道中部煤系地层有一正断层，其破碎带宽15～20m。岩溶发育，地下水发育。高地应力。岩性为玄武岩、砂岩、泥岩、煤层和粉砂岩、灰岩	受F_1断层的影响，煤层软弱、围岩强度低、自稳能力差，在地应力及瓦斯压力的共同作用下发生坍塌初期支护未按要求施作	开挖工作面7m范围内的钢拱架全部压塌，自里程IDK579＋IDK579127至开挖工作面全部堵塞
18	紫坪铺导流洞	紫坪铺电站		三叠系须家河组的中细粒砂岩、粉砂岩、煤质页岩和煤层。岩性软弱，裂隙发育		施工中发生坍方
19	紫坪铺隧道	都汶高速	左4 090 右4 060	隧道穿越地层为第四系和三叠系须家河组，共有10条断层，多为走向逆冲断层，且发育3处褶皱，穿越龚家向斜和龚家背斜	地质情况不清，施工方案与现场管理不力	坍方引发瓦斯积聚发生爆炸，44人死亡，11人受伤
20	友谊隧道	213国道	950	三叠系须家河组上段砂页岩区域性断层影响带	地质情况不清，施工方案和现场管理不善	坍方引发瓦斯积聚发生爆炸，造成60多人伤亡
21	常家山隧道	祁临高速公路	1 390	第四系、二叠系、石炭系、奥陶系砂岩、炭质泥岩、灰岩夹煤系地层及煤线，软一硬相间岩组，单斜构造，受构造影响强烈，节理较发育，岩层间结合较差，岩体呈碎石状，F_5正断层	坍方段岩层为砂泥岩互层，受断层影响严重，节理裂隙发育，岩层的层间结合力较低，引起上部失稳，压垮初期支护，发生坍塌。初期支护未及时封闭成环，强度偏低，不能长时间承受过大荷载而坍方	施工中发生坍方，为保证衬砌厚度，对下沉段采取挑顶扩挖处理，在挑顶过程中连续不断出现坍塌

(5)部分煤系地层有采煤活动,采空区的位置、规模和影响区域直接关系到隧道施工的安全。

综上可见,煤系地层的工程地质特点导致了瓦斯隧道施工过程容易发生坍方。

由于地质工作手段有限,且地质体复杂多变,隧道勘察设计所取得的地质资料通常十分粗略,依据既有地质资料和有限的钻孔地质资料、水文地质资料、物探资料形成的设计文件很难精确的反映地质状态的变化,与实际施工中揭示的地质状况常有较大出入。不能全面掌握煤系地层和瓦斯赋存状况对隧道工程的影响程度和范围,因而施工方案针对性不强,可能造成坍方,如曾家坪 2 号隧道、岩脚寨隧道和紫坪铺隧道坍方就与此相关;此外,开挖工作面围岩条件突然变化,遇到较大的断层、破碎带、软弱夹层,或遇到常与煤系地层伴生的高地应力、涌水、大变形等特殊与不良地质,也可能造成坍方,如圆梁山隧道和家竹箐隧道等;未能准确把握煤层结构松软、强度低的特点,隧道结构支护参数偏弱,初期支护不能有效抑制围岩变形,因而坍方,如缙云山隧道坍方就属此类。

2)技术因素

由于煤系地层围岩强度低、自稳能力差,施工中对超前支护和初期支护的强度、二次衬砌是否及时施做等环节有较高的要求,以下技术细节处理不当可能导致坍方:

①未采取超前支护(超前锚杆、管棚、注浆、小导管预注浆等措施)或支护质量未达到要求;②开挖方法或工序不当;③初期支护未能及时施作或质量未达到要求;④开挖爆破参数不当,对围岩的扰动过大;⑤应力重分布后围岩荷载过大,未及时施作二次衬砌;⑥在软弱围岩的施工中,未及时施作仰拱封闭成环;⑦未及时根据监控量测信息反馈采取针对性措施。圆梁山隧道、何家寨隧道、家竹箐隧道等发生坍方也和技术措施不到位相关。

3)管理因素

瓦斯隧道施工管理不当也是发生坍方的主要原因:①对煤系地层和瓦斯隧道特点认识不足,施工组织管理不善;②未经批示,擅自改变施工方法,如开挖方式、支护方式等;③未严格按照规范标准、设计文件、施工组织设计等组织施工;④安全、质量意识淡薄,支护质量达不到设计要求;⑤不合理工期、不合理造价等宏观决策造成施工强行追求进度,引发坍方。如何家寨隧道和友谊隧道坍方就与管理不善相关。

7.2　瓦斯隧道坍方预防

随着隧道工程施工技术的发展,在超前地质预报、开挖爆破、支护方式、机械化配套等方面已有了长足的进步,在深入熟悉瓦斯隧道工程地质条件基础上,采取针对性的技术措施,加强管理,完全可以预防并消除坍方,如图 7-1 所示。

1)工程地质

要确保瓦斯隧道安全施工,必须准确掌握隧道工程地质条件,包括煤系地层和瓦斯赋存情况;较大的断层、破碎带或软弱夹层;采空区的位置、规模及其对隧道建设的影响;伴生的特殊与不良地质,如大变形、高地应力、涌水等。

要熟悉设计文件中的地质情况,做好地质编录,将设计文件与现场的实际地质相对照,根据实际地质情况对技术方案和工程措施做相应调整;加强地质超前预报工作,综合应用地质分析、物探判识、超前钻探等手段和方法,全面准确判识开挖工作面前方工程地质条件和不良地质状况。

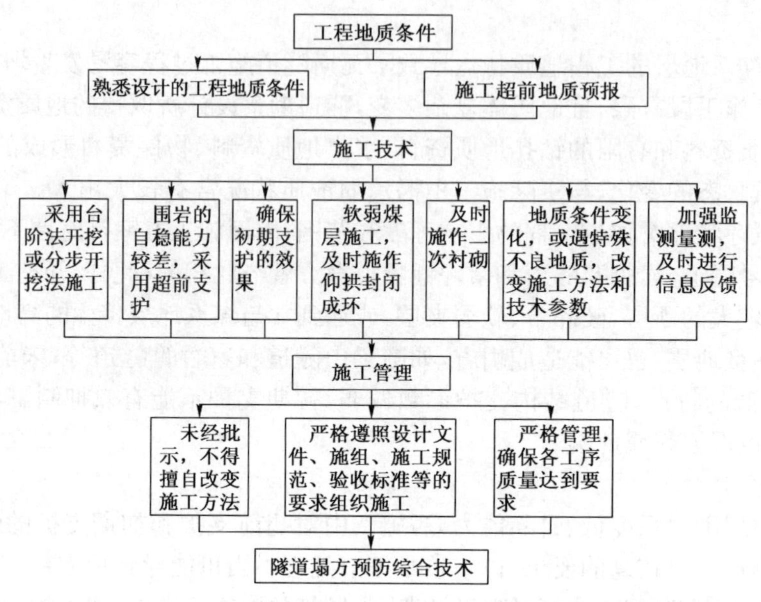

图 7-1　瓦斯隧道坍方预防体系

2)技术措施

熟悉工程地质条件后，要根据隧道各洞段不同的工程地质条件，采取有针对性的施工措施：

(1)围岩的自稳能力较差时，可采用超前支护，主要有超前锚杆、超前小导管注浆、管棚、全断面预注浆、帷幕注浆等。

(2)煤系地层隧道施工宜采用合理的开挖方法，以保证初期支护能及时施做，如采用台阶法开挖；对于大断面和特大断面洞段开挖，应采用分部开挖，如侧壁导坑法、CD法等。

(3)初期支护对于隧道围岩的稳定起决定性的作用，必须确保初期支护的强度和质量，遇到较大的涌水、断层及破碎带时，必须及时改变施工方法，增大支护参数，采取相应的技术措施。特殊情况下，可以采用预应力锚杆、迈式锚杆，钢纤维喷射混凝土等技术措施。

(4)软弱煤层施工应及时施作仰拱封闭成环；二次衬砌不宜滞后初期支护过多，应根据围岩变形量测数据确定施作时间。

(5)监控量测在防止隧道坍方中极其重要，围岩的失稳破坏总有一定先兆，要重视监控量测的信息反馈，及时准确判断围岩及初期支护是否稳定。

3)现场管理

防止瓦斯隧道坍方，一是需要切实可行的技术措施，二是应有科学严密的现场管理。“技术”和“管理”二者同等重要：从开挖到支护、衬砌，必须严格执行设计文件、施工规范、施工组织设计及验收标准等；未经上级技术部门同意，不得擅自改变施工过程中的开挖、支护方式，确保开挖、支护各工序和质量达到设计要求；做好监控量测，及时对监控量测信息进行分析、处理。

7.3　瓦斯隧道坍方处理技术

由前述可知，煤系地层的工程地质特点导致瓦斯隧道更易坍方，而其坍方处理是一项危险而艰难的作业，关键在于瓦斯治理。坍方形成新的瓦斯运移、渗涌通道，导致瓦斯异常涌出，坍体及坍腔内容易积存瓦斯，一旦措施不到位，就可能在坍方处理过程中引发瓦斯灾害。

总体而言，瓦斯隧道坍方处理应从技术措施和管理措施两方面入手，在探明塌腔形状、规模及瓦斯状况的基础上，制定专项技术方案，提出针对性的处理措施；处理过程中加强管理，特别是通风和瓦斯监测管理，确保工作区域安全。

1)技术措施

(1)为防止坍体或坍腔内瓦斯涌入隧道空间，对坍方处理构成安全威胁，根据隧道瓦斯检测状况，可喷射混凝土封闭坍体表面。

(2)坍方处理前，必须准确探明塌腔形状及规模，塌腔及空腔内瓦斯状况，为针对性提出施工方案(含瓦斯处理措施)和结构补强措施提供依据。

(3)坍方段瓦斯处理措施：根据工作区域及坍腔内瓦斯状况，制定坍方段瓦斯专项处理方案(尽可能由有相关资质的单位制定)，编制坍方处理实施性施工组织设计：

①若坍方区域瓦斯浓度高，必须加强局部通风，将瓦斯浓度降至限值以内；若坍腔及空腔内瓦斯浓度高，必须送高压风稀释、排出瓦斯，降低坍腔及空腔内瓦斯浓度；

②坍方处理期间，对工作区域进行不间断的瓦斯检测，保证瓦斯浓度在限值以下。

③坍方区是易积聚瓦斯的主要区域，坍方处理过程，要对工作区域局部加强通风，通风风量和风速必须满足瓦斯隧道通风要求，防止瓦斯局部积聚超限。

(4)坍方段结构处理措施：为保证坍方段结构安全，应对坍方段结构进行加强。如改变初期支护参数、增大二次衬砌强度、采用气密性混凝土等：对于大型坍方，可在邻近坍方段补强初期支护，防止坍方进一步扩大，对坍腔顶部进行喷锚支护，并加强临时支护，通过施作管棚等措施，加强围岩的稳定性，最后清理坍体，施作二次衬砌，通过坍方段；对于中、小型坍方，可边清渣边处理，沿坍塌面采用喷锚支护技术加固未塌的地层，沿二次衬砌外轮廓施作钢筋(钢拱架)混凝土支护；对于隧道洞段大变形，可依据隧道内的实际情况，采用钢拱架支撑、固结注浆、大管棚注浆、加强初期支护和二次衬砌等措施。

(5)施工中应加强围岩变形量测，当出现围岩变形速率突然增大等异常变化时，及时采取措施进行处理，防止二次坍方。

2)管理措施

坍方处理过程，必须严格管理，制定相应的安全措施和作业规程：

(1)坍方处理前确认撤人路线，保证人员撤离路线畅通。

(2)坍方处理期间，隧道内除坍方处理工作外，不得实施其他作业。

(3)对二次衬砌至坍方处非防爆电气设备如开关、配电箱、接线盒、电缆等进行更换，采用防爆型，并有漏电保护装置，采用矿灯照明。

(4)对坍方处理作业环境及回风通道进行不间断瓦斯监测，一旦超标，立刻按表 7-2 采取措施。必须保证瓦斯监控系统性能良好，传感器按规定进行检验校正；增加对瓦电闭锁及风电闭锁性能的检查频率，确保其处于正常工作状态。

坍方段瓦斯超限处理措施　　表 7-2

地　点	限　值	超限处理措施
局部瓦斯积聚	2.0%	超限处附近 20m 停工，断电，撤人，进行处理，加强通风
坍方处理工作面风流中	1.0%	停止钻孔
回风巷或工作面回风流中	1.0%	停工、撤人、处理
局部风机及电气开关 10m 范围内	0.5%	停机、通风、处理
电动机及开关附近 20m 范围	1.5%	停止运转、撤出人员，切断电源，进行处理

(5)作业面安装局部风机，并从洞外接入专线，采用防爆型开关；严格通风管理，加强主风机和局部风机的维护，确保连续通风，一旦停风或风量不足，应立即停止隧道内的一切作业，并撤出工作人员。

(6)钻孔作业必须采用湿式钻孔，以免因钻头温度过高发生瓦斯燃烧或爆炸事故；钻孔作业过程，随时检测瓦斯浓度，发现喷孔或拱部、边墙掉渣，立即停钻，撤出全部人员；钻孔完成后撤离洞内所有人员，进行瓦斯排放。

(7)一旦发生冒落孔洞，必须检测孔洞内瓦斯浓度，一旦超限，立即停止其他作业，按规定排出积聚瓦斯；洞内作业时，要注意防止工具、石块坠落，防止机械设备碰撞等，避免撞击出现火花。

7.4 瓦斯隧道坍方处理工程案例

7.4.1 龙溪隧道 LK22＋035～LK22＋042 段坍方处理

都汶高速公路龙溪隧道位于四川省都江堰龙池境内，左线 3 658m、右线 3 691m，最大埋深 742m。隧道穿越 F_8 大断层，以炭质泥岩、砂岩、粉砂岩为主，岩体较破碎，节理裂隙发育，地下水较丰富。

2006 年 7 月 4 日，龙溪隧道左线 LK22＋035 处坍方，开挖工作面里程为 LK22＋046。坍方里程位于 F_8 大断层前的次级小断层，开挖揭示岩层大部分为薄层炭质泥岩，左侧有部分砂岩。岩体破碎，节理裂隙发育，局部有股状水，自稳能力极差。采用 TSP 对坍方范围及规模进行检测：LK22＋035～LK22＋042 段为坍方段，坍腔右侧松动带最大高度 34m，左侧松动带最大高度 12m，原初期支护与坍渣接触处瓦斯浓度达 4%以上，坍腔内瓦斯浓度更高，坍方处理相当困难。

坍方处理方案是先采用钢拱架支撑及小导管注浆加固坍方影响段，喷射混凝土封闭坍渣表面，小导管注浆固结坍体；从右线相对应里程向左线坍腔施作瓦斯排放孔，将坍腔内瓦斯浓度降至 0.5%以下；向坍腔分层注浆充填，然后分部开挖，及时支护，通过坍方段。

1)坍方影响段加固

LK22＋008～LK22＋035 段采用 I_{18} 钢拱架环向加固，增加该段初期支护强度，钢拱架环向间距 80cm，与原初期支护的钢拱架间隔分布；对该段拱部 180°范围内围岩采用 Φ42mm 小导管环向注浆加固，小导管长度 3m，纵向间距 5m，环向间距 1m。

2)坍体表面封闭

为防止坍腔内瓦斯渗涌进入隧道空间,必须封闭坍体表面。在挖掘机平整坍体表面后,喷射 20cm 强度等级为 C20 混凝土将其封闭。原初期支护与坍渣接触处喷射 50cm 混凝土,作为坍腔回填的挡墙。

3)坍体固结

在坍体封闭面上按 1m×1m 的间距布设梅花形注浆孔位,采用分段注浆方式固结坍体;注浆管采用 Φ75mm 热轧无缝钢管,小导管前端呈圆锥形,孔壁钻 Φ10mm 注浆孔,孔间距 20cm,呈梅花形布设,注浆管尾部 1m 不钻孔,注浆材料采用水泥—水玻璃双液浆,浆液配合比为 1∶1,掺磷酸氢二钠作缓凝剂,掺量按水泥用量的 2%计。注浆压力 1～2MPa。每次固结长度 6m,开挖 4m,留设 2m 搭接长度。

4)坍腔瓦斯排放

为了保证坍体开挖安全,必须将坍腔及空腔内瓦斯排出,在右线相对应坍方里程处施作 4 个瓦斯排放孔,排放孔进入左线坍腔内,前期作为瓦斯排放孔,当瓦斯浓度降至 0.5%以下,作为泵送混凝土回填坍腔的管道。

5)坍腔回填

当坍腔内瓦斯降低到 0.5%后,向坍腔泵送 C15 混凝土分层回填,每层厚度不大于 50cm,总的回填厚度 3.5～4m。回填混凝土过程可能有瓦斯从排放孔逸出,必须加强该区域的局部通风和瓦斯监控。

6)超前支护

开挖前,从 LK22＋033 处开始施做小导管注浆超前支护,采用 5m 长 Φ42mm 小导管,在拱部 180°范围内设置,环向间距 20cm,外插角 15°;从 LK22＋035 开始施作双层注浆小导管,长度为 5m,外层小导管外插角 30～40°,内层小导管外插角为 10～15°,每层小导管环向间距 30cm。注浆压力 0.5～1.0MPa,采用间歇式注浆,开挖时纵向搭接长度 2m。

7)坍体开挖

为减小对围岩的扰动,及时支护,超前支护完成后,采用双侧壁导洞法开挖,开挖顺序见图 7-2。开挖侧壁导洞①时,边开挖边喷射混凝土进行封闭,侧壁导洞外侧和内侧分别采用 I_{18} 和 I_{16} 钢拱架作初期支护。拱部开挖滞后于侧壁导洞 3m,拱部弧形导洞②采用台阶法分部开挖。在拱部初期支护成环后,拆除侧壁导洞内侧壁钢拱架,开挖核心土③。

每循环进尺 0.4m,预留变形量 30cm,开挖后立即初喷混凝土封闭;架设 I_{18} 钢拱架,纵向间距 40cm;铺设 Φ6.5mm 钢筋网(20cm×20cm)、喷 24cm 强度等级为 C20 混凝土。为了保证结构安全,二次衬砌采用 70 cm 钢筋混凝土,主筋 Φ25mm,纵向间距 20cm;分布筋 Φ12mm,纵向间距 20cm;箍筋 Φ10mm,纵向间距 20cm。

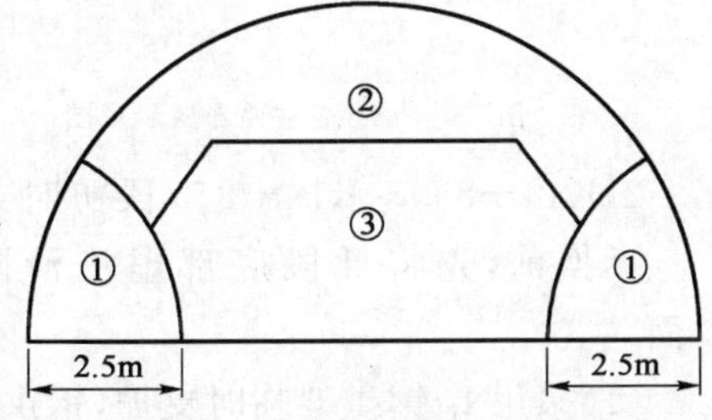

图 7-2　双侧壁导坑开挖顺序

龙溪隧道为高瓦斯隧道,坍方处理过程对工作区域进行了严格、规范的管理:瓦斯监控系统、通风系统始终保持良好状态;瓦检员 24h 跟班作业,发现异常及时停工;处理坍方时尽量不采用气割、气焊,若必须采取气割或气焊,首先对作业区域进行瓦斯检测,瓦斯浓度不得大于0.3%,否则用局部风机加强通风,稀释瓦斯;处理坍方时尽量避免放炮,若必须放炮,严格控制装药量,并实施"一炮三检制”。

龙溪隧道坍方处理于2006年7月26日开始，9月15日顺利通过坍方区，无任何瓦斯安全、坍方事故。通过对初期支护监控量测，初期支护变形量控制在稳定范围之内，坍方处理效果良好。

7.4.2 紫坪铺隧道K14+860～K14+872段坍方处理

都汶高速公路紫坪铺隧道进口端右线K14+865～K14+869段于2005年12月19日发生第一次坍方，开挖工作面里程为K14+872。2005年12月22日发生瓦斯爆炸，诱发二次坍方，大量坍渣涌出至K14+850处，坍体表面坡度约38°，K14+860～K14+872段全被坍渣充满。

坍方处位于F_{11}断层、龚家向斜破碎带，节理裂隙发育，岩体破碎，围岩自稳性极差，极易坍塌。该段赋存瓦斯，有瓦斯涌出、积聚的可能性。

采用TSP203和HSP对坍方段进行探测：K14+850～K14+872段已经坍方，该段拱顶最大塌腔高度为32m，包含未坍塌的松动带；原开挖工作面前方K14+872～K14+894段围岩极破碎，节理裂隙发育，含水，开挖扰动拱顶极易坍塌。坍方处理过程如下：

1)坍体加固封闭

喷射20cm强度等级为C20混凝土封闭坍体表面。采用Φ42 mm注浆小导管对坍体虚渣进行加固，小导管长度为6m，间距50cm×50cm，梅花型布置，见图7-3～图7-4。小导管采用无缝钢花管，钢花管上钻注浆孔，孔径Φ8mm，孔间距15cm，呈梅花型布置，距孔口段1.0m不钻孔作为止浆段。

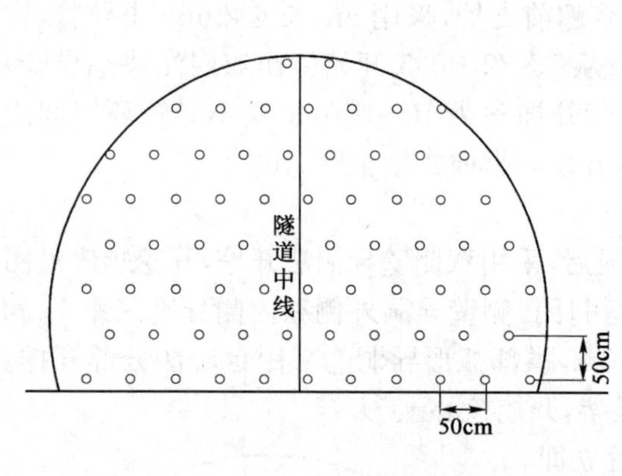

图7-3 小导管注浆布置示意图

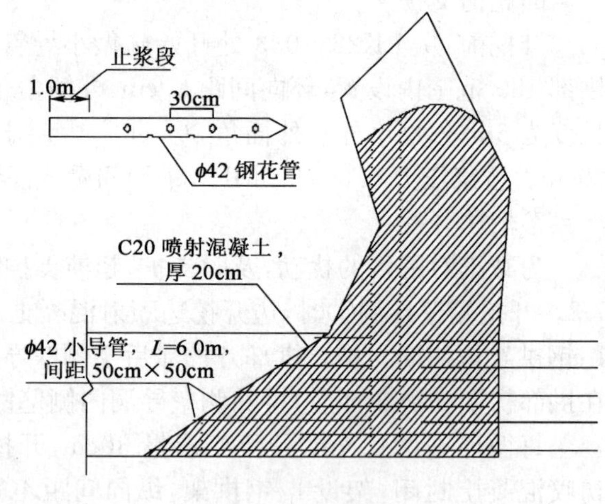

图7-4 加固坍体

2)K14+850～K14+855段初期支护拆换

拆换前，先将此段底部虚渣清除，再喷射20cm强度等级为C20混凝土封闭坍体表面。

(1)采用I_{18}钢拱架临时支护，钢拱架间距1m，纵向连接采用Φ22mm螺纹钢弯钩连接，环向间距1m。

(2)采用6m的Φ32mm自进式锚杆对围岩注浆加固，间距50cm×80cm。

(3)采用光面爆破爆掉原有的初期支护，局部欠挖部位用风镐凿除。

(4)重新施做初期支护，安装I_{22}钢拱架，间距0.5m。

3)坍腔瓦斯治理

在坍腔底部湿式钻孔,采用局部风机向钻孔处通风,孔钻好后,埋入 Φ42mm 小导管,小导管端部伸入坍腔顶部,采用高压风管向坍腔内送入高压风,不断稀释瓦斯,并将其挤出坍腔,在坍腔瓦斯浓度降到安全范围内后,注浆充填坍腔。

4)超前支护

超前锚杆布置如图 7-5～图 7-6 所示。

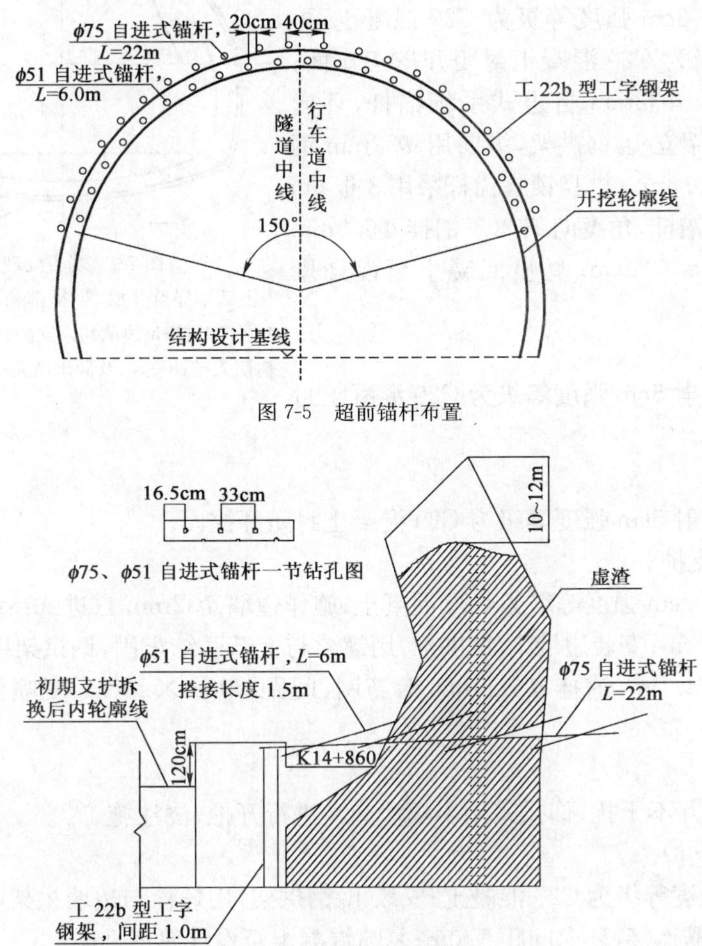

图 7-5　超前锚杆布置

图 7-6　超前锚杆布置纵断面示意

(1)超前支护第一层 Φ75mm 自进式锚杆一次施作到位,在拱顶 150°范围内布置,长度为 22m,环向间距为 40cm,外插角为 3°;锚杆每节长度为 1.0m,采用丝扣连接套连接,锚杆上钻注浆孔,孔径 Φ10mm,孔间距 16.5cm,呈梅花型布置,距孔口段 2.0m 不钻孔作为止浆段。

(2)超前支护第二层 Φ51mm 自进式锚杆每次施作长度 6m,外插角 30°,搭接长度 1.5m,环向间距为 40cm,与超前支护第一层 Φ75mm 自进式锚杆层间距 30cm,在拱顶 150°度范围内布置;锚杆每节长度为 1.0m,采用丝扣连接套连接,锚杆上钻注浆孔,孔径 Φ8mm,孔间距 16.5cm,呈梅花型布置,距孔口段 1.0m 不钻孔作为止浆段。

(3)Φ75mm、Φ51mm 自进式注浆锚杆注浆采用 1∶1 水泥浆,注浆压力不小于 1.0MPa。

5)坍方处理

开挖采用人工持风镐开挖，出渣采用EX200-5长臂挖掘机装渣，自卸汽车运输，施工顺序如图7-7所示。

(1)上弧形导坑开挖。

循环进尺不大于0.5m，预留沉降量30cm。

(2)拱部初期支护。

先将拱部初喷3cm强度等级为C20混凝土，再喷射5cm强度等级为C20混凝土封闭开挖工作面；施作拱部6.0m长Φ32mm自进式系统锚杆，环向80cm，纵向60cm；架立I_{18}钢拱架，纵向用Φ22mm钢筋连接，环向间距0.5m。拱脚锁脚锚杆采用8根6m长Φ32mm自进式锚杆，角度向下30°；铺挂Φ6.5mm钢筋网，间距20cm×20cm；复喷混凝土至设计厚度25cm。

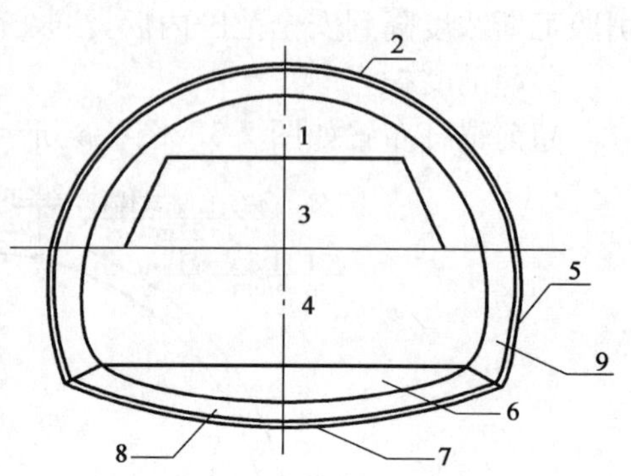

图7-7 坍方处理施工顺序

1-上弧形导坑开挖；2-拱部初期支护；3-中核开挖；4-下部开挖；5-边墙初期支护；6-仰拱开挖；7-仰拱初期支护；8-仰拱及仰拱填充；9-二次衬砌

(3)中核开挖。

开挖后及时喷射5cm强度等级为C20混凝土封闭开挖面。

(4)下部开挖。

开挖后及时喷射5cm强度等级为C20混凝土封闭开挖面。

(5)边墙初期支护。

先将边墙初喷3cm强度等级为C20混凝土；施作边墙Φ32mm自进式系统锚杆，长6.0m，环向80cm，纵向60cm；安装边墙I_{18}钢拱架，用螺栓与上部联结牢固，钢拱架纵向用Φ22mm钢筋连接，环向间距1.0m；铺挂Φ6.5mm钢筋网，间距20cm×20cm；复喷混凝土至设计厚度25cm。

(6)仰拱开挖。

为确保各工序互不干扰，仰拱采用半幅法交叉进行开挖、浇注施工。

(7)仰拱初期支护。

先初喷3cm强度等级为C20混凝土；安装I_{18}钢拱架，用螺栓与边墙拱架联结牢固，钢拱架纵向用Φ22mm钢筋连接，环向间距1.0m；复喷混凝土至设计厚度25cm。

(8)仰拱填充。

仰拱采用厚70cm的钢筋混凝土，主筋Φ25mm，纵向间距20cm；纵向分布筋Φ12mm，环向间距20cm；箍筋Φ10mm，环向间距20cm。

6)径向注浆

K14+860～+872段初喷混凝土强度达到设计强度的70%后采用Φ51mm自进式锚杆径向注浆，长度为6m，在拱顶150°范围内布置；每节长度为1.0m，采用丝扣连接套连接，锚杆上钻注浆孔，孔径Φ8mm，孔间距16.5cm，呈梅花型布置，距孔口段1.0m不钻孔作为止浆段，如图7-8所示。

7)二次衬砌

二次衬砌厚度为不小于70cm强度等级为C25钢筋混凝土，主筋Φ25 mm，纵向间距

20cm；纵向分布筋 Φ12 mm，环向间距 20cm；箍筋 Φ10mm，环向间距 20cm。采用全液压衬砌模板台车，泵送混凝土整体浇注二次衬砌。

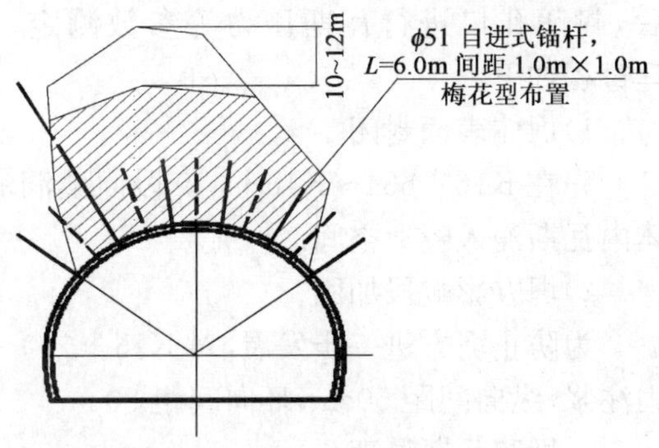

图 7-8　径向注浆锚杆布置

在初期支护拆换位置附近安设两台 5.5kW 局部风机，对坍方处理工作区域进行通风，保证瓦斯浓度不超过 0.5%。

坍方处理过程采用自动监控和人工检测相结合的模式对工作区域瓦斯浓度进行监测，出现瓦斯浓度超标时，按照相关管理制度、程序立即进行处理。

作业前对工作区域附近应急用的消防用水、消防砂、灭火器等进行检查，确保数量、品种齐全，正常使用。工作面洒水润湿，避免开挖时由于碰撞产生火花；减少火源，防止电汽火源、静电火花、撞击火花及明火等。

严格执行安全操作规程，现场管理人员、安全员、瓦检员有权制止任何违规操作。对电焊工，驾驶员，安全检查员等特殊工种作业人员要严格培训，考核合格后持上岗证上岗。

紫坪铺隧道右线 K14＋860～K14＋872 段坍方处理严格按制定的坍方处理专项方案进行，施工过程严格管理，顺利通过坍方区。初期支护变形量控制在稳定范围之内，坍方处理效果良好。

7.4.3　紫坪铺隧道 K16＋629～K16＋607 段坍方处理

都汶高速公路紫坪铺隧道出口端 K16＋629～K15＋594 段于 2007 年 7 月 6 日发生坍方，坍体表面瓦斯涌出量 0.6～1.2m^3/min。坍方处地层岩性为三叠系灰色砂岩、炭质泥岩互层，层间夹煤屑、充填泥，节理裂隙发育，有股状涌水。

坍方处开挖工作面地质素描如图 7-9 所示。

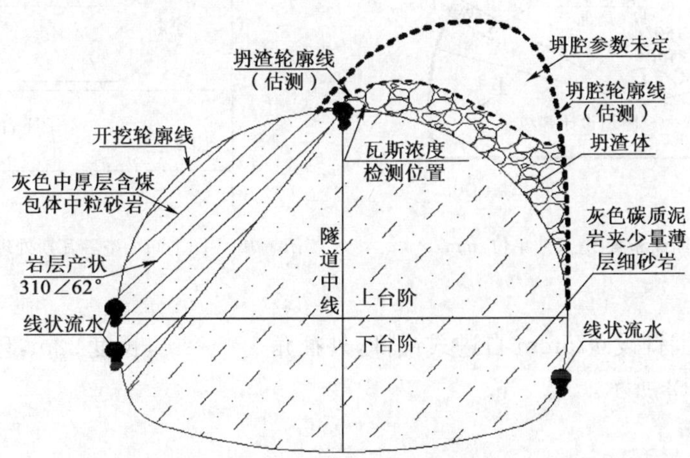

图 7-9　坍方处开挖工作面地质素描

采用 TSP203 和 HSP 对坍方段进行探测，K16＋629～K16＋607 处被坍方体堵塞，右侧最大坍腔高度近 20m，K16＋607～K15＋594 段为未坍方。

为准确探明 K16＋607～K15＋594 段未坍方空腔内瓦斯状况，从隧道开挖线内 1.5m的范围内的工作面分上中下布置 3 排 5 个超前钻孔，如图 7-10 所示。钻孔完成后，封闭孔口进行瓦斯压力等参数测定，空腔内瓦斯浓度高，瓦斯压力 0.1MPa。坍方处理过程如下：

1)坍体表面封闭

先在 K16＋634～K16＋629 段回填洞渣，喷射 20cm 混凝土封闭坍体表面，防止坍腔、坍体内瓦斯涌入隧道空间。

2)坍方影响段加固

为防止坍方进一步发展，对 K16＋640～K16＋629 采用 6m 长 Φ75mm 自进式锚杆环向加固注浆，纵向间距 50cm，环向间距 80cm。

3)坍腔瓦斯处理

用 YT28 风动凿岩机在坍腔底部钻孔，采用湿式钻孔。孔钻好后，埋入 Φ42mm 小导管，小导管端部伸入坍腔顶部，安装高压风管，将高压风不间断地送入坍腔，不断地稀释瓦斯，并将瓦斯与空气混合物从坍腔底部排出。在坍腔瓦斯浓度降低到安全范围内后，利用小导管对坍腔注浆充填 M10 水泥砂浆，充填厚度 5m。

4)空腔瓦斯处理

当开挖坍体至距空腔 8m 的 K16＋615 里程处时，采用湿式钻孔打设 Φ108mm 钢管(见图 7-11)，由图中 4、5 号孔压入高压风，1、2、3 号孔进行瓦斯排放，在 1、2、3 号钻孔上方悬挂瓦斯探头，排放瓦斯期间撤出洞内工作人员，瓦斯浓度降至 0.5%以下后，向该段空腔内充填 M5 低强度等级水泥砂浆。

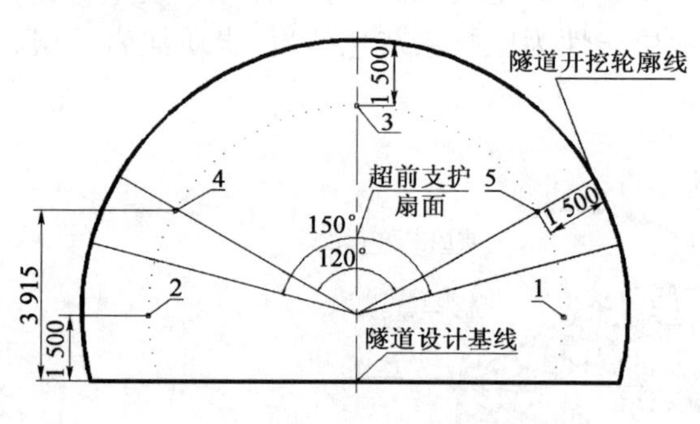

图 7-10　超前钻探断面布置图(尺寸单位：mm)

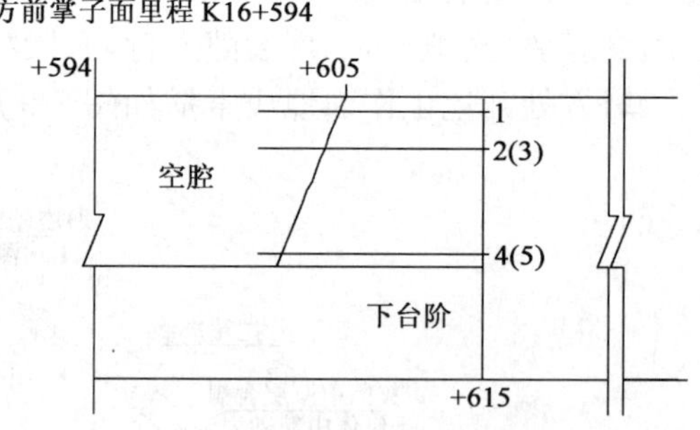

图 7-11　空腔瓦斯处理示意图

5)超前支护

在拱部 150°范围打设 Φ75mm 自进式锚杆，外插角 15°～20°，长度 22m，环向间距 40cm，搭接长度 2m，如图 7-12 所示。

6)固结坍体

向坍体内打设 6m 长 Φ42mm 小导管进行注浆固结，由于局部涌水，浆液采用水泥—水玻璃双液浆，开挖时预留 2m 搭接长度。

7)开挖处理

开挖采用台阶法进行，进尺控制在 50cm，以确保开挖后及时支护。开挖面前方坍塌体和拱顶有大量钢拱架、小导管及锚杆，不得不进行动火作业时，必须加强动火工作面的瓦斯监测及通风。开挖过程，遇拱顶局部掉块，补打 6mΦ42mm 小导管注浆补强。

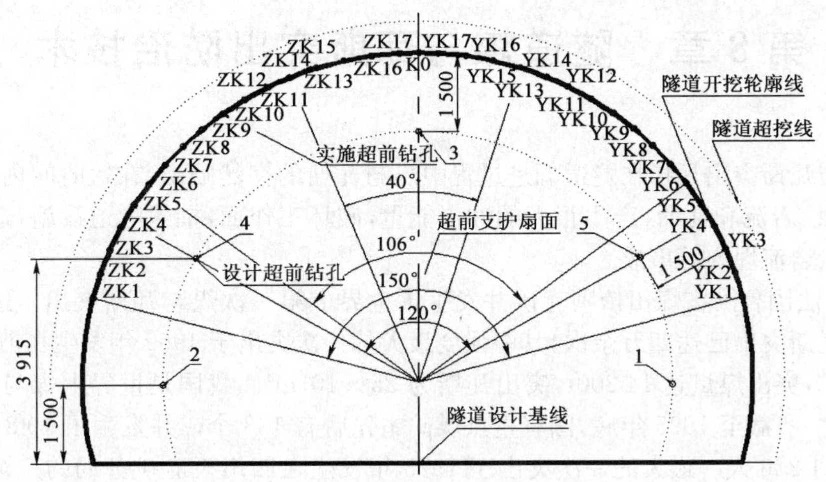

图 7-12　超前支护锚杆布置示意（尺寸单位：mm）

8）二次衬砌

二次衬砌厚度为不小于 70cm 强度等级为 C25 钢筋混凝土，主筋 Φ25mm，纵向间距 20cm；纵向分布筋 Φ12mm，环向间距 20cm；箍筋 Φ10mm，环向间距 20cm。采用全液压衬砌模板台车，泵送混凝土整体浇注二次衬砌。

紫坪铺隧道 K16＋629～K16＋607 坍方段制定了细致完善的坍方处理专项方案，并经过专家评审、论证，施工过程严格按方案进行，现场规范管理，顺利通过了坍方区，围岩变形稳定，坍方处理效果良好。

第8章 隧道煤与瓦斯突出防治技术

隧道煤与瓦斯突出是指在隧道掘进过程中煤与瓦斯的突然喷出，在短时间内从煤层深处排出大量的煤、岩流和瓦斯，产生很大的冲击能量，破坏工作面，摧毁隧道设施，造成窒息、燃烧、爆炸及煤、岩流埋入等事故。

1834年，法国鲁阿雷煤田依阿克矿井发生了世界上第一次煤与瓦斯突出。迄今，世界各国发生煤与瓦斯突出已达四万余次，其中强度最大的一次突出于1969年发生在前苏联顿巴斯矿区加加林矿，突出煤量达14 200t，突出瓦斯为$25\times10^4m^3$。我国是世界上煤与瓦斯突出最严重的国家之一，截至1995年底，国有重点煤矿中先后有138个矿井发生了10 815次煤与瓦斯突出，死亡1 266人。最大的一次突出于1975年发生在四川天府矿务局的三汇一矿，突出煤量达12 780t，突出瓦斯达$140\times10^4m^3$，突出强度居世界第二位。显然，我国煤与瓦斯突出无论从数量还是从强度上均居世界之首。

随着我国交通建设的发展，穿越煤系地层的隧道越来越多，遇到有突出风险和威胁的煤层也越来越多，如南昆线家竹箐隧道、广渝高速华蓥山隧道、都汶高速紫坪铺隧道等，如果在穿煤前对煤与瓦斯突出没有充分的认识和准备，就有可能发生严重的安全事故。

相比较而言，煤矿系统多年以来形成了一套行之有效的生产管理规章制度，有专门的防爆、防突设备，有长期与煤和瓦斯打交道的专业队伍，而交通系统则由于20世纪瓦斯隧道数量较少，经验不足，缺乏设备，没有建立适合隧道瓦斯管理特点的规章制度。此外，隧道断面大，工期紧，线路位置一旦确定就不能随意更改，常常发生斜交揭煤的困难情况，增加了防突的困难。照搬煤矿巷道的防突技术指标和措施对于隧道施工不一定合适，必须参照煤矿防突细则的标准，进行深入的地质分析并综合类似工程经验，认真解析，才能制订科学合理的隧道防突技术措施，使隧道安全通过有突出风险的煤层。

8.1 煤与瓦斯突出机理

煤与瓦斯突出机理，是指煤与瓦斯突出发生的原因、条件及其发生、发展过程。关于突出机理，迄今尚未得到根本解决，这主要因为煤与瓦斯突出是一种复杂的动力现象，其发生的突然性和危险性使得直接观测突出的发生和发展过程极为困难，因而目前对突出机理的研究只能根据突出统计资料、突出后现场观测并辅助采用实验室模拟的方法进行。

通过近百年的悉心研究，科技工作者已提出数十个突出机理假说，可归纳为四类观点：地应力假说、瓦斯作用假说、化学本质假说、综合作用假说。其中综合作用假说（地应力、瓦斯和煤的物理力学性质三因素综合作用的假说）得到大多数科技工作者的认同。但由于突出的特殊性和复杂性，对各因素在突出中所起作用的具体认识上，尚存在较大分歧。

1）瓦斯为主导作用的假说

这类假说强调瓦斯是突出的主要能源。由于对瓦斯能的特点和存在形式认识不同，又有一些不同的看法。

(1)瓦斯包说:认为煤层内存在高压“瓦斯包”,被透气性极小的煤体包围。当工作面接近“瓦斯包”时,高压瓦斯突破煤壁,携带碎煤猛烈喷出,形成突出。

(2)瓦斯水化物说:认为在一定的温度、压力下,多孔的煤中有可能形成瓦斯水化物 $CH_4 \cdot 6H_2O$,当它与水结合时,$1m^3$ 的水可含 $200m^3$ 瓦斯。煤层中的瓦斯水化物以不稳定的化合物形式存在,储藏着巨大的潜能,受开挖、采掘影响即能迅速分解,形成高压瓦斯,突破煤体造成突出。

(3)瓦斯膨胀说:认为煤层中存在高压瓦斯带,从而引起煤体膨胀并增加煤层压力。此处煤层透气性接近于零。当巷道接近这一区域时,应力急剧释放,造成煤的破碎和突出。

(4)火山瓦斯说:认为由于火山活动,煤受到二次热力变质,产生热力变质瓦斯和岩浆瓦斯,从而形成高压瓦斯区。进入该地带采掘时即能引发突出。

2)地压为主导作用的假说

这类假说认为,地压是突出的主要原因和能源,而瓦斯是次要因素。

(1)岩石变形潜能说:认为突出的发生,是由煤层围岩弹性变形所蓄积的潜能引起,该潜能是由地质历史上的构造运动形成的。

(2)集中应力说:认为在回采工作面前方的支承压力带,由于厚弹性顶板悬顶突然沉降及其所引起的附加应力,致使煤体在集中应力的作用下遭受破坏而引起突出。

(3)应力叠加说:认为瓦斯突出是由于地质构造应力、自重应力、火山与岩浆活动的热力变形应力和采矿应力等叠加而引起的。

3)化学本质假说

(1)爆炸说:认为瓦斯突出是由于煤在较大深度处变质时发生的化学反应而引起的。

(2)重炭说:认为在煤的形成时有许多重炭(原子量 13)及带氢同位素(原子量 2)的重水,它们所形成的重的煤同位素称为“重煤”原子,在该处采掘时引发突出。

4)综合作用假说

综合假说种类很多,有代表性的论点是前苏联的霍多特于 1976 年提出的。霍多特等人在实验室中对煤的物理力学性能和瓦斯性能进行了测定研究,并在压力试验机上进行了煤和瓦斯突出的模拟试验,从能量的观点,用数学方法分析计算了围岩的功能、煤层的变形潜能、瓦斯内能以及造成突出所需要的功能,提出了综合假说,其主要论点是:煤和瓦斯突出是地压、高压瓦斯、煤的结构性能三个因素综合作用的结果,除地压和瓦斯压力之外,在煤层中不存在任何其他突出能源;地压破碎煤体是造成突出的首要原因,而瓦斯则起着抛出煤体和搬运煤体的作用,从突出的总能量来说,瓦斯是完成突出的主要能源;煤的强度是形成突出的一个重要因素,只有当煤强度很低、与围岩的摩擦力不大时,地压造成的煤的变形潜能和围岩的功能才可能把煤体破碎,因此突出往往从煤的软分层开始。

在国外学者研究的基础上,我国从 20 世纪 60 年代起就对突出煤层的应力状态、瓦斯赋存状态、煤的物理力学性能等展开研究,根据现场资料和试验研究对突出机理进行了探讨,提出了新的见解和观点,特别是近几年来随着研究的深入及先进手段的应用,产生了许多新的认识,目前已能对突出发生的原因、条件、能量来源作出定性的解释和近似的定量计算,为防治措施选择及效果检验提供了理论依据。概括起来主要有如下方面:

(1)中心扩张说:认为煤与瓦斯突出是从离工作面某一距离处的中心开始,而后向周围扩张,由发动中心的煤—岩石—瓦斯体系提供能量并参与活动。在煤与瓦斯突出的地点地应力、瓦斯压力、煤体结构和煤质是不均匀的，突出发动中心就处在应力集中点，煤体的低透气性有助于形成高瓦斯压力梯度。

(2)流变假说：认为煤与瓦斯突出是含瓦斯煤体在采动影响后地应力与孔隙瓦斯气体耦合的一种流变过程。在突出的准备阶段含瓦斯煤体发生蠕变形成裂隙网，之后瓦斯能量冲垮破坏的煤体发生突出。该观点能很好的解释延期突出现象。

(3)二相流体假说：认为突出的本质是在突出中形成的煤粒和瓦斯的二相流体，二相流体受压积蓄能量、膨胀卸载能量，冲破阻碍区形成突出。

(4)固体耦合失稳理论：认为突出是含瓦斯煤体在采掘活动的影响下，局部发生迅速、突然破坏而生成的现象。采深和瓦斯压力的增加都将使突出发生的危险性增加。

(5)球壳失稳观点：认为突出的过程实质是地应力破坏煤体，煤体释放瓦斯，瓦斯使煤体裂隙扩张并使之形成煤壳失稳破坏，煤体的破坏以球盖状煤壳的形成、扩张及失稳抛出为主要特点。这种观点对于揭示突出孔洞的形状及形成过程很有帮助。

总之，煤与瓦斯突出是一种极为复杂的动力现象，影响因素很多，这些因素彼此之间又相互影响。因此对于突出机理的学说或假说很多，尚未得出公认的观点，需要进一步研究。

8.2 瓦斯隧道防突综合措施执行系统

就突出防治措施的发展来看，可概括为三个阶段：第一阶段为以安全防护措施为主的阶段，其主要措施是震动性爆破，在人员远离工作面的条件下，进行爆破诱导突出，保证人身安全；第二阶段为普遍采用防治突出技术措施的阶段，即采用如震动性放炮、抽放瓦斯等防治措施揭开有突出危险的煤层；第三阶段为综合措施配套应用阶段，其主要特点是在综合防治措施中加入了突出危险性预测和防突措施效果检验两个环节，使防突工作更加有的放矢，防突效果进一步提高。

对于突出的防治，不能单纯的理解为一套防治突出的技术措施，就能满足不同突出危险程度的揭煤需要。突出防治技术应为全面综合防治，综合配套应用突出危险性预测预报、防突技术措施、效果检验以及安全防护措施，以实现全面有效的防治突出，如图 8-1 所示。

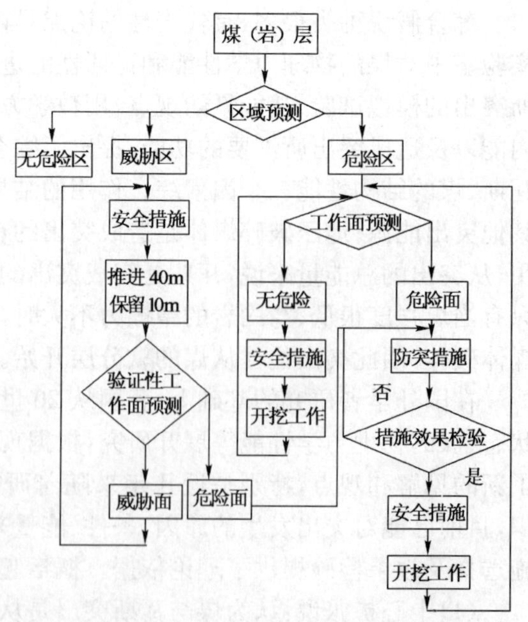

图 8-1 防突综合措施执行系统

1)突出危险性预测

突出危险性预测是防突综合措施执行系统的第一个环节。统计数据表明，突出呈现区域性分布，只有很少的洞段才可能发生突出，在瓦斯隧道掘进过程普遍采用防突措施是不经济不合理的，必然导致人力和财力的巨大浪费。通过突出危险性预测，确定有突出危险的区域和开挖工作面，可使防突措施的应用更有的放矢。

2)防突措施

防突措施是防突综合措施执行系统的第二个

环节,也是突出防治工作的重点。通过突出危险性预测判定开挖工作面有突出危险时,即应根据瓦斯赋存条件、瓦斯压力、煤体结构等,确定相应的突出防治技术措施。煤矿系统已成功实践了多种防突措施,如预先抽放瓦斯、金属骨架水力冲孔、水力冲刷、煤层注水、水力挤出、高压水射流扩孔、扩孔钻卸煤结合金属骨架法、深孔松动爆破、长钻孔控制卸压爆破等。但结合隧道瓦斯防治特点,瓦斯隧道防突措施多采用钻孔排放。

3)防突措施的效果检验

防突措施的效果检验是防突综合措施执行系统的第三个环节,其目的在于检验措施执行后突出评价指标是否降到危险值以下,以确保防突效果。由于隧道地质条件的复杂性,如煤层赋存条件变化、地质构造变异等,防突措施的实际应用效果可能达不到设计要求,因此,必须进行效果检验。如果无效,必须增补防突措施。

4)安全防护措施

安全防护措施是防突综合措施执行系统的第四个环节。当突出预测失误或防突措施失效发生突出时,实施安全防护措施能有效避免人身事故。

按照防突综合措施执行系统,首先进行区域预测,把掘进洞段分为无突出危险区、突出威胁区和突出危险区。无突出危险区正常组织施工;突出威胁区,在采用安全防护措施条件下组织施工,根据煤层的突出危险程度,每推进 40m,应用工作面突出危险性预测方法进行不少于两次的验证性预测,其中任何一次验证为有突出危险时,该区域即判定为突出危险区;在突出危险区域进行工作面突出危险性预测,把工作面划分为突出危险和无突出危险工作面,只有预测为突出危险的工作面才采用防突措施,在措施执行后必须进行效果检验,并在采取安全措施条件下掘进。

采用防突综合措施执行系统具有如下优点:

(1)使防突措施更加有的放矢:由于在突出威胁区仅采用安全防护措施,在无突出危险工作面取消了局部防突措施,仅在有突出危险的工作面采用防突措施,这样克服了防突措施应用的盲目性,有效节省了大量的措施费用,并显著提高掘进速度,缩减了工期。

(2)提高防突的有效性:执行防突措施后要效果检验,检验结果如无效,则增补防突措施,直至有效为止,这就大大提高了防突措施的可靠性。

8.3 突出危险性预测

煤与瓦斯突出危险性预测是为了判定开挖工作面是否有突出危险,以便为制定后续施工技术方案提供依据。准确预测煤与瓦斯突出,不仅有利于隧道揭煤的安全施工,而且能指导防突措施的正确应用。因此,必须查明突出的主要影响因素在空间上的分布,如煤层条件、瓦斯含量及压力、地质构造等。

由于突出过程复杂,影响因素众多,因而目前所有的评价指标都建立在有限的突出统计分析基础上,还难以准确确定突出判定指标及临界值。相较可靠性较差的单个指标,综合指标反映突出影响因素更全面,可以提高预测的可靠程度,是突出危险性预测的发展方向。

《铁路瓦斯隧道技术规范》(TB 10120—2002)中规定的预测方法包括瓦斯压力法、综合指标法、钻屑指标法、钻孔瓦斯涌出初速度法和“R”指标法等,均引自煤矿部门,其特点是在确保安全岩柱厚度的条件下,通过测定瓦斯压力、煤层坚固系数、钻孔瓦斯涌出初速度、钻屑量等指标来判定工作面是否有突出危险性，不仅测试工作量大、测试周期长，而且很多指标规定必须采用干煤粉（钻屑），不适宜隧道施工过程预测突出用。在这种情况下，结合公路、铁路隧道施工特点，家竹箐隧道提出了二步测试法，紫坪铺隧道提出了突出危险性综合评价法，对隧道瓦斯突出预测进行了有益的探索。

8.3.1 突出危险性预测常规方法

《铁路瓦斯隧道技术规范》（TB 10120—2002）规定瓦斯突出危险性预测应从瓦斯压力法、综合指标法、钻屑指标法、钻孔瓦斯涌出初速度法和“R”指标法五种方法中选用两种方法，相互验证。石门揭煤可采用瓦斯压力法、综合指标法或钻屑指标法，对于煤巷掘进宜采用钻孔瓦斯涌出初速度法、钻屑指标法或“R”指标法。突出危险性预测方法中有任何一项指标超过临界指标，该工作面即为有突出危险工作面。其预测时的临界指标应根据实测数据确定，当无实测数据时，可参照表 8-1 中的危险临界值。

突出危险性预测指标临界值 表 8-1

预测类型	预测方法	预测指标	突出危险性临界值
石门揭煤突出危险性预测	瓦斯压力法	P(MPa)	0.74
	综合指标法	D	0.25
		K	20（无烟煤）、15（其他煤）
	钻屑指标法	Δh_2(Pa)	160（湿煤）、200（干煤）
		K_1[mL/(g·min$^{1/2}$)]	0.4（湿煤）、0.5（干煤）
煤巷开挖工作面突出危险性预测	钻孔瓦斯涌出初速度法	q_m	4
	“R”指标法	R_m	6
	钻屑指标法	Δh_2(Pa)	160（湿煤）、200（干煤）
		K_1[mL/(g·min$^{1/2}$)]	0.4（湿煤）、0.5（干煤）
		最大钻屑量(kg/m)	6

1）综合指标法

综合指标法由煤矿科学研究院抚顺研究所提出，选取煤层的突出危险性综合指标 D 和 K 作为判别突出危险性的依据。

在工作面向突出煤层至少钻两个测压孔，测定煤层瓦斯压力；在钻测压孔的过程中，每米煤孔采取一个煤样，测定煤层的坚固性系数 f；将两个测压孔所得的坚固性系数最小值平均，作为煤层软分层的平均坚固性系数；将坚固性系数最小的两个煤样混合后，测定煤的瓦斯放散初速度指标 ΔP。

煤层突出危险性可按下列两个综合指标判断，其临界值见表 8-2。

突出危险判别指标临界值 表 8-2

煤层突出危险性综合指标 D	煤的突出危险性综合指标 K	
	无烟煤	其他煤
0.25	20	15

$$D=\left(0.0075\frac{H}{f}-3\right)(P-0.74) \tag{8-1}$$

$$K = \Delta P / f \tag{8-2}$$

式中：D——煤层突出危险性综合指标；

K——煤的突出危险性综合指标；

H——距地表垂深；

P——煤层瓦斯压力；

ΔP——煤的瓦斯放散初速度指标；

f——煤的坚固性系数。

当式(8-1)中两个括号内的计算值都为负时，则不论 D 值多小，都为有突出危险煤层。

如果测压孔所取得的煤样粒度达不到测定 f 值所要求的粒度时，可采用粒度为 1～3mm 的煤样进行测定，并进行相应换算：

当 $f_{1-3} > 0.25$ 时，$f = 1.57 f_{1-3} - 0.14$

当 $f_{1-3} \leqslant 0.25$ 时，$f = f_{1-3}$

2)钻屑指标法

钻屑指标法包括钻屑解吸指标 Δh_2 和 K_1。瓦斯解吸指标 Δh_2 为煤科总院抚顺分院提出：钻孔时，在预定位置取出钻屑，用孔径 1mm 和 3mm 的筛子筛分，将筛分好的 1～3mm 粒度的试样装入 MD-2 型解吸仪的煤样瓶中，启动秒表，转动三通阀，使煤样瓶与大气隔离，在 2min 时记录解吸仪的读数，该值即为 Δh_2。

由试验测试可知，煤的破坏类型越高，则煤的解吸速度越大；突出危险区煤样的瓦斯解吸量远大于非突出危险区。

瓦斯解吸指标 K_1 为煤科总院重庆分院提出：取煤样后，在 5min 或 10min 内测量各煤样的平均瓦斯解吸量，以及煤样暴露在大气中的时间，计算出每克煤样自煤体暴露后第一分钟内的瓦斯解吸量。K_1 可由 WTC 型突出预测仪或 ATY 型突出预测仪进行测定，也可由下式进行计算：

$$Q = K_1 t^{1/2} - W \tag{8-3}$$

式中：Q——煤样的瓦斯解吸量；

W——煤样自暴露到大气中 t 时间内的瓦斯解吸量；

K_1——钻屑瓦斯解吸指标；

t——煤样暴露的总时间，$t = 0.1L + t_1 + t_2$；

L——取样时的钻孔深度；

t_1——煤样暴露于大气中到开始测量的时间；

t_2——自开始测量到读取数据的时间。

3)钻孔瓦斯涌出初速度法

钻孔瓦斯涌出初速度，是评价突出危险性的综合指标，反映了决定煤层突出危险性的主要因素。钻孔瓦斯涌出初速度预测法，是前苏联运用最广泛的日常预测方法，列入《有煤、岩石和瓦斯突出倾向煤层安全采掘规程》。

测定钻孔瓦斯涌出初速度时，开孔孔径为 60mm，见煤时应停钻，换为孔径 42mm 的取煤芯管，在孔口接煤粉。取样时，钻杆内不得供水，取出干煤样以便进行有关煤层瓦斯参数的测定，同时在孔口用黄泥堵孔，测定钻孔瓦斯涌出初速度 q_m。流量计前 2min 读数即为钻孔瓦斯涌出初速度 q_m 值。

4)"R"指标法

"R"指标法也是瓦斯突出判决指标之一。在工作面钻不少于 3 个直径为 42mm,深度为 10m 的孔,钻孔应在软分层中,一个钻孔位于隧道工作面中部,并平行于掘进方向,其他钻孔的终孔点应位于隧道轮廓线外的 2～4m 处;钻孔每打 1m,测定一次钻屑量和钻孔瓦斯涌出初速度,根据每个钻孔的最大钻屑量和最大瓦斯涌出初速度按式(8-4)确定各孔的 R 值。

$$R=(S_{max}-1.8)(q_{max}-4) \tag{8-4}$$

式中:S_{max}——钻孔最大钻屑量;

q_{max}——钻孔最大瓦斯涌出初速度。

临界指标 R_m 取 6,当任何一个钻孔中的 $R \geqslant R_m$,该工作面为突出危险工作面,当 R 为负值时,用单项(取公式中的正值项)指标。

8.3.2 二步测试法

在家竹箐隧道施工中,把开挖工作面突出危险性预测工作改进为分两步进行。首先,在 10m 岩柱处利用超前探孔进行第一次测试,获取湿煤粉测定 K_1 值,结合打钻时的动力现象,初步确定煤层是否有突出可能;若初步判断有突出可能时,向前掘进 5m 进行第二次测试,测定湿煤粉 K_1 值、瞬间解吸压力和瓦斯涌出初速度,结合打钻动力现象,进行揭煤前的最后判定,明确煤层是否有突出危险。

二步测试法共测试四个指标:解吸指标 K_1、瞬间解吸压力 P_d、钻孔瓦斯涌出初速度 q_m、瓦斯压力 P,如表 8-3。

预测突出危险性煤层临界指标　表 8-3

项目	解吸指标 K_1 (mL/(g·min$^{1/2}$))	瞬间解吸压力 P_d (MPa)	初速度 q_m (l/min)	瓦斯压力 P (MPa)	钻孔动力现象
指标	>0.4	>0.03	>6	>1.0	喷孔顶钻卡钻

1)解吸指标 K_1

防突细则规定当煤层坚固系数 $f \geqslant 0.35$、$K_1 \leqslant 0.8$ 时或当 $f<0.35$、$K_1>0.6$ 时即有突出危险,该指标是指采集的煤样为干煤粉时的测量值。由于家竹箐隧道揭开石门前无法直接从煤层软分层中取干煤粉测定 f 值,预测孔中采集的煤样是湿煤粉,需另行确定 K_1 指标。

据经验,无法确定 f 值时,只用 K_1 值也可以确定突出的危险性。施工中共测 228 个 K_1 值,在突出煤层中,76.1%的煤样 K_1 值大于 0.4,特别是在 17 号、18 号两个突出煤层中,测定 107 个煤样 K_1 值,有 79.4%大于 0.4。故可取 0.4 为 K_1 临界值。

2)瞬间解吸压力 P_d

据煤科总院重庆分院所提供的资料,P_d 临界值是 0.03MPa,测定时,要求在取样 2min 内开始测定工作。家竹箐隧道预测孔长 10m,退出钻杆测定 P_d 值至少要 15min,测定的 P_d 值偏小,但仍远大于 0.03 MPa(17 号、18 号两个突出煤层的 P_d 值大于 0.23MPa),取 0.03 MPa 偏于安全。

3)钻孔瓦斯涌出初速度 q_m

q_m 值综合反映了地应力、瓦斯压力、煤体结构、瓦斯含量等性质,其临界值与煤的挥发分有关。但 q_m 值很敏感,波动大,实测常超标。结合家竹箐隧道的实际情况,不再考虑挥发分的影响,确定 q_m 值的临界值为 6L/min(测量长度为 1m)。煤规规定 q_m 值测定需要用电煤钻打孔并在采样后 2min 内开始测定，实测时不能满足 2min 的时间要求（多在 15min 以上），但测得的数据仍有参考价值，如 17 号、18 号煤层实测 q_m 值各孔均在 32～70L/min，超过了 6L/min 的临界值，表明开挖工作面有严重的突出危险。

4）瓦斯压力 P

在距煤层 3m 岩柱时打孔测压，根据防突细则，瓦斯压力大于 1MPa 时，有突出危险。

二步测试法相较煤矿部门提出的瓦斯突出危险性评价方法有两个优点：一是减少测试工作量，当煤层无突出危险时，首次测试即可确定其安全性，只有当第一次测定有突出危险时才进行第二次测定，大大减少了工作量；二是测试可采用湿煤粉，适用于家竹箐隧道这样的缓倾角煤层，可利用钻机深钻孔采取湿煤粉。

8.3.3　突出危险性综合评价法

笔者所带领的课题组以煤与瓦斯突出的综合假说（煤和瓦斯突出是地压、高压瓦斯、煤的结构性三个因素综合作用的结果）为指导，确定隧道埋深、地质构造、钻探时动力现象、瓦斯压力、钻孔瓦斯涌出初速度、煤体结构类型等评价指标，提出现场实用的突出危险性综合评价法，成功应用于紫坪铺隧道突出危险性分析。

1）隧道埋深

隧道埋深是从地应力因素评定突出危险性的指标，埋深越大，地应力越大，突出危险性越大。该指标来自突出统计得出的规律，即突出次数和强度随埋深增加而增加，对每个煤层都有一个发生突出的最小深度，小于该深度时不发生突出。

该指标采用开挖工作面处的埋深。

2）地质构造

煤与瓦斯突出受地质构造控制，地质构造实际上控制两大问题，一个是控制地质体结构，一个是控制地质环境。地质体结构包括地质体组成和经过构造运动产生的改变、煤层特征和瓦斯特征。地质环境包括煤层沉积环境、岩性组合、区域构造、构造规律（如构造展布规律、构造组合规律）、水文地质及其他。

在地质构造带，常造成应力集中，瓦斯含量高，突出危险性大。另一方面，地质构造越复杂，则其中的岩体和煤体结构也越复杂，越容易引起突出。易发生突出的地质构造带有下列八种类型：向斜轴部地带、帚状构造收敛端、煤层扭转区、煤层产状变化区、煤包及煤层厚度变化带、煤层分岔处、压性压扭性断层地带、岩浆岩侵入带。

该指标取开挖工作面前方地质构造情况。

3）钻探时动力现象

对于危险性较小的煤层，钻探时较平稳，没有动力现象出现；反之，随着开挖工作面突出的危险性增大，钻探时会发生垮孔、夹钻、甚至喷孔，严重者还伴随有劈裂声、雷声等。

4）最大瓦斯压力

对应瓦斯因素来评定突出危险性的指标，瓦斯压力越高，突出危险性越大。

5）钻孔瓦斯涌出初速度

这是目前突出危险性预测最常用的指标，其值越大，突出危险性越大。

6）煤体结构类型

煤体结构是指煤层各组成部分的颗粒大小、形态特征及其相互关系。依据不同的特性，可将煤结构进行分类，如表 8-4 所示。危险程度由Ⅰ级向Ⅲ级依次增加。一般而言，未破坏煤、碎块煤属于非突出危险类型；透镜状煤属于突出威胁型；土粒状煤和土状煤属于突出危险型。

煤的构造结构类型 表 8-4

煤的类型		构造结构	简要特性
类别	名称		
Ⅰ	未破坏煤	层状弱裂隙	煤层理明显。在煤体中煤呈整体且在力的作用下稳定，不散落。沿层理和裂隙可掰成碎块
	碎块煤	角砾状	层理、裂隙不明显。煤体由各种形状的煤块组成。煤块边缘呈多角形。煤块间可见粒状甚至土状细煤粉。煤体中的煤在力作用下稳定性弱，但散落困难
Ⅱ	透镜状煤	透镜状	层理、裂隙不明显。煤由一些透镜体组成。透镜体表面呈光滑动沟槽和有擦痕。力作用于煤时，有时会变成细煤屑
Ⅲ	土粒状煤	土粒状	层理、裂隙不明显。煤体大部分由小煤粒所组成，煤粒间有土状煤(煤面)。煤体中的煤稳定性弱，且有散落倾角
	土状煤	土状	层理和裂隙不明显。由煤粉(煤面)组成。不稳定，极易散落。很易用手捏碎

根据这些指标，将有潜在突出危险的开挖工作面分为无突出危险、有突出威胁和有突出危险三级。这些指标考虑了地质因素，又摒弃了室内分析这一漫长过程，对开挖工作面是否有突出危险可现场分析判别，具有较强的实际意义。

为将有潜在突出危险的开挖工作面按危险程度从低到高分为无突出危险、有突出威胁和有突出危险三级，把每个指标也分为对应三级，级别为Ⅰ、Ⅱ、Ⅲ，危险性越高级别越高，如表 8-5 所示。

突出危险指标评价系统 表 8-5

指标	级别		
	Ⅰ	Ⅱ	Ⅲ
埋深	＜100	100～300	≥300
地质构造	无	一般	复杂
钻探动力现象	没有动力现象出现	垮孔、夹钻	喷孔，劈裂声、雷声
瓦斯压力(MPa)	＜0.35	0.35～0.74	≥0.74
钻孔瓦斯涌出初速度(L/min)	＜3	3～6	≥6
煤体结构类型	未破坏煤、碎块煤	透镜状煤	土粒状煤、土状煤

预测隧道煤与瓦斯突出危险性时须对各指标逐一判别，当 6 个指标全部为Ⅰ级时，该工作面前方区域无突出危险；当有 3 个以上(含 3 个)指标为Ⅲ级时，认为该工作面前方区域有突出危险；其余情况为有突出威胁。

采用该评价方法，在施工现场就可确定开挖工作面是否有突出危险，有效节省室内测试时间，加快施工进度。但不足的是，该评价方法仅在紫坪铺隧道中得到应用，还需要更多的工程实践予以验证、完善。

8.4 煤与瓦斯突出防治措施

突出防治措施主要是对有突出危险的煤层采取专门的技术措施，使之在一定范围内先行释放煤与瓦斯的突出潜能，从而消除或降低突出的危险性。根据突出的综合假说，煤(岩)层中地应力和瓦斯压力是突出的主要动力；煤层是受力体，是破坏和抛出的对象；开挖施工是突出发生的外部诱导因素。制定突出防治措施，可归纳为如下基本原则：

(1)部分卸除开挖工作面前方煤体的应力，将应力集中区推移至煤体深部。

(2)部分排放开挖工作面前方煤体中的瓦斯，减小瓦斯压力，降低瓦斯压力梯度。

(3)改变煤体的性质，增大开挖工作面附近煤体的承载能力，进而增大煤体对突出发生的阻力，如煤层注水湿润后，煤体弹性减小，塑性增大，瓦斯放散初速度降低，突出不易发生；又如采用超前支护提高煤体稳定性。

其中，卸压和抽放瓦斯是减小突出发生的原动力，是国内外绝大多数防突措施制定的主要依据。改变煤体性质是增大煤体对突出发生的阻力，防治小型突出是有效的，但对大型突出效果不佳。

8.4.1　钻孔排放

钻孔排放是在工作面向前方煤体钻孔进行煤层瓦斯排放，钻孔同时可对煤层卸压，达到防突目的。

在开挖工作面前方，依次存在着卸压带、应力集中带和正常应力带。在靠近工作面的卸压带中，地应力和瓦斯压力大为降低，是阻止突出的防护带。通过在工作面前方打设钻孔，在钻孔周围产生一个卸压圈和排放瓦斯圈，圈内煤体应力和瓦斯压力都大为降低，这样，人为的造成和保持一个较长的卸压带，可降低瓦斯压力梯度，避免在工作面附近出现应力集中和高压瓦斯；同时，由于布置多个钻孔，可有效增加煤体瓦斯的排放，降低瓦斯潜能。

要避免突出的发生，在工作面前方必须保持一定距离的卸压带。在隧道掘进至离煤层10m 垂距处，在隧道范围及周边向煤层沿倾斜和走向打多个钻孔，钻孔直径为 75～108mm，穿透煤层全厚，周边孔的见煤点布置在隧道轮廓线外 2～3m，以控制瓦斯排放范围达到隧道轮廓线外 3～8m，形成足够的卸压和排放瓦斯范围，有效消除突出危险。根据煤层透气性和允许排放时间，钻孔间距一般取为 1～2m。

卸压和排放瓦斯半径的大小由煤的强度、煤层透气系数、钻孔直径和排放瓦斯时间等决定。透气性好的煤层，其钻孔瓦斯排放半径较大，一般可大于0.7m；透气性差的煤层，钻孔的瓦斯排放半径较小。现场测定钻孔卸压排放瓦斯半径是在工作面打设测压孔，测定瓦斯压力，然后在测压孔旁打设钻孔，观察钻孔到达测压位置后煤体中瓦斯压力的变化，以确定排放瓦斯半径的大小，测压孔同时可检查瓦斯排放效果。其布置如图 8-2 所示。

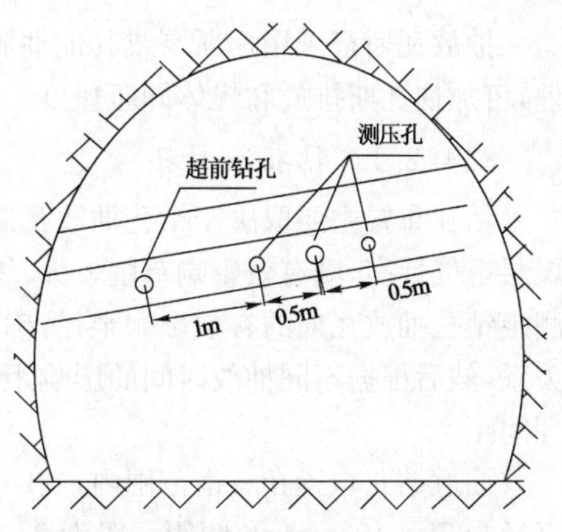

图 8-2　钻孔卸压排放瓦斯半径的测定布置

瓦斯排放时间根据煤层的透气性能结合实际条件确定，透气性好的煤层，排放时间可低于 1 个月，透气性差的煤层一般需 2～3 个月。

钻孔排放措施优点在于其适应不同厚度、不同倾角及不同突出危险性的煤层，对严重突出危险煤层也能取得较好的防突效果；其缺点在于瓦斯自然排放，对于透气性差的煤层而言，排放瓦斯时间过长，对工期影响大。结合隧道施工特点，钻孔排放是最有效、最安全的防突措施。

钻孔排放施工时应注意事项：

(1)应进行专项设计，综合考虑煤层特点、钻孔排放瓦斯半径和瓦斯突出危险程度，确定钻孔的合理布置和有效排放时间。

(2)隧道开挖范围内必须确认已完全消除突出危险，否则还应补充排放钻孔以扩大排放和卸压范围，特别严重的突出危险煤层，更须认真对待，以防仍有高强度突出发生可能。

(3)防突处理过程也有可能发生突出。因此，打设排放钻孔时要密切观察突出预兆，必要时停钻，撤离人员。

家竹箐隧道、华蓥山隧道及紫坪铺隧道等知名的瓦斯隧道在揭穿有突出危险的煤层施工中，均采用钻孔排放措施防治瓦斯突出，取得了良好的效果。以华蓥山隧道钻孔排放瓦斯为例，其钻孔布置如图 8-3 所示，图 a)是纵断面布置，图 b)是终孔点平面布置映射。

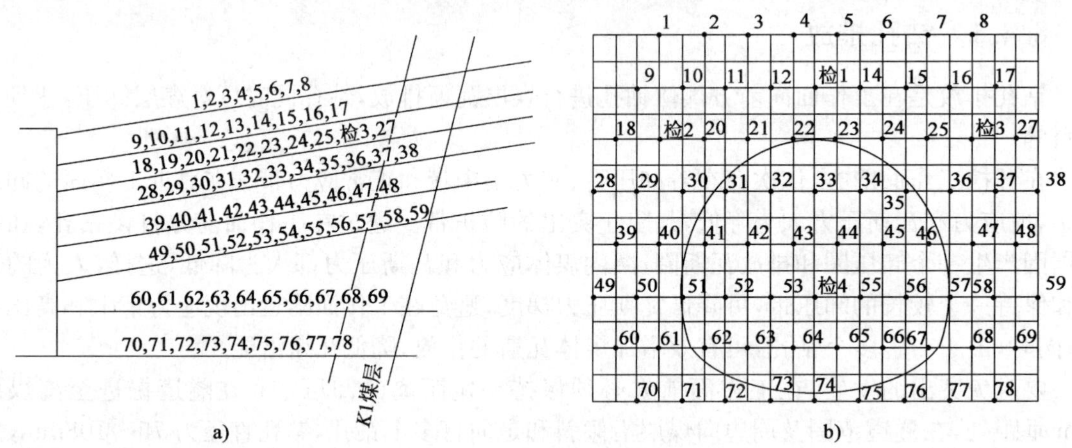

图 8-3　华蓥山隧道排放钻孔布置

8.4.2　抽放瓦斯

抽放瓦斯指采用瓦斯泵或其他抽放设备抽取煤层中瓦斯，通过管网把抽出的瓦斯排至洞外，可加快瓦斯排放和煤体卸压速度。

8.4.2.1　钻孔及封孔

钻孔布置主要取决于钻孔抽放瓦斯的有效影响范围，不同的煤层抽放有效影响范围不同。煤层透气性高，则有效影响范围较大；煤层透气性低，则有效影响范围偏小。应从实际抽放中测定钻孔抽放瓦斯的有效影响半径，确定抽放范围与时间的关系以及孔中瓦斯压力与流量的关系，然后根据不同抽放时间的影响距离和不同瓦斯压力情况下的瓦斯流量确定抽放钻孔合理间距。

抽放钻孔布置在隧道范围内，其中周边孔的见煤点布置在轮廓线外 3～5m。抽放钻孔的直径为 75～108mm，孔间距一般为 2～3m。钻孔打设完成后立即密封，封孔方法包括水泥砂浆封孔和速凝膨胀水泥封孔。

水泥砂浆封孔材料采用硅酸盐水泥、沙和水拌制，人工封孔的长度在 3m 左右，采用压气封孔或泥浆泵封孔的长度可达 5m 以上。

速凝膨胀水泥封孔材料采用 76%硅酸盐水泥、12%矾土水泥、12%石膏拌制，1d 内即可达到普通水泥砂浆 28d 强度的 80％，并有膨胀性，适合于密封抽放钻孔。

抽放钻孔密封后，通过孔口连接装置与抽放管路相连接，即可进行抽放。孔口设施包括胶管、流量计、放水器与闸门等。密封于钻孔内的套管应采用软管与抽放管路连接，以免围岩变形损坏管路。

8.4.2.2　抽放系统布置

1)抽放站环境要求

抽放站周围环境 50m 范围内不得有居民、公路、电线电缆、公共设施和明火；抽放站周边安装固定栅栏，人和牲畜不得随便进入；泵站位置应考虑场地条件和管理方便，选在运输、供水和供电方便的地点；有防雷击设备及措施。

抽放站布置如图 8-4 所示。

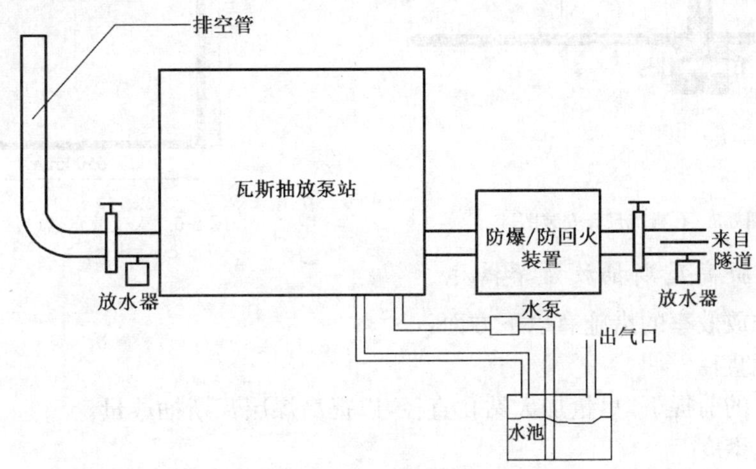

图 8-4　抽放站布置示意图

2)抽放设备

隧道瓦斯抽放多采用中小型矿井常用的真空泵，其真空度较高。抽放泵选型，气密性必须良好，流量必须满足预估的最大瓦斯抽放量，负压必须能克服管路系统的最大阻力。

3)抽放安全装置

抽放安全装置采用防爆、防回火组合装置，多用水封式与铜网式。

水封式防爆防回火装置：正常抽放时，瓦斯通过水封抽出，一旦管内发生瓦斯爆炸或燃烧，火焰将被水封隔绝，同时爆炸波将把防爆盖冲开或把胶皮板冲破，从而保护泵站及人员安全。水封式防爆防回火装置一般安装在瓦斯泵的出口和入口附近的管路上，采用该装置时，应注意瓦斯管路内的最大压力不得过大，压力超限时水封易漏气。

铜网式防爆防回火装置：利用铜网的散热作用达到阻断火焰传播的目的，该装置适用于瓦斯泵输出管系统，一般安装在距瓦斯泵较近的地方。

4)排空管

排空管一般安装在洞外瓦斯泵的出口、入口附近的管路上，当瓦斯泵发生故障或检修时，打开排空管闸门，可使隧道内的瓦斯通过排空管排至大气。

5)管网

抽排干管多采用 Φ159mm×5mm 钢管，封孔管道多采用 Φ40mm×4mm 钢管。

安装孔板流量计，流量计安装如图 8-5 所示。

6)放水器

只要瓦斯泵正常运行，管路中就会有积水，人工放水必须停泵，否则会造成瓦斯的大量泄漏。通过在抽放站出入口和隧道变坡点安装放水器，可在抽放瓦斯的同时进行放水，这样充分提高瓦斯抽放效率。人工放水器如图 8-6 所示。

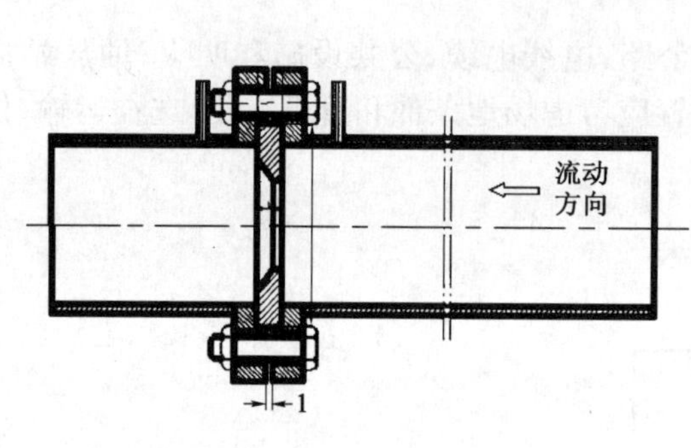

图 8-5 孔板流量计安装图

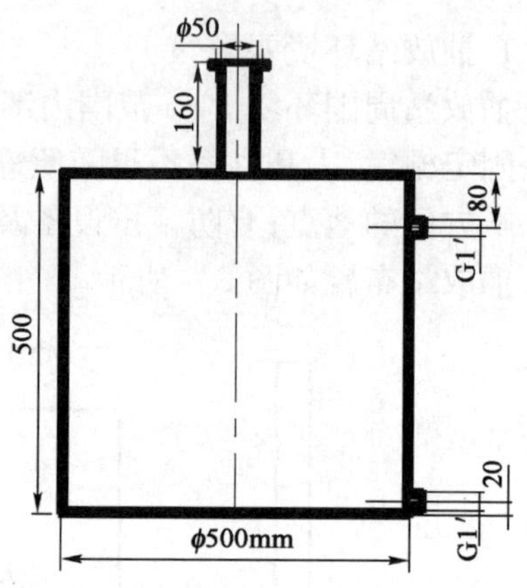

图 8-6 人工放水器(尺寸单位：mm)

8.4.2.3 提高瓦斯抽放效率措施

提高瓦斯抽放效率的措施有以下方面：

1)加大钻孔直径

在便于施工的前提下，尽量加大钻孔直径，以提高煤层瓦斯抽放量。

2)增加钻孔密度

增加钻孔密度，即减小每一个钻孔的瓦斯流场控制范围。对于低透气性煤层，每个钻孔所控制的瓦斯流场的范围是很小的，增加钻孔密度能明显提高瓦斯抽放效果，并对煤层起到卸压作用。

3)提高抽放负压

煤体受负压影响，在瓦斯排出后会发生收缩变形，如果煤的各向物理性质不同，则会在收缩过程中导致煤体裂隙网格变化，可改变煤的透气系数，增加瓦斯抽放量。

家竹箐隧道施工中，曾采用抽放瓦斯的防突措施，取得一定效果。

8.4.3 深孔松动爆破

深孔松动爆破是指在隧道开挖工作面前方煤体深部的应力集中带内，布置若干深炮孔，经过装药爆破，在炮孔周围产生破碎、裂隙和松动，依次形成破碎圈、裂隙圈和松动圈，如图 8-7 所示，改变一定范围内的煤体原始应力状态，在工作面前方形成较长的卸压带，应力集中带向深处推移，爆破松动影响范围内煤层得到卸压，裂隙增多，透气性增大，从而促进了煤体瓦斯解吸和排放。

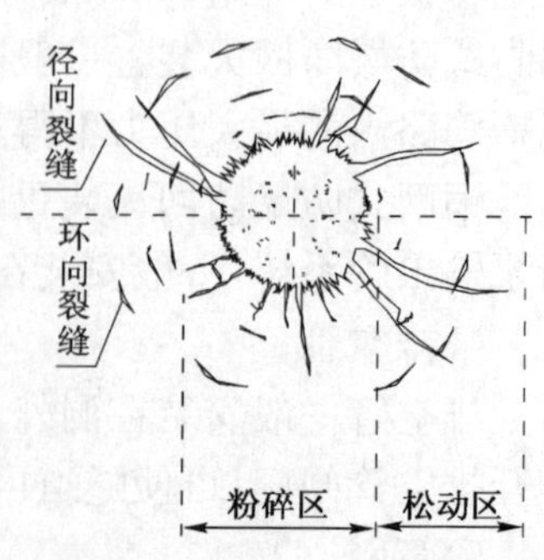

图 8-7 深孔松动爆破作用原理

从爆破原理上讲，煤是一种波阻抗较低的介质，强度低、塑性大。深孔松动爆破主要利用高温高压的爆生气体产生的膨胀做功破坏煤体。因此，应选择低威力炸药和采用不耦合装药结构，尽量减少和缓冲炮轰波的峰值压力，增加压力作用时间，充分利用炸药能量。为提高松动爆破效果，可以在爆破孔的四周打设不装药的钻孔，以扩大爆破的自由面和增加瓦斯排放通道。

对于深孔松动爆破，炮眼要达到相当深度才能形成一定长度的卸压、排放瓦斯带，故其孔深不应小于 8m，较长的深孔可达 20～25m，孔径一般为 42mm。深孔松动爆破的控制范围应包括隧道断面内和轮廓线外不小于 1.5～2m 处。

深孔松动爆破有效影响半径是单个炮孔沿径向能消除突出危险的有效范围，与煤体结构、裂隙性和强度等有关，应根据实测确定，测定方法与钻孔瓦斯排放半径测定相同。孔间距由有效影响半径确定，一般为 0.8～1m。

在开挖面第一次采用深孔松动爆破时，必须对前方 5m 内的煤体首先采取防突措施，以免留下未被松动的地带。每循环爆破必须预留 5m 的超前距，作为下一循环的安全岩柱，超前距内原则上不装药。

炮泥采用水炮泥或黏土炮泥，必须填好捣实，以避免放炮时炮泥冲出钻孔而造成高温高压气体泄漏。

为了提高松动爆破的效果，一是要做到布孔均匀，每一循环的布孔位置要与上一循环错开，避免在同一孔位重复布孔爆破，以保证控制范围内的煤体充分卸压和排放瓦斯；二是应注意孔深、装药长度和封孔起始位置之间的关系，既不要在已松动范围重复爆破，以避免破坏安全岩柱和影响爆破效果，也不要因装药长度不够而留下未松动带，阻碍瓦斯的排放以及集中应力向深部转移。

深孔松动爆破适用于突出强度小、煤质稍硬、坚固性系数 f 值在 0.3 以上的煤层，其缺点在于可能人为诱发突出，造成隧道坍塌堵塞，处理困难。

深孔松动爆破施工时应注意事项：

(1)钻孔内采用正向装药，联线必须采用串联连接，实行一次起爆。

(2)深孔松动爆破有可能诱发突出，必须采取远距离放炮或洞外放炮，并在放炮 30min 且瓦斯浓度低于 0.5%以后，作业人员才能进入工作。

(3)深孔松动爆破的效果取决于爆破过程中煤层卸压和排放瓦斯的程度，为保证松动爆破效果，要求布孔合理，装药适量，炮泥堵塞密实。

(4)爆破后煤内出现洞缝并积存瓦斯，遇火有可能发生爆炸或燃烧，因此，爆破参数、爆破装药、封孔长度等应严格按规程执行。

8.4.4　管棚支撑

对于穿煤隧道，可采用管棚支撑作为揭穿煤层时的超前支架，类似于煤矿系统石门揭煤时所采用的金属骨架。即当开挖工作面距煤层一定距离时，预先在工作面周边布置钻孔，钻孔穿过煤层全厚进入岩层，在钻孔中插入钢管或钢轨等材料作为劲性骨架，尾端固定在钢拱架上，再用震动性放炮揭开煤层。

打设管棚钻孔的过程中，可排放煤体中的部分瓦斯，并使一定范围内的煤体得到卸压，从而在隧道周边形成一定的卸压排放瓦斯带；此外，劲性骨架插入煤体后，在煤门范围内形成一个金属支撑框架，增加了煤体的抗压强度。在揭穿煤层的过程中，管棚抵抗上方煤体的质量，并阻止煤体位移，起到了预防突出的作用。作为劲性金属骨架，管棚不能大量释放突出潜能，故该措施防突作用是有限的，只在一定程度上起抑制突出的作用，目前多作为防治突出的配套措施。

管棚骨架的布置取决于煤层的厚度、倾角、瓦斯压力、煤中各分层的松软程度及隧道断面大小等因素。一般突出危险煤层，可在隧道拱部及边墙布置单排骨架；对于瓦斯压力大、煤质松软的急倾斜煤层，可布置两排骨架。管棚孔的直径为75～108mm，间距一般为0.2～0.4m。打双排骨架时，骨架孔应相互交错布置，钻孔见煤位置控制在隧道轮廓线外1.5～2m。劲性骨架采用钢管时直径不小于50mm，采用钢轨时线密度应不小于8kg/m。

管棚支撑在煤质松软、地应力和瓦斯压力不大、突出强度低的急倾斜中厚及薄煤层，应用效果较好；在倾斜和缓倾斜煤层，由于骨架过长，易于弯曲，不能有效阻止煤体位移，防突能力受到限制。

管棚支撑施工中应注意事项：

(1)在隧道揭开煤层后严禁收回金属骨架，以防悬煤垮落引起突出。

(2)骨架穿过煤层，深入岩层0.5m以上，尾端支撑在钢拱架上，以形成挑梁作用。

(3)采用管棚支撑措施时，应与其他防突措施配合使用。

华蓥山隧道进口采用管棚支撑等措施成功揭开煤层并顺利通过。隧道进口揭煤处K_1煤层厚3.4m，倾角为60°，隧道上部36m处为天地煤矿540水平大巷和采空区。支护措施综合采用金属骨架法防突，管棚注浆法防坍，水泥—水玻璃注浆充填围岩裂隙法防水等三种方法：采用小导管与自进式锚杆多层支护，Φ32mm钢管与R32N、R25N自进式锚杆交错设置，第一层为R32N自进式锚杆，长9m；第二层为Φ32mm钢管，长9m；第三层为R25N自进式锚杆，长10m。骨架孔层间距20cm，环向间距20cm，骨架孔直径为50mm。通过小导管向煤层地段注水泥—水玻璃双液浆加固围岩。里层R32N自进式锚杆仰角为3～5°，中层Φ32mm钢管仰角为8～12°，外层R25N自进式锚杆为15～18°，锚杆尾端用格栅钢拱架支撑。支护布置如图8-8所示。

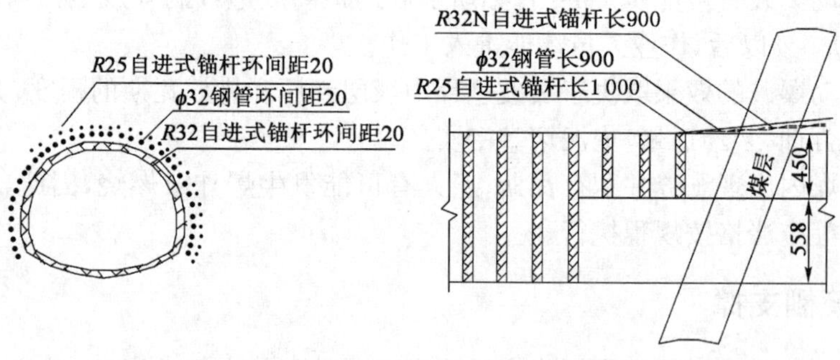

图8-8 华蓥山隧道支护布置图(尺寸单位：mm)

8.5 防治突出措施的效果检验

任何防突措施只在一定的隧道地质条件下是有效的，且各措施的参数都是根据一定的地质、开挖条件决定，当条件变化而措施或其参数未作相应改变时，会影响措施实施的有效性。因此必须对防突措施的有效性进行检验，以根据实际情况调整参数并及时采取补救措施。

任何一种防突措施，只要能对煤体卸压和排放瓦斯，就可以防止瓦斯突出。检验防突措施的效果，首先应检验工作面前方煤体的应力或瓦斯状态的改变程度，判断是否已消除了突出危险。原则上所有突出预测方法都适用于防突措施效果的检验。

《铁路瓦斯隧道技术规范》(TB 10120—2002)规定防突措施实施后，必须进行效果检验，以确认防突措施是否有效，防突措施效果检验按表 8-6 中的方法之一进行。

防突措施效果检验及其临界值　　表 8-6

检验类型	检验方法	检验指标	检验指标临界值
石门揭煤突出危险性预测	钻孔瓦斯涌出初速度法	q_m	4
	钻屑指标法	Δh_2(Pa)	160(湿煤)、200(干煤)
	K_1[mL/(g·min$^{1/2}$)]		0.4(湿煤)、0.5(干煤)
煤巷开挖工作面突出危险性预测	"R"指标法	R_m	6
	钻屑指标法	Δh_2(Pa)	200
		K_1[mL/(g·min$^{1/2}$)]	0.5
		最大钻屑量(kg/m)	6

检验结果中任何一项指标超标，或在打检验孔时发生喷孔、顶钻、夹钻等动力现象，则认为防突措施无效，必须采取补充防突措施。

采用钻孔排放瓦斯时，若采用一次性排放，应检验工作面前方上、中、下、左、右各部位的排放效果；当采用分段分部分次排放时，每次只检验排放部位的排放效果。

8.6　安全防护措施

在当前科技发展水平尚难以完全消除突出发生的现实情况下，采用安全防护措施，可避免突出预测失误或防突措施失效时出现人身事故，对于保证安全生产非常必要。

为了保证揭煤防突的顺利实施，在安全上必须采取以下技术措施：

(1)采用远距离放炮，实施爆破时，全部人员撤离现场。放炮揭煤 30min 后，瓦斯检测人员首先进入工作面，经检查无异常后，恢复供电、供风。工作面及回风流瓦斯浓度不超限，且无其他异常时，方可恢复洞内各项作业。

(2)加强隧道揭煤地段的爆破管理，特别是揭煤爆破作业应有专项设计，要求一次性揭开所规定的岩柱，不留门坎和门帘。揭煤前须做爆破试验，为揭煤爆破设计提供依据。

(3)揭煤地段作业时，加强工地安全员、瓦检员值班。做到"一炮三检制"及巡回检查隧道风流中瓦斯浓度，是否有瓦斯局部积聚，观察有无瓦斯突出预兆，一旦发生异常情况应及时处理。

(4)在揭煤地段，要求进入隧道的工作人员必须佩戴个体自救器，并事先掌握使用方法，以便发生突出事故时自救。

(5)加强通风管理。开挖工作面供风量必须满足或大于瓦斯隧道通风计算的最大值，确保工作面瓦斯浓度不大于 1%，工作面后方 20m 回风流中的瓦斯浓度不大于 0.75%，整个隧道中无瓦斯积聚。

(6)加强隧道内所有电气设备、照明电路及灯具管理，随时专人检查维护。隧道内电气设备应安装瓦电闭锁设施。

8.7 瓦斯隧道突出防治工程案例

8.7.1 紫坪铺隧道瓦斯突出防治

8.7.1.1 危险性突出分析

紫坪铺隧道左线掘进至 LK14＋878 时，开挖工作面左下方出现约 10cm² 的小洞，向外急剧喷射瓦斯，有"嘶嘶"声响，经检测瓦斯浓度已达 10％以上。数小时后，该小洞内喷出黑色液体，并夹杂有细小煤屑和炭质泥岩细块，喷出距离约 3.0m 左右。

该区域岩性以灰色、深灰色泥岩夹炭质泥岩、薄煤层等软质岩为主，受构造影响严重，处于一组背斜、向斜强烈褶皱地带，并有三条走向逆冲断层大角度穿越隧道，岩层受强烈挤压，节理裂隙发育，岩体破碎。

采用 HSP 和 TSP 进行超前地质预报分析，工作面前方 50m 范围内主要为泥岩夹炭质砂岩、煤线，岩体破碎，其中工作面前方 35m，受构造影响严重，围岩尤为软弱破碎，易坍塌失稳。

为准确探明开挖工作面前方瓦斯压力及煤层分布、走向，进行超前钻探，钻孔长度 51m，孔径为 Φ65mm，具体布置见图 8-9～图 8-11 所示。右侧第二个孔在钻进 30m 时发生卡钻、顶钻，将钻机顶出，同时出现瓦斯喷孔现象。

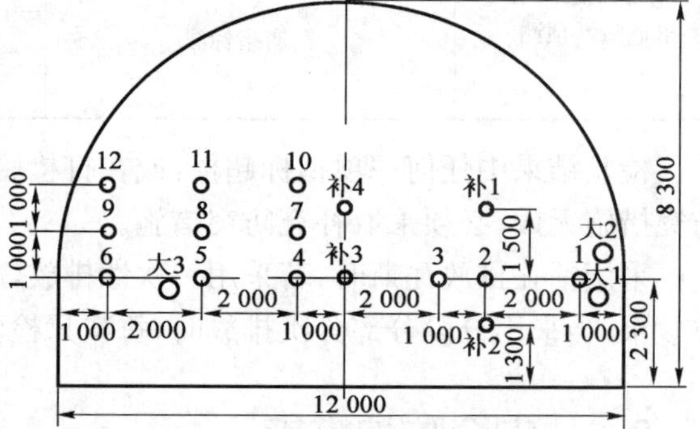

图 8-9 超前钻孔预测瓦斯断面布置(尺寸单位:mm)

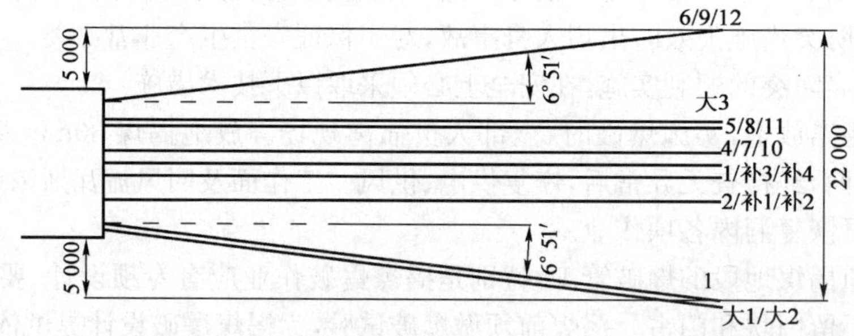

图 8-10 超前钻孔预测瓦斯平面布置(尺寸单位:mm)

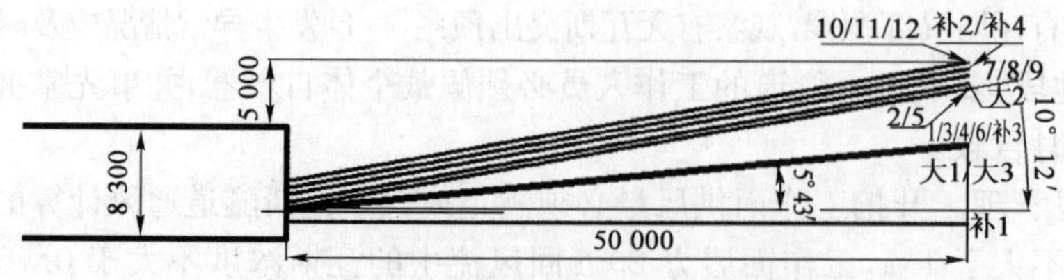

图 8-11 超前钻孔预测瓦斯立面布置(尺寸单位:mm)

钻孔至设计深度，采用主动式快速测定瓦斯压力技术对瓦斯压力进行测定，钻孔瓦斯压力 0.83MPa。

由钻孔资料分析,工作面前方瓦斯赋存有如下规律:LK14+878~LK14+928 范围岩层松软,而且有多处不规律煤层和孤石赋存,煤层厚度 0.1~0.5m;LK14+900~LK14+918 区间有承压瓦斯,且在 LK14+898~LK14+900 有部分完整岩层屏蔽,具有煤与瓦斯突出危险和瓦斯异常涌出危险。

综合地质分析、物探及超前钻探成果,认为此段围岩瓦斯涌出与地质构造十分复杂,岩层(煤层)及瓦斯分布具有明显的不均匀性,瓦斯赋存量较大,以裂隙瓦斯为主。通过钻孔揭示瓦斯伴随动力现象,存在瓦斯异常涌出或瓦斯突出的较大可能。

紫坪铺隧道提出了突出危险性综合评级法,采用表 6-5 对 LK14+878 工作面进行综合评价,评价结果如表 8-7。

LK14+878 开挖工作面突出危险指标评价　　表 8-7

指　标	指 标 值	指标所属级别
埋深	270m	Ⅱ
地质构造	复杂	Ⅲ
超前钻探动力现象	喷孔,顶钻	Ⅲ
瓦斯压力	0.83MPa	Ⅲ
钻孔瓦斯涌出初速度		
煤体结构类型	碎粒煤、糜棱煤	Ⅲ

注:对超前探测钻孔瓦斯流量进行了测定,但由于围岩节理裂隙发育,未测出钻孔瓦斯流量。

由表 8-7 可见,地质构造、超前钻孔动力现象、瓦斯压力和煤体结构四个指标为Ⅲ级,埋深指标为Ⅱ级,钻孔瓦斯涌出初速度未能测出。综合评定该区域为突出危险区,必须采取防突措施。

后续洞段的突出危险性预测工作,瓦斯压力和钻孔瓦斯涌出初速度结合超前钻孔进行,其中 LK14+920 工作面突出危险性预测结果如表 8-8。根据紫坪铺隧道采用台阶法开挖的施工方法,首先对上半部瓦斯情况进行预测,6 个预测孔就可控制开挖面的上、中、下及左、右区域范围(1~6 号孔),钻孔布置如图 8-12 所示;如上半部瓦斯预测无突出危险,则可取消下半部瓦斯预测孔(7~9 号孔)。在开挖工作面保持 10m 的钻孔超前距为安全距离。

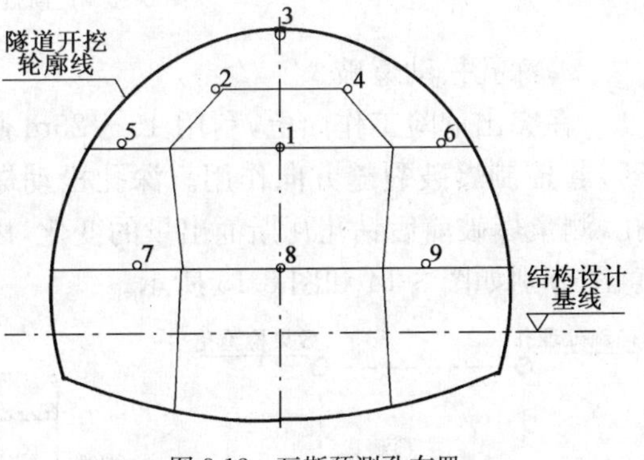

图 8-12　瓦斯预测孔布置

LK14+920 开挖工作面突出危险指标评价　　表 8-8

指　标	指 标 值	指标所属级别
埋深	215m	Ⅱ
地质构造	复杂	Ⅲ
超前钻探动力现象	无	Ⅰ
瓦斯压力	无	Ⅰ
钻孔瓦斯涌出初速度		
煤体结构类型	透镜煤	Ⅱ

注:对超前探测钻孔瓦斯流量进行了测定,但由于围岩节理裂隙发育,未测出钻孔瓦斯流量。

由表 8-8 可见，针对 LK14＋920 工作面前方区域，地质构造指标为Ⅲ级，埋深和煤体结构指标为Ⅱ级，瓦斯压力和超前钻孔动力现象为Ⅰ级，综合判定该区域为突出威胁区，可在采取安全防护措施的条件下掘进。

8.7.1.2 突出防治措施

根据紫坪铺隧道的地质（围岩破碎、节理裂隙发育）和瓦斯（总体瓦斯小，以裂隙瓦斯为主）条件，对钻孔排放瓦斯和深孔松动爆破两种突出防治方案进行比选。

1）钻孔排放

考虑公路隧道开挖断面远大于煤矿巷道，且需准确控制各个方向的瓦斯排放，保证隧道开挖安全，钻孔终孔点布置在隧道轮廓线外 5m，排放半径为 0.3～1.0m，结合隧道开挖方法，纵、横向排距为 4m，全断面钻孔数量为 30 个，钻孔每循环深度为 50m，留 10m 超前距作为下一循环安全距离。开孔直径 Φ75mm，终孔直径 Φ65mm。具体排放钻孔布置如图 8-13 所示。

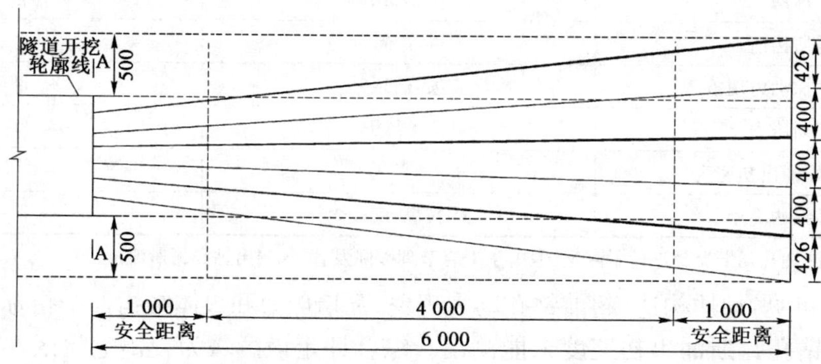

图 8-13 瓦斯排放孔布置（尺寸单位：mm）

2）深孔松动爆破

在突出危险工作面上，利用 15～25m 超前钻孔，部分钻孔内装药爆破，部分钻孔内不装药，起控制爆破裂缝方向作用。深孔松动爆破钻孔布置在每一个超前预测孔周围，另设观测孔，测量爆破前后钻孔瓦斯涌出量的变化，以分析松动爆破效果。布置图和爆破孔装药结构示意图分别如图 8-14 和图 8-15 所示。

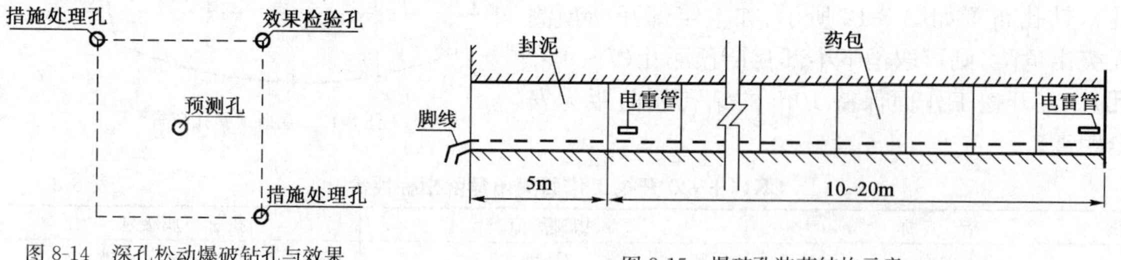

图 8-14 深孔松动爆破钻孔与效果检验孔布置

图 8-15 爆破孔装药结构示意

3）工程施工

紫坪铺隧道瓦斯以裂隙瓦斯为主，另外受地质构造影响，地质条件差，围岩稳定性差，综合考虑现有瓦斯防突的经验、隧道工期、工程成本的要求，确定采用钻孔排放瓦斯方案。经过两个多月的瓦斯排放，工作面瓦斯浓度有效降低到 0.5％以下，瓦斯压力降至零。

8.7.1.3　防突措施的效果检验

防突措施的效果检验以表 8-5 中的超前钻探动力现象、瓦斯压力和钻孔瓦斯涌出初速度三项指标为主进行判别。检验结果中任何一项指标超限，应认为措施无效，必须增补防突措施。如各项指标在控制限值内，则在安全防护措施条件下进行掘进。

以 LK14＋878 开挖工作面防突措施效果检验为例，其各项指标值如表 8-9。可见，突出防治达到预期效果。

LK14＋878 防突措施效果检验　　表 8-9

预测类型	预测指标	突出危险性指标限值	实测值
开挖工作面突出危险性预测	超前钻探动力现象	无动力现象	无动力现象
	瓦斯压力	＜0.74MPa	0
	瓦斯涌出初速度	＜6	0

8.7.1.4　安全防护措施

为保障突出危险区域施工安全，紫坪铺隧道采取了多项安全防护措施，包括：加强通风管理和瓦斯管理、远距离放炮、横通道设反向风门后作为避难洞室、施工人员配备自救器、加强超前支护与结构支护等。

1)通风管理

加强隧道通风管理，确保通风效果，控制工作面瓦斯浓度不大于 1%，距工作面后方 20m 回风流中的瓦斯浓度不大于 0.75%，整个隧道中无瓦斯积聚。

2)瓦斯管理

隧道中除采用 KJ90 瓦斯监控系统对瓦斯进行全面监控外，在各作业点及工作区域，配备专职瓦斯检查员，负责工作环境瓦斯的检测工作。若瓦斯浓度超限，应立即停止工作，及时采取措施。

3)爆破措施

隧道突出危险区域及威胁区域的爆破作业除必须执行高瓦斯隧道爆破安全的有关规定外，还必须采用远距离放炮。开挖工序中任何步序放炮时，隧道内所有施工人员必须全部撤离隧道或在避难洞室内，避难洞室按要求设置反向风门和配备必要的自救器。

4)隧道开挖

为确保工作面围岩稳定，结合现场地质情况，采用台阶法开挖。

5)施工安全距离

按煤矿《防治煤与瓦斯突出实施细则》的要求，应预留足够的安全距离，结合开挖方法和地质条件的现场实际，紫坪铺隧道确定在工作面前方保持 10m 的钻孔超前距为安全距离，严禁超掘。

6)隧道结构加强措施

由于该地段受地质构造影响强烈，围岩地质条件差，采用防突措施进一步破坏了围岩整体性，为保证施工安全与隧道永久结构安全，需要对隧道结构进行加强处理，在瓦斯突出地段增强衬砌结构：

(1)超前支护采用双层自进式锚杆并注浆，对未开挖围岩进行预加固。

(2)初期支护采用 I22 钢拱架，喷混凝土厚度为 28cm。

(3)二次衬砌结构采用 50cm 钢筋混凝土结构。

(4)对下台阶增设围岩加固措施,采用 4m 长 Φ27mm 自进式注浆锚杆径向加固围岩,使支护结构更加可靠。

(5)为减少瓦斯逸出量,初期支护和二次衬砌混凝土均采用气密性混凝土。

8.7.1.5 效果评价

紫坪铺隧道结合隧道施工特点提出突出危险性综合评价法,可现场对工作面是否有突出危险进行甄别,有效节省了室内测试时间,加快了施工进度,在突出危险性区域采用钻孔排放作为主要防突措施,同时结合安全防护措施,顺利、安全通过了突出危险洞段。

8.7.2 家竹箐隧道瓦斯突出防治

家竹箐隧道横穿盘关矿务局的金佳煤田,穿越地层岩性包括二叠系上统峨眉山玄武岩组、二叠系龙潭组煤系地层以及三叠系下统飞仙关组砂岩夹泥岩、永宁组灰岩夹砂岩。在煤系地层发育有 F_1 断层,整个隧道范围内地层呈单斜构造。

隧道中部的龙潭组煤系地层主要为煤层夹砂岩、泥岩,总长 1 157m。其中厚度 0.5m 以上的煤层有 26 层,层厚一般 1～4m,最厚者 10.7m。煤层厚度大而且强度低,主要为暗煤、镜煤和糠煤,呈碎块状、鳞片状、粉状,坚固系数 f 值最大仅 0.55;瓦斯压力大,17 号煤层达到 1.585MPa,18 号煤层达到 1.25MPa;瓦斯含量高,17 号煤层达到 20.17m^3/t;有 5 层煤有突出危险。

8.7.2.1 突出危险性预测

如前所述,家竹箐隧道提出了二步测试法。在距离煤层垂距 10m 外超前预探时进行初步预测,采集湿煤粉测定 K_1 值并观察记录打钻期间的动力现象,进行初步判断;若初步判定有突出的危险,则在距离煤层 5m 垂距的超前探孔时测定湿煤粉的 K_1 值、瓦斯涌出初速度(q_m)、瞬间解吸压力(P_d),并观察打钻时的动力现象,综合确定煤层的突出危险性。其工艺流程见图 8-16。

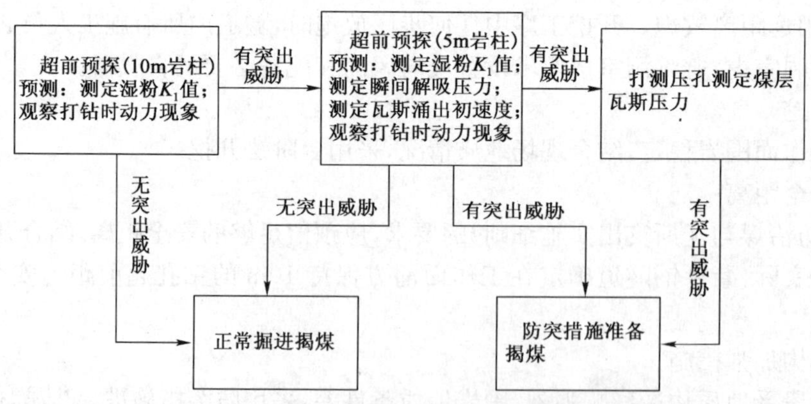

图 8-16 突出危险性预测实施流程

在家竹箐隧道施工中,运用二步测试法,对 9 层煤进行了 14 次工作面突出危险性预测,不仅验证了设计文件中提示的 3 层有突出危险的煤层,而且还准确的预测出了前期漏勘的 2 层有突出危险煤层。这样,有效防止了可能发生的误穿突出危险煤层造成的灾难性后果。家竹箐隧道各煤层预测情况及结果见表 8-10。

家竹箐隧道突出煤层预测结果　　表 8-10

部位	煤层	第一次预测		第二次预测						突出危险性
		K_1	动力现象	K_1	P_d	q_m	f	动力现象	瓦斯压力	
平导	1 号	0.21	无				0.37	无	0.69	无突出威胁
平导	3 号	0.18	无				0.52	无	0.75	无突出威胁
平导	22 号	0.12	无				0.49	无	0.69	无突出威胁
平导	19 号	0.09	无				0.55	无		无突出威胁
平导	18 号	0.88	喷孔顶转	0.82	0.25	70	0.30	喷孔顶转	1.25	严重突出危险
平导	17 号	0.83	喷孔顶转	0.80			0.46	喷孔顶转	1.59	严重突出危险
正洞	18 号	0.95	喷孔顶转	0.92	0.23	66	0.28	喷孔顶转	1.34	严重突出危险
正洞	17 号	0.93	喷孔顶转	1.1	0.28	58	0.39	喷孔顶转	1.21	严重突出危险
正洞	14 号	0.77	喷孔顶转	0.74		46	0.26	喷孔顶转		有突出危险性
正洞	13 号	0.86	喷孔顶转	0.88		63	0.37	喷孔顶转	0.69	有突出危险性
正洞	12 号	0.79	喷孔顶转	0.70		32	0.16	喷孔顶转	1.34	有突出危险性

8.7.2.2　突出防治措施

家竹箐隧道采取了钻孔排放和瓦斯抽放为主的防突措施。

1)钻孔排放

施工排放钻孔时，必须保证工作面与煤层之间有一定的安全岩柱。岩柱过薄，容易诱发意外突出，不能保证施工安全；岩柱过厚，则增加排放孔的长度以及揭石门的开挖工作量。考虑到家竹箐隧道煤层倾角 12°～20°，最终岩柱厚度取 3.5m。家竹箐隧道排放钻孔布置见图 8-17。

防突细则规定的钻孔排放为一次排放，其排放范围为开挖轮廓线外 6～8m。家竹箐隧道采用上、下部分开排放的方法：先排放上半部瓦斯，为上台阶开挖创造条件；再在上台阶底部进行下半部瓦斯排放，消除下台阶施工时煤与瓦斯突出的可能，这样，可利用上下台阶施工的时间差充分排放瓦斯。施工下半部排放孔时，可用多台钻机同时施钻，进度快，且排放孔施工可以与其他工序平行作业，不占用工期。

上半部排放范围：拱部 7m，左右两侧各 5m，底部 3m(有长锚杆的部位不小于 6m，以减小锚杆孔瓦斯逸出)。

下半部排放范围:左右两侧各 5m,底部 2m。

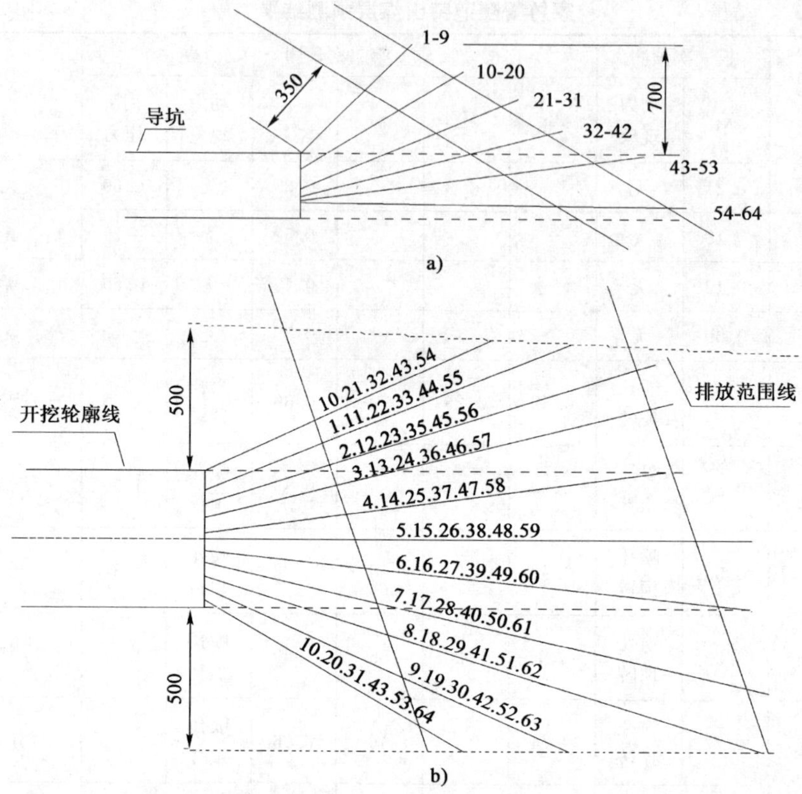

图 8-17 揭石门前排放钻孔平剖面位置(尺寸单位:mm)
a)钻孔排放剖面;b) 钻孔排放平面

瓦斯排放孔的排放半径参照当地煤矿的经验系数采用 0.5~1m。

施工下半部排放孔时,在上台阶底部钻孔,孔距 1m。每排钻孔连线应与煤层走向平行,即 α 角等于煤层走向线与隧道中线的夹角。排放孔的倾角 β 尽量与煤层的视倾角相等,但一般不宜大于 70°,以免施钻时排渣困难。下半部排放孔布置如图 8-18 所示。

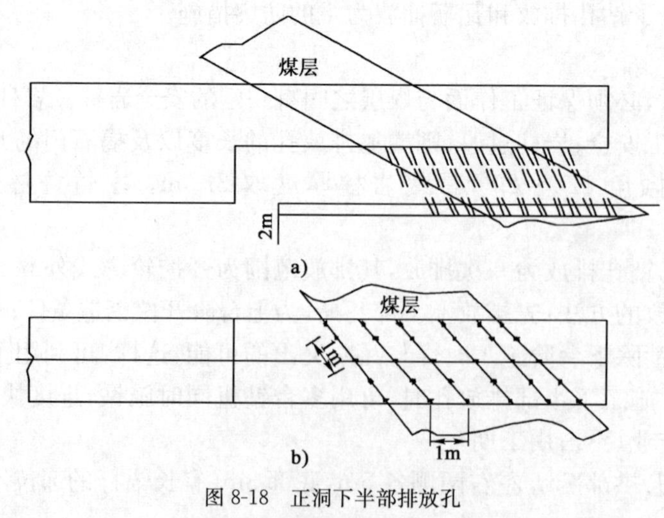

图 8-18 正洞下半部排放孔
a)剖面;b)平面

家竹箐隧道原设计揭穿有突出危险的煤层前预先排放一个月，施工中采取以下措施缩短了排放时间：①每层煤均分部排放。揭石门前只施钻煤层中上部排放孔；进入煤层后，只施钻中下部排放孔。这种方式施工，排放一部分即可掘进一部分，缩短了工期。②缩小了排放钻孔的间距，其排放半径由 1m 减小为 0.5～0.75m。③利用上下台阶开挖的时间差，在上台阶底部提前施工下半部的排放钻孔。

根据现场实践经验，揭石门阶段的排放钻孔施钻完成后排放 5～7d，进入煤巷掘进阶段排放孔施钻完成后 3～5d，可使瓦斯压力降至 1.0MPa 以下，其他突出指标也不超标。

2)抽放瓦斯

家竹箐隧道施工中，对平导 13 号、14 号煤层进行了瓦斯抽放。抽放负压取 20kPa。抽放孔和工作面封闭严密，不漏气，封孔长度大于卸压带宽度。

家竹箐隧道在距平导进口 50m 处修建了 400m^3 的抽放站，安装有 2 台 45kW 抽放泵(一台备用)、瓦斯自动报警仪、气体流量计、气压测定装置、配电盘、值班室及管道等，站外设 10m^3 冷水池、瓦斯浓度测试孔、闸阀管道等。

抽放范围取至开挖轮廓线外，顶部 6m，两侧各 5m，底部 3m。抽放半径取 2m。

确定抽放范围、抽放半径后，施工抽放孔，每完一孔及时安装分支管，深度大于 10m。安设完成后封孔长度不小于 8m，孔口 4m 用锚固剂，后 4m 用黄泥，要求严密、不漏气，再安装气体流量表，最后将分支管汇接于支管，支管再汇接于主管。各汇接处均要严密、不漏气。从抽放泵至抽放工作面铺设主管道。抽放主管用 $\Phi159$ 无缝钢管铺于平导左侧地面，接头用法兰盘加不燃性垫圈联结。

瓦斯抽放系统见图 8-19。

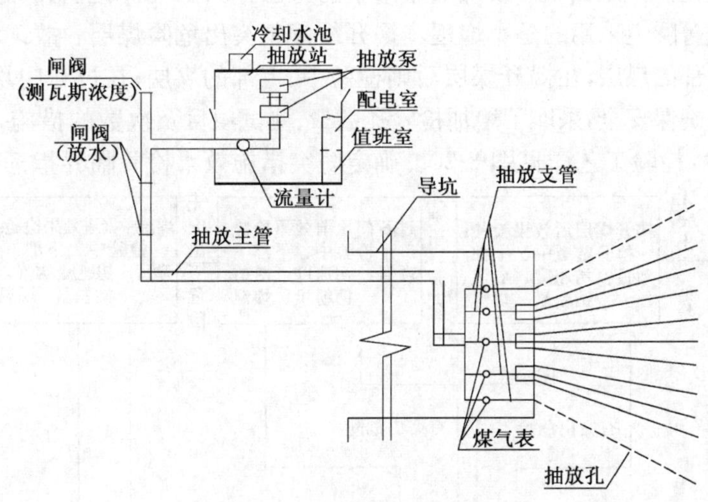

图 8-19　瓦斯抽放系统示意图

抽放准备工作完成，设备、管路经检验无误后，即可正式抽放。家竹箐隧道抽放时间 1 个月，设计抽放 5 400m^3 瓦斯，但抽放过程，前 5 d 抽出的气流瓦斯浓度 6%，后 7 d 为 3%，其后降至 1% 以下，整体抽放效果不明显，未达到预期目的。效果不佳的原因一是岩层破碎、裂隙发育，部分瓦斯运移、释放；二是正洞上部先于平导排放和开挖，且相距仅 25m(中间线距)，部分瓦斯已从正洞释放；三是管道接头不严密，漏气较多。尽管如此，仍达到部分卸压和消除突出危险性目的。在抽放前测得瓦斯压力 1.2MPa，K_1 值为 0.86，抽放后瓦斯压力降为 0.8MPa，K_1 降为 0.38MPa。

钻孔排放和瓦斯抽放是煤矿部门广泛用来防治煤和瓦斯突出的主要技术措施，二者各有利弊，可根据实际情况使用。二者的技术经济比较见表 8-11，由表可见，结合隧道施工特点，钻孔排放更为适宜。

钻孔排放和瓦斯抽放技术对比　　表 8-11

	抽放瓦斯	钻孔排放
使用条件	瓦斯抽放多用于区域性防突，即对一个或多个煤层在全矿范围内进行抽放，并将瓦斯加以利用	铁路隧道绝大多数是穿过煤层，其接触煤层范围有限，因此钻孔排放更适合铁路隧道防突
安全性	瓦斯抽放因孔少，工作面及钻孔封堵又较密实，当停止抽放时，控制范围外瓦斯流向该区域，使瓦斯压力和浓度增高，效果检验时不超标，揭煤和过煤时指标可能超限，其安全可靠性降低，需采取其他补救措施	钻孔排放从第一孔开始至过完煤层各排放孔均处于排放状态，不会造成控制范围内瓦斯压力和浓度增高，揭煤时安全可靠
施工工期	抽放时间长	排放时间少，工期短
技术操作	技术复杂，需建立抽放系统	技术简单、投入设备少

8.7.2.3　防突措施的效果检验

防突措施的效果检验在整个防突体系中是关键工作。各项措施能否达到预期目的，要靠效果检验来评价。

根据铁路隧道施工的实际情况，采用重庆煤科院提出的以“钻孔瓦斯涌出初速度法”为主，辅以测量 K_1 值、钻粉量 S、瞬间解吸压力 P_d，煤温 T 等方法综合进行。

鉴于家竹箐隧道开挖断面大以及煤层倾角小的特点，要想一次用正洞放炮全部揭开煤层是不太可能的。家竹箐隧道采用的是小炮逐步揭开缓倾斜突出危险煤层。故现场实践中，在揭开石门前检验隧道上部的煤层，在揭开煤层后则检验中、上部的煤层；在过石门坎时，则对中、下部进行效果检验。为确保安全，采取了增加检验孔数量、测试项目及次数的措施，施工中以效果检验来控制掘进进度，检验工艺详见图 8-20。确定防突措施效果检验临界指标如表 8-12 所示。

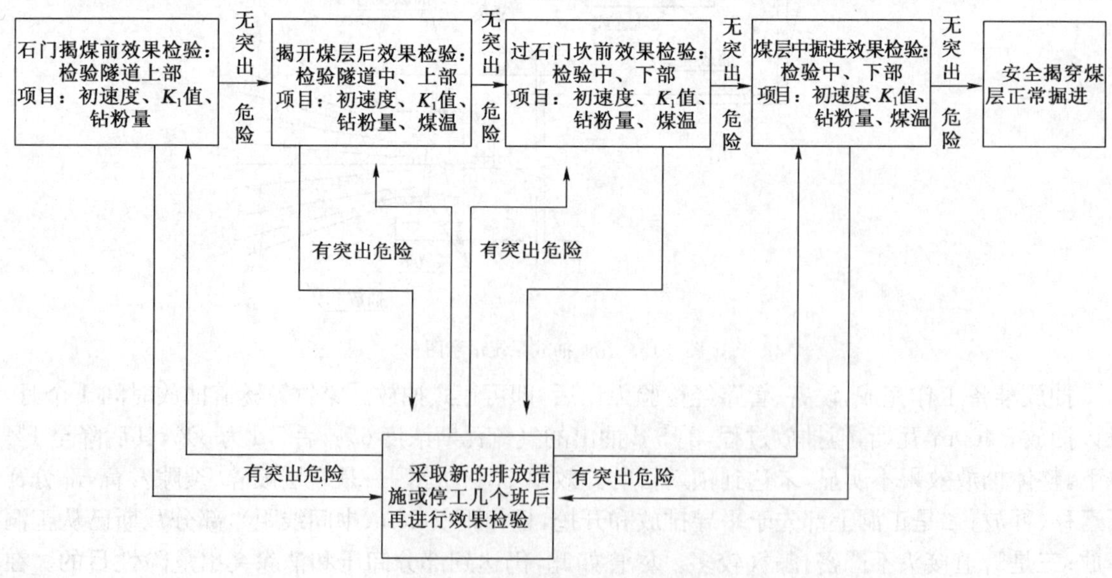

图 8-20　防突措施效果检验流程

防突措施效果检验指标　　表 8-12

项目	初速度 (L/min)	K_1 (mL/g·min$^{1/2}$)	钻粉量 (kg/m)	煤温 (℃)	突出危险性
临界指标	＞6	＞0.6	＞5	＞4	突出危险工作面

8.7.2.4　安全防护措施

1)石门揭煤

煤矿部门的防突细则规定，必须用震动放炮全断面一次揭开石门并穿过煤层(薄煤层)或进入煤层不少于 1.3m(厚煤层)。相较普通爆破，震动放炮时需增加炮眼数 1/3，单位药量增加 0.5～1.0 倍，其目的是加大爆破震动，人为诱导突出。但铁路隧道施工与煤矿不同，高爆力的震动放炮将扰动煤层围岩，降低其稳定性；一旦诱发了煤与瓦斯突出，隧道坍塌堵塞会给后续施工处理带来困难并影响工期，故家竹箐隧道施工提出了"低爆力震动放炮部分露煤揭石门"的方法。

对于家竹箐隧道这样的缓倾斜煤层，需将石门开挖面刷成如图 8-21 所示的斜面或台阶，斜面的最低处高 1.5m，这样可达到减少揭石门炮眼长度(从 6m 减为 3～3.5m)以及降低爆破震动，防止突出的目的。

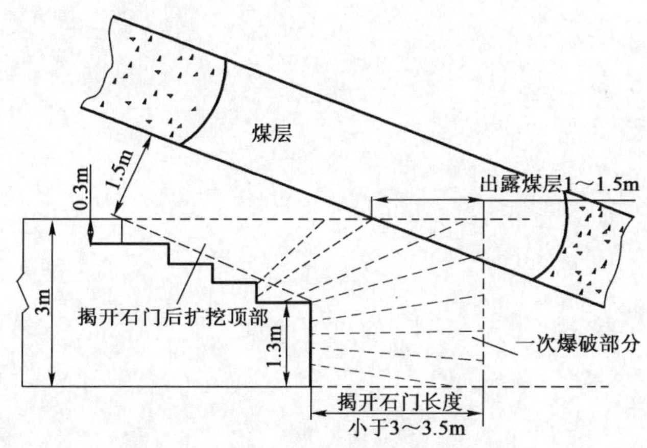

图 8-21　刷斜面部分露煤揭开石门

石门爆破的炮眼按一次揭开石门长 3～3.5m 确定，隧道拱部露煤长度不大于 1.5m。爆破时只在炮眼的岩石段装药(装药系数与普通爆破相同)，炮眼的煤层段不装药，采用矿用安全炸药和矿用安全电雷管。

斜面顶板应有临时支护，揭开石门并进行喷锚支护后应即进行斜面部分的顶板扩挖，达到设计断面后进行永久支护。

2)石门坎掘进

揭开煤层后，应检验工作面前方 10m 的上、中、下、左、右部位的突出危险性，指标合格后方继续掘进 5m，再检验 10m，进 5m，如此循环。指标不合格，则停工进行钻孔排放。掘进中如遇其他瓦斯动力现象(如煤壁颤动、掉煤块、有煤炮声等)也应进行效果检验，由检验结果决定开挖进度。

掘进石门坎，每次爆破长度不大于 1m，一般为 0.6～0.8m，目的是减少爆破振动，防止上方煤层掉块冒顶。

弱爆破措施方面，一是加密炮眼，单孔减少装药；二是煤层在导坑上部时，只打岩石眼，在煤层中不打眼、不装药；三是煤层中使用电煤钻打眼，可减少卡钻事故；四是采用矿用安全炸药及五段电雷管。

在半煤半岩巷掘进时，由于是从底板方向施工，煤层位于上方，支护强度不足易引起巷道变形或者坍塌，因此应加强支护。采用自进式锚杆作为超前支护，同时注浆，既加固了围岩，又可加大锚杆的环向间距，减少锚杆数量。

8.7.2.5　效果评价

家竹箐隧道 5 次穿越有突出危险的煤层，其中最大瓦斯压力达到 1.585MPa，其严重程度在我国隧道建设中前所未有。施工中，技术研究人员创新性的提出了二步测试法预测开挖工作面是否具有突出危险性，对以后瓦斯隧道突出危险性预判有重要的借鉴意义。同时，在工程实践的基础上，推荐更适合隧道施工特点的钻孔排放措施作为主要防突措施，为以后的瓦斯隧道防突揭煤提供了重要的经验。

第9章 瓦斯隧道施工工程实例

9.1 明月山隧道

明月山隧道位于重庆垫江和四川邻水交界处，是川渝两地通道的咽喉之一，也是沪蓉高速公路的交通要道。明月山隧道为左右线分离的平行双洞。左洞长度6 557m，右洞长6 555m。道路设计行车速度80km/h，隧道净宽10.25m，净高5.0m，最大埋深910m。

隧址区位于新华夏系川东弧形构造带，华蓥山隆褶带明月峡背斜中段鞍部。隧道穿越由三叠系下统嘉陵江组、雷口坡组、须家河组和侏罗系珍珠冲组构成的明月山背斜。隧址区地表沿背斜轴部发育顺层走向断层以有层间挤压破碎带，破碎带内构造作用强烈，岩体破碎，溶蚀孔洞较发育。隧道穿越相应层位，围岩稳定性差。隧址区内含煤地层主要为三叠系上统须家河组，含煤段主要为须家河组一段及五段，可进一步划分为三个煤组。

须家河组一段为灰、深灰色泥岩、粉砂岩夹煤层，此煤层称为C_1煤组，由2～3层煤组成，厚约0.2～0.5m。

五段划分为三个亚段，除中亚段为灰色中～厚层状砂岩外，上、下亚段均为含煤层位，下亚段为灰色、深灰色泥岩夹薄～中厚层状粉砂岩及煤层，此煤层称为C_2煤组，为隧址区主要煤层，由4～6层煤组成，厚0.3～0.8m。上亚段为灰色、深灰色泥岩、粉砂岩夹煤层，此煤层称为C_3煤组，由2～3层煤线组成，局部为薄煤层，煤层总厚约0.2～0.3m，背斜两翼均有分布。

隧道穿越背斜北西翼的可采煤层，基本未被开采。煤层瓦斯压力为0.12～0.18MPa，属无突出危险，但隧道东坡T_3xj^1深埋段，瓦斯压力稍高。背斜范围内共分布有大小煤窑（煤矿）18个，隧址区内共分布有6个老煤窑和2个正在生产的煤矿。

明月山背斜以东的垫江向斜蕴含丰富的天然气，分布范围广，储存量大，离隧址区不足8km有大型天然气井。

9.1.1 过煤地段总体方案

为准确把握煤层及瓦斯赋存状况，采用物探方法和超前钻探进行超前地质预报，掌握开挖工作面前方地层构造、含气状况、采空区分布，对裂隙发育、连通性好的含气层或较大的采空气囊，采用湿式钻孔进行瓦斯排放，避免有害气体异常涌出；采用自动监控和人工检测相结合的模式，对隧道重点部位进行全面实时瓦斯监控；施工通风采用射流巷道式通风技术，利用射流空气增大风流速度，稀释瓦斯并防止局部积聚；开挖、支护强调短进尺、弱爆破、强支护、勤监测、强通风、早封闭，采用上下台阶法分部开挖，每次进尺控制在2m以内，开挖面可迅速封闭，尽量减少瓦斯及有害气体的逸出。

9.1.2 瓦斯及有害气体监测

明月山隧道瓦斯自动监控采用KJ90瓦斯监测系统，通过布置于开挖工作面、加宽段、衬砌台车处、横通道等处的传感器,监控人员可及时掌握隧道内重点部位瓦斯浓度和风速情况,如有异常及时处理。

瓦斯监控中心站设于距洞口不小于 20m 的位置,中心站内设工控机 2 台、打印机 1 台、数据通讯接口 1 台、中型分站 1 台、断电仪 1 台。安设在中心站的中型分站通过通讯电缆与风机开停传感器、断电仪、回风瓦斯传感器连接,断电仪与洞外的控制开关电路连接。在距开挖工作面最近的一个已贯通人行通道内布设 1 台中型分站,负责工作面瓦斯传感器、二次衬砌台车前方瓦斯传感器的通讯、控制,监控系统具体配置见表 9-1。

明月山隧道瓦斯监控系统配置 表 9-1

设备名称	规格及型号	单位	数量	备注
工控机	P4/2.4G/80G/256M/17	台	2	主机 1 台备用 1 台
打印机		台	1	
监控软件	KJ90	套	1	
数据通讯接口	KJJ46	台	1	
中分站	KFD-3	台	2	
电源避雷器/信号避雷器	KHD90/KHX90	台	1/1	
UPS 电源	STK 1kVA/2H	台	1	
稳压电源	5kVA	台	1	
风机开停传感器	KTC-90	台	1	
馈电断电器	KJD-18	台	2	
低浓度瓦斯传感器	KG9701	台	5	考虑调校备用 1 台
通信电缆	PVYVR1×4×7/0.3	m	5000	考虑备用 500m
接线盒	三通/二通	个	10/50	线路损坏备用

人工检测方面,成立瓦斯检测组,由 6 人组成,分 3 组 24h 值班。所有检测人员上岗前必须经专业技术培训,检测情况直接向调度指挥系统人员、安全工程师汇报。

明月山隧道含 CH_4、H_2S、CO 等多种有害气体,需根据有害气体性质选取不同仪器进行监测。便携式检测仪器选用了四合一气体检测仪等有害气体监测仪器,其相关性能、特点见表 9-2。

明月山隧道有害气体监测仪器性能 表 9-2

名称	型号	主要技术指标	仪器特点	用途
四合一气体检测仪	YHA102	量程参数为:0～100%CH_4、0～50ppm H_2S、0～500ppmCO、0～25%O_2	全自动,可任意调节报警指标,自动报警,精度高	测 CH_4、H_2S、CO、O_2
三合一气体检测仪	GBX2(NL 式)	测量范围大	可任意调节报警指标,超限报警,精度高,故障率低	测 CH_4、CO、O_2
瓦斯警报断电仪	ADJ-2	测量范围:0～3% CH_4;检测距离:0～1000m(主机至探头);报警指标:0.5%～1.5% CH_4,可调	可连续检测,声光报警,精度高,瓦斯超限自动切断洞内电源	测 CH_4

瓦斯监控系统及洞内自动报警仪如图 9-1～图 9-3 所示。

图 9-1　监控系统显示屏

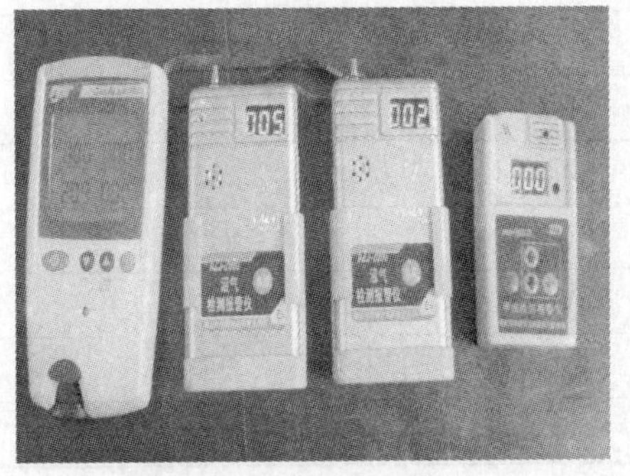

图 9-2　便携式检测仪

图 9-3　瓦斯自动报警仪

以 2005 年 6 月 6 日至 10 日的检测数据统计分析为例，共检测 1 770 次，其中瓦斯浓度超标为 69 次(安全目标值 0.5%)，超标频数频率如图 9-4 所示，相关检测数据详见表 9-3。

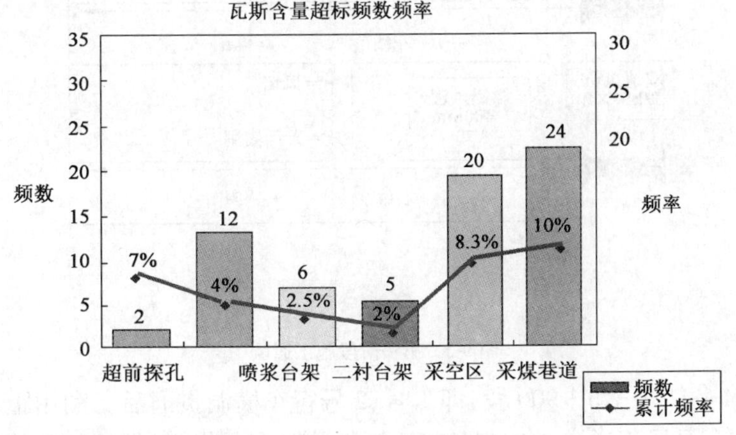

图 9-4　瓦斯浓度超标频率示意

2005 年 6 月 6 日～10 日瓦斯检测结果　　表 9-3

部　位	检 测 次 数	超 标 频 数	超 标 频 率	最高值(%)
超前探孔	30	2	7%	1.2
开挖面	300	12	4%	0.58

续上表

部　位	检 测 次 数	超 标 频 数	超 标 频 率	最高值(%)
喷浆台架	240	6	2.5%	0.55
二衬台架	240	5	2%	0.62
成洞地段	240	0	0	0.31
钢筋焊接	240	0	0	0.01
采空区	240	20	8.3%	1.23
采煤巷道	240	24	10%	1.35
合　计	1 770	69	3.9%	

9.1.3　施工通风

明月山隧道施工通风采用射流巷道式通风方式，即在巷道式通风中设置射流风机，利用射流升压，提高隧道内风速，避免长距离隧道内的瓦斯积聚，促使开挖工作面的污风经附近的横通道由左线进入右线，右线作为回风通道，瓦斯随流动的空气排出隧道。

9.1.3.1　通风布置

明月山隧道施工通风分为如下三个阶段。

第一阶段：K4＋415～K5＋200 进口段，即 1 号、2 号行车横洞尚未贯通之前。本阶段隧道通风的距离相对较短，且无法利用横通道进行巷道式通风，故采用压入式通风，如图 9-5 所示。

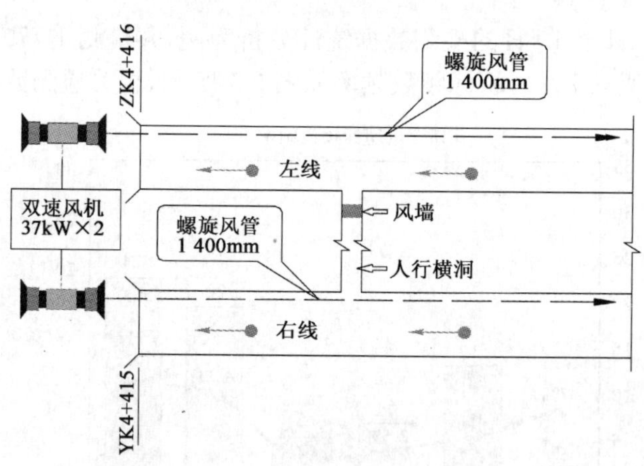

图 9-5　第一阶段施工通风

第二阶段：K4＋415～K5＋900 段，即 1 号、2 号行车横洞贯通后。利用距开挖工作面最近的横通道，作为左右洞风流通道，将左洞作为进风通道，右洞作为污风通道，其余横通道修筑风墙，避免新鲜空气经横通道进入右洞，影响通风效果。同时在左洞加设强力射流风机及双速风机，加快新鲜空气的流动，以尽快稀释洞内的有害气体，如图 9-6 所示。

第三阶段：K4＋415～K7＋700 段，超过有 3 个或 3 个以上的行车横洞贯通。本阶段通风方式与第二阶段相同。由于通风距离的增加，风速不足，故增加两台射流风机，以增加风速，如图 9-7 所示。

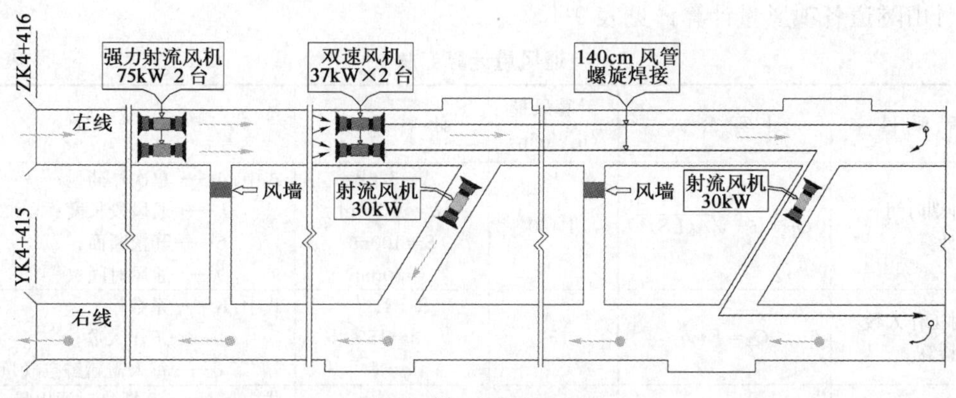

图 9-6　第二阶段施工通风

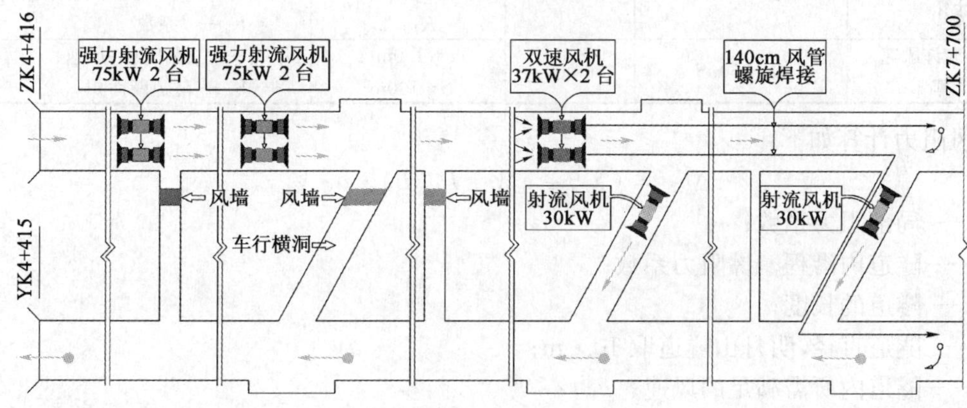

图 9-7　第三阶段施工通风

在特殊地段，如隧道的加宽段，车行通道、人行通道等死角、盲角位置，采空区等处，如遇瓦斯超限等情况，在主风管上焊接通风支管，如图 9-8 所示，分配一定的风量加强供风，合理利用已有设施进行特殊供风，保证施工的顺利进行，避免瓦斯及其他有害气体局部积聚。

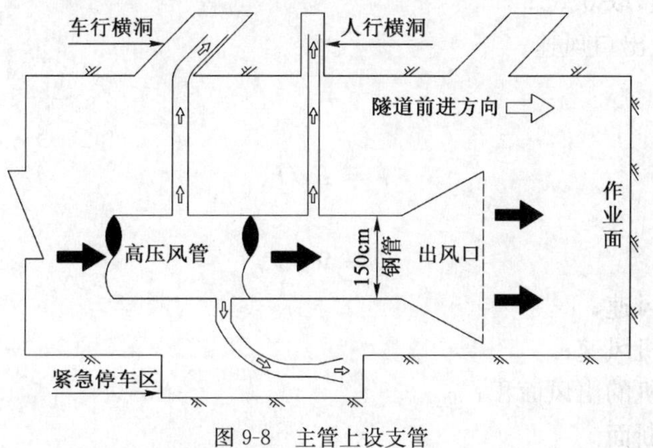

图 9-8　主管上设支管

9.1.3.2　通风计算

根据《铁路瓦斯隧道技术规范》(TB 10120—2002)，瓦斯隧道需要的风量必须按照爆破排烟、同时工作最多人数、瓦斯绝对涌出量等分项计算，并按允许风速进行验算，采用其中的最大值。明月山隧道各项风量计算详见表 9-4。

通风量计算汇总　　表 9-4

计算项目	计算公式	计算风量 (m^3/min)	计算参数	附注
按排烟时间计算	$Q_1=\frac{7.8}{t}\sqrt[3]{A(LS)^2}$	4 160	$A=325$kg $L=1\,300$m $S=100m^2$ $t=30$min	式中：A——单次炸药量； L——通风段长度； S——开挖断面； t——通风时间
按同时工作人数计算	$Q_2=Kmq$	750	$K=1.25$ $m=150$ $q=4$	式中：K——系数； m——工作人数； q——每人需新鲜空气量
按瓦斯绝对涌出量计算	$Q_3=\frac{q_{vq}}{c}K_1$	54	$q_{vq}=0.135m^3$/min $c=0.5\%$ $K_1=2$	式中：q_{vq}——瓦斯绝对涌出量； c——回风道中瓦斯允许浓度； K_1——系数
按最小允许风速计算	$Q_4=60vS$	6 000	$v=1.0$m/s $S=100m^2$	式中：v——最小允许风速； S——隧道断面积

通风阻力计算如下：

$$\Delta p_c=(\sum\xi+\sum\lambda_i\cdot L_i/d_i)\cdot\rho\cdot V_i \tag{9-1}$$

式中：ξ——局部阻力系数；

λ_i——隧道内沿程摩擦阻力系数；

L_i——隧道的长度；

d_i——隧道直径，明月山隧道取 10.2m；

V_i——隧道内所需满足的风速；

ρ——空气容重。

经计算，明月山隧道通风阻力为 73.25N/m^2。

射流风机升力计算如下：

$$\Delta P_j=\rho\cdot V_j^2\cdot\phi\cdot(1-\psi)\cdot k \tag{9-2}$$

式中：k——喷流系数，取 0.85；

V_j——射流风机出口风速；

ϕ——面积比；

ψ——速度比；

$$\phi=F_j/F_s \tag{9-3}$$

$$\psi=V_s/V_j \tag{9-4}$$

式中：V_s——隧道内风速；

V_j——射流风机风速；

F_j——射流风机的出风面积；

F_s——隧道横断面。

明月山隧道射流风机选择 QSF-1250 防爆型强力射流风机，风机出口风速 $v_j=39.11$m/s；风机出口断面积 $F_j=1.226m^2$；面积比 $\phi=\frac{F_j}{F}=0.012$；速度比 $\psi=\frac{v}{v_j}=0.071$；射流风机升压为 22.63N/m^2。

9.1.3.3　风机选型

根据设计风量及通风阻力计算结果，选定风机如表 9-5 所示。

明月山通风设备选型　　表 9-5

设备名称	强力射流风机	射流风机	双速风机	风管
型号	QSF-1250	SF-1120	SDS-10	ϕ1.3m 螺旋焊接
动力	75kW	30kW	74kW	百米漏风率 1%

注：双速风机为先进的三元流理论设计，叶片为镁铝合金铸造，相对密度 1.78，离心力小，高效节能，实际使用风量有四种；强力射流风机采用德国进口叶片，出口风速达 40m/s，推力强大；螺旋焊接风管系一种新工艺，克服了风管受力膨胀弊病，阻力减少，平均百米漏风率小于 1%。

9.1.4　过煤地段施工技术

9.1.4.1　瓦斯排放

对于明月山隧道，钻孔排放瓦斯主要适用于一般的采空部位，有害气体或瓦斯无补给且持续涌出时间不长的气囊、裂隙。

采用 YT28 手持式凿岩机钻设浅孔探孔，布孔见图 9-9。根据岩层节理面或产状布置探孔位置，当掘进由煤层顶板进入煤层时，探孔布置在隧道底部；反之，当掘进由煤层底板进入煤层时，探孔布置在隧道顶部。超前探孔还可兼做掘进炮孔，提高施工效率。

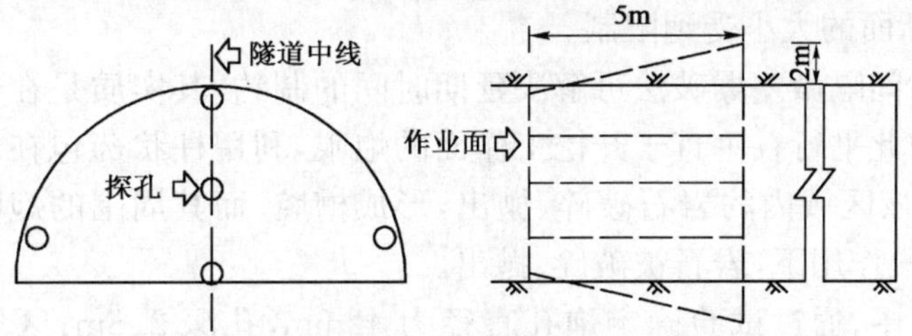

图 9-9　钻孔排放布置

采用地质钻机 QCW-80 型偏心潜孔锤对探测出的裂隙发育、连通性好的含气层或较大的采空气囊进行钻孔释放。

9.1.4.2　注浆止气

垫江境内天然气储备富足，大型气囊、裂隙与天然气田贯通的可能性很大，如果采取单一排放措施，短时间内难以达到效果，长期排放不仅耽误工期、污染环境，而且浪费自然资源。采用注浆封堵可主动对涌出气体进行控制，同时有效保护环境。注浆止气施工工艺见图 9-10。

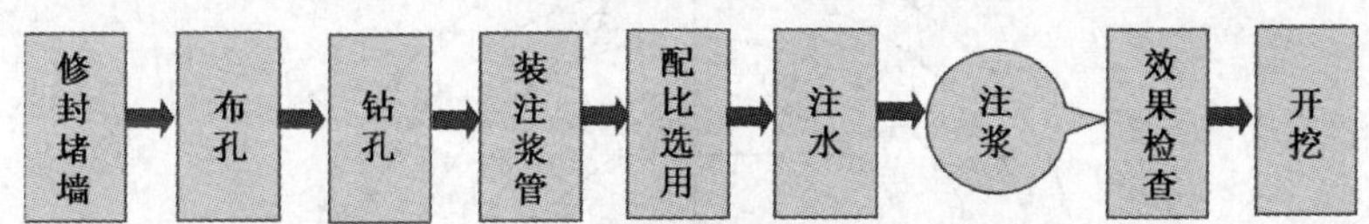

图 9-10　注浆止气施工工艺

如在 YK5+423 位置，右侧探孔在 6m 位置处瓦斯压力达 0.35MPa，且补给充足。在排放无效的条件下，在开挖工作面施工止气墙进行封闭，止气墙采用 C20 混凝土，厚度 1.0m，如图 9-11 所示。

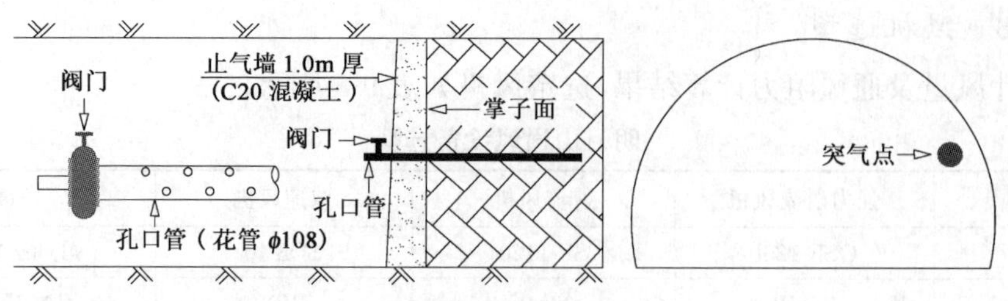

图 9-11 止气墙示意

为防止有害气体从止气墙与开挖轮廓结合部渗涌进入隧道空间，采用小导管注浆封闭周边围岩裂隙，并对止气墙与围岩的结合部进行加固。

注浆机采用宜昌黑旋风 3SNSA 型注浆泵，其注浆压力达 8～10 MPa，最大注浆量为 207L/min。注浆作业采取从下而上、从两端向中间压浆。注浆压力采用 0.75～1.5MPa；水灰比先稀后浓，采用 0.6～1MPa；注浆材料主要采用单液水泥浆；必要时采用双液注浆。注浆结束要求：进浆量小于初始进浆量的 1/4，此时保持注浆压力基本不变（通过回浆阀进行调整），稳压 10min，即可停止压浆。

9.1.4.3 开挖爆破

隧道开挖通常采用掏槽爆破法，掏槽部分一般需要 5 段电雷管延期起爆，再加上辅助孔、周边孔等，需要的起爆延期时间较长，瓦斯隧道爆破时，最后一段起爆延期时间不得超过 130ms，故隧道开挖断面的大小受到限制。

通过采用短毫秒间隔微差爆破法可解决延期时间的制约，其实质是在开挖工作面的某个区域同时起爆多个彼此平行且垂直于开挖工作面的炮眼，利用柱状药包在岩石中的爆炸应力波相互叠加作用，使该区域内的岩石破碎、抛出，形成槽腔，而其周围的炮眼以短毫秒间隔爆破，在爆炸气体的挤压作用下，岩石被破碎、抛出。

明月山隧道施工中，通过试验确定炮孔直径为 42mm，孔深 2.8m；区域内炮孔的孔间距 18cm、孔径 750mm，正六边形布置 37 个炮孔。其余炮孔则按常规掏槽爆破设计方法设计，周边孔为光面爆破孔。全部炮孔均垂直于开挖工作面，钻孔方向、深度一致。装药采用柱状乳化炸药，规格 ϕ32mm×200mm，延米装药量 q'=1 000g/m，对于光爆孔，延米装药量 q''=300g/m。底板眼适当加大药量。光爆孔堵塞长度 l''= 500mm，其余炮孔堵塞长度 l'=800mm。起爆采用 1～5 段雷管，起爆顺序以图 9-12 中的数字所示。

钻孔爆破参数详见表 9-6，具体炮孔布置如图 9-12 所示。

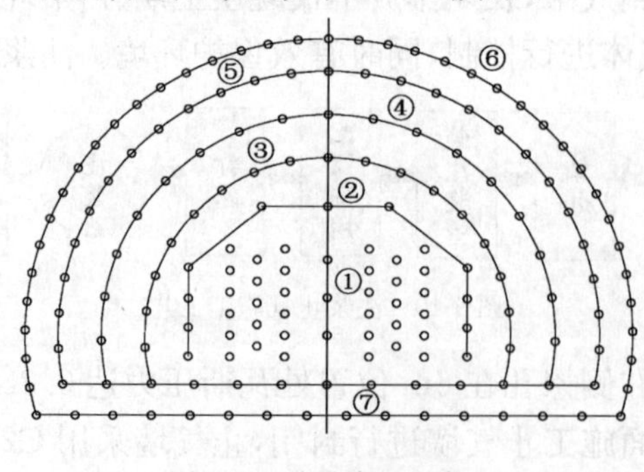

图 9-12 炮孔布置示意

隧道瓦斯段掘进钻爆参数表　　表 9-6

炮孔	孔数	比例度	孔深(m)	孔距(m)	排距(m)	起爆段数	单孔药量(kg)	同段药量(kg)	堵塞长度(m)
掏槽孔	37	0.72	2.8	0.75	0.65	1	2.0	74.0	0.8
掘进孔	22		2.8	1.10	0.85	2	2.0	44.0	0.8
掘进孔	23		2.8	1.10	0.85	3	2.0	46.0	0.8
掘进孔	9		2.8	0.80	0.85	4	2.0	18.0	0.8
掘进孔	29		2.8	1.10	0.85	4	2.0	58.0	0.8
周边孔	39		2.8	0.75	0.85	5	0.5	19.5	0.5
底板孔	13		2.8	0.60	0.80	5	2.2	28.6	0.6
合计	172						288.1		

9.1.5　过采空区段施工监控量测

9.1.5.1　采空区状况

明月山隧道出露的采空区段落及位置见表 9-7。

采空区与隧道位置关系　　表 9-7

线　别	桩　　号	影响线路长度(m)	断面位置	与隧道位置关系	岩　　性
左洞	K4+655～K4+858	203	K4+670	左侧	泥质粉砂岩
			K4+686	拱部	炭质页岩、页岩
			K4+851	右侧	炭质泥岩、页岩
右洞	YK4+661～YK4+845	184	YK4+671	左侧	砂岩、炭质页岩
			YK4+706	上侧	炭质页岩、页岩
			YK4+846	右侧	炭质页岩、夹砂岩
横跨左右洞采煤巷道			YK4+717	横穿隧道	砂岩、炭质泥岩

明月山隧道共穿越 6 个采空区和 1 个采煤巷道，大多数采空区已形成多年。左洞分别通过 K4+670、K4+686、K4+851 采空区；右洞分别通过 YK4+671、YK4+706、YK4+846 采空区。六处采空区的情况基本一致，与隧道轴线成 70～85°斜交，宽度 1.0～2.5m 不等；采空区内被粉状夹块状矿渣回填，结构松散，基本无自稳能力，并有少量渗水；采空区在开挖后发生坍塌，坍塌高度 5～8m 不等。与采空区相邻的围岩多为炭质页岩含煤线，薄层状、块碎石状结构；岩层倒转陡立，软弱结构面发育，岩体破碎，受构造影响严重，层间结合差，围岩易坍塌，稳定性差。

YK4+717 采煤巷道，巷道顶位于隧道结构轮廓设计线上 50cm 左右，巷道高 1.8～3.5m，宽 1.3～2.5m；巷道与隧道轴线的夹角约为 80°，巷道顶局部有坍塌现象，底部有近 30cm 厚的浮渣和淤泥；巷道围岩以软质砂岩为主，层状结构，局部呈块碎石状结构，岩体较为破碎；巷道内局部有少量渗水。在隧道轴线前进方向，拱脚两侧分别有一采煤的支洞，洞口段与隧道轴线平行。支洞的大小与采煤巷道基本一致，已被块状矿渣回填，无法探知其长度及走向。

9.1.5.2 采空区围岩变形量测

为准确评估采空区地段围岩稳定性，每个监测断面设 4～5 个测点。以 YK4＋706 断面的变形监测为例，其拱顶沉降和周边位移量测数据如表 9-8 所示。

YK4＋706 断面拱顶沉降和周边位移量测结果 表 9-8

时间(d)	0	1	2	3	4	5	6	7	8	9
周边位移(mm)	0	3.72	6.96	9.75	11.98	13.87	15.61	17.13	18.35	19.38
拱顶沉降(mm)	0	5	8.5	11.5	13.5	15.5	17.5	19	20.5	21.5
时间(d)	10	11	12	13	14	15	17	19	21	23
周边位移(mm)	20.25	20.7	21.12	21.51	21.86	22.18	22.46	22.7	22.93	23.15
拱顶沉降(mm)	22.5	23.5	24.5	24.5	25.5	26.5	26.5	27	27	27
时间(d)	25	27	29	31	38	45	52	59	66	73
周边位移(mm)	23.29	23.4	23.46	23.5						
拱顶沉降(mm)	27	27.5	27.5	27.5						

根据量测数据绘制时间—位移曲线，如图 9-13（实线为周边位移曲线，虚线为拱顶沉降曲线）

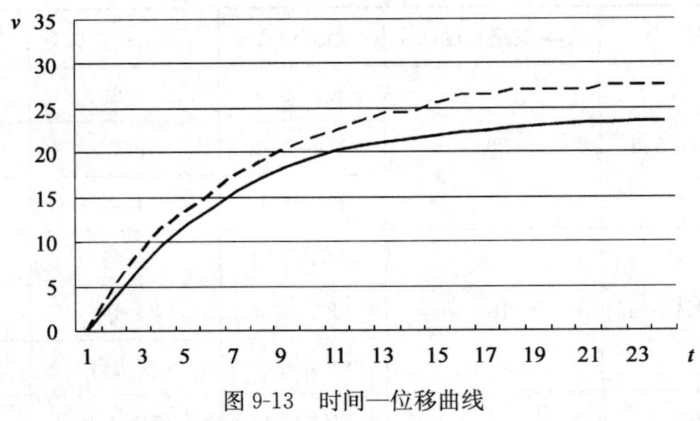

图 9-13 时间—位移曲线

9.1.5.3 采空区围岩位移回归分析

将拱顶沉降和周边位移数据分别代入指数函数、对数函数和双曲函数三种曲线函数方程进行回归分析，得到围岩周边位移的三个方程：

指数函数：$u=24.1587\cdot e^{(-2.0951/T)}$ 相关系数 $r=0.9760$

对数函数：$u=28.5045-8.9660/\lg(1+t)$ 相关系数 $r=0.9343$

双曲函数：$u=\dfrac{t}{0.2336+0.0292\cdot t}$ 相关系数 $r=0.9972$

三种回归方程中，双曲函数的相关系数 r 的绝对值最趋近 1，其回归精度较高，故选用该方程来评估围岩的收敛情况。

同理，经回归分析得到拱顶沉降三个方程：

指数函数：$u=27.4728\cdot e^{(-1.9610/T)}$ 相关系数 $r=0.9616$

对数函数：$u=32.8544-10.2655/\lg(1+t)$ 相关系数 $r=0.9173$

双曲函数：$u=\frac{t}{0.1731+0.0285 \cdot t}$　　　　相关系数 $r=0.9991$

三种回归方程中，双曲函数的相关系数 r 的绝对值最趋近 1，其回归精度较高，故选用该方程来评估拱顶的沉降情况。

周边位移分析：根据选定的双曲函数方程进行分析，由极限公式可求得其最终总位移量为 34.25mm，当开挖 31d 后，其位移量为 27.67mm，为总位移量的 80.8%，位移速率为 0.18mm/d，可判定围岩及初期支护周边位移在开挖 31d 后基本稳定，证明支护参数合理，能保证施工安全。

拱顶沉降分析：根据选定的双曲函数方程进行分析，由极限公式可求得其最终总位移量为 35.09mm，当开挖 29d 后，其位移量为 31.5mm，为总位移量的 89.8%，位移速率为0.17mm/d，可判定围岩及初期支护拱顶沉降在开挖 29d 后基本稳定，证明支护参数合理，能保证施工安全。

综上分析，可知此段围岩在开挖 31d 后围岩周边位移及拱顶沉降均已稳定。

鉴于煤层采空区对隧道安全影响较大，二次衬砌按 II 类围岩衬砌类型进行，仰拱厚度由 60cm 增至 100cm，并增加 20b 工字钢钢支撑，沿隧道纵向 1 榀/m，钢支撑之间用 ϕ22mm 螺纹钢筋连接，环向间距 1m。土工布及橡胶防水板设置在工字钢钢支撑与初期支护之间，以模板台车整体浇注二次衬砌。结合该段围岩出水量较大的实际情况，每 3～5m 设置 1 处环向软式弹簧排水管并与两侧墙脚的纵向排水管相连通。

由于采空区底部只是松渣回填，为了防止隧道整体下沉，采空区地段采用钢筋混凝土底板托梁的方式通过。为了防止瓦斯逸出，隧道整环满铺防水层，兼作瓦斯隔离层。衬砌断面如图 9-14 所示。

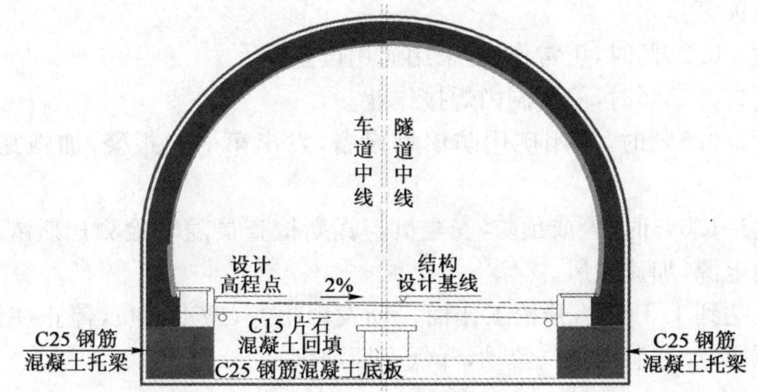

图 9-14　过采空区段衬砌形式

9.2　朱嘎隧道

朱嘎隧道是内昆铁路的控制工程之一，位于贵州省毕节地区咸宁县境内，隧道全长 5 194 m，最大埋深 370m，正洞与平导间距 20m，每隔 200～300m 设横通道相连。隧道围岩岩性主要为玄武岩、灰岩、白云质石灰岩、砂岩、页岩等。

朱嘎隧道 DK444＋110～DK444＋220 段穿越 6 个煤层，煤层埋深 350m 左右，最厚为2.1 m，最大瓦斯浓度为 12.5%，最大瓦斯压力为 1.7MPa，煤与瓦斯有突出威胁，区内煤尘有爆炸危险；DK444＋870～DK444＋930 段有泥质灰岩和碳质页岩互存，局部夹煤层，瓦斯浓度高达 5.1％；DK445＋920～DK447＋910 段岩层裂隙内存储大量的岩溶水；DK447＋065 附近穿越 F_2 断层，中部穿越哈啦河向斜。

隧道采用整体式衬砌，过煤地段设防止瓦斯逸出的全封闭衬砌，衬砌材料采用气密性混凝土。

9.2.1 过煤地段总体方案

采用超前钻探准确探明开挖工作面前方煤层走向、分布、厚度及倾角，为制订揭煤方案提供依据；为防止瓦斯在拱顶、开挖周边凹陷处局部积聚，拱顶采用光面爆破；施工通风采用巷道式通风；开挖采用中长台阶法施工，即在开挖工作面距煤层至少 20m 时分为上、下台阶开挖，待上台阶穿过煤层 10m 后，再开挖下台阶。运输出渣采用有轨运输模式，配置防爆型设备。

9.2.2 瓦斯检测与分级管理

为防止施工过程中有害气体浓度超限造成灾害，确保施工安全，朱嘎隧道设立专职瓦斯检测员，配备瓦斯检测仪和便携式自动报警仪，24h 不间断进行瓦斯浓度检测，及时掌握瓦斯信息。同时，成立瓦斯安全检查机构，负责监督安检员工作，分析瓦斯检测数据，根据异常情况制定防治措施，并对所使用的瓦斯检测仪器进行日常保养、调校和维修。当发现隧道内瓦斯浓度超限时，安全检查员和瓦斯安全检查机构人员均有权命令施工人员停止工作，撤离到安全地段，并按照有关规定采取处理措施。

基于瓦斯检测结果，朱嘎隧道建立了瓦斯预警分级管理机制，以及时根据瓦斯异常采取相应措施，防止瓦斯灾害：

(1)瓦斯浓度＜0.25％时，正常作业，采用通用设备。

(2)瓦斯浓度＞0.25％时，停止洞内焊接作业。

(3)瓦斯浓度＞0.5％时，采用矿用防爆型设备，发出第一次报警，加强瓦斯浓度检测与通风。

(4)瓦斯浓度＞1.0％时，警戒预防，安全员与瓦斯检查员随时检测瓦斯浓度的变化，禁止放炮，切断工作面电源，加速通风。

(5)瓦斯浓度达到 1.5％时，开挖工作面自动发出报警，撤出人员，停止一切作业，加强通风，同时打开高压风，加速洞内空气流动，降低瓦斯浓度。

9.2.3 施工通风

施工通风是预防瓦斯灾害的重要技术手段。借助平导，朱嘎隧道采用巷道式通风模式。新鲜风流由正洞进入，污风由平行导坑排出，如图 9-15 所示。

通风风量按瓦斯涌出量等分项计算取最大值，并按洞内最小风速进行验算，正洞所需风量 3000m^3/min，平导所需风量 861 m^3/min，总需风量 1 869 m^3/min。

根据上述计算，选用两种风机：

对旋风机：Q_{max}＝1 800m^3/min，p＝5 000Pa；电机 2×110kW。

Tc112 子午加速风机：Q_{max}＝1 400m^3/min，p＝2 400Pa（2 台串 p＝4 800Pa）；电机 1×75kW(2 台串 p＝2×75kW)。

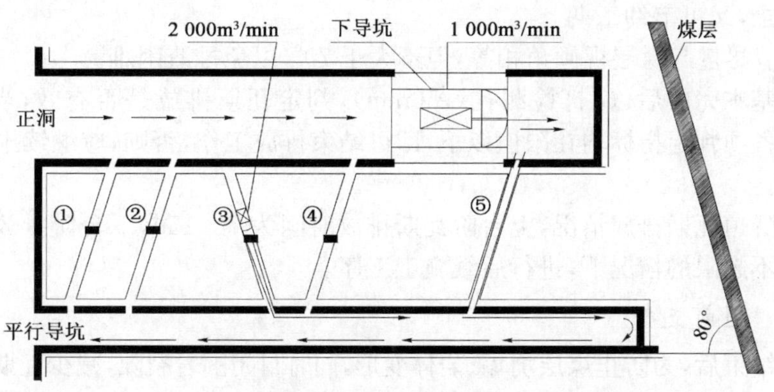

图 9-15　巷道通风系统

风管选用高性能防爆塑性软管，直径 1.2m，三通风管采用厚 0.75mm 的镀锌铁皮弯制焊接而成。

揭煤施工时是洞内瓦斯浓度瞬间最高期，在揭煤地段放炮前，及时打开高压风，增加新鲜风量，提高洞内风速，以尽快降低有害气体浓度。

9.2.4　过煤段施工

9.2.4.1　超前探测

为了确切掌握煤层层位、倾角、走向、厚度、顶（底）板岩性、地质构造等煤层赋存条件，为揭煤与瓦斯防突提供可靠的基础资料，朱嘎隧道采用超前钻孔探测煤层，分为初步探测与精确探测两步进行。

初步探测：超前钻孔位置应根据设计与实际地质情况的吻合程度确定，在设计煤层位置前 30～40m 处开始超前钻孔，一般布置 1～3 个孔，根据孔数及煤层走向、倾角等具体情况确定钻孔在开挖面的位置，以探明最近点煤层位置为原则。

精确探测：在初步探明煤层位置后，当开挖工作面距煤层顶（底）板垂距 10m 时，停止掘进，在开挖面上打设 3 个穿透煤层全厚的超前钻孔（ϕ75mm），详细记录岩芯资料，在距煤层顶（底）板垂距 5m 处，打 3 个穿透煤层全厚的预测孔（ϕ50mm），见煤后改用电煤钻，取煤样进行有关瓦斯参数的全面测定，用以判定突出危险程度。根据预测结果，朱嘎隧道为有瓦斯突出危险的隧道，需采用瓦斯排放措施。由于隧道断面大，采用上下断面分次排放、分部开挖。

9.2.4.2　瓦斯排放

排放瓦斯工作面与煤层之间，必须留设安全岩柱。根据类似工程施工经验，朱嘎隧道安全岩柱采用 2.5m。

排放孔范围为隧道开挖轮廓线上方 7m，两侧 5m，上半断面开挖时其底部以下为 3m，下半断面开挖时其底部以下为 2m。

根据煤的透气性、允许排放时间等因素确定单孔排放半径及孔间距。朱嘎隧道钻孔排放半径定为 0.5～1.0m，孔间距不大于排放半径的 2 倍。

根据煤层的不同特点采取相应的瓦斯排放方法，尽力缩短排放时间，节省工期。在揭煤施工中先遇到煤层顶板，可以利用上、下台阶开挖的时间差，提前施工下台阶的排放钻孔，这样既可保证施工安全,又可节约工期。

钻孔倾角 β 尽量与煤层视倾角相等,但不大于 70°,以免排渣困难。

瓦斯排放基本完成后,应打检测孔(ϕ50mm),判定瓦斯排放是否有效,当瓦斯压力小于 1MPa,且煤层各项判定指标均在限值以下,即可结束排放工作,否则,应继续排放,直至判定无突出危险为止。

根据朱嘎隧道瓦斯排放情况,上台阶瓦斯排放时间为 7～15d,下台阶排放时间为 5～7d,其后可在瓦斯不超限的情况下,进行后续施工工序。

9.2.4.3 超前支护

瓦斯排放结束后,为防止煤层坍塌、岩体变形,同时封闭围岩裂隙,减少瓦斯异常涌出,朱嘎隧道采用超前自进式锚杆及超前小导管注水泥—水玻璃双液浆(水灰比为 1∶1,水泥浆∶水玻璃体积比为 1∶0.6,水玻璃模数 M=2.4～3.4,波美度 Be'=35°,注浆终孔压力为 2MPa)对前方围岩进行预加固。超前自进式锚杆与超前小导管相间布置,前者采用 10mR25N 自进式锚杆,间距 1m;后者采用 5mϕ42mm 小导管,间距 0.5m。

9.2.4.4 隧道开挖

隧道开挖采用上下台阶法。上台阶开挖前,应检验工作面前方 10m 范围内上中下部位的突出危险性,确保在安全条件下施工。每次爆破掘进进尺不大于 1m,一般为 0.6～0.8m。爆破采用弱爆破,周边段不装药、少装药;加密炮眼,减少单孔装药量;煤层在导坑上部时,只打岩眼,在煤层中不打眼、不装药;采用矿用安全炸药及五段毫秒电雷管。

下台阶分三步开挖,先开挖一侧边墙,开挖 1.5m 后,格栅接长做好支撑,再开挖另一侧边墙,最后开挖中间岩层。

9.2.4.5 初期支护

由于煤层位于上方,如支护强度不足,易引起隧道变形或坍塌,应加强支护,开挖后及时喷混凝土 10cm,用 R25N 自进式锚杆和 ϕ22 药包锚杆作为初期支护,采用格栅钢拱架作为临时支撑,模注混凝土封闭,厚度 25cm,以加固隧道围岩,防止冒顶。施工中要特别注意拱部变形,防止大型坍塌危及上部采空区。

下台阶开挖后及时将格栅接长做好支撑,喷混凝土或模注混凝土封闭边墙和仰拱,厚度为 30cm。

9.2.5 揭煤爆破

9.2.5.1 揭煤爆破作业

朱嘎隧道爆破作业采用毫秒延期电雷管,最后一段延期时间限制在 130ms 以内。

在隧道揭煤段内爆破作业,只能使用煤矿安全炸药,不得使用硬化或水分超过 0.5%的铵锑炸药。

朱嘎隧道在有煤与瓦斯突出危险的煤层中实施爆破作业,采用防爆型电容式放炮器。该放炮器有高强度的防爆外壳,电能输出有时间限制,能在 6ms 之内将足够的电流输送到爆破网路后而自动停止供电,防止网路炸开瞬间产生的电火花放电,有效保证安全。

放炮母线采用紫铜或铝制的电阻小的导线,并有良好的绝缘层。使用时必须悬空、悬挂,不得落地,不得同任何导体相接触和靠近。

炮泥采用水炮泥，水炮泥的剩余堵塞炮眼部分应用黏土填满封实，也可使用具有不燃性和可塑性的松散材料，如黏土和砂的混合物制成的黏土炮泥。

炮眼深度小于0.6m时，不得装药、放炮；炮眼深度为0.6～1.0m时，炮泥长度不小于炮眼深度的1/2；炮眼深度不大于1.0m时，炮泥长度都不得小于0.5m；炮眼深度大于2.5m时，炮泥长度不得小于1m。

采用正向装药，严禁反向装药爆破。

施工中采用串联网路。如采用非串联网路时，由于雷管电流分配不均，毫秒雷管的秒量就会发生混乱。装药前在洞外对每发电雷管进行检查，以防拒爆。

将起爆线引至开挖工作面500m外，设避人洞，同时设一高压风阀，起爆前，打开高压风阀，冲淡此处的瓦斯，然后起爆。

9.2.5.2　爆破施工中的注意事项

(1)合理设计炮眼。炮眼深浅、抵抗线大小、间距大小、装药量多少、封堵质量好坏等都要适中，并且不与煤岩裂缝或其他炮眼打通。炮眼深度不小于0.6m、工作面有两个或两个以上自由面时，在煤层中最小抵抗线不得小于0.5m，在岩层中不得小于0.3m。

(2)禁止放"连珠炮"。用四芯电缆连接两组炮眼，第一组炮眼通电爆破后，紧接着放第二组炮眼。由于第一次放炮后，涌出大量瓦斯并飞扬起大量煤尘，往往都能达到瓦斯爆炸下限浓度，在第二次放炮时，就会造成煤尘与瓦斯爆炸。所以，在有瓦斯煤尘爆炸的工作面进行爆破作业时，绝对禁止放"连珠炮"，也不允许一次装药分次放炮。

(3)严防放炮器和放炮母线发生短路火花。检查放炮母线是否通路，要用导通表测量；放炮母线或连接线有破皮、裸露接头，必须作绝缘处理，否则，放炮时或意外导入杂散电流时，也往往会产生短路火花，必须严格禁止。

9.2.6　机械配套

9.2.6.1　掘进作业线

钻爆设备方面，正洞IV～V类围岩选用瑞典产TH586-3型门架式三臂液压凿岩台车，其主要技术参数：最大钻孔深度5.235m，最高转速300r/min，扩挖断面钻孔数不超过70个，孔深≥5m，孔径ϕ48mm，每排炮眼钻设时间约为2.5h。平导及II、III类围岩采用吊梁平台配合沈阳产手持式7655风动凿岩机施做炮眼。洞门配3台电动压风机和2台内燃型压风机，其中各1台备用。

装渣设备方面，正洞选用日本产KL-41CN挖掘装载机，挖掘宽度8.2m，工作效率高达250m^3/h；备用南昌产LW-150型挖掘装载机，挖掘宽度6.6m，工作效率150m^3/h。平导和正洞小导坑选用5台南昌产LZ-120B防爆型立爪装载机，挖掘宽度4.1m，工作效率120m^3/h。

运输设备方面，选用江西矿山机械厂生产的BS14D型和S8型防爆梭式矿车各7辆，装载量分别为14m^{3}和8 m^3，自动卸渣，正洞6辆，平导5辆，其余备用。选用六盘水煤机厂产XK-12型和湘潭产XK-8防爆电瓶车，最大时速20km/h，分别配拉2种梭式矿车。电瓶车和梭式矿车都是防爆型，不产生有害气体，符合高瓦斯隧道的设备防爆要求。

9.2.6.2　运输作业线

运输轨道是出渣工序快慢的关键，是缩短掘进循环时间的重要因素，搞好轨道质量对施工进度将产生十分重要的影响。

朱嘎隧道平导及正洞小导坑采用 P24 钢轨和道岔，正洞采用 P43 钢轨和道岔，枕木采用油枕。轨距均为 762cm，枕木间距 70～100cm。按需要设置装渣线、调车线、弃渣线、混凝土作业专用线。平导铺单线，会车线设在横通道；正洞铺设进出双线，并铺设双开道岔，掉道时不致影响车辆运行，正洞及平导线路以异型夹板在横通道连接，形成 4 轨 3 线制。

开挖工作面轨道采用扣轨或配套短轨节，短轨节的枕木适当加密，以使装渣机不掉道。一旦具备一定长度，尽快更换长轨，拨正轨道并调整轨道高程。铺轨要特别注意轨距、曲线加宽和外轨超高、软弱围岩地段的路基和道床的密实度、枕木数量。

9.3 华蓥山隧道

华蓥山隧道位于广渝高速公路广安至邻水之间，处于华蓥山脉中段，地势中间高，东西两侧低，地面高程 450～1 200m，相对高差 800m 以上，地表为北东向展布的条状岩溶山地和岩溶槽谷为主的岩溶地貌。隧道为双洞分离式隧道，轴线间距 40m，左、右线均长 4 705.95m。

隧道穿越的地层从老到新有志留系中统韩家店组，石炭系中统黄龙组，二叠系下统梁山组、栖霞组、茅口组，二叠系上统龙潭组、长兴组，三叠系下统嘉陵江组等，其岩性主要为灰岩和泥灰岩，同时，存在部分泥岩和灰质页岩、燧石结核灰岩和沥青质油浸灰岩。

隧道穿过二叠系龙潭组煤系地层，该组地层厚度为 114～129m，含煤 2～5 层，其中仅第一段中的 K_1 煤层为可采煤，其余煤层为不均匀分布的薄煤层或煤线。K_1 煤层在隧道区域内的基本参数见表 9-9。

华蓥山隧道 K_1 煤层特性 表 9-9

项　目	东段穿煤		西段穿煤	
	右线隧道	左线隧道	右线隧道	左线隧道
穿煤桩号	YK35＋700	ZK35＋696	YK33＋750	ZK33＋751
煤层厚度(m)	1.97	1.97	2.55	2.55
煤层倾角(°)	35	35	63	63
吨煤瓦斯含量($m^3 \cdot t^{-1}$)	9.16	9.16	8.94	8.94
煤层瓦斯压力(MPa)	1.44	1.44	1.87	1.87
穿煤点隧道埋深(m)	386.3	386.2	438.6	438.6
穿煤点距洞口距离(m)	1684	1073	1050	1058

K_1 煤层煤质属肥煤、焦肥煤及部分瘦煤，变质程度较高、吸附瓦斯的能力强、煤的坚固性系数低，具有煤与瓦斯突出的可能。

隧道穿过的石炭系中统黄龙组、二叠系下统茅口组、三叠系下统嘉陵江组 2、3 段岩层都属于区域性含油气岩层，生气量达 80×10^8～$90\times10^8 m^3/km^2$。由于含油气地层均裸露于地表而丧失了形成油气藏的封盖条件，隧道区域内不存在工业性油气田。但隧道区域内局部相对封闭，有沥青、沥青质页岩发育，岩体的局部层位或地段存在小型气囊，在施工过程中开挖工作面发生燃烧 10 余次。

隧道的地质构造具有二次生化气形成的条件，在二次生化气形成过程中，还伴有 H_2S 的生成，同时嘉陵江组内的石膏盐层中含硫酸根离子的水与油气作用也会产生 H_2S，在不通风的条件下，隧道内的平衡浓度可达 50.71ppm。

9.3.1　总体方案

华蓥山隧道按瓦斯隧道组织施工，全断面光面爆破开挖为主，在揭煤地段及局部软弱围岩地段采用台阶法，简易台车风钻钻孔，人工装药电雷管引爆，机械装碴无轨运输；施工通风首次引入运营通风的射流通风理念，实现射流巷道式通风。

9.3.2　超前探孔

熟悉煤层赋存情况，是保证安全揭煤的先决条件。利用超前钻孔有效掌握煤层具体空间形态，包括煤层的厚度、倾角、走向、煤质、顶底板岩层结构、岩性、地质构造以及有无涌突水等，可为有效揭煤提供可靠的设计依据。

华蓥山隧道进口左线在预报 K_1 煤层层位及产状时，布置了 4 个超前钻孔，钻孔直径 50～75mm，具体钻孔位置如图 9-16 所示。图中 A_1、A_2 为仰孔，控制 K_1 煤层倾角和倾向。A_3，A_4 为边平孔，控制 K_1 煤层走向，各孔要求进入岩层底板 0.5m，所有钻孔均要求详细记录岩芯资料。通过预测孔测定瓦斯压力，取煤样进行瓦斯参数的全面测定，同时观察在打钻过程中是否有瓦斯喷孔、卡钻、顶钻现象，为综合评价煤层突出危险程度提供评判依据。一般情况下预测孔不少于 3 个，测压孔 1 个，预测孔的终孔点应控制在隧道开挖轮廓线外 2～3m。

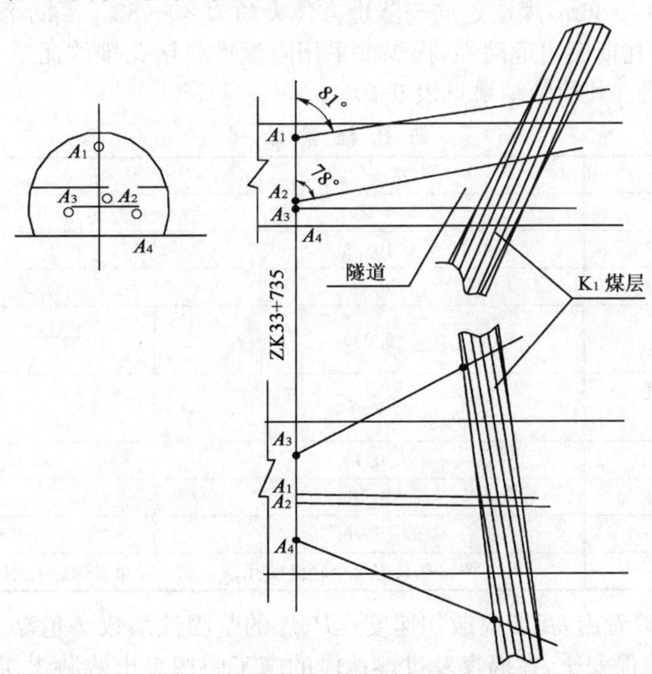

图 9-16　探测煤层层位和产状的钻孔布置

由于隧道断面较大，华蓥山隧道采用上下台阶分部揭煤，其预测孔和测压孔均布置在上半断面内，如图 9-17 所示，其中，B_1、B_2、B_3 为预测钻孔，钻孔直径为 60mm，P 为测压孔，直径为 75mm，要求钻孔穿透煤层全厚并进入煤层底板 0.5m。

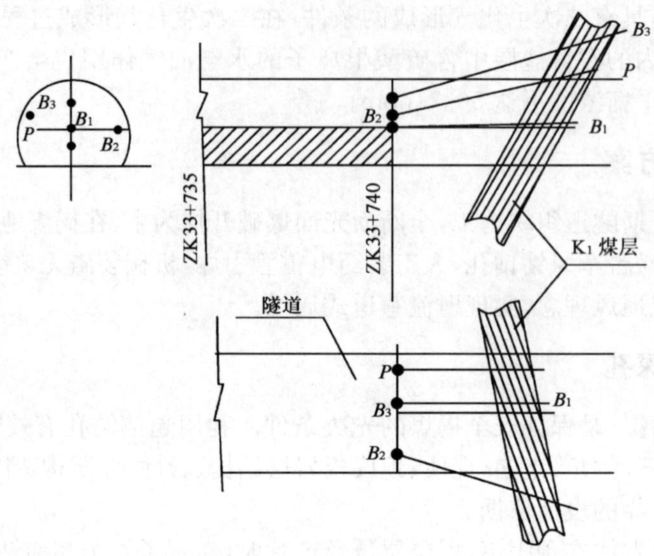

图 9-17　预测钻孔布置图

9.3.3　煤与瓦斯突出防治

9.3.3.1　突出危险预测

华蓥山隧道东段穿过的煤层系绿水洞煤矿的 K_1 煤层，由钻孔超前探测得知，煤层倾角 $\alpha=32\sim35°$，煤层真厚 2.86m，煤层走向与隧道方位夹角为 80～82°。绿水洞煤矿为超级瓦斯煤矿，K_1 煤层具有煤与瓦斯突出危险性，揭煤前采用阻截排放钻孔排放瓦斯，通过 6～8d 的瓦斯排放后，进行钻孔检验，其检验结果见表 9-10。

钻孔检验结果　　表 9-10

项　目	左　线	右　线
煤的破坏类型	II	II
瓦斯放散初速度$\triangle P$	10.25	13
煤的坚固性系数 f	0.46	0.3
煤层钻屑解吸指标 $K(\mathrm{L\cdot g^{-1}\cdot min^{-1/2}})$	0.343	0.364
钻孔瓦斯涌出初速度 $q(\mathrm{L\cdot min^{-1/2}})$	0～7	0～24
煤层瓦斯压力 P(MPa)	0.7	0.7
吨煤瓦斯含量 $Q(\mathrm{m^3\cdot t^{-1}})$	9.16	9.16
可解吸瓦斯涌出量 $Q(\mathrm{m^3\cdot t^{-1}})$	6.15～6.6	6.15～6.6
备注	8 个钻孔只有 1 个轻微喷孔	4 个见煤钻孔中有 2 个轻微喷孔且衰减快

从表 9-10 中可以看出，瓦斯放散初速度$\triangle P$、煤的坚固性系数 f 值略有超标，且钻孔时有微弱喷孔现象。为确保安全，在揭煤及过煤地段的施工中按突出威胁煤层对待，严格按照《煤矿安全规程》、《防止煤与瓦斯突出细则》、《铁路瓦斯隧道技术暂行规定》及揭煤方案的有关规定进行施工和安全管理工作。

9.3.3.2　瓦斯排放

在工作面距 K_1 煤层垂距 5m 处打设钻孔进行瓦斯排放。孔径 75mm，穿透煤层，周边孔见煤点布置在开挖轮廓外 2～3m 处，孔间距 3m，在隧道开挖轮廓内布置 2 个测压孔检验排放效果。

9.3.3.3　效果检验

按防突细则规定，布置 4 个检验孔，1 个布置于隧道开挖轮廓内，其他 3 个位于隧道上方和两侧，终孔位置应位于两个措施孔中间。各预测指标的检验结果均低于临界值，认为措施有效，反之无效，必须采取补救措施，直至检验合格时方可揭煤。

9.3.3.4　安全措施

由于震动放炮使围岩产生强烈的震动，可能波及采空区而引起坍塌，故华蓥山隧道揭煤不用震动放炮，而用远距离放炮一次揭开煤层。

通过采空区时，采用超前管棚、弱爆破、短进尺、强支护的方法进行施工，尽量减少对围岩的扰动。

9.3.4　揭煤施工

9.3.4.1　揭煤爆破设计

隧道西段揭煤处上方 36m 为天池煤矿 +540 水平采空区，此外部分洞段揭煤点也临近绿水洞煤矿采空区。据此，确定采用远距离电雷管起爆的爆破方式。炮孔布置及数量视开挖断面和岩性而定，炮孔不得打入煤层，眼底距煤层 0.2m，最后一段起爆延期时间不得超过 130ms，起爆电流大于电雷管引爆电流 2 倍，所有炮泥均用黄泥堵塞，其长度不得小于 0.5m。

炮眼数目计算如下：

$$N = 5\sqrt{S} \cdot \sqrt[3]{f^2} \tag{9-5}$$

式中：N——炮眼个数；

S——隧道开挖断面积；

f——坚固性系数。

由于不采用震动性放炮，按正常掘进装药量计算：

$$Q = qV \tag{9-6}$$

式中：Q——每一循环所需炸药消耗量；

q——爆破每方岩体所消耗炸药量；

V——爆破的岩体体积。

底部小导坑超前首次揭煤，然后分段一次扩大全断面，炮眼布置及钻爆参数分别如图 9-18、图 9-19 及表 9-11、表 9-12 所示。

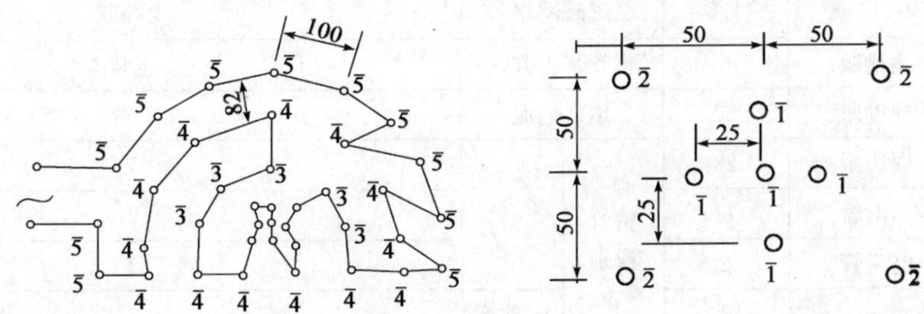

图 9-18　Ⅰ炮眼布置(尺寸单位：cm)

钻 爆 参 数(1)　　表 9-11

孔别	孔深(m)	炮眼数	装药量(kg)	雷管段数	炮泥长度(m)	方　式
掏槽眼	2.9	9	1.65/14.85	1,2	0.7	
掘进眼	2.7	12	1.35/16.20	3,4	0.7	
周边眼	2.7	11	1.05/11.55	5	1.2	正向连续
底板眼	2.9	6	1.65/9.9	4	0.7	
合计		38	/52.5			

注:①掘进断面:17.1m²;
②起爆电源:380V;
③连线方式:串联。

钻 爆 参 数(2)　　表 9-12

孔别	孔深(m)	炮眼数	装药量(kg)	雷管段数	炮泥长度(m)	方　式
掘进眼	1.0	51	0.6/30.6	1,2,3,4	0.2	
周边眼	1.0	37	0.375/13.88	5	0.2	正向连续
底板眼	1.2	6	0.75/4.5	5	0.2	
合计	94	48.98				

注:①掘进断面:70.7m²;
②起爆电源:380V;
③连线方式:串联。

西段急倾斜煤层上半断面分段开挖揭煤的炮眼布置及钻爆参数分别如图 9-20 及表 9-13 所示。

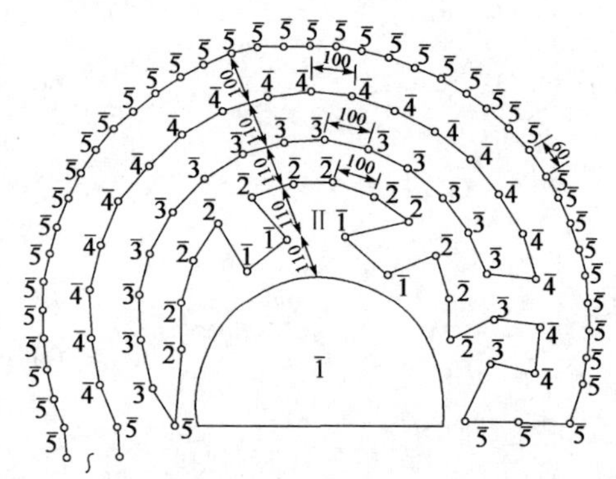

图 9-19　II 炮眼布置(尺寸单位:cm)

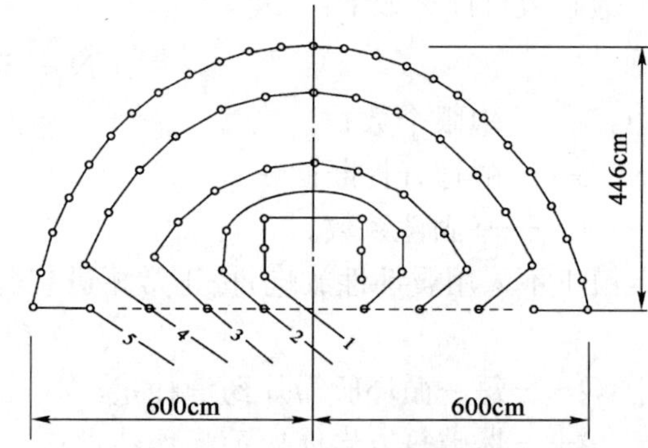

图 9-20　西段揭煤爆破炮眼布置

上台阶爆破参数　　表 9-13

<table>
<tr><td colspan="2">上台阶断面(m²)</td><td>45.5</td><td colspan="2">炸药类型</td><td>煤 矿 3 号</td></tr>
<tr><td colspan="2">炮眼深度(m)</td><td>1.8</td><td colspan="2">爆破网络</td><td>大并联</td></tr>
<tr><td rowspan="3">炮眼数</td><td>掏槽眼</td><td>6</td><td colspan="2">雷管装入方式</td><td>正装</td></tr>
<tr><td>辅助眼</td><td>37</td><td colspan="2">堵塞炮泥</td><td>0.5</td></tr>
<tr><td>周边眼</td><td>28</td><td rowspan="4">雷管段别</td><td rowspan="3">非电管</td><td>1</td></tr>
<tr><td rowspan="2">雷管数</td><td>非电管</td><td>78</td><td>2</td></tr>
<tr><td>电雷管</td><td>2</td><td>3</td></tr>
<tr><td colspan="2">总装药量(kg)</td><td>120</td><td>电雷管</td><td>1</td></tr>
</table>

注:起爆电源 380V,总延时小于 130ms。

9.3.4.2　揭煤爆破准备

精选雷管，要求同组雷管的电阻值误差不得超过±0.2Ω，不同厂生产的雷管不能混用，保证每个雷管的电压和功率相同，以实现全面起爆。

按设计，在西段揭煤时将采用非电毫秒塑料导爆管，这在煤矿是从来没有过的，只有通过试验才能得以应用。经过在洞外试验爆破，试验结果达到预期效果，为大断面揭煤提供了有利条件。

该隧道在进入瓦斯设防段之前，采用 2 号岩石炸药爆破，为了掌握煤矿安全炸药的性能和爆炸威力，在揭煤前按远距离爆破设计，用煤矿 3 号安全炸药进行试验性爆破，试验结果：东段煤系地层耗药量 $q=1.06\mathrm{kg/m^3}$，西段煤系地层耗药量 $q=0.8\mathrm{kg/m^3}$。

爆破试验效果良好，未发生瞎炮、瞎管，实现全面起爆，炮眼利用率达 100%，达到模拟试爆的目的。

9.3.4.3　正式揭煤爆破

在完成揭煤准备后，按爆破设计进行布眼钻孔、装药、联线、堵塞炮泥，起爆为 380V 动力电源，停电撤人，洞外放炮。爆破效果表明，全面揭开安全岩柱，成功的实现了一次性安全揭煤。

9.3.4.4　过煤段施工

由于隧道穿过煤系地层，属于 II 类围岩，稳定性差，且隧道开挖断面大。因此，决定穿过煤系地层的开挖方式，急倾斜煤层为上下台阶法开挖，先上台阶一次性揭开煤层，并继续掘进至煤层后 30m，以利下半断面瓦斯排放，然后进行下台阶开挖；缓倾斜煤层采用底部小导坑超前首次揭煤，然后分段一次扩大全断面。设计施工顺序如图 9-21 所示。

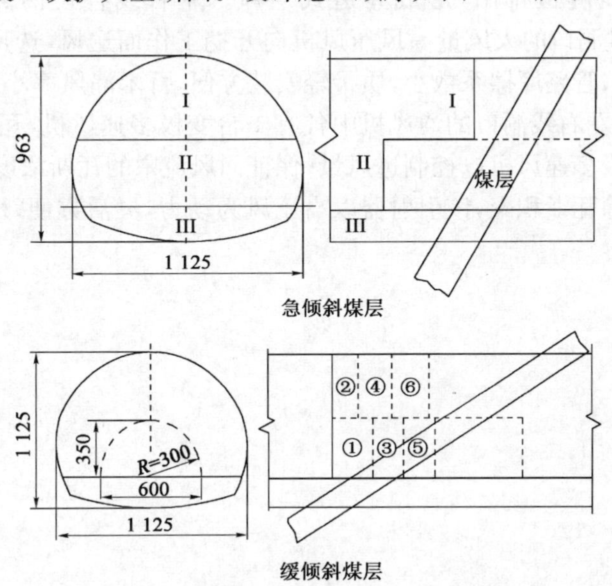

图 9-21　过煤层施工顺序(尺寸单位：mm)

揭煤及过煤地段的强力支护不仅是防突、防煤层坍塌、抑制围岩变形的关键，而且为隧道建成后营运期间提供可靠的安全保证。结合隧道东段右线揭煤地段断面大，属 II 类围岩，煤层倾角缓、煤层厚度变化大，具有突出威胁的特点，采用小导管与自进式锚杆多层支护，

ϕ42mm 钢管与自进式锚杆交错设置。第一层为自进式锚杆 R32N，长 9m；第二层为 ϕ42mm 钢导管，长 9m；第三层为自进式锚杆 R25N，长 10m。各层骨架孔间距为 20cm，环向间距为 20cm，小导管孔直径 ϕ50mm。通过锚杆、小导管向煤层地段注水泥—水玻璃双液浆加固围岩。

从隧道围岩量测数据分析，数据曲线都较平稳，变化规律也较明显，趋势逐渐趋于平缓，说明隧道围岩收敛情况良好，所设计的支护结构是合理的。

9.3.5 施工通风

为有效降低瓦斯浓度、消除瓦斯积聚，华蓥山隧道施工通风系统应用了一系列新技术，并首次将运营通风的射流技术应用于施工通风，见图 9-22。

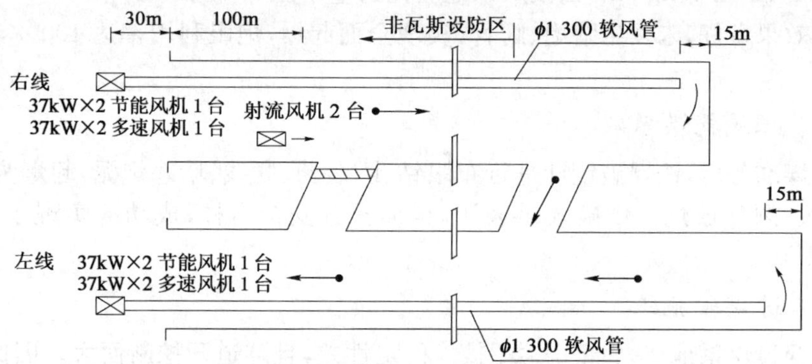

图 9-22 东端施工通风系统

如图 9-22 所示，在右线安设 2 台射流风机，利用射流的升压作用迫使风流从右线隧道进入，经过横通道由左线隧道排出，形成巷道式通风。左右线各设两路抗静电、抗燃烧的 ϕ1300mm 软风管，通过洞口的大风量高风压风机向开挖工作面送风，选用新型拉链接头软风管，其特点是气密性好、管路摩擦系数小，质量轻安装方便，百米漏风率小于 2%。使用多速风机主动控制瓦斯浓度，左右线洞口的通风机中各有 1 台变极多速风机，瓦斯浓度较高时，由低级到高级逐步开启变极多速风机以控制进风量，保证回风流中的瓦斯浓度不超标。同时，使用多功能空气引射器消除瓦斯积聚，该引射器以高压风为动力，灵活方便，用于消除揭煤工作面的瓦斯积聚。

参考文献

[1] 中华人民共和国铁道部.铁路瓦斯隧道技术暂行规定[S].北京:中国铁道出版社.1994.

[2] 中华人民共和国铁道部.铁路瓦斯隧道技术规范(TB 10120—2002)[S].北京:中国铁道出版社,2002.

[3] 中华人民共和国铁道部.铁路隧道超前地质预报技术指南(铁建设[2008]105号)[S].北京:中国铁道出版社,2008.

[4] 中华人民共和国铁道部.铁路隧道运营通风设计规范(TB 10068—2000)[S].北京:中国铁道出版社,2000.

[5] 中华人民共和国交通运输部.公路隧道施工技术规范(JTG F60—2009)[S].北京:人民交通出版社,2009.

[6] 中华人民共和国交通运输部.公路隧道施工技术细则[S].北京:人民交通出版社,2009.

[7] 中华人民共和国交通运输部.公路隧道设计规范(JTG D70—2004)[S].北京:人民交通出版社,2004.

[8] 国家安全生产监督管理局.煤矿安全规程[S].北京:煤炭工业出版社,2005.

[9] 中华人民共和国煤炭工业部.防治煤与瓦斯突出细则[S].北京:煤炭工业出版社,1995.

[10] 丁睿.高瓦斯特长隧道建设关键技术[R].中铁二局股份有限公司,2009.

[11] 铁道部南昆铁路建设指挥部.瓦斯隧道安全施工监测管理技术研究[R],1997.

[12] 中铁二局股份有限公司.明月山隧道工程技术总结[R],2009.

[13] 四川省煤田地质工程勘察设计研究院.都(江堰)—汶(川)高速公路紫坪铺隧道勘察报告[R],2002.

[14] 孙斌.基于危险源理论的煤矿瓦斯事故风险评价研究[D].西安:西安科技大学,2003.

[15] 梁冰.采场风流流动瓦斯浓度分布规律的研究[D].辽宁工程技术大学,2000.

[16] 中铁二局集团有限公司.不良地质隧道的开挖及支护技术研究[M],2001.

[17] 李晓红,等.瓦斯隧道揭煤施工技术[M].重庆:重庆大学出版社,2005.

[18] 焦作矿业学院瓦斯地质研究室.瓦斯地质概论[M].北京:煤炭工业出版社,1990.

[19] 卫修君,等.煤岩瓦斯动力灾害发生机理及综合治理技术[M].北京:科学出版社,2009.

[20] 齐景嶽,等.隧道爆破现代技术[M].北京:中国铁道出版社,1995.

[21] 李士勇.工程模糊数学及引用[M].哈尔滨:哈尔滨工业大学出版社,2004.

[22] 张子敏,等.中国煤层瓦斯分布特征[M].北京:煤炭工业出版社,1998.

[23] 张祖银,等.1:200万中国煤层瓦斯地质图[M].北京:煤炭工业出版社,1990.

[24] 于不凡.煤矿瓦斯灾害防治及利用技术手册[M].北京:煤炭工业出版社,2005.

[25] J. William et al.(向立云,等译).自然灾害风险评价与减灾政策[M].北京:地震出版社,1993.

[26] 姚宝魁,等.煤与瓦斯突出的区域性预测[M].北京:煤炭工业出版社,1993.

[27] 周世宁,等.煤层瓦斯赋存与流动理论[M].北京:煤炭工业出版社,1999.

[28] 张梁,等.地质灾害灾情评估理论与实践[M].北京:地质出版社,1998.

[29] 张铁岗.矿井瓦斯综合治理技术[M].北京:煤炭工业出版社,2001.

[30] 王大曾.瓦斯地质[M].北京:煤炭工业出版社,1992.
[31] 赖涤泉.隧道施工通风与防尘[M].北京:中国铁道出版社,1994.
[32] 金学易,等.隧道通风及隧道空气动力学[M].北京:中国铁道出版社,1983.
[33] 吕金虎,等.混沌时间序列分析及其应用[M].武汉:武汉大学出版社,2002.
[34] 杨位钦,等.时间序列分析与动态数据建模[M].北京:北京工业大学出版社,1986.
[35] 黄润秋.地质环境评价与地质灾害管理[M].北京:科学出版社,2008.
[36] 白明洲.宜万铁路齐岳山隧道地质水平钻探应用技术[J].探矿工程,2006(4):59-61.
[37] 卞国忠.炮台山隧道天然气的地质条件[J].科学技术通讯,1995(1):1-4.
[38] 陈炳祥.金洞隧道瓦斯煤系地层施工技术[J].铁道标准设计,2004(11):47-50.
[39] 陈昌勇.闸上隧道出口端软弱围岩段的施工[J].现代隧道技术,2000(3):37-39.
[40] 陈赤坤.内昆线瓦斯隧道的设计与施工[J].科学技术通讯,2004,9(123):9-14.
[41] 陈言良.炮台山瓦斯隧道施工与管理[J].隧道及地下工程,1996,9(3):21-26.
[42] 邓克杞.贵昆线梅子关隧道岩溶水的整治[J].铁道工程学报,1989(2):188-192.
[43] 丁士忠,等.大别山区客运专线隧道瓦斯等气体涌出机理及施工对策[J].科技信息(学术版),2006(9):436-438.
[44] 杜小平,等.铁峰山隧道不良地质路段评价与施工处理[J].施工技术,2006,7(7):77-80.
[45] 高炳东.新苏家寨瓦斯隧道防治措施[J].西部探矿工程,2003(3):93-95.
[46] 高光发.煤与瓦斯突出机理研究的现状及相关问题[J].工业安全与环保,2006,(12): 36-38.
[47] 高莉,等.基于 W—RBF 的瓦斯时间序列预测方法[J].煤炭学报,2008,33(1):67-70.
[48] 宗书合.金洞隧道平导瓦斯地段施工措施[J].铁道建筑技术,2002(Sup.1):20-22.
[49] 管国寨.浅谈黄莲坡含瓦斯隧道的监测工作[J].工程科技,2002(1):38-44.
[50] 郭强.瓦斯隧道煤窑采空区处理施工技术[J].科技情报开发与经济,2005(8):292-293.
[51] 何俊,等.煤田地质构造与瓦斯突出关系分形研究[J].煤炭学报,2002,12(6):623-626.
[52] 何声林.八字岭隧道软弱富水段施工技术[J].科技咨询导报,2007(8):110-112.
[53] 贺少辉,等.杨家峪隧道裂拱机理研究[J].岩石力学与工程学报,1998,10(5):581-588.
[54] 侯田海.内昆铁路朱嘎隧道施工通风技术[J].筑路机械与施工机械化,2003(4):37-39.
[55] 胡景军,等.超前帷幕注浆堵水技术在汀筒沟隧道施工中的应用[J].科技信息(学术版),2006(9):271-272.
[56] 胡世斌.通渝隧道围岩分类[J].西部探矿工程,2005(3):106-107.
[57] 胡献伍,等.煤矿矿井瓦斯等级分级探析[J].山东煤炭科技,2006(6)45-46.
[58] 怀平生.南山隧道瓦斯设防段施工技术[J].公路隧道,2006(4):38-41.
[59] 郇庆珠.竖井在白龙山隧道出口施工中的作用[J].铁道建筑技术,2000(3):38-40.
[60] 黄春峰.合武铁路客运专线红石岩隧道瓦斯地质特征及预防[J].西部探矿工程,2007(8):147-149.
[61] 黄振华.红石岩隧道出口防瓦斯通风[J].隧道建设,2007,6(Sup.1):70-72.
[62] 菅毅.尖山子煤系地层隧道施工技术[J].铁道建筑技术,2005(1):38-40.
[63] 焦岩,等.某铁路长大隧道煤与瓦斯突出危险性评价及施工验证[J].西部探矿工程,2006(4):167-168.
[64] 亢会明,等.华蓥山隧道穿煤段施工监测[J].公路隧道,2001(2):1-3.

[65] 雷升祥,等.彭水隧道洞口段不良地质及灾害防治[J].铁道标准设计,2003(Sup.1):63-66.

[66] 李苍松,等.武隆隧道岩溶地质超前预报综合技术[J].水文地质工程地质,2005(2):96-100.

[67] 李固华,等.炮台山隧道的瓦斯治理[J].铁道建筑,2001(11):2-4.

[68] 李鸿.梨树湾隧道抗水压衬砌的设计[J].重庆建筑,2006(1):26-31.

[69] 李铁翔,等.分水铁路隧道施工中的瓦斯综合防治[J].铁道勘测与设计,2000(2):39-43.

[70] 李晓红,等.西山坪隧道穿煤及采空区围岩变形特性与数值模拟研究阳[J].岩石力学与工程学报,2002,5(5):667-670.

[71] 李源潮.闸上隧道出口软弱地层浅埋段的设计与施工[J].铁道标准设计,2004(4):85-87.

[72] 李忠忱,等.八盘岭隧道断层带水文地质分析[J].铁道工程学报,1993,9(3):35-38.

[73] 梁东,等.铁路客运专线红石岩瓦斯隧道施工对策[J].隧道建设,2007,6(Sup.1):36-39.

[74] 梁运培,等.煤与瓦斯突出矿井分级技术[J].重庆大学学报(自然科学版),2001,9(5):70-74.

[75] 廖彬,等.国道213线龙眼睛隧道围岩大变形三维数值模拟研究[J].地质灾害与环境保护,2007(1):16-17.

[76] 林华志.贵州梅花山隧道的工程地质条件[J].水文地质工程地质,1995(5):12-14.

[77] 刘洪伟,等.瓦斯隧道施工中射流通风技术[J].现代隧道技术,2000(3):62-64.

[78] 刘石磊.红石岩隧道出口工区瓦斯监测技术[J].隧道建设,2007,27 (Sup.1):65-69.

[79] 刘天应.达成线炮台山隧道瓦斯处理及施工措施的探讨[J].隧道及地下工程,1995,12(4):1-8.

[80] 刘云川,等.景婺黄高速公路蛟岭隧道施工中瓦斯处治方法研究[J].交通标准化,2006(12):184-187.

[81] 刘云春,等.关于矿井瓦斯等级划分的讨论[J].煤矿安全,1999,8(8)22-26.

[82] 刘志坚,等.煤矿安全生产监控系统的发展方向与选型分析[J].矿冶,2008,17(1):83-85.

[83] 卢平,等.华蓥山隧道工程地质条件及不良地质问题[J].路基工程,2005(6):96-99.

[84] 罗迁.孙家寨煤层瓦斯隧道施工技术[J].中国高新技术企业,2007(10):139-142.

[85] 毛善君,等.疏系数自回归模型及其在矿井涌水量预测中的应用[J].中国矿业大学学报,1991,22(2):85-90.

[86] 毛善君,等.煤和瓦斯突出的动态预测[J].煤田地质与勘探,1992,20(2):36-39.

[87] 聂百胜,等.煤与瓦斯突出预测技术研究现状及发展趋势[J].中国安全科学学报,2003,6(6):40-43.

[88] 聂树民,等.特长公路隧道瓦斯地段施工通风方案[J].工程设计与建设,2004,9(5):1-25.

[89] 潘留生.正阳瓦斯隧道安全施工防护技术[J].铁道标准设计,2003(Sup.1):91-92.

[90] 漆旺生,等.煤与瓦斯突出预测研究动态及展望[J].中国安全科学学报,2003,12(12)1-4.

[91] 秦汝祥.煤与瓦斯突出预报研究现状综述[J].能源技术与管理,2005(1)7-9.

[92] 邵俊涛.瓦斯隧道的施工安全技术[J].现代隧道技术,1999(3):53-58.

[93] 宋瑞英.瓦斯隧道煤系地层防排水施工技术[J].铁道建筑技术,2007(Sup.1):93-95.

[94] 苏天启.齐岳山隧道综合旋工地质技术研究[J].铁道建筑技术,2007(1):36-39.

[95] 孙培德.煤层瓦斯流动规律的研究[J].煤炭学报,1987,(4):74-82.
[96] 谭竣.孙家寨隧道瓦斯地质超前与预报防治措施[J].路基工程,2007(3):159-161.
[97] 唐权辉.家竹箐隧道预防瓦斯突出的措施与施工控制[J].世界隧道,1998(1):26-30.
[98] 田荣,等.朱嘎隧道揭煤防瓦斯施工技术[J].西部探矿工程,2003(5):72-74.
[99] 田荣,等.天生桥隧道瓦斯检测技术[J].铁道劳动安全卫生与环保,1995,22(4):286-291.
[100] 田荣.发耳隧道的瓦斯防治措施[J].铁道建筑技术,1999(06):20-22.
[101] 田荣.瓦斯隧道施工的关键要素及其对策[J].铁道建筑技术,2002(6):41-43.
[102] 屠锡根,等.我国煤矿瓦斯防治工作现状与展望[J].煤矿安全,1995,2(2)3-7.
[103] 屠锡根,等.关于矿井瓦斯等级划分的建议[J].煤矿安全,1998,9(9)22-26.
[104] 王德宇.松林堡隧道瓦斯综合防治措施[J].山西建筑,2005,31(4):174-175.
[105] 王恩义.煤与瓦斯突出机理研究[J].焦作工学院学报(自然科学版),2004,11(6):419-422.
[106] 王贵强.瓦斯隧道快速安全施工技术[J].山西建筑,2002(12):78-79.
[107] 王素海.康牛隧道施工技术[J].西部探矿工程,1999,5(Sup.11):113-118.
[108] 王天亮.高瓦斯隧道监控与预防[J].山西建筑,2007,33(4):310-311.
[109] 王天友.高瓦斯地质条件下国道 213 线友谊隧道施工[J].四川水力发电,2007,(5):16-17.
[110] 王武高.高瓦斯隧道塌方处理施工技术[J].山西建筑,2007,6(17):328-330.
[111] 王毅东.西山坪隧道煤系地层瓦斯防治措施[C].2001 年全国公路隧道学术会议论文集,2001:285-288.
[112] 王渝培,等.北碚隧道煤系地层施工技术[J].地下空间,2003,9(3):260-264.
[113] 文金亮.上清河隧道瓦斯防治与施工通风[J].铁道建筑,2001(1):17-19.
[114] 吴军,等.紫坪铺工程地下洞室施工瓦斯的预防与控制[J].四川水力发电,2004,6 (2):35-36.
[115] 吴明显.缙云山隧道的施工方法与工程质量控制[J].公路,1994(9):23-25.
[116] 吴明显.缙云山隧道的坍方处理[J].公路,1994(9):32-36.
[117] 吴沛,等.大别山区客运专线铁路隧道瓦斯涌出机理及施工对策[J].隧道建设,2006,12(6):45-47.
[118] 吴应明.华蓥山隧道有害气体监测与综合治理技术[J].现代隧道技术,2003,8(4):68-73.
[119] 谢明忠.达成线炮台山瓦斯隧道治理措施与施工监理概述[J].科学技术通讯,1999(2):30-34.
[120] 徐林生.通渝隧道煤层瓦斯段施工技术[J].公路,2006,6(6):195-197.
[121] 徐稳超.大路梁子隧道煤系地层施工处理技术[J].山西建筑,2007,5(15):153-154.
[122] 闫光明.炮台山非煤系瓦斯隧道施工通风设计与实践[J].隧道及地下工程,1995,6(2):21-33.
[123] 闫光明.炮台山隧道施工中的瓦斯治理[J].铁道建筑技术,1995,12(4):21-24.
[124] 闫文勇.关路坡隧道进口施工的瓦斯防治措施[J].西部探矿工程,2002(6).
[125] 阳习丰.枫树排隧道瓦斯综合治理的措施探讨[J].铁道勘测与设计,2003(3):43-46.

[126] 杨彦克.炮台山隧道的瓦斯治理[J].铁道建筑技术,1995(4):2-4.
[127] 杨勇,等.紫坪铺2号导流隧洞下段标瓦斯危害的预防[J].四川水力发电,2005,12(06):37-39.
[128] 杨月生,等.白龙山隧道穿越煤系地层施工瓦斯的防治[J].铁路运营技术,2006(6):84-88.
[129] 尹平,等.公路隧道工程瓦斯爆炸机理与事故预防[J].公路交通科技(应用技术版),2006,12:149-152.
[130] 尹士清.对合武铁路片(麻)岩隧道施工中发生气体燃烧的分析评价[J].资源环境与工程,2006,6(3):271-275.
[131] 于不凡,等.成渝高速公路中梁山隧道瓦斯涌出的特点及防治[J].矿业安全与环保,1997(1):30-33.
[132] 于不凡.矿井瓦斯等级分级探讨[J].矿业安全与环保,1992(1):15-23.
[133] 于良科.丁子岩隧道进口煤矿采空区的整治[J].铁道标准设计,1999(3):15-18.
[134] 余雷,等.大别山区客运专线铁路隧道瓦斯涌出机理及施工对策[J].施工技术,2006,7(Sup.1):57-60.
[135] 袁保山.抗腐蚀气密混凝土在铁峰山右线2号隧道工程中的应用[J].公路,2006,7(7):199-201.
[136] 曾克坚.矿井瓦斯等级划分标准的合理性探讨[J].矿业安全与环保,2007,4(2):62-63.
[137] 曾裕平.南山隧道K4+374~+381段塌方成因及处理[J].地球与环境,2005(3):142-144.
[138] 张传岗.紫坪铺水利枢纽工程瓦斯防治[J].四川水利,2002,(1):16-17.
[139] 张海波.非煤系地层瓦斯隧道设计[J].铁道标准设计,1997(11):31-35.
[140] 张立军.凉风娅特长隧道瓦斯综合治理[J].公路交通技术,2007,8(4):109-113.
[141] 张联峰.宜万铁路野三关隧道帷幕注浆施工技术[J].西部探矿工程,2006,1:143-146.
[142] 张民庆.宜万铁路别岩槽隧道F_3断层突发性涌水治理[J].现代隧道技术,2006,4(2):68-71.
[143] 张庆欣.齐岳山隧道施工安全防护技术[J].铁道建筑,2007(9):40-43.
[144] 张延.瓦斯隧道的界定及施工安全防治措施[J].探矿工程,2001(4):65-67.
[145] 张振忠.黄草隧道含瓦斯地段施工技术[J].铁道建筑技术,2005(4):57-61.
[146] 赵军喜.圆梁山隧道进口非煤系地段施工通风与瓦斯治理[J].现代隧道技术,2003,4(2):41-45.
[147] 赵旭东,等.华蓥山隧道瓦斯监测技术[J].隧道建筑技术,2001 (1):46-48.
[148] 郑道访.瓦斯隧道设计与施工中几个问题的探讨[J].世界隧道,1998(6):47-49.
[149] 周校光.云台山隧道瓦斯隧道施工设备配置方案探讨[J].岩土工程界,2003(7):72-74.
[150] 周新国.实例说明隧道穿越中薄煤层段开挖施工技术[J].大众科技,2006(4):4-5.
[151] 赵钰.特大断面长大高瓦斯隧道通风技术研究[J].铁道建设,2007(12):39-41.
[152] 周开礼.天台寺高瓦斯隧道施工通风技术[J].铁道建筑技术,2009(1):152-156.
[153] 赵军喜.圆梁山隧道进口溶洞段多作业面平行施工通风技术[J],2004(5):78-81.
[154] 杨洪海.公路隧道纵向通风系统射流风机选型计算[J],2000(2):17-19.

[155] 杨立新.隧道施工通风中射流风机位置对风量的影响[J].铁道工程学报,2004(4):93-96.
[156] 明建龙.高瓦斯隧道监控与施工通风设计[J].铁道建筑,2009(2):18-20.
[157] 郑涛.高瓦斯隧道施工通风设计[J].山西建筑,2008(13):329-331.
[158] 罗占夫,等.华蓥山隧道东口工区揭煤施工通风技术[J].隧道建设,2000(1):62-64.
[159] 雷升祥,等.浅谈瓦斯隧道施工机械配套化[J].世界隧道,2000(5):49-54.
[160] 高志勇.非煤系瓦斯隧道施工机械的配套[J].铁道建筑,2007(12):31-35.
[161] 赵军喜.园梁山长大瓦斯隧道通风设备的选型[J].铁道标准设计,2003(4):4-6.
[162] 张生林.引射器在华蓥山隧道施工通风中的引用[J].隧道建设,2000(4):12-13.
[163] 郑金龙.华蓥山隧道西口右线揭煤防突防坍技术[J].岩土工程学报,2000(5):559-561.
[164] 姜德义.公路隧道全断面揭煤防突技术[J].岩土力学,2005(6):906-909.
[165] 钱让清.华蓥山公路隧道地质病害防治措施[J].煤田地质与勘探,2003(2):48-50.